国家出版基金资助项目

“十三五”国家重点出版物出版规划项目

现代土木工程精品系列图书·建筑工程安全与质量保障系列

混凝土塑性理论与极限分析

Concrete Plasticity and Limit Analysis Fundamental

吴香国　董毓利　[韩]Hong Sunggul　编著

内 容 提 要

本书主要介绍了混凝土单轴、双轴受力基本性能和破坏准则，混凝土三轴破坏准则系列理论模型，混凝土非线性弹性本构模型，混凝土弹塑性本构模型，混凝土塑性损伤理论模型，以及混凝土裂缝的处理模型，并结合教学体会，对相关混凝土塑性和损伤模型进行了展开说明。同时结合有限元软件，介绍了部分模型的参数含义和输入界面。在此基础上，介绍了素混凝土库仑理论基础和基本概念，介绍了钢筋混凝土板库仑理论基础，包括正交配筋混凝土平面应力单元、正交各向异性平面内受力板，以及斜向配筋、平面外受力配筋混凝土板屈服准则，并给出了典型构件基于塑性极限理论的截面配筋设计。

本书适合作为土木工程学科研究生的专业课参考用书，也可供相关科研人员参考。

图书在版编目(CIP)数据

混凝土塑性理论与极限分析/吴香国，董毓利，(韩)Hong Sunggul 编著.—哈尔滨：哈尔滨工业大学出版社，2021.6

建筑工程安全与质量保障系列

ISBN 978-7-5603-7418-5

Ⅰ.①混… Ⅱ.①吴…②董…③H… Ⅲ.①混凝土结构—非线性力学 Ⅳ.①TU370.1

中国版本图书馆 CIP 数据核字(2018)第 113962 号

策划编辑　王桂芝　苗金英
责任编辑　李长波　王　玲　那兰兰　周轩毅
出版发行　哈尔滨工业大学出版社
社　　址　哈尔滨市南岗区复华四道街 10 号　邮编 150006
传　　真　0451-86414749
网　　址　http://hitpress.hit.edu.cn
印　　刷　辽宁新华印务有限公司
开　　本　787mm×1092mm　1/16　印张 20　字数 474 千字
版　　次　2021 年 6 月第 1 版　2021 年 6 月第 1 次印刷
书　　号　ISBN 978-7-5603-7418-5
定　　价　98.00 元

国家出版基金资助项目

建筑工程安全与质量保障系列

编审委员会

序

党的十八大报告曾强调“加强防灾减灾体系建设，提高气象、地质、地震灾害防御能力”，这表明党和政府高度重视基础设施和建筑工程的防灾减灾工作。而《国家新型城镇化规划（2014—2020年）》的发布，标志着我国城镇化建设已进入新的历史阶段；习近平主席提出的“一带一路”倡议，更是为世界打开了广阔的“筑梦空间”。不论是国家“新型城镇化”建设，还是“一带一路”伟大构想的实施，都迫切需要实现基础设施的建设安全与质量保障。

哈尔滨工业大学出版社出版的《建筑工程安全与质量保障系列》图书是依托哈尔滨工业大学土木工程学科在与建筑安全紧密相关的几大关键领域——高性能结构、地震工程与工程抗震、火灾科学与工程抗火、环境作用与工程耐久性等取得的多项引领学科发展的标志性成果，以地震动特征与地震作用计算、场地评价和工程选址、火灾作用与损伤分析、环境作用与腐蚀分析为关键，以新材料/新体系研发、新理论/新方法创新为抓手，为实现建筑工程安全、保障建筑工程质量打造的一批具有国际一流水平的学术著作，具有原创性、先进性、实用性和前瞻性。该系列图书的出版将有利于推动科技成果的转化及推广应用，引领行业技术进步，服务经济建设，为“一带一路”和“新型城镇化”建设提供技术支持与质量保障，促进我国土木工程学科的科学发展。

该系列图书具有以下两个显著特点：

（1）面向国际学术前沿，基础创新成果突出。

哈尔滨工业大学土木工程学科面向学术前沿，解决了多概率抗震设防水平决策等重大科学问题，在基础理论研究方面取得多项重大突破，相关成果获国家科技进步一、二等奖共9项。该系列图书中《黑龙江省建筑工程抗震性态设计规范》《岩土工程监测》《岩土地震工程》《土木工程地质与选址》《强地震动特征与抗震设计谱》《活性粉末混凝土结构》《混凝土早期性能与评价方法》等，均是基于相关的国家自然科学基金项目撰写而成，为推动和引领学科发展、建设安全可靠的建筑工程提供了设计依据和技术支撑。

（2）面向国家重大需求，工程应用特色鲜明。

哈尔滨工业大学土木工程学科传承和发展了大跨空间结构、组合结构、轻型钢结构、预应力及砌体结构等优势方向，坚持结构理论创新与重大工程实践紧密结合，有效地支撑了国家大科学工程 500 m 口径巨型射电望远镜(FAST)、2008 年北京奥运会主场馆国家体育场(鸟巢)、深圳大运会体育场馆等工程建设，相关成果获国家科技进步二等奖 5 项。该系列图书中《巨型射电望远镜结构设计》《钢筋混凝土电化学研究》《火灾后混凝土结构鉴定与加固修复》《高层建筑钢结构》《基于 OpenSees 的钢筋混凝土结构非线性分析》等，不仅为该领域工程建设提供了技术支持，也为工程质量监测与控制提供了保障。

该系列图书的作者在科研方面取得了卓越的成就，在学术著作撰写方面具有丰富的经验，他们治学严谨，学术水平高，有效地保证了图书的原创性、先进性和科学性。他们撰写的该系列图书，反映了哈尔滨工业大学土木工程学科近年来取得的具有自主知识产权、处于国际先进水平的多项原创性科研成果，对促进学科发展、科技成果转化意义重大。

中国工程院院士 谢礼立

2019 年 8 月

前　言

混凝土是重要的土木工程材料，在建筑工程、水利工程、桥梁工程、城市地下综合管廊等城市基础设施、海洋工程、能源基础设施等土木工程结构中，具有广泛的应用。随着有限元等数值计算技术的发展，重大工程结构的非线性响应分析得到快速发展，并已经成为重大工程结构分析设计的必要手段。在结构性能非线性分析基础上，基于塑性极限分析原理，构建钢筋混凝土结构构件的承载性能理论表达，是建立相关工程结构设计方法的重要方法。在钢筋混凝土结构非线性分析中，包括混凝土塑性理论在内的混凝土非线性力学模型，是影响混凝土本构模型合理性、结构塑性极限解答构建科学性的重要因素。

混凝土非线性力学及其极限分析原理是钢筋混凝土结构非线性分析、设计方法研究的重要理论基础，其中混凝土弹塑性理论、损伤理论等是基于固体力学理论的应用发展，理论性较强。通过“钢筋混凝土非线性分析”和“混凝土非线性力学”等课程的学习，学生可加深对近现代的古典模型的理解和相关理论表达构建过程的认识，对于准确把握混凝土塑性理论及其极限解答构建中的基本概念至关重要。经过近年来的教学实践，作者认为有些公式和理论模型还有待进一步展开说明，因此在国内外出版的相关混凝土非线性力学、混凝土塑性极限分析等著作和教学实践基础上，本书在必要的环节补充了附注展开说明，引入了作者对一些模型和知识点的教学体会与理解，以便于读者能够更好地理解相关模型的构建过程，更准确地理解各模型之间的关联性，为钢筋混凝土结构非线性分析建模奠定必要的理论基础。并在此基础上，阐述了基于莫尔一库仑材料的钢筋混凝土塑性极限分析的基本原理和方法。全书主要侧重于混凝土非线性力学理论部分，阐述了混凝土单轴、双轴受力基本性能和破坏准则、混凝土三轴破坏准则、混凝土非线性弹性本构理论模型、混凝土弹塑性本构理论模型、混凝土塑性损伤本构理论模型，以及混凝土裂缝模型的处理方法。同时结合有限元程序，介绍了部分模型的参数含义和输入界面。最后两章为素混凝土库仑理论基础、钢筋混凝土板库仑理论基础，以及钢筋混凝土板塑性极限解答的基本概念，并介绍了典型钢筋混凝板问题的求解思路，以及新型剪力墙结构抗剪分析应用算例。随着混凝土非线性力学理论的发展，近年来取得了不少有价值的研究成果，读者可在本书基础上，参考有关有限元软件的说明文件或者相关文献，进行拓展学习。

本书由吴香国、董毓利、Hong Sunggul 共同撰写。硕士研究生薛事成、姚芳雪、张庆天等负责全书部分理论公式的推导，部分插图、表格和文字的整理，以及部分算例分析的建模和整理工作。本书主要内容来源于作者在哈尔滨工业大学、福州大学、华侨大学、首尔国立大学(韩)相关课程的教学、科研等工作总结。

由于作者水平有限，书中难免有疏漏及不足之处，敬希各位专家和读者不吝批评指正。

作　者

2021 年 1 月

目　录

第 1 章　混凝土的单轴、双轴受力基本性能及其破坏准则

1.1　混凝土的单轴受压性能

1.1.1　基本特征

混凝土在单轴受压作用下具有什么样的行为特征？其在单轴受压(轴压)时，典型的应力－应变曲线如图 1.1(a) 所示。

由图 1.1(a) 可见，在大约 30% 的极限抗压强度之前，近似线弹性行为；之后呈现非线性渐近增长，直到 $(0.75 \sim 0.9)f'_c$，相当于稳定裂缝扩展阶段，该点也称为临界应力；曲线之后急剧弯曲，趋近峰值点 f'_c，此为不稳定裂缝扩展阶段，峰值对应于短期荷载的极限应力，与峰值应力相应的应变为 ε_0，约为 2 000 微应变($\mu\varepsilon$)；越过峰值后，应力－应变曲线进入下降段，直到某一极限应变 ε_u 处，材料发生崩溃破坏。

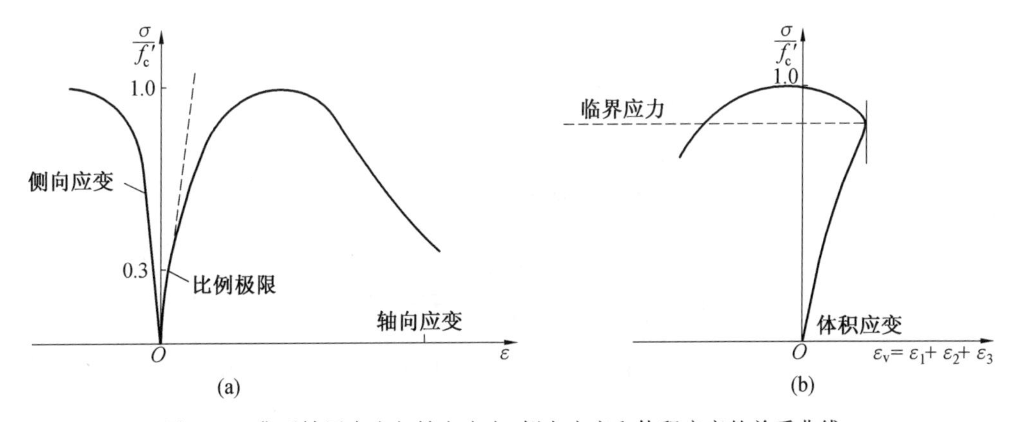

图 1.1　典型轴压应力与轴向应变、侧向应变和体积应变的关系曲线

图 1.1(b) 给出了轴压应力与体积应变的变化关系曲线。轴压应力随体积变化在开始阶段基本呈线性，直到 $(0.75 \sim 0.9)f'_c$，在该点(临界应力点)体积变化方向逆转，在接近或者达到 f'_c 处时，体积发生膨胀。与最小体积应变对应的应力，称为临界应力。

当轴压应力在 $(0.50 \sim 0.75)f'_c$ 范围进行卸载时，卸载曲线具有非线性特征。如果再次加载，则形成较小的滞回环，如图 1.2 所示。

平均来看，卸载－再加载曲线与原始曲线的初始切向相平行。但是，在 $0.75f'_c$ 处应力卸载，其卸载－再加载曲线表现出很强的非线性，刚度产生显著的衰减。再加载表现出材料的刚度性能发生大幅变化。

对于低强度、普通强度和高强度混凝土，应力－应变曲线的形状是相似的，如图 1.3

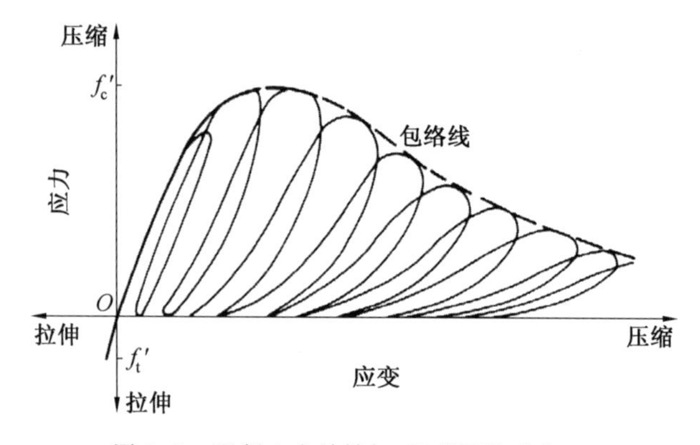

图 1.2　混凝土在单轴加、卸载下的响应

所示。高强度混凝土的线性范围对应的应力比普通强度混凝土高，但是所有的峰值点接近于 2 000 微应变。在应力－应变曲线的下降段，高强度混凝土更脆，应力的下降速度更快。

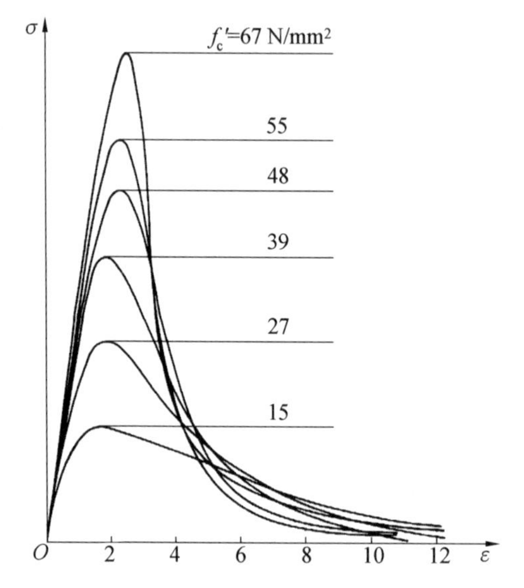

图 1.3　具有不同强度级别的混凝土轴压应力－应变曲线

1.1.2　弹性模量

如图 1.3 所示，轴压下混凝土的初始弹性模量与其抗压强度密切相关。根据实验数据，初始弹性模量 E_0（单位为 lb/in^2）可由下列经验公式近似计算：

$$E_0 = 33w^{1.5}\sqrt{f'_c} \tag{1.1}$$

式中，w 为混凝土的单位质量，lb/ft^3；f'_c 为混凝土圆柱体单轴抗压强度，lb/in^2。

单位换算：1 lb（英磅）＝0.453 kg＝4.53 N；1 in（英寸）＝2.54 cm＝25.4 mm；1 lb/in^2 ＝7.02×10^{-3} MPa；1 ft^3（ft 为英尺）＝0.028 316 846 592 m^3 ＝283 168 46.592 mm^3；1 lb/ft^3 ＝15.997 54 kg/m^3，对于普通强度混凝土，约为 150 lb/ft^3。

1.1.3　泊松比

泊松比(Poisson 比)由法国科学家泊松(Simén Denis Poisson,1781—1840)最先发现并提出,理论上推演出各向同性弹性杆在受到纵向拉伸时,横向收缩应变与纵向伸长应变之比是一常数,其值为1/4。轴压下混凝土的泊松比为0.15～0.22,代表值为0.19或0.2。在轴压下,直到$0.80f'_c$之前,泊松比ν保持常量。在$0.80f'_c$应力处,泊松比开始明显增大,如图1.4所示。在不稳定崩溃阶段,ν将大于0.5。

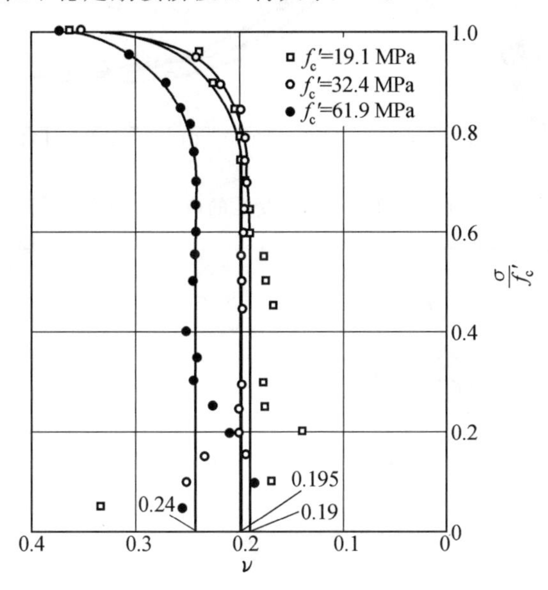

图1.4　应力－强度比与泊松比ν的关系

1.1.4　应变率的影响

混凝土是一种复合材料,裂缝是决定其性能的主导因素,微裂缝的发展直接影响着应力－应变曲线的特性。

图1.5是在MTS电液伺服实验系统上测得的四种等应变速率控制的混凝土应力－应变全曲线。从图中可以看出:尽管应变速率不同,但只要应变速率不超过$100\times10^{-6}\mathrm{s}^{-1}$,混凝土的应力－应变全曲线无论是从强度上还是相应的峰值应变方面,基本上均不受该范围内应变速率的影响。

图1.6是在MTS实验系统上测得的不同应变率控制时的应力－应变全过程曲线。由图可见:当应变率从$10^{-5}\ \mathrm{s}^{-1}$增加到$10^{2}\ \mathrm{s}^{-1}$时,混凝土峰值应力和峰值应变均有不同程度的增加,但全过程曲线是相似的,且弹性模量基本保持不变。可见,混凝土在受压工况下应变率敏感性最差。

图1.7为强度比值随应变率的变化情况,f_c为静载受压强度,f_c^d为其他应变率时的受压强度。经对实验结果分析,峰值强度与应变率的关系可表示为

$$r_1=\frac{f_c^d}{f_c}=1.327+0.068\lg\dot{\varepsilon} \tag{1.2}$$

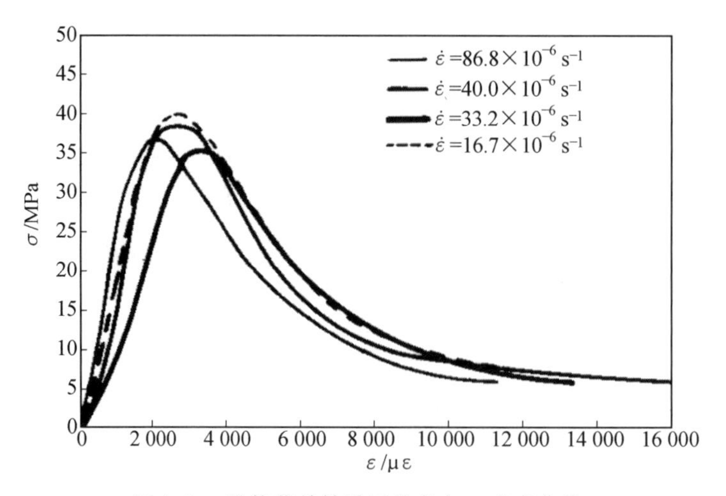

图 1.5　准静载单轴受压的应力—应变曲线

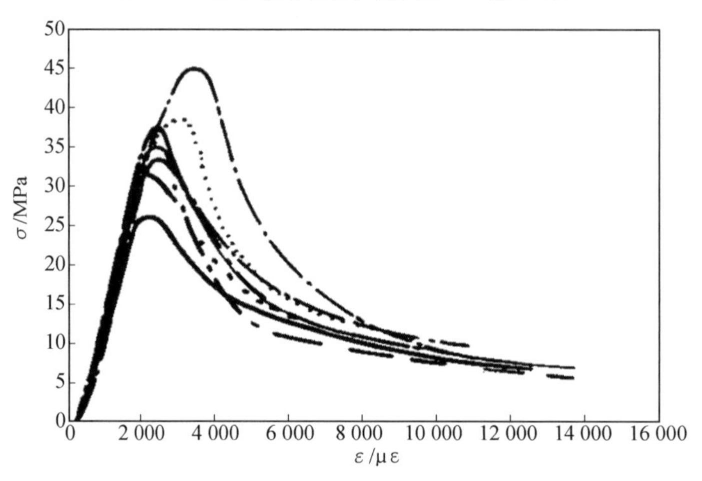

图 1.6　不同应变率时混凝土受压全过程曲线

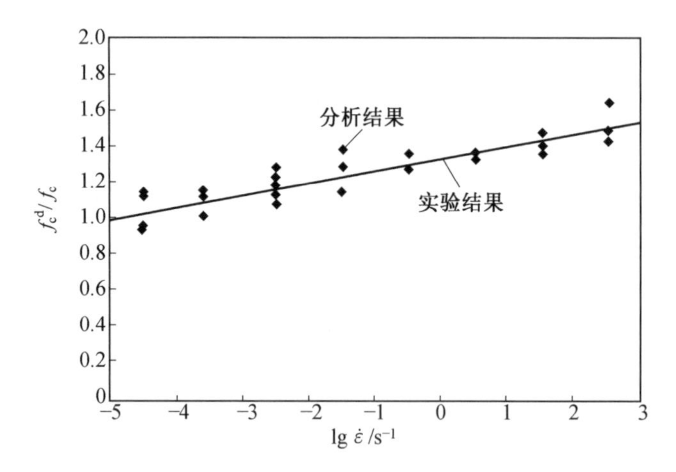

图 1.7　f_c^d/f_c 与应变率的关系

图 1.8 为不同应变率时峰值应变比与应变率的关系，ε_0 为静态加载峰值应变，其与应变率的关系为

$$r_2=\frac{\varepsilon_0^{\mathrm{d}}}{\varepsilon_0}=0.134(\lg\dot{\varepsilon})^2+0.135\lg\dot{\varepsilon}+1.396 \tag{1.3}$$

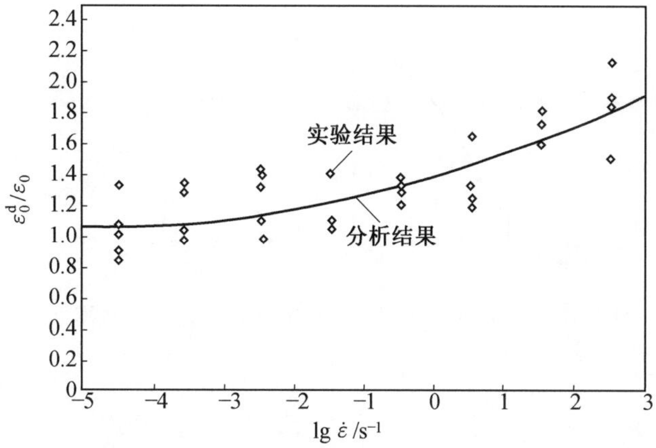

图 1.8　$\varepsilon_0^{\mathrm{d}}/\varepsilon_0$ 与 $\lg\dot{\varepsilon}$ 的关系

图 1.9 为峰值应力相应泊松比与应变率的关系，其表达式为

$$\nu=0.393-0.057\lg\dot{\varepsilon} \tag{1.4}$$

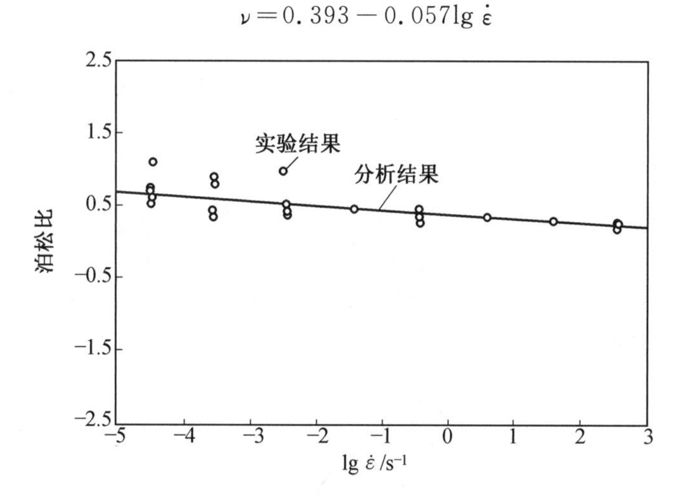

图 1.9　峰值应力相应泊松比与应变率的关系

1.1.5　单轴受压应力－应变关系的数学模型

从实验可以得到混凝土轴压应力－应变曲线。但是，为了分析计算，有必要采用数学公式的形式来表达该曲线。目前，各国学者提出了很多不同形式的数学表达式，下面列举较为常见的几个。

1. 我国《混凝土结构设计规范》(GB 50010—2010) 建议表达式

《混凝土结构设计规范》(GB 50010—2010) 在钢筋混凝土构件、预应力混凝土构件的承载能力极限状态计算时，对正截面承载力计算中混凝土的受压应力－应变关系做出了

规定，它是以德国学者卢什（Rüsch）建议的表达式（图 1.10）为基础的，由曲线形式的上升段和水平段组成。

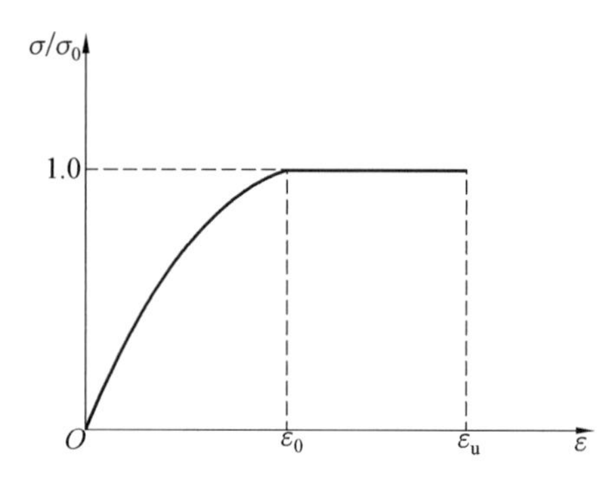

图 1.10　卢什建议的混凝土轴压应力－应变曲线模型

其数学表达式为

$$\sigma_c=\begin{cases}f_c\left[1-\left(1-\dfrac{\varepsilon_c}{\varepsilon_0}\right)^n\right], & 0<\varepsilon_c\leqslant\varepsilon_0\\ f_c, & \varepsilon_0<\varepsilon_c\leqslant\varepsilon_{cu}\end{cases}\tag{1.5}$$

其中

$$n=2-\frac{1}{60}(f_{cu,k}-50)\leqslant 2.0\tag{1.5a}$$

$$\varepsilon_0=0.002+0.5(f_{cu,k}-50)\times 10^{-5}\tag{1.5b}$$

$$\varepsilon_{cu}=0.0033-(f_{cu,k}-50)\times 10^{-5}\tag{1.5c}$$

式中，n 为系数，当计算值大于 2.0 时，取 2.0；ε_0 为峰值应变，当计算值小于 0.002 时，取 0.002；ε_{cu} 为极限压应变，当处于非均匀受压且计算值大于 0.003 3 时，取 0.003 3；当处于轴压时，取峰值应变 ε_0。

以损伤力学为基础，我国《混凝土结构设计规范》(GB 50010—2010) 中补充了构件或节点局部精细分析的混凝土材料单轴受压本构关系建议模型，如图 1.11 所示。

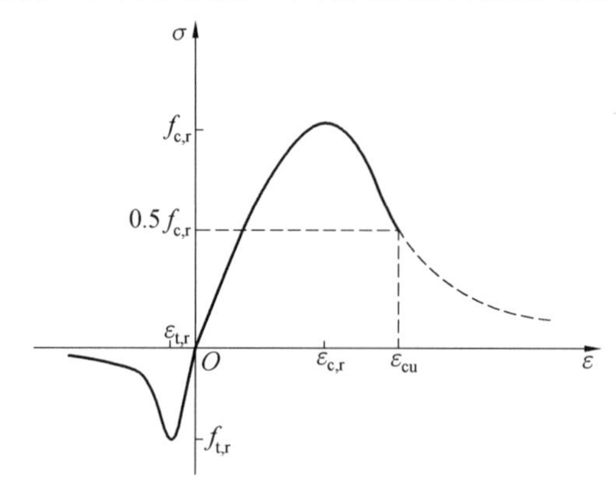

图 1.11　混凝土单轴应力－应变曲线

其数学表达形式为

$$\sigma=(1-d_c)E_c\varepsilon\tag{1.6}$$

$$d_c=\begin{cases}1-\dfrac{\rho_c n}{n-1+x^n}, & x\leqslant 1\\ 1-\dfrac{\rho_c}{\alpha_c\,(x-1)^2+x}, & x>1\end{cases}\tag{1.7}$$

$$x=\frac{\varepsilon}{\varepsilon_{c,r}}\tag{1.7a}$$

$$\rho_c=\frac{f_{c,r}}{E_c\varepsilon_{c,r}}\tag{1.7b}$$

$$n=\frac{E_c\varepsilon_{c,r}}{E_c\varepsilon_{c,r}-f_{c,r}}\tag{1.7c}$$

式中，d_c 为混凝土轴压损伤演化参数；$f_{c,r}$ 为混凝土轴压强度代表值，其值可根据实际结构分析的需要，分别取 f_c、f_{ck} 或 f_{cm}；$\varepsilon_{c,r}$ 为轴压强度对应的轴压峰值应变；α_c 为混凝土单轴受压应力－应变曲线下降段参数，按表 1.1 取值。

表 1.1　混凝土单轴受压应力－应变曲线的参数取值

$f_{c,r}$ /(N·mm^{-2})	20	25	30	35	40	45	50	55	60	65	70	75	80
$\varepsilon_{c,r}$ /×10^{-6}	1 470	1 560	1 640	1 720	1 790	1 850	1 920	1 980	2 030	2 080	2 130	2 190	2 240
α_c	0.74	1.06	1.36	1.65	1.94	2.21	2.48	2.74	3.00	3.25	3.50	3.75	3.99
$\varepsilon_{cu}/\varepsilon_{c,r}$	3.0	3.6	2.3	2.1	2.0	1.9	1.9	1.8	1.8	1.7	1.7	1.7	1.6

注：ε_{cu} 为应力－应变曲线下降段应力等于 $0.5f_{c,r}$ 时的混凝土轴压应变

2. Hongnestad(宏尼斯塔德)表达式(1955)

当 $\varepsilon\leqslant\varepsilon_c$ 时

$$\sigma=\sigma_c\left(2\frac{\varepsilon}{\varepsilon_c}-\frac{\varepsilon^2}{\varepsilon_c^2}\right)\tag{1.8a}$$

此时原点处的切线斜率，即初始弹性模量 $E_0=2\sigma_c/\varepsilon_c$，一般可取 $\varepsilon_c=0.002$。

下降段可取为直线，即当 $\varepsilon_c\leqslant\varepsilon\leqslant\varepsilon_u$ 时，

$$\sigma=\sigma_c\left[1-m\left(\frac{\varepsilon}{\varepsilon_c}-1\right)\right]\tag{1.8b}$$

式中，$m=\alpha/(\dfrac{\varepsilon_u}{\varepsilon_c}-1)$。破坏点对应的应力为 $(1-\alpha)\sigma_c$，对应的应变为极限压应变 ε_u。

当取 $\alpha=0.15$，$\varepsilon_u=0.003\,8$ 时，$m=1/6$ 即为 Hongnestad 的应力－应变曲线。

Hongnestad 表达式是目前世界上应用较为广泛的混凝土单轴受压应力－应变曲线形式之一，该曲线上升段是抛物线，下降段是斜直线，如图 1.12 所示。

其具体表达式为

$$\sigma=\begin{cases}\sigma_0\left[2\left(\dfrac{\varepsilon}{\varepsilon_0}\right)-\left(\dfrac{\varepsilon}{\varepsilon_0}\right)^2\right], & \varepsilon\leqslant\varepsilon_0\\ \sigma_0\left[1-0.15\left(\dfrac{\varepsilon-\varepsilon_0}{\varepsilon_u-\varepsilon_0}\right)\right], & \varepsilon<\varepsilon_0\leqslant\varepsilon_u\end{cases}\tag{1.8c}$$

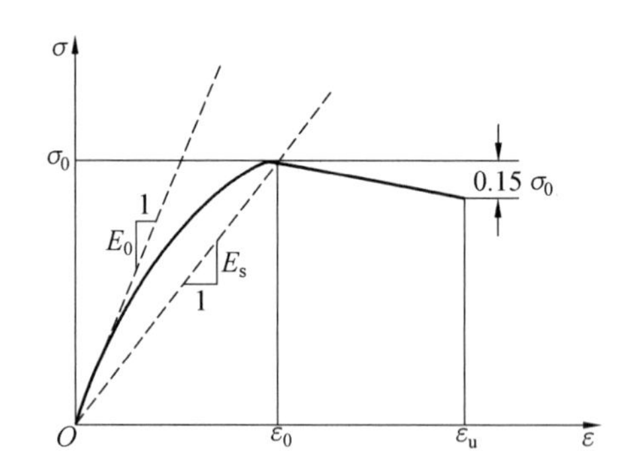

图 1.12 Hongnestad 建议的混凝土轴压应力－应变曲线

其中，模型参数的建议取值为 $\varepsilon_u=3\,800$ 微应变(理论分析)，$\varepsilon_u=3\,000$ 微应变(工程设计)；$\varepsilon_0=2(\sigma_0/E_0)$，$E_0$ 为初始弹性模量；$\sigma_0=0.85f_c'$，f_c' 为混凝土圆柱体轴压强度；斜直线的斜率为 15%。

当取 $\alpha=0$，$\varepsilon_u=0.003\,5$ 时，$m=0$，即为 CEB－FIP 标准规范采用的应力－应变曲线。此时 PF 段为一水平直线。

当取 $\alpha=0.8$ 时，则可得到 Kent 和 Park 所采用的应力－应变曲线。

3. 萨恩斯(Saenz)等系列表达式

(1)Saenz 表达式(1964)。

该表达式能够很好地反映上升段，其表达式为

$$\sigma=\frac{E_0\varepsilon}{1+\left(\frac{E_0}{E_s}-2\right)\left(\frac{\varepsilon}{\varepsilon_0}\right)+\left(\frac{\varepsilon}{\varepsilon_0}\right)^2} \tag{1.9}$$

式中，E_s 为峰值应力点对应的割线弹性模量，即 $E_s=\sigma_0/\varepsilon_0$；$E_0$ 为初始弹性模量。

(2) 埃尔温－穆雷(Elwi-Murray) 表达式(1979)。

该表达式在 Saenz 表达式基础上进行了改进，目的是为了更好地反映下降段，如图 1.13 所示。其基本形式为 $\sigma=\dfrac{\varepsilon}{A+B\varepsilon+C\varepsilon^2+D\varepsilon^3}$，由 5 个控制条件可以求得特征值表示的各常数。该公式在钢筋混凝土有限元分析中应用广泛，如大型非线性有限元程序 ADINA。

其具体表达式为

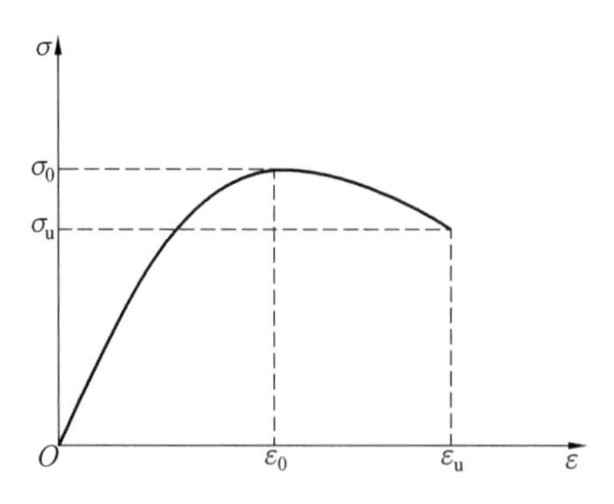

图 1.13 Elwi 和 Murray 建议的混凝土应力－应变曲线

$$\sigma = \frac{E_0 \varepsilon}{1 + \left(R + \frac{E_0}{E_s} - 2\right)\left(\frac{\varepsilon}{\varepsilon_0}\right) - (2R - 1)\left(\frac{\varepsilon}{\varepsilon_0}\right)^2 + R\left(\frac{\varepsilon}{\varepsilon_0}\right)^3} \tag{1.10}$$

其中，R 由下式确定：

$$R = \frac{\frac{E_0}{E_s}\left(\frac{\sigma_0}{\sigma_u} - 1\right)}{(\varepsilon_u/\varepsilon_0 - 1)^2} - \frac{1}{\varepsilon_u/\varepsilon_0} \tag{1.11}$$

Desayi 公式就是式(1.10)的特殊形式，即

$$\sigma = \frac{E_0 \varepsilon}{1 + \left(\frac{\varepsilon}{\varepsilon_0}\right)^2} \tag{1.11a}$$

(3) 萨尔金(Sargin)表达式(1971)。

Sargin 对 Saenz 公式进行了改进，其具体表达式为

$$\sigma = k_3 f_c \frac{A\left(\frac{\varepsilon}{\varepsilon_0}\right) + (D - 1)\left(\frac{\varepsilon}{\varepsilon_0}\right)^2}{1 + (A - 2)\left(\frac{\varepsilon}{\varepsilon_0}\right) - D\left(\frac{\varepsilon}{\varepsilon_0}\right)^2} \tag{1.12}$$

式中，$A = \frac{E_0}{E_s}$；E_0 为混凝土初始弹性模量；E_s 为峰值应力对应的割线模量，$E_s = \frac{\sigma_0}{\varepsilon_0}$；$k_3$ 为侧限影响系数，$k_3 = \frac{\sigma_0}{f_c}$，对于无侧向约束情况，$k_3 = 1$；$D$ 为下降段影响参数，如图 1.14 所示。

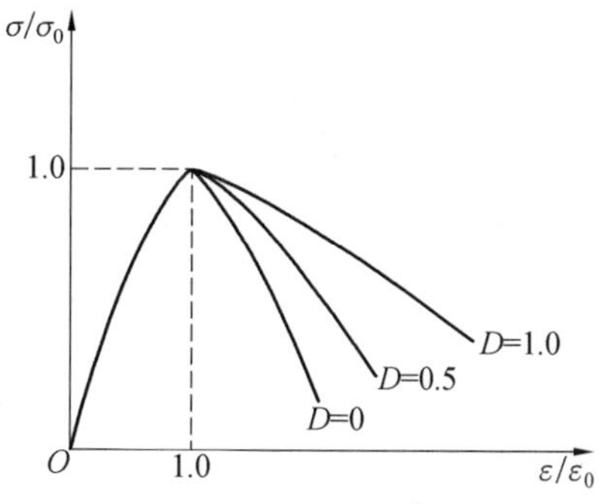

图 1.14　Sargin 建议的混凝土应力－应变曲线

1.1.6　循环荷载作用下的数学模型

在循环轴压荷载作用下，素混凝土的变形行为如图 1.2 所示。对于每个卸载和再加载循环，可以看到对应的滞回环。滞回环的面积随各循环相继减小，但是在疲劳失效前最终是增大的。单调轴压下混凝土的应力－应变曲线可以作为在循环轴压下混凝土的包络线。

(1) 基于 Saenz 上升段－直线下降段的组合包络线反复加载模式。

如图 1.15 所示，该模式采用了 Saenz 建议表达式(1.9)描述应力－应变曲线的上升段，而下降段假设为一直线段，由两点控制，分别是(f'_c, ε_c)和$(0.2f'_c, 4\varepsilon_u)$。式中 E_0 是在初始零应力点处的切向模量，f'_c是最大抗压强度，ε_c 是 f'_c处的相应应变，ε_u 是破坏应变，$E_s = \frac{f'_c}{\varepsilon_c}$。

在包络曲线上的卸载点处，应变 ε_{en} 称为包络应变，其与塑性应变 ε_p 的经验关系为

$$\frac{\varepsilon_p}{\varepsilon_c} = 0.145\left(\frac{\varepsilon_{en}}{\varepsilon_c}\right)^2 + 0.13\left(\frac{\varepsilon_{en}}{\varepsilon_c}\right) \tag{1.13}$$

在较低应变处，卸载和再加载沿着斜率为 E_0 的单线。在高应变处，再加载曲线由直线段表达，该直线段起始于塑性应变点$(0, \varepsilon_p)$，经过共同轨迹点(该共同点轨迹线实际上

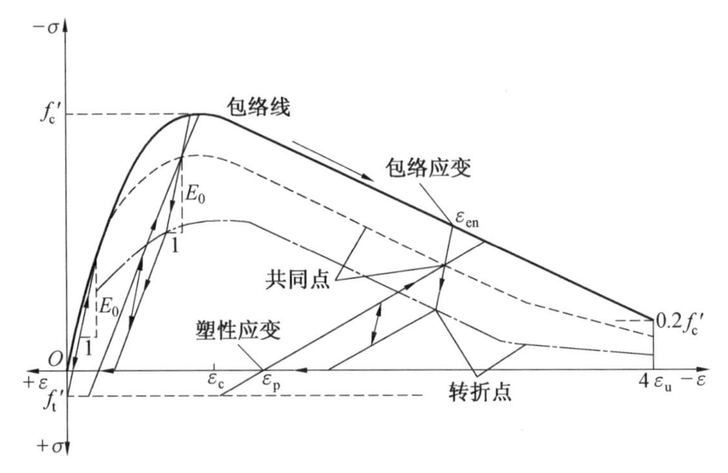

图 1.15　循环加载模型

是一条共同点轨迹带)。

卸载曲线由 3 条直线段表达:第一条直线段斜率为 E_0,第二条直线段平行于再加载线,第三条直线段斜率为 0。

共同点相对于包络线的位置与循环次数有关,位置越低,对应的循环次数越少;转向点的位置与循环内的能量耗散有关,转向点越低,每个循环内耗散的能量越大。共同点和转向点的位置必须由实验数据确定。达尔文(Darwin) 和佩科诺德(Pecknold)(1974) 给出了这些点位置的简单表达式。

(2) 曲线模式。

① 幂函数卸载、加载曲线模式。如图 1.16 所示,卸载曲线的公式为

$$\frac{\sigma}{\sigma_u}=\left(\frac{\varepsilon-\varepsilon_p}{\varepsilon_u-\varepsilon_p}\right)^n \tag{1.14}$$

式中

$$n=1+0.7\left(\frac{\varepsilon_u}{\varepsilon_0}\right) \tag{1.14a}$$

ε_u、σ_u 为卸载时的应变和应力;ε_r、σ_r 为再加载后与包迹线重合处的应变和应力;ε_0 为包迹线峰值应力对应的应变;ε_p 为应力为零时的残余应变。

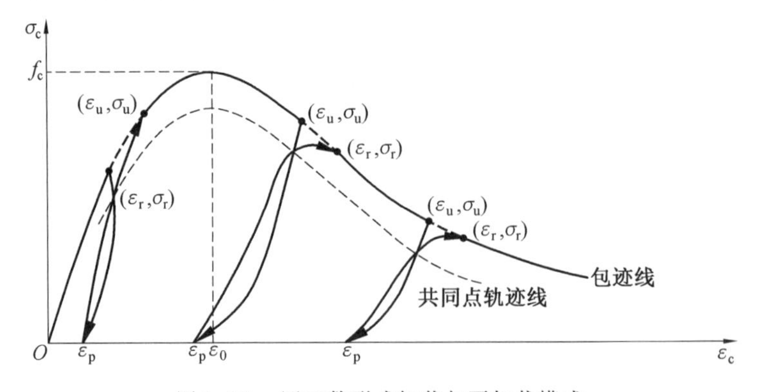

图 1.16　幂函数形式卸载与再加载模式

再加载曲线采用如下形式表达：

$$\begin{cases} \dfrac{\sigma}{\sigma_r}=\left(\dfrac{\varepsilon-\varepsilon_p}{\varepsilon_r-\varepsilon_p}\right)^{0.9}, & \varepsilon_r\leqslant\varepsilon_0 \\ \dfrac{\sigma}{\sigma_r}=\left(\dfrac{\varepsilon-\varepsilon_p}{\varepsilon_r-\varepsilon_p}\right)^{1.4}\left[1+0.6\sin\pi\left(\dfrac{\varepsilon-\varepsilon_p}{\varepsilon_r-\varepsilon_p}\right)\right], & \varepsilon_r>\varepsilon_0 \end{cases} \tag{1.15}$$

在多数情况下，可以采用单调荷载作用的混凝土应力－应变关系曲线作为重复荷载作用下应力－应变曲线的包迹线。

② 朱伯龙曲线模式。如图 1.17 所示，在朱伯龙等的研究工作中，卸载及再加载曲线都采用了如下曲线方程形式：

骨架曲线方程

$$\varepsilon<\varepsilon_0:\quad \sigma=\frac{2k_1\sigma_0\varepsilon}{\varepsilon_0+\varepsilon} \tag{1.16}$$

$$\varepsilon_0\leqslant\varepsilon<\varepsilon_u:\quad \sigma=k_1\sigma_0\{1-[200(\varepsilon-\varepsilon_0)]^2\} \tag{1.17}$$

$$\varepsilon\geqslant\varepsilon_u:\quad \sigma=0.3k_1\sigma_0 \tag{1.18}$$

卸载

$$\sigma=\frac{(\varepsilon-0.2\varepsilon_1)\sigma_1}{1.8\varepsilon_1-\varepsilon} \tag{1.19}$$

再加载

$$\varepsilon_1\leqslant\varepsilon_0:\quad \sigma=2k_1\sigma_0\frac{\varepsilon-0.2\varepsilon_1}{\varepsilon_0+\varepsilon-0.2\varepsilon_1} \tag{1.20}$$

$$2\varepsilon_0\geqslant\varepsilon_1>\varepsilon_0:\quad \sigma=2\sigma_1\left(\frac{\varepsilon-0.2\varepsilon_1}{\varepsilon_0+\varepsilon-0.2\varepsilon_1}\right)\left(\frac{\varepsilon_0}{\varepsilon_1}\right) \tag{1.21}$$

$$\varepsilon_1>2\varepsilon_0:\quad \sigma=\sigma_1\left(\frac{\varepsilon-0.2\varepsilon_1}{\varepsilon_0+\varepsilon-0.2\varepsilon_1}\right) \tag{1.22}$$

式中，ε_1、σ_1 为卸载时的应变、应力；k_1 为系数，取 0.8 ～ 1；σ_0 为混凝土的极限应力。

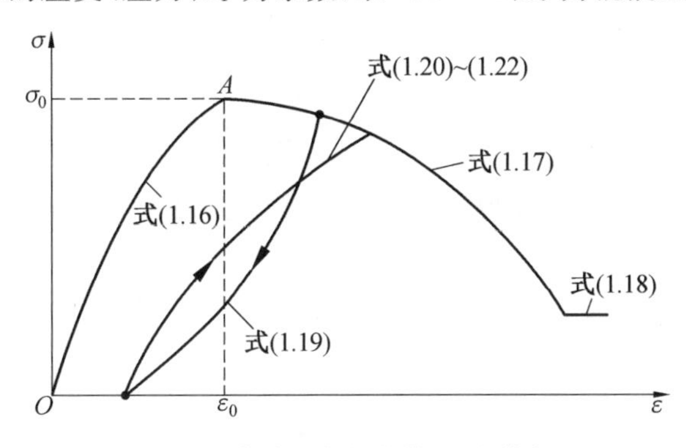

图 1.17　曲线重复加载模式（朱伯龙）

(3) 直线模式（Blakeley（布莱克利）模型）。

不论卸载或再加载线，都可以直线或折线（分段直线）表达。

Blakeley 的模型（图 1.18）虽考虑了卸载至混凝土受拉状态，但由于未超过抗拉强度，因此仍属重复加载。在 Blakeley 模型中，当应变小于 ε_0（即在 OA 段）时，卸载和再加载曲线都是初始弹性模量 E；当应变大于 ε_0（即在 AB 段）时，以卸载点（G 或 G'）垂直向下卸载到一半(H或H'),然后考虑刚度退化系数k_c进行卸载和再加载。k_c与卸载点坐标有关。

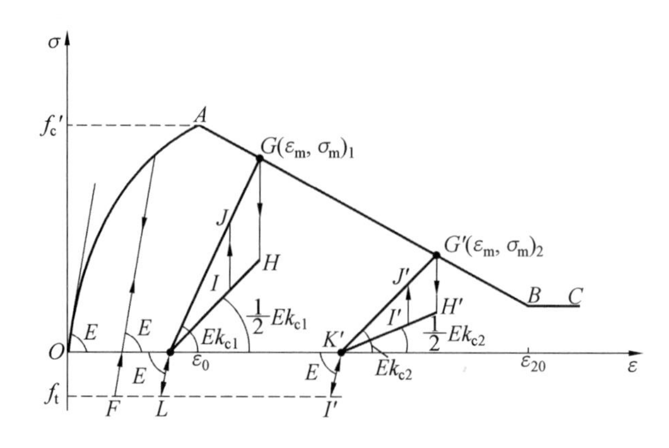

图 1.18　直线型重复加载模式

骨架曲线的方程为

$$\sigma=\begin{cases} f_c\left[\dfrac{2\varepsilon}{0.002}-\left(\dfrac{\varepsilon}{0.002}\right)^2\right], & \varepsilon\leqslant\varepsilon_c \\ f_c\left[1-Z(\varepsilon-0.002)\right], & \varepsilon_c<\varepsilon\leqslant\varepsilon_{2c} \\ 0.2f_c, & \varepsilon>\varepsilon_{2c} \end{cases} \tag{1.23}$$

式中

$$Z=\frac{0.5}{\varepsilon_{50u}+\varepsilon_{50h}-0.002} \tag{1.23a}$$

$$\varepsilon_{50u}=\left(\frac{20.76+2f_c}{f_c-6.89}\right)\times10^{-3} \tag{1.23b}$$

$$\varepsilon_{50h}=\frac{3}{4}\rho_v\sqrt{\frac{b^*}{s}}\times10^{-3} \tag{1.23c}$$

$$k_c=0.8-\frac{(\varepsilon_{un}-\varepsilon_c)\times0.7}{\varepsilon_{20}-\varepsilon_c}\geqslant0.1 \tag{1.24}$$

ε_{20}为最大应力只剩20%的应变值,一般情况下极限应变值可取ε_{20}。

(4) 规范简化模式。

《混凝土结构设计规范》(GB 50010—2010) 给出了在重复荷载作用下的单轴受压混凝土卸载及再加载应力路径,如图1.19所示。

具体表达式为

$$\sigma=E_r(\varepsilon-\varepsilon_z) \tag{1.25}$$

$$E_r=\frac{\sigma_{un}}{\varepsilon_{un}-\varepsilon_z} \tag{1.25a}$$

$$\varepsilon_z=\varepsilon_{un}-\frac{(\varepsilon_{un}+\varepsilon_{ca})\sigma_{un}}{\sigma_{un}+E_c\varepsilon_{ca}} \tag{1.25b}$$

$$\varepsilon_{ca}=\max\left(\frac{\varepsilon_c}{\varepsilon_c+\varepsilon_{un}},\frac{0.09\varepsilon_{un}}{\varepsilon_c}\right)\sqrt{\varepsilon_c\varepsilon_{un}} \tag{1.25c}$$

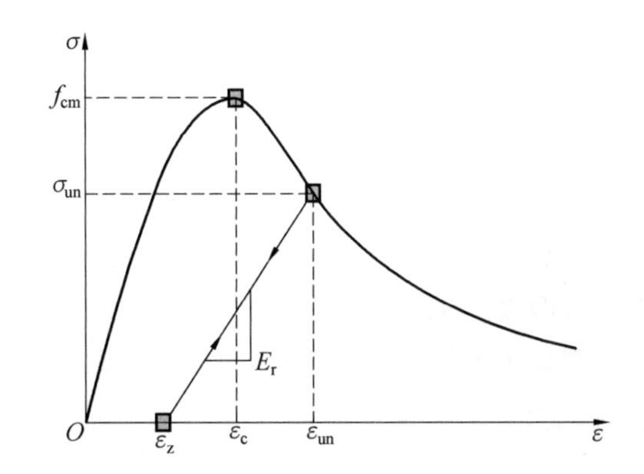

图 1.19　重复荷载作用下的混凝土应力－应变曲线

1.2　混凝土的单轴受拉性能

1.2.1　基本特征

混凝土单拉曲线未开裂部分混凝土用应力－应变来表示，下降段一般以应力－变形形式测量。混凝土轴拉应力－应变曲线如图 1.20 所示。当应力低于 $0.6f_t'$ 时，可以忽略裂缝的增生与扩展，材料基本呈线弹性。不稳定裂缝扩展一般发生在应力为 $0.75f_t'$ 左右。反复加载混凝土单拉实验较少，反复荷载实验的应力－应变曲线包络线和单调荷载的全曲线一致。

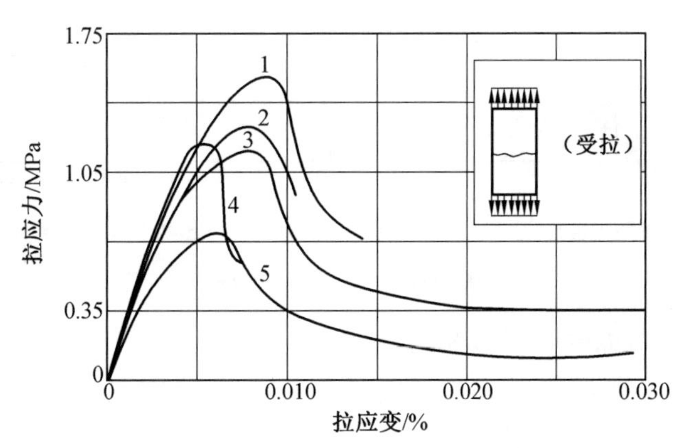

图 1.20　混凝土轴拉应力－应变曲线

普通混凝土的轴拉强度与轴压强度的比值差异性较大，一般介于 0.05 ～ 0.1。相对于轴压作用，轴拉作用下普通混凝土的弹性模量略高，而泊松比 ν 略低。

混凝土的轴拉强度较难测定，一般近似取

$$f_t' = 4\sqrt{f_c'} \quad \text{lb/in}^2 \tag{1.26a}$$

通常用混凝土的抗折模量 f_r' 或者圆柱体的劈裂强度来近似表示混凝土的抗拉强度。普通混凝土的抗折模量离散性也较大，但是一般按下式取值：

$$f_r' = 7.5\sqrt{f_c'} \quad \mathrm{lb/in^2} \tag{1.26b}$$

圆柱体的劈裂抗拉强度通常较低，近似取 $5\sqrt{f_c'} \sim 6\sqrt{f_c'}$ lb/in²。

1.2.2 单轴受拉应力－应变关系的数学模型

关于普通混凝土轴拉曲线的数学表达式，上升段一般都采用直线形式，但是下降段存在差异，下面介绍几种常用的下降段形式。

1. 单直线下降形式（希勒尔堡（Hillerborg）表达式，1976）

单直线下降形式如图 1.21(a) 所示，在分析混凝土断裂时应用。

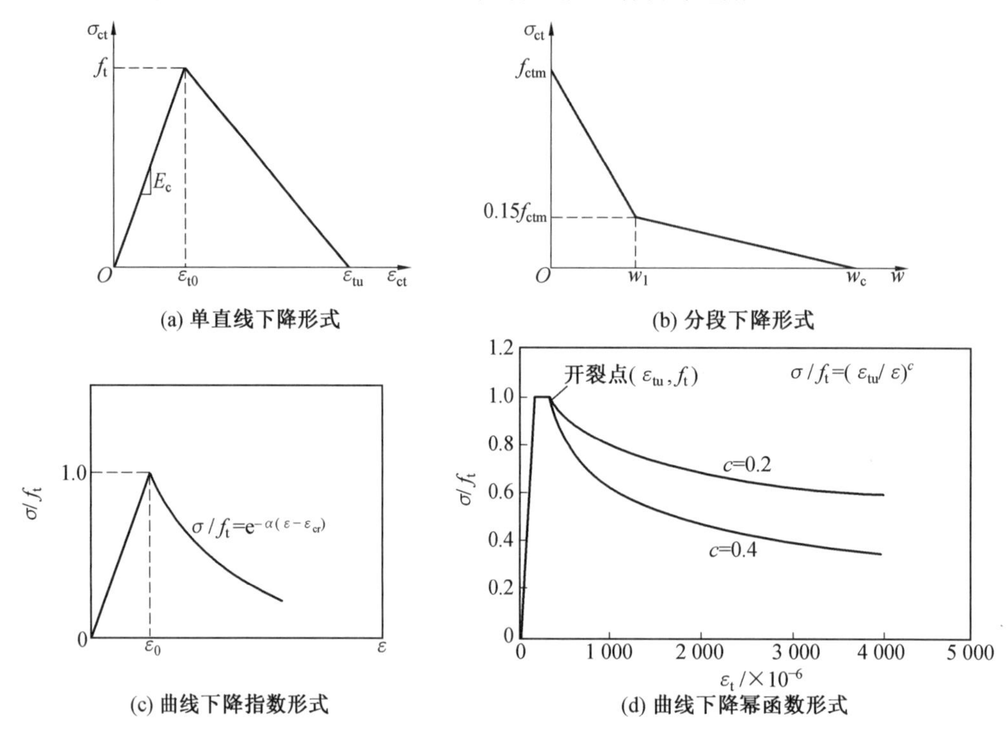

图 1.21　典型混凝土的受拉应力－应变模型

2. 分段下降形式（彼得森（Peterson）表达式，1981）

分段下降形式一般用应力－裂缝宽度（$\sigma - w$）表示下降段，用双折线表示，如图 1.21(b) 所示，其中 w_u 为极限裂缝宽度。其表达式为

$$\sigma = \left(1 - 0.85\frac{w}{w_1}\right) f_{ctm}, \quad 0.15 f_{ctm} < \sigma_{ct} < f_{ctm} \tag{1.27a}$$

$$\sigma_{ct} = 0.15 f_{ctm}\left(\frac{w_c - w}{w_c - w_1}\right), \quad 0 < \sigma_{ct} \leqslant 0.15 f_{ctm} \tag{1.27b}$$

其中，裂缝宽度 w_c 和 w_1 的表达式为

$$w_c = \beta_F G_F / f_{ctm} \tag{1.28a}$$

$$w_1 = 2G_F / f_{ctm} - 0.15 w_c \tag{1.28b}$$

G_F 为混凝土的断裂能，其表达式为

$$G_F = \alpha_F \ (f_{cm/10})^{0.7} \tag{1.29a}$$

$$f_{cm} = f_{ck} + 8(\text{MPa}) \tag{1.29b}$$

式(1.28a) 中，β_F 取决于最大骨料尺寸的经验系数；式(1.29a) 中，α_F 取决于骨料最大粒径的系数。

3. 曲线下降形式

(1)《混凝土结构设计规范》(GB 50010—2010) 补充了以损伤力学为基础的混凝土单轴受拉应力－应变关系建议曲线。

$$\sigma = (1 - d_t) E_c \varepsilon \tag{1.30}$$

$$d_t = \begin{cases} 1 - \rho_t (1.2 - 0.2x^5), & x \leqslant 1 \\ 1 - \dfrac{\rho_t}{\alpha_t \ (x-1)^{1.7} + x}, & x > 1 \end{cases} \tag{1.30a}$$

$$x = \frac{\varepsilon}{\varepsilon_{t,r}} \tag{1.30b}$$

$$\rho_t = \frac{f_{t,r}}{E_c \varepsilon_{t,r}} \tag{1.30c}$$

式中，d_t 为混凝土轴拉损伤演化参数；$f_{t,r}$ 为混凝土轴拉强度；α_t 为混凝土单轴受拉应力－应变曲线下降段参数；$\varepsilon_{t,r}$ 为与轴拉强度对应的轴拉峰值应变。参数取值见表 1.2。

表 1.2　混凝土单轴受拉应力－应变曲线的参数取值

$f_{t,r}/(\text{N}\cdot\text{mm}^{-2})$	1.0	1.5	2.0	2.5	3.0	3.5	4.0
$\varepsilon_{t,r}/\times 10^{-6}$	65	81	95	107	118	128	137
α_t	0.31	0.70	1.25	1.95	2.81	3.82	5.00

(2) 指数表达式(江见鲸，1989)。

用指数形式表达的下降段，如图 1.21(c) 所示，其表达式为

$$\sigma = f_t e^{-\alpha(\varepsilon - \varepsilon_{cr})} \tag{1.31}$$

式中，f_t 为混凝土的抗拉强度(轴拉应力峰值)；ε_{cr} 为混凝土开裂应变(峰值应力对应的应变)；α 为下降段控制系数，与材料的抗拉强度、断裂能等参数有关。

(3) 日本冈寸和前川公式(Okamura & Maekawa, 1991)。

这是一个幂函数形式的表达式，在日本得到广泛应用，如图 1.21(d) 所示。

$$\frac{\sigma}{f_t} = \left(\frac{\varepsilon_{tu}}{\varepsilon}\right)^c \tag{1.32}$$

式中，c 是考虑不同配筋方式对混凝土开裂软化的约束作用影响系数，变形钢筋取 0.4，焊接网片配筋取 0.2。

(4) 双曲线下降形式(访日学者：李宝禄)。

该表达式是以 $\sigma - w$ 形式表达的，即

$$\sqrt{\frac{\sigma}{f_t}} + \sqrt{\frac{w}{w_u}} = 1 \tag{1.33}$$

式中，w 为裂缝张开宽度；w_u 为拉应力降为 0 时对应的裂缝极限张开宽度。

1.3 混凝土的双轴受力性能

1.3.1 基本特征

自 20 世纪 60 年代以来，国际上开展了大量的混凝土在双轴作用下的力学性能研究，早期的实验工作主要关注混凝土的双轴受力强度，后来在双轴的变形特征、微观裂缝发展等方面也积累了大量实验数据。比较典型的工作，如 Kupfer(库普佛）等(1969,1973)、Nelissen(内利森,1972)、Tasuji 等(1978) 的工作，如图 1.22 ～ 1.24 所示。

混凝土在双轴作用下的强度包络线，如图 1.25 所示。在双轴应力状态下，混凝土的变形性能或者延性与应力状态的性质(受压还是受拉）有关。

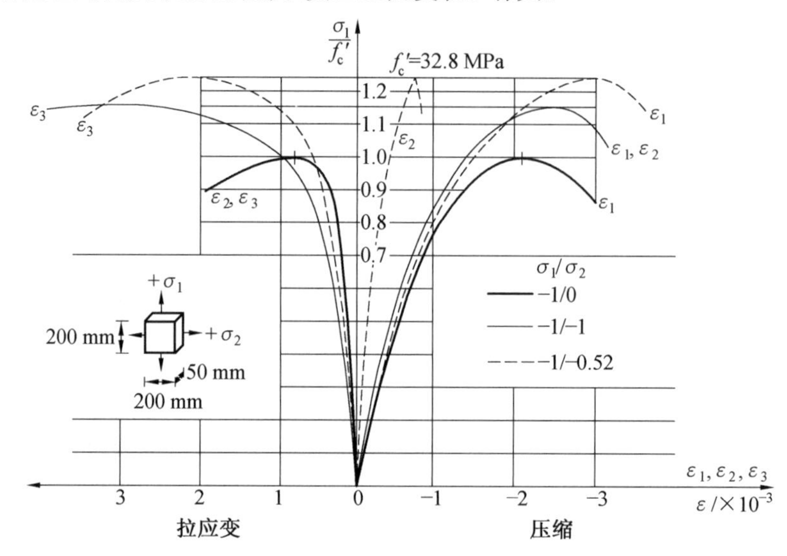

图 1.22 普通混凝土在双轴受压作用下的应力－应变关系

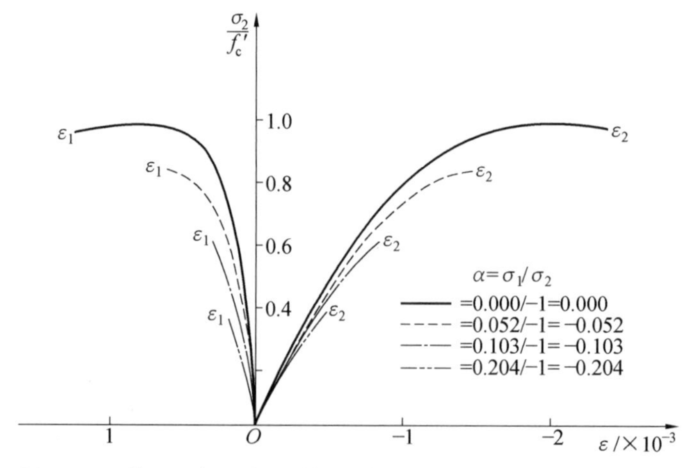

图 1.23 普通混凝土在双轴拉压作用下的应力－应变实验曲线

如图 1.22 所示，同单轴受压强度相比，在双轴受压作用下，混凝土最大强度增长了 22% ~ 27%，对应的应力比为 $\sigma_2/\sigma_1=0.5$。在双轴等压情况下($\sigma_2/\sigma_1=1$)，混凝土最大强度增长了 16% ~ 20%。

在单向或双向受压状态，混凝土平均最大压应变约为 3 000 微应变，平均最大拉应变为2 000 ~ 4 000 微应变。双轴受压下混凝土的受拉延性比单轴受压情况要大。

如图 1.23 所示，在双轴拉压作用下，随着作用拉应力的增大，混凝土受压方向的抗压强度减小，且基本呈线性减小。或者说，其抗拉强度随着另一方向压应力的增大而降低，主压应变和主拉应变均随拉应力的增大而减小。

如图 1.24 所示，在双轴受拉作用下，混凝土强度与单轴受拉强度基本相同，也可从图 1.25 看到这一规律。在单轴受拉或者双轴受拉作用下，混凝土最大主拉应变的均值约为 80 微应变。虽然一般得不到双轴受拉情况下的曲线下降段，但是 Nelissen 采用某一等应变率法能够得到双轴加载实验下应力 − 应变曲线的下降段。

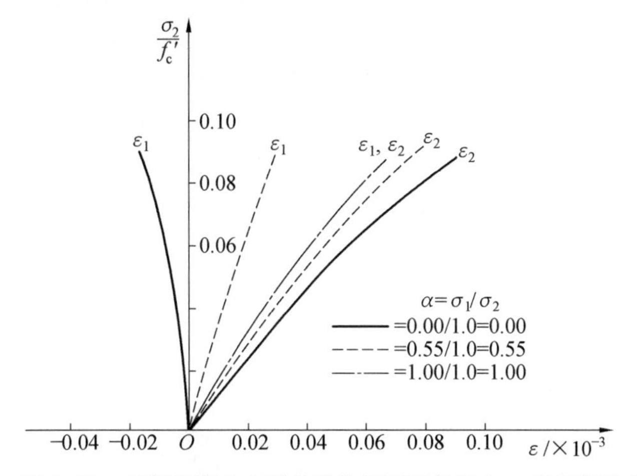

图 1.24　普通混凝土在双轴受拉作用下的应力 − 应变实验曲线

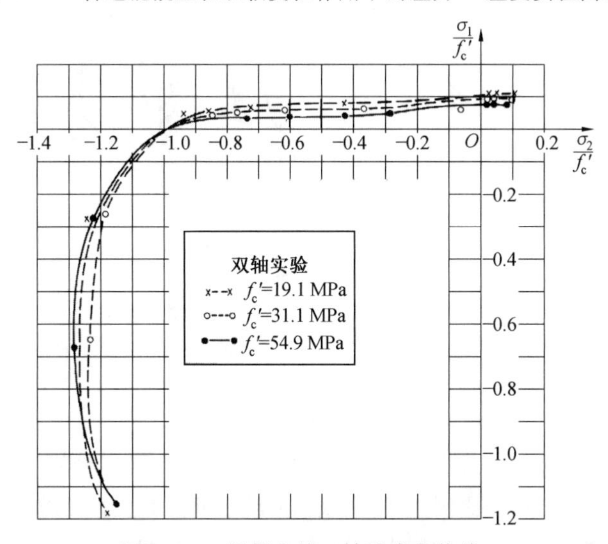

图 1.25　混凝土的双轴强度包络线

在接近破坏点，随着压应力的持续增大，混凝土会产生体积增大的现象，如图1.26所示。这种非弹性的体积增大现象，称为膨胀，通常认为是由混凝土内主裂缝的逐步扩展造成的。

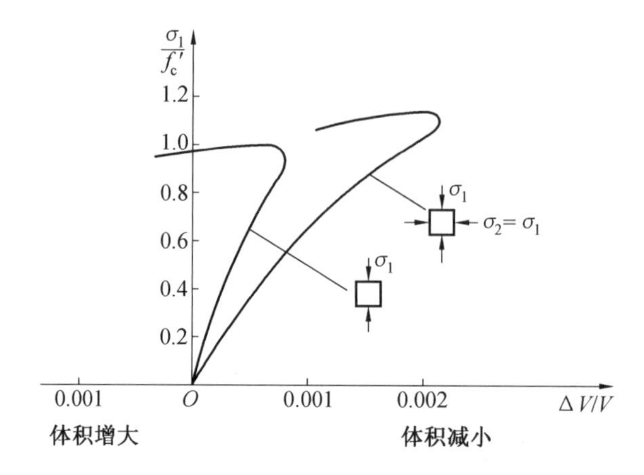

图1.26　在双轴受压作用下的混凝土应力－体积应变曲线

混凝土的破坏从细观机理上分析，其产生于同最大拉应力或最大拉应变方向正交的断裂面上的拉伸劈裂。因此，拉应变在混凝土的破坏准则和破坏机理中具有至关重要的作用。在不同双轴作用下混凝土的破坏模式如图1.27所示，在双轴受压作用下，导致第3方向产生拉伸变形，引起正交方向的开裂。

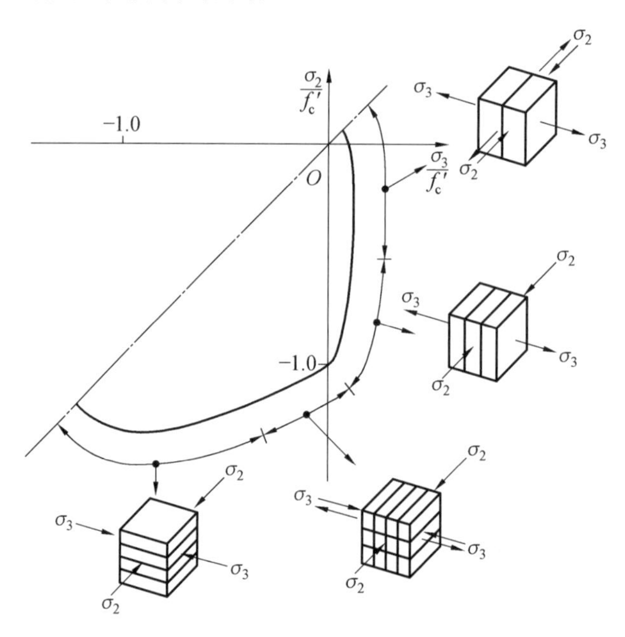

图1.27　不同双轴作用下混凝土的破坏模式(Nelissen，1972)

最大强度包络线与加载路径无关，但是有研究者认为，对于轻骨料混凝土的非比例加载强度要低于比例加载强度。对于比例加载，在双轴加载下的混凝土破坏遵循最大拉应变准则。

由于混凝土结构时常经受地震、飓风、波浪等随机荷载作用，所以了解混凝土在循环荷载作用下的双轴受力性能尤为重要。图 1.28 是先在水平方向施加 $\sigma_2 = 0.6 f_c$(采用减摩措施)时,然后在垂直方向施加循环应力 σ_1 的应力－应变曲线,实验过程由变形控制。

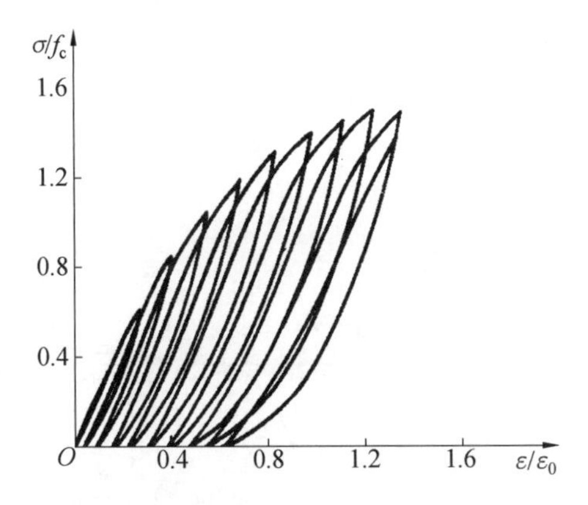

图 1.28　非比例加载时应力－应变曲线

图 1.29 是双向循环比例受压(主应力比 $\sigma = 0.5$)时的应力－应变曲线。由实验结果知,不管是比例加载还是非比例加载,有横向约束的 $\sigma_1 - \varepsilon_1$ 循环加载实验曲线与没有横向约束的单轴实验曲线颇为相似。有约束的实验曲线的初始线性部分均很接近,且其初始弹性模量略高于没有约束的单轴实验;但在非线性部分,横向约束使加卸载曲线的斜率变得比单轴时的更陡。循环加卸载的应力－应变曲线的包络线与单轴加载时基本相同。

与单轴受压情况相同,当从包络线上某点卸载后再加载至公共点以前基本为线性的,但过了公共点以后,再加载曲线的斜率显著减小,应变迅速增长。这表明混凝土发生新的开裂或已有裂缝的扩张。卸载至应力为 0 时,其不可逆应变也随着卸载时应变的增大而增加。

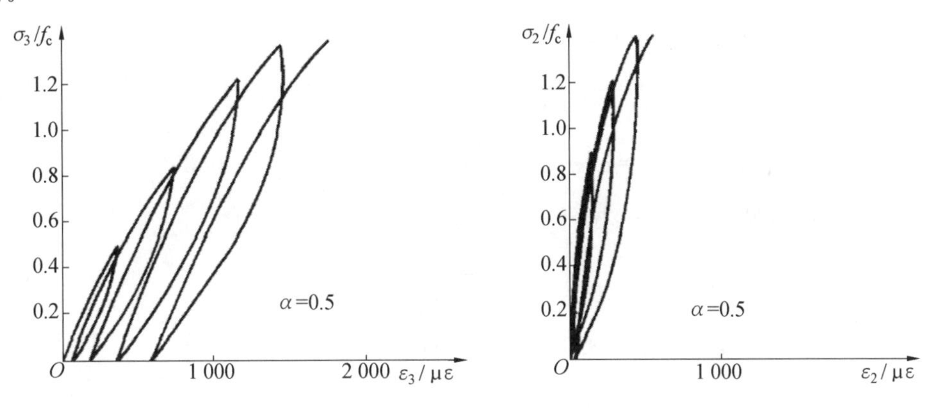

图 1.29　比例加载应力－应变曲线

1.3.2　双轴破坏准则

实际结构中,混凝土很少处于单向受力状态,更多地是处于双向或三向受力状态,如剪力和扭矩作用下的构件、弯剪扭和压弯剪扭构件、混凝土拱坝、核电站安全壳等。

过低地估计双轴和三轴抗压强度,会造成材料浪费;过高地估计多轴拉－压应力状态的强度，会存在安全隐患。因此，合理选用混凝土双轴强度模型非常重要。下面介绍几个经典的混凝土双轴强度准则模型。

1. 双轴强度准则(Kupfer 破坏准则)

将图 1.25 中的双轴强度包络线分为 4 个区域，与由应力比 α 表征的应力状态有关，如图 1.30 所示。假设压应力为负、拉应力为正，主方向选取满足 $\sigma_1 \geqslant \sigma_2$。

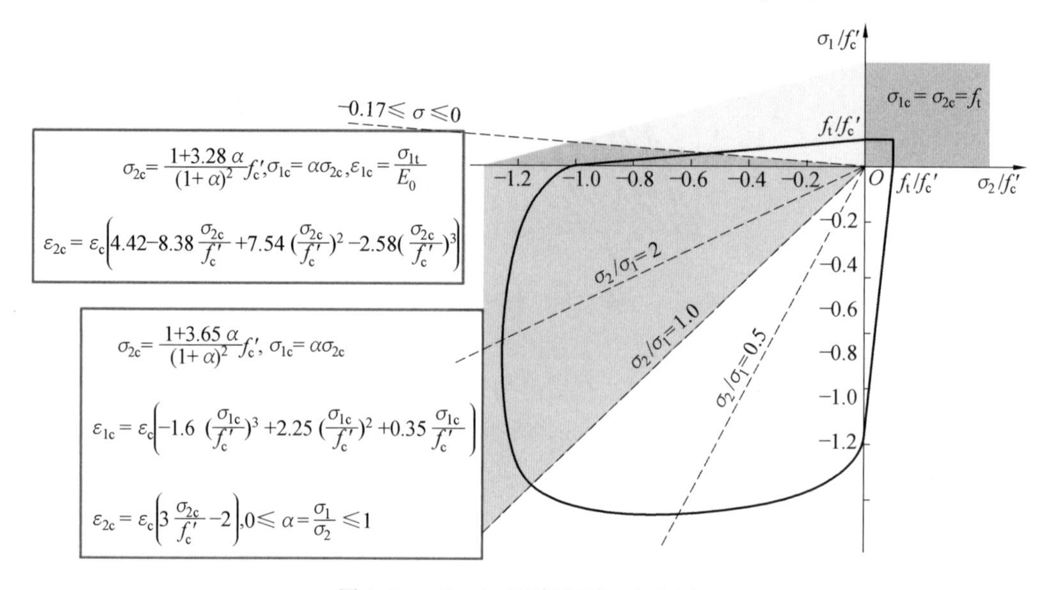

图 1.30 Kupfer 强度准则 4 个分区

下面给出强度包络线 4 个区域中的最大应力 σ_{1p} 和 σ_{2p} 表达式，及其对应的应变 ε_{1p} 和 ε_{2p}。

(1) 压－压区域(σ_1:压，σ_2:压，$0\leqslant\alpha\leqslant1$)

$$\sigma_{2p}=\frac{1+3.65\alpha}{(1+\alpha)^2}f'_c,\quad \varepsilon_{2p}=\varepsilon_c\left(3\frac{\sigma_{2p}}{f'_c}-2\right) \tag{1.34}$$

$$\sigma_{1p}=\alpha\sigma_{2p},\quad \varepsilon_{1p}=\varepsilon_c\left[-1.6\left(\frac{\sigma_{1p}}{f'_c}\right)^3+2.25\left(\frac{\sigma_{1p}}{f'_c}\right)^2+0.35\frac{\sigma_{1p}}{f'_c}\right] \tag{1.35}$$

(2) 压－拉区域(σ_1:压，σ_2:拉，$-0.17\leqslant\alpha\leqslant0$)

$$\sigma_{2p}=\frac{1+3.28\alpha}{(1+\alpha)^2}f'_c \tag{1.36}$$

$$\varepsilon_{2p}=\varepsilon_c\left[4.42-8.38\frac{\sigma_{2p}}{f'_c}+7.54\left(\frac{\sigma_{2p}}{f'_c}\right)^2-2.58\left(\frac{\sigma_{2p}}{f'_c}\right)^3\right] \tag{1.37}$$

$$\sigma_{1p}=\alpha\sigma_{2p},\quad \varepsilon_{1p}=\frac{\sigma_{1p}}{E_0} \tag{1.38}$$

(3) 拉－压区域(σ_1:拉，σ_2:压，$-\infty<\alpha<-0.17$)

$$\sigma_{2p}\leqslant0.65f'_c \tag{1.39}$$

$$\varepsilon_{2p}=\varepsilon_c\left[4.42-8.38\frac{\sigma_{2p}}{f'_c}+7.54\left(\frac{\sigma_{2p}}{f'_c}\right)^2-2.58\left(\frac{\sigma_{2p}}{f'_c}\right)^3\right] \tag{1.40}$$

$$\sigma_{1p}=f'_t,\quad \varepsilon_{1p}=\frac{\sigma_{1p}}{E_0} \tag{1.41}$$

在拉压区域内(图1.31)，σ_{1p} 取值对结果有一定影响，当 f_c 较高时，也可以采用

$$\sigma_{1p}=\left(1+0.8\frac{\sigma_2}{f_c'}\right)f_t' \tag{1.42}$$

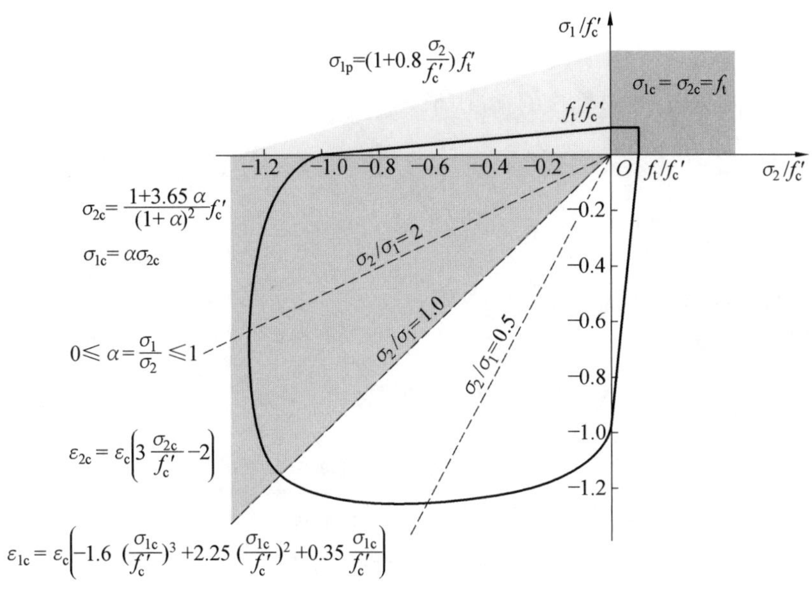

图1.31　Kupfer双轴强度准则简化分区

(4) 拉－拉区域(σ_1:拉，σ_2:拉，$1<\alpha<\infty$)

$$\sigma_{1p}=f_t'\geqslant\sigma_{2p} \tag{1.43}$$

$$\varepsilon_{1p}=\frac{f_t'}{E_0}\geqslant\varepsilon_{2p}=\frac{\sigma_{2p}}{E_0} \tag{1.44}$$

2. Liu多折线公式

将Mohr-Coulomb准则在双向受压区的单直线包络线 $-\sigma_2=f_c$ 改为双折线，就是双折线公式，表达式为

$$\begin{cases}\alpha=\dfrac{\sigma_1}{\sigma_2}<0.2, & \sigma_{2c}=\left(1+\dfrac{\alpha}{1.2-\alpha}\right)f_c, \quad \sigma_{1c}=\alpha\sigma_2\\ 0.2\leqslant\alpha\leqslant1.0, & \sigma_{2c}=1.2f_c, \quad \sigma_{1c}=\alpha\sigma_2\end{cases} \tag{1.45}$$

(1) 在拉－压区，与Mohr-Coulomb准则相同。

(2) 在压－压区，当 $\alpha_i<0.2$ 时，

$$\frac{\sigma_{ic}}{f_c'}=1+\frac{\alpha_i}{1.2-\alpha_i} \tag{1.46}$$

当 $0.2\leqslant\alpha_i\leqslant1$ 时，

$$\frac{\sigma_{ic}}{f_c'}=1.2 \tag{1.47}$$

当 $1<\alpha_i\leqslant5$ 时，

$$\frac{\sigma_{ic}}{f_c'}=\frac{1.2}{\alpha_i} \tag{1.48}$$

当 $\alpha_i > 5$ 时，

$$\frac{\sigma_{ic}}{f'_c}=\frac{1}{\alpha_i}\left(1+\frac{1}{1.2\alpha_i-1}\right) \tag{1.49}$$

式中，σ_i 为垂直于 i 方向的主应力与 i 方向的主应力之比；σ_{ic} 为 i 方向的破坏应力。上述式子所代表的破坏曲线示于图 1.32 中。

(3) 对于一向受压、一向受拉的情况，取

$$\sigma_{1t}=\left(1+\frac{\sigma_2}{f'_c}\right)f'_t \tag{1.50a}$$

或

$$\sigma_{1t}=f'_t \tag{1.50b}$$

σ_{2c} 可采用双轴受压区曲线的延长线。

(4) 对拉－拉区，

$$\sigma_{1t}=\sigma_{2t}=f'_t \tag{1.51}$$

如图 1.32 所示。

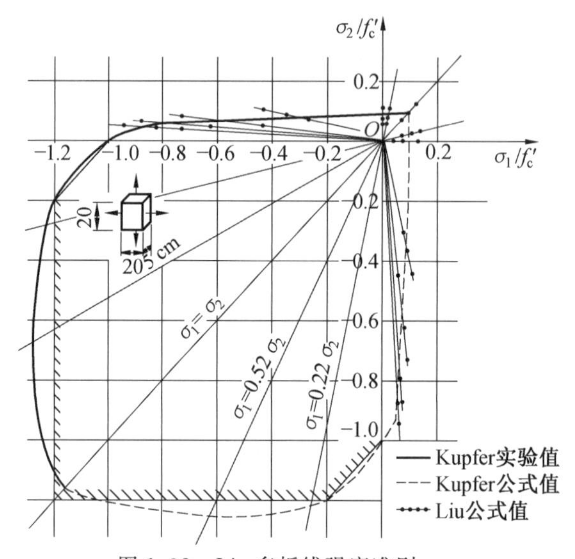

图 1.32　Liu 多折线强度准则

3. Nilson 多折线修正公式

(1) 双向受压时，有

$$\begin{cases}\sigma_{2c}=\left(0.46\dfrac{\sigma_1}{f_c}-0.9\right)f_c, & 0\leqslant\alpha\leqslant0.5\\[2mm] \sigma_{2c}=\left(-0.18\dfrac{\sigma_1}{f_c}-1.28\right)f_c, & 0.5<\alpha\leqslant1.0\end{cases} \tag{1.52}$$

(2) 压拉组合时，有

$$\sigma_{2c}=\left(-1.6\frac{\sigma_1}{f_c}-0.9\right)f_c \tag{1.53}$$

(3) 双向受拉时，有

$$\sigma_{2c}=f_t=0.055f_c \tag{1.54}$$

4. 修正的莫尔－库仑(Mohr-Coulomb)准则

1900年，Mohr提出了平面的极限剪应力与该面内正应力有关的概念，建立了Mohr包络线，当最大的Mohr应力圆接触到包络线时，达到材料的破坏强度。Mohr包络线最简单的为线性近似法，即Coulomb直线方程，如图1.33所示。

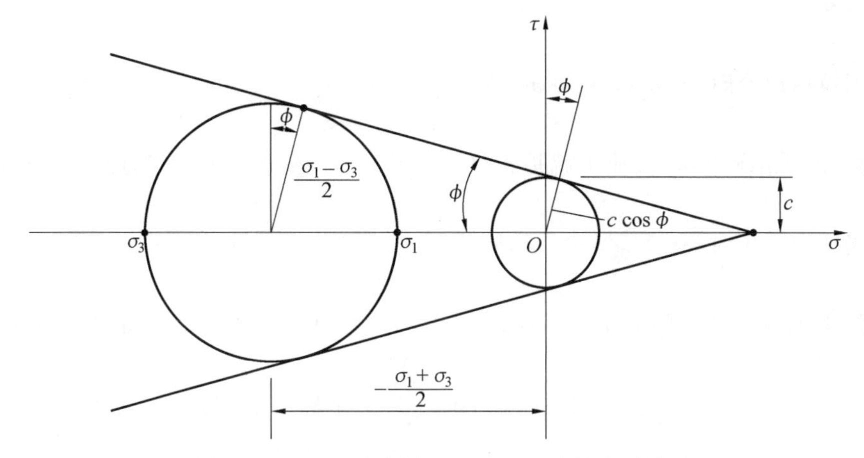

图1.33　Mohr应力圆－Coulomb失效准则关系

Coulomb线性失效准则的方程为

$$|\tau| = c - \sigma\tan\phi \tag{1.55}$$

式中，c为材料的内聚力；ϕ为材料的内摩擦角。

由于在混凝土材料中，一般不去测定材料这两个参数，通常用强度指标，如抗拉强度f_t和抗压强度f_c，因此要建立它们的关系，根据图1.33中的几何关系，有

$$\frac{c\cos\phi}{\dfrac{\sigma_1-\sigma_3}{2}} = \frac{c\cos\phi/\sin\phi}{\dfrac{c\cos\phi}{\sin\phi}-\dfrac{\sigma_1+\sigma_3}{2}} \Rightarrow \frac{1}{\dfrac{\sigma_1-\sigma_3}{2}} = \frac{1}{c\cos\phi-\dfrac{\sigma_1+\sigma_3}{2}\sin\phi} \tag{1.56}$$

整理为

$$\sigma_1\frac{1+\sin\phi}{2c\cos\phi}-\sigma_3\frac{1-\sin\phi}{2c\cos\phi}=1,\quad \sigma_1\geqslant\sigma_2\geqslant\sigma_3 \tag{1.57}$$

这样，可以通过简单的应力实验，建立参数(c,ϕ)同混凝土材料强度的关系，如：

(1) 以(f_t, f_c)为参数的准则形式。

$$\sigma_1=f_t,\sigma_2=\sigma_3=0\Rightarrow f_t\frac{1+\sin\phi}{2c\cos\phi}=1\Rightarrow f_t=\frac{2c\cos\phi}{1+\sin\phi} \tag{1.58}$$

$$\sigma_1=\sigma_2=0,\sigma_3=-f_c\Rightarrow f_c\frac{1-\sin\phi}{2c\cos\phi}=1\Rightarrow f_c=\frac{2c\cos\phi}{1-\sin\phi} \tag{1.59}$$

将式(1.58)和式(1.59)代入式(1.57)，整理得到

$$\frac{\sigma_1}{f_t}-\frac{\sigma_3}{f_c}=1 \tag{1.60}$$

(2) 以(m, f_c)为参数的准则形式。

如果令

$$m=\frac{1+\sin\phi}{1-\sin\phi}=\frac{f_c}{f_t} \tag{1.61}$$

并利用式(1.59),式(1.57)可以改写为

$$m\sigma_1-\sigma_3=f_c,\quad \sigma_1\geqslant\sigma_2\geqslant\sigma_3 \tag{1.62}$$

式(1.60)和式(1.62)就是修正的Mohr-Coulomb准则。在平面应力状态下,可以进一步简化:

① 当双向受拉时,有 $\sigma_1>\sigma_2>0=\sigma_3$,则

$$\sigma_1=f_t \tag{1.63}$$

② 当拉压组合时,有 $\sigma_1>0>\sigma_2$,则

$$m\sigma_1-\sigma_2=f_c \tag{1.64}$$

注意,这种情况下,σ_2 实质上就是式(1.62)中的 σ_3,注意3个主应力的大小顺序是固定的。

③ 当双向受压时,有 $0>\sigma_1>\sigma_2$,则

$$-\sigma_2=f_c \tag{1.65}$$

注意,这种情况下,式(1.62)中的 $\sigma_1=0$,σ_3 为本应力状态中的 σ_2,而 σ_2 为本应力状态中的 σ_1。

上述①～③3种情况,绘制在一个平面主应力坐标系中,如图1.34所示。

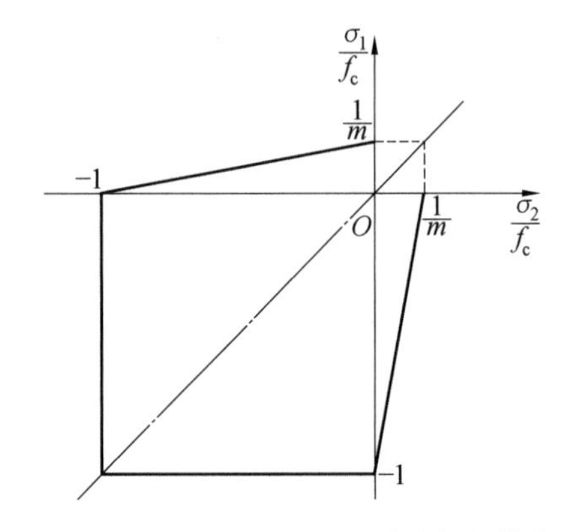

图1.34 Mohr-Coulomb准则破坏包络线

根据Mohr-Coulomb准则求得的强度值比实验值低,但由于其公式形式简单,设计时偏于保守安全,在结构极限分析中应用广泛。

破坏准则还可以表达成不变量的形式,即

$$f(I_1,J_2,\theta)=\frac{1}{3}I_1\sin\phi-\sqrt{J_2}\sin\left(\theta+\frac{\pi}{3}\right)+\frac{\sqrt{J_2}}{\sqrt{3}}\cos\left(\theta+\frac{\pi}{3}\right)\sin\phi-c\cos\phi=0 \tag{1.66}$$

5. 修正的Drucker-Prager公式

考虑到双轴等压下,混凝土的强度 f_{bc} 随混凝土强度等级等因素而变化,上述公式尚不能反映这一情况。江一陆以Drucker-Prager公式形式 $f(I_1,J_2)=\alpha I_1+\sqrt{J_2}-k=0$ 为基础,用 f_c、f_t 或 f_c、f_{bc} 来建立双参数破坏准则,其具体形式为

$$a\frac{I_1}{f_c}+b\frac{\sqrt{J_2}}{f_c}-1=0 \tag{1.67}$$

参数 a 和 b 由下式决定:

$$\begin{cases} a = \dfrac{1}{2}\left(\dfrac{f_c}{f_t} - 1\right) \\ b = \dfrac{\sqrt{3}}{2}\left(1 + \dfrac{f_c}{f_t}\right) \end{cases}, \quad \sigma_1 > 0 \tag{1.68}$$

$$\begin{cases} a = 1 - \dfrac{f_c}{f_{bc}} \\ b = \sqrt{3}\left(2 - \dfrac{f_c}{f_{bc}}\right) \end{cases}, \quad \sigma_1 \leqslant 0 \tag{1.69}$$

为了比较差异性，将各强度公式对应的包络线绘制在同一双轴主应力坐标系内，如图 1.35 所示。

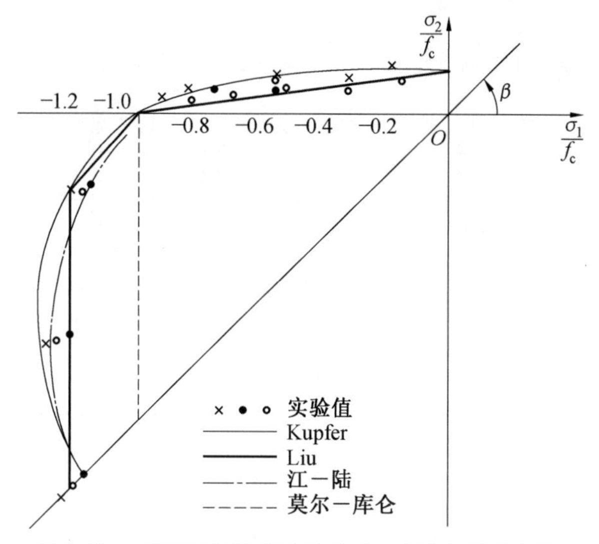

图 1.35　不同双轴强度准则公式与实验结果的比较

6. 规范模式

我国《混凝土结构设计规范》(GB 50010—2010) 对混凝土双轴强度包络线做出了如下规定：在双轴应力状态下，混凝土的双轴强度由下列 4 条曲线连成的封闭曲线(图 1.36)确定；也可以根据表 1.3 ～ 1.5 所列的数值内插取值。

强度包络曲线方程应符合下列公式的规定：

$$\begin{cases} L_1: f_1^2 + f_2^2 - 2\nu f_1 f_2 = (f_{t,r})^2 \\ L_2: \sqrt{f_1^2 + f_2^2 - f_1 f_2} - \alpha_3 (f_1 + f_2) = (1 - \alpha_3)\,|f_{c,r}| \\ L_3: \dfrac{f_2}{|f_{c,r}|} - \dfrac{f_1}{|f_{t,r}|} = 1 \\ L_4: \dfrac{f_1}{|f_{c,r}|} - \dfrac{f_2}{|f_{t,r}|} = 1 \end{cases} \tag{1.70}$$

表 1.3　混凝土在双轴拉 — 压应力状态下的抗拉、抗压强度

$f_2/f_{t,r}$	0	−0.1	−0.2	−0.3	−0.4	−0.5	−0.6	0.7	−0.8	−0.9	−1.0
$f_1/f_{c,r}$	1.00	0.90	0.80	0.70	0.60	0.50	0.40	0.30	0.20	0.10	0

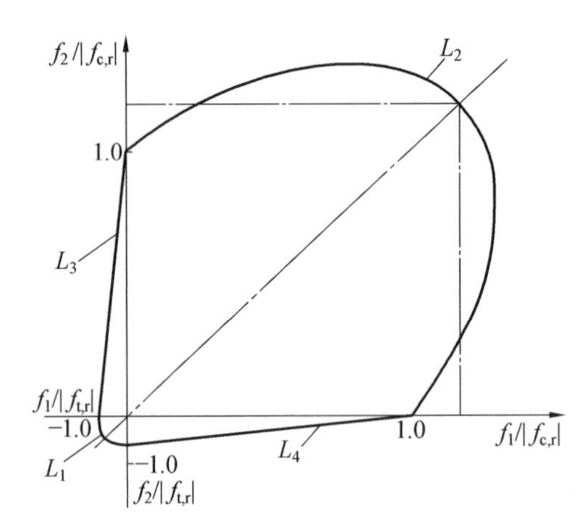

图 1.36 混凝土双轴强度包络线(《混凝土结构设计规范》GB 50010—2010)

表 1.4 混凝土在双轴受压状态下的抗压强度

$f_1/f_{t,r}$	1.0	1.05	1.10	1.15	1.20	1.25	1.29	1.25	1.25	1.16
$f_2/f_{c,r}$	0	0.074	0.16	0.25	0.36	0.50	0.88	1.03	1.11	1.16

表 1.5 混凝土在双轴受拉状态下的抗拉强度

$f_1/f_{t,r}$	−0.79	−0.7	−0.6	−0.5	−0.4	−0.3	−0.2	−0.1	0
$f_2/f_{t,r}$	−0.79	−0.86	−0.93	−0.97	−1.00	−1.02	−1.02	−1.02	−1.00

第 2 章　混凝土在三轴受力下的破坏准则

2.1　混凝土的三轴受力特性

2.1.1　混凝土的常规三轴受压力学性能

三轴应力状态有多种组合，实际工程遇到的螺旋箍筋柱和钢管混凝土柱中的混凝土多数为三向受压状态。三向受压实验一般采用圆柱体在等侧压条件下进行，如图 2.1 所示。

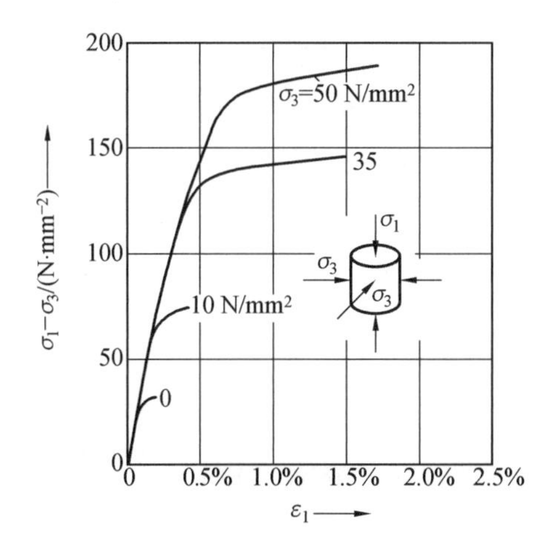

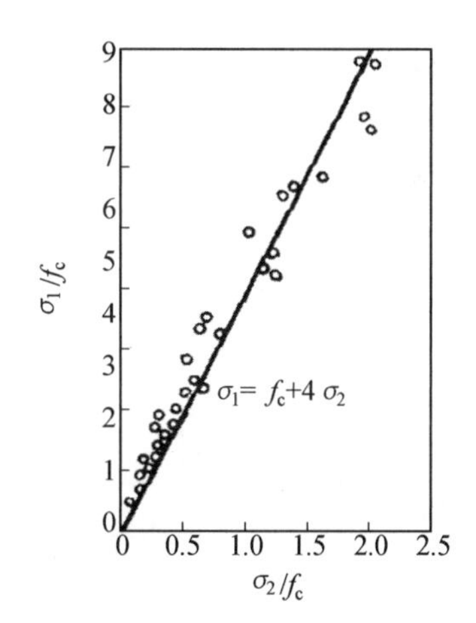

图 2.1　圆柱体等侧压实验结果

图 2.2 给出了不同围压时轴向受压应力－应变全曲线。由图可见：当围压由 0 增加到 40 MPa 时，混凝土峰值应力和峰值应变均有相当程度的增加，其下降段随围压增大渐趋平缓，但其弹性模量基本不变。图 2.3 所示为不同围压下轴向应力与体积应变间的关系。

图 2.4 所示为不同围压下强度比 σ_0/f_c 随围压比 p_0/f_c 的变化情况，f_c 是围压为 0 时的抗压强度，σ_0 为不同围压时的强度。对于不同围压下峰值应变的相对强度研究较少。图 2.5 所示为不同围压下峰值应变随围压的变化情况。实验中发现：由于围压的施加，混凝土在轴向力作用下的横向裂缝发展受到了限制，即围压对混凝土内部的微裂缝开展（即损伤）有明显的约束作用，这种约束作用随围压增加而增大。这不仅表现在图 2.4 所示的强度提高上，也表现在混凝土的破坏形式上：随着围压的增大，混凝土由单轴的劈裂破坏逐渐过渡到三轴的腰鼓形破坏。

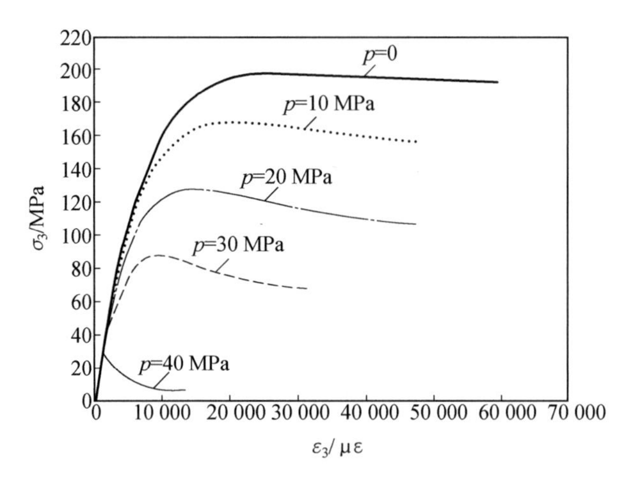

图 2.2　不同围压下的 $\sigma_3-\varepsilon_3$ 曲线

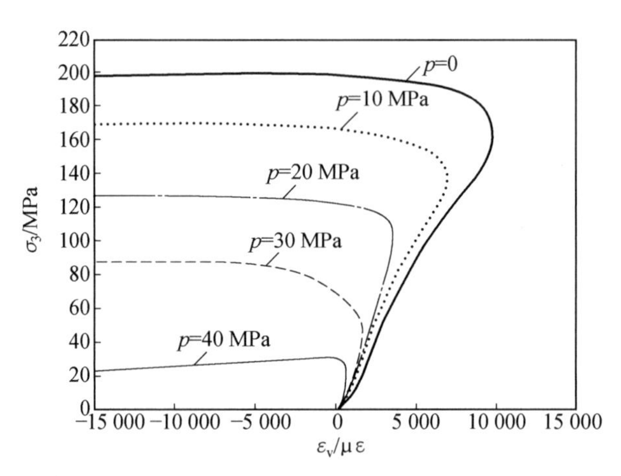

图 2.3　$\sigma_3-\varepsilon_v$ 的关系曲线

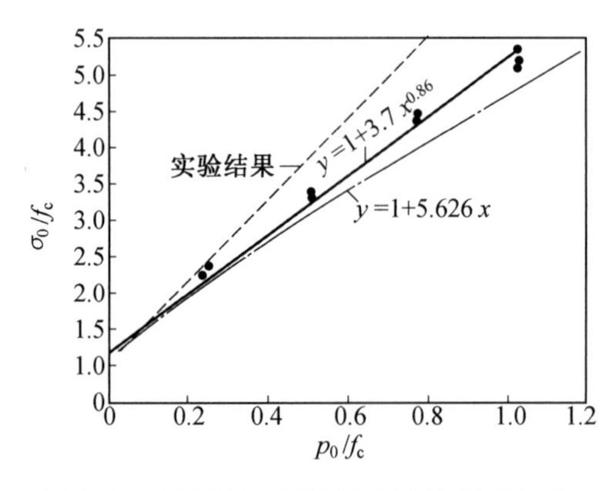

图 2.4　不同围压下强度比随围压比的变化

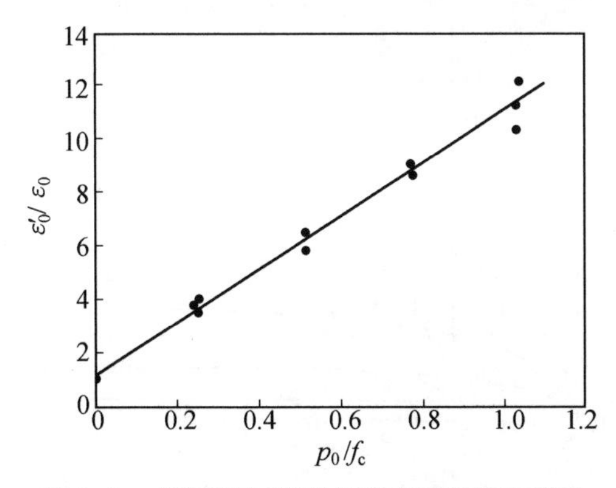

图 2.5　不同围压下峰值应变随围压的变化

2.1.2　混凝土一般三轴力学性能

图 2.6 所示是 Van Mier 的三轴强度的包络线。由图可见：三轴受压强度受中间主应力的影响，一开始随着 σ_2/σ_1 的比值而增加，σ_2/f_c 的强度比值也增加；随后，σ_1/f_c 比值的增加曲线渐趋平滑，σ_1/f_c 强度比值逐渐随 σ_2/σ_1 比值的增加而下降。

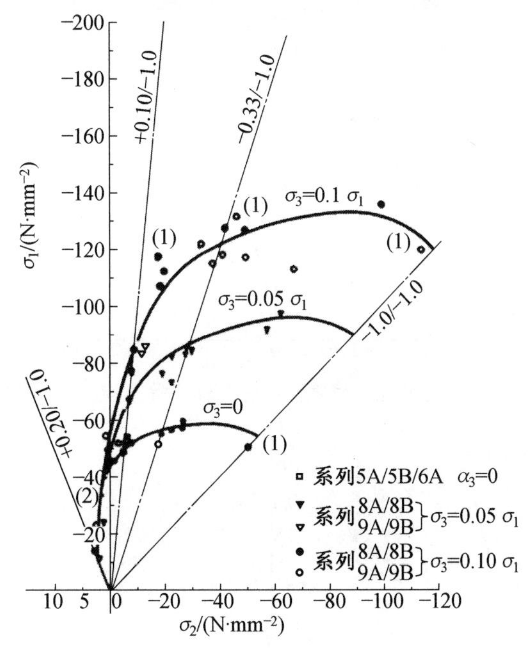

图 2.6　Van Mier 的三轴强度的包络线

混凝土三轴拉压（包括双轴受压、一向受拉，双轴受拉、一向受压两种情况）的强度如图 2.7 所示。其一般规律是：① 任何应力比的三轴拉压强度不超过单轴抗压强度，即 $\sigma_3/f_c\leqslant 1.0$，抗拉强度不超过单轴抗拉强度，即 $\sigma_1/f_t<1.0$；② 三轴拉压时的混凝土抗压强度 σ_3 随应力比 $|\sigma_1/\sigma_3|$ 的加大而迅速降低；③ 不论拉压应力大小，第二主应力 σ_2 对三轴抗压强度 σ_3 的影响均较小，变化幅度一般在 10% 以内。

对于三向受压的混凝土试件，应力－应变曲线的线性段受压情况比单向受压情况大大提高。在高应力比的情况下，甚至 $\sigma_3/f_c=1.0$，都可近似为线性。图 2.8 所示是三轴不

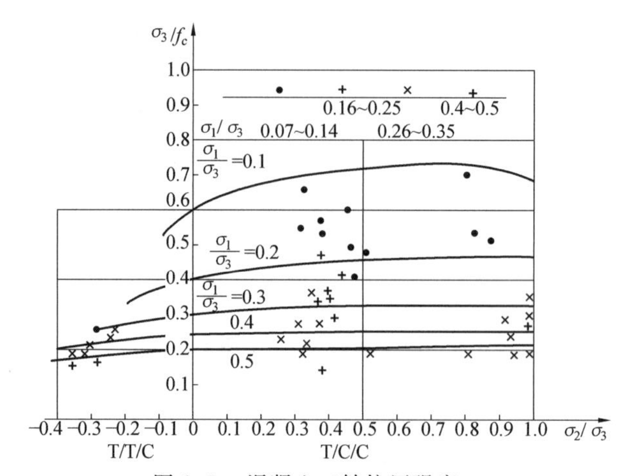

图 2.7　混凝土三轴抗压强度

等压(应力比为 1∶0.5∶0.1)应力－应变曲线,图 2.9 所示是 Van Mier 测得的不等压应力－应变全曲线,图 2.10 是 Buyukozturk 测得的应力比为－1∶0.2∶－0.1 单调及循环加载下 σ_2 方向的应力－应变全曲线。

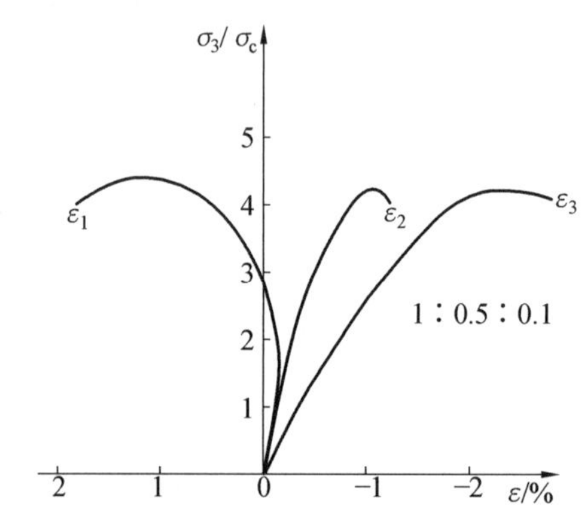

图 2.8　大连理工大学测定的三轴不等压应力－应变曲线

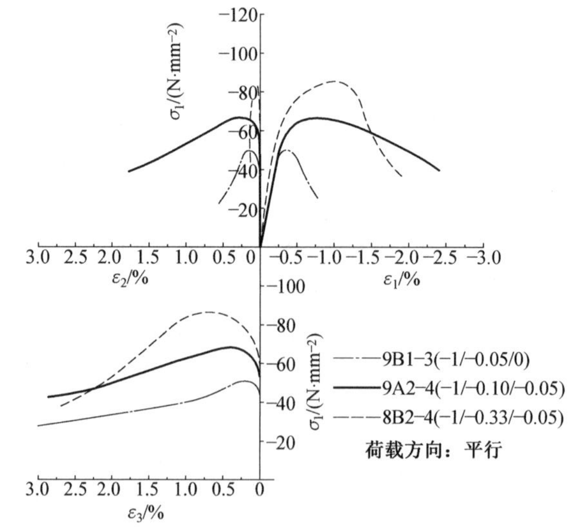

图 2.9　Van Mier 不等压应力－应变全曲线

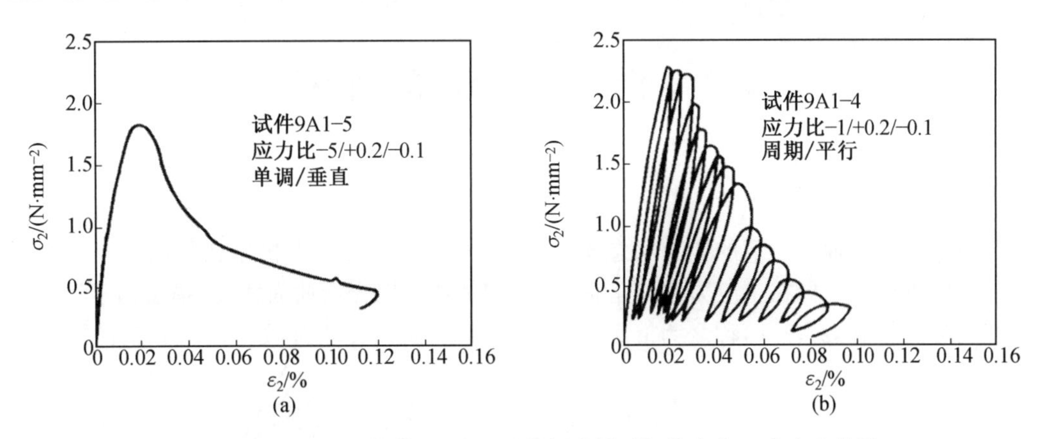

图 2.10　Buyukozturk 拉－压－压单调及循环加载应力－应变全曲线

2.1.3　混凝土三轴受力破坏形态

Van Mier 在进行混凝土多轴受力实验时，认为混凝土的破坏形态可概括为 4 种：拉断型、单剪型、双剪型和压碎型，如图 2.11 所示。拉断型破坏面是由拉开型裂缝发展而成的；单剪型和双剪型破坏面是由拉开型及滑移型裂缝发展而成的；压碎型破坏面则由许多滑移型裂缝构成，其分布如图 2.12 所示。

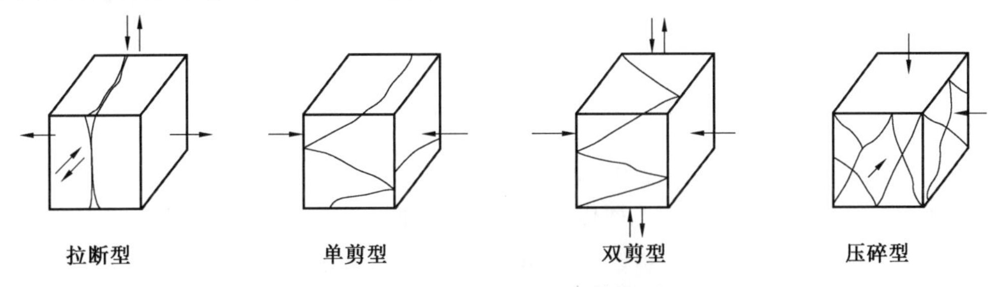

图 2.11　Van Mier 试件破坏形态

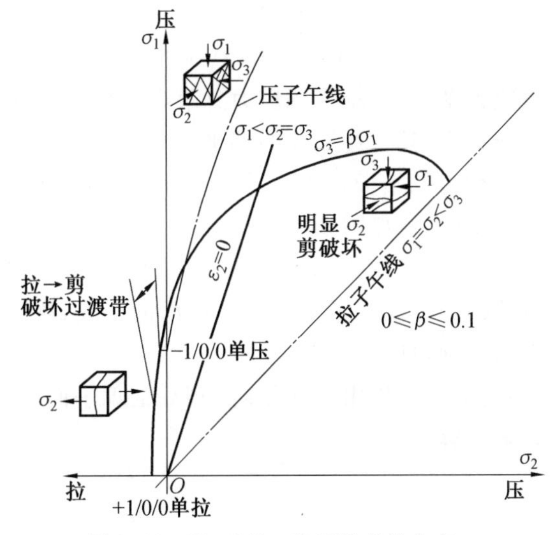

图 2.12　Van Mier 破坏形态的分布

2.2 混凝土的破坏面特征

2.2.1 基本概念

混凝土在三轴受力下的应力状态比较复杂，人们将从实验中积累获得的混凝土多轴极限强度数据逐个标在主应力空间坐标系中，相邻各点以光滑曲面相连，描绘出了混凝土破坏包络面 $f(\sigma_1,\sigma_2,\sigma_3)$，称之为混凝土的破坏曲面，简称破坏面，如图 2.13 所示。

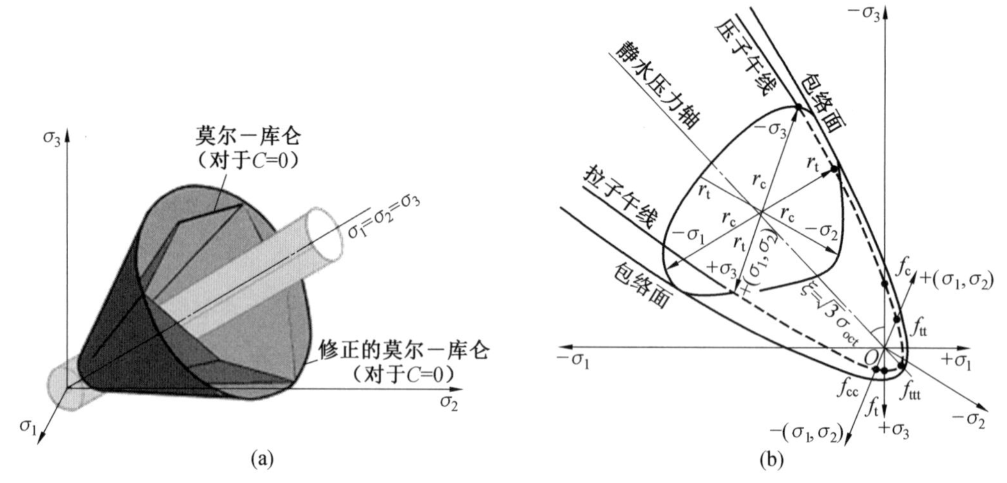

图 2.13 破坏面

基于数学表达方便和在主应力空间内几何意义清晰的考虑，通常以应力张量不变量 I_1、J_2、J_3 和 ξ、r、θ 的形式，也用八面体应力来表示，即

$$\begin{cases} f(\sigma_1,\sigma_2,\sigma_3)=0 \\ f(I_1,J_2,J_3)=0 \\ f(\xi,r,\theta)=0 \\ f(\sigma_{oct},\tau_{oct},\theta)=0 \end{cases} \tag{2.1}$$

等倾轴也称为静水应力轴，在三轴受压应力卦限内的部分，也称为静水压力轴。垂直于静水应力轴的平面为偏平面，其中过原点的偏平面称为 π 平面。偏平面与破坏面的交线，称为偏平面包络线，简称为偏平面。在一个偏平面内，ξ 为常数。不同静水压力下的偏平面包络线构成一族封闭曲线，如图 2.14 所示。

静水压力轴与任一主应力轴（如图 2.15 中的 σ_3 轴）组成的平面，称为子午面，子午面同时通过另两个主应力轴的等分线。子午面与破坏面的交线，称为子午线，如图 2.15 所示。子午面内包含静水压力轴，且 θ 为常数。

这样，混凝土破坏面的形状可以由其在不同 ξ 值处的偏平面形状和具有不同 θ 值的子午平面内的子午线形状来理解。

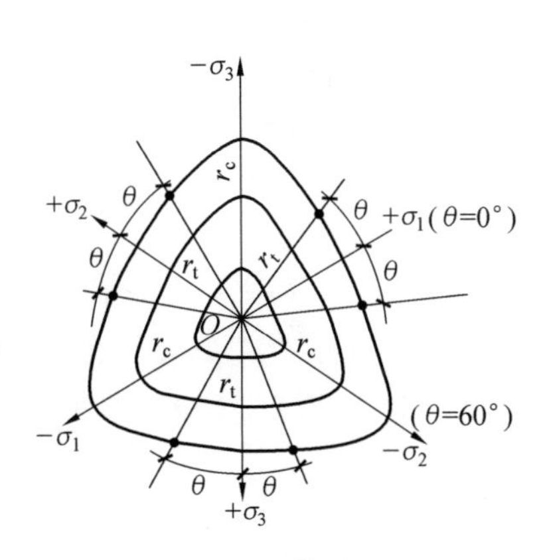

图 2.14　偏平面

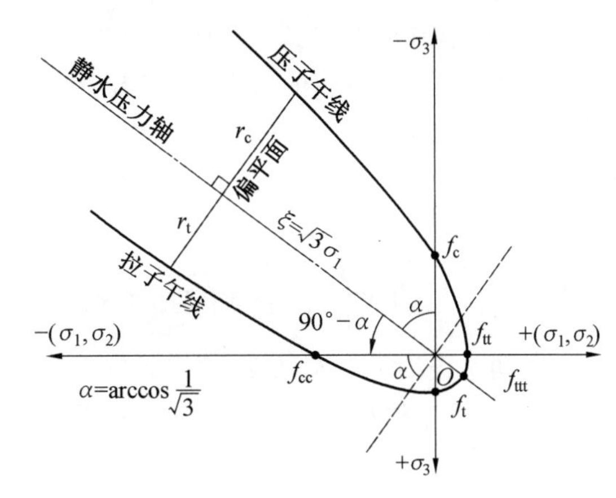

图 2.15　子午线

2.2.2　混凝土的破坏面特征

(1) 当 σ_z 为压力时。

在三轴仪中,试件除了承受静水压力 σ_r 外,还承受轴向应力 σ_z,显然此时试件所受的主应力 σ_1、σ_2 及 σ_3 可以表示为

柱坐标系:

$$\sigma_r = \sigma_r,\quad \sigma_\theta = \sigma_r,\quad \sigma_3 = \sigma_r + \sigma_z \tag{2.2}$$

笛卡尔坐标系:

$$\sigma_1 = \sigma_2 = \sigma_r > \sigma_3 = \sigma_r + \sigma_z \tag{2.3}$$

这样,可以求得不变量:

$$J_2 = \frac{1}{6}\left[(\sigma_1 - \sigma_2)^2 + (\sigma_2 - \sigma_3)^2 + (\sigma_3 - \sigma_1)^2\right] = \frac{1}{3}(\sigma_2 - \sigma_3)^2 \tag{2.4}$$

$$\cos\theta = \frac{2\sigma_1 - \sigma_2 - \sigma_3}{2\sqrt{3J_2}} = \frac{1}{2} \tag{2.5}$$

所以 $\theta = 60°$,即不论 σ_z 如何变化,应力状态点 P 均落在 $\theta = 60°$ 的子午面和子午线上,这一子午线称为压力子午线。

(2) 当 σ_z 为拉力时。

$$\sigma_1 = (\sigma_z + \sigma_r) > \sigma_r = \sigma_2 = \sigma_3 \tag{2.6}$$

此时 $J_2 = \frac{1}{3}(\sigma_1 - \sigma_3)^2$,$\cos\theta = 1$,得到 $\theta = 0°$,即此时的应力点落在 $\theta = 0°$ 的子午面和子午线上,这一子午线称为拉力子午线。

实验结果表明,偏平面内的破坏曲线具有如下基本特征:

(1) 破坏面是光滑的。

(2) 至少对于压应力来说,破坏曲线是外凸的,根据极坐标系下的几何微分,可以求得外凸的条件式为

$$\frac{\partial^2 r}{\partial\theta^2} < r + \frac{2}{r}\left(\frac{\partial r}{\partial\theta}\right)^2 \tag{2.7}$$

(3) 通常破坏面曲线具有对称特征。

(4) 对于拉应力或小的压应力(相当于在 π 平面附近,即具有较小的 ξ 值处),破坏曲面几乎是三角形的,混凝土近似脆性;而对较高压应力(相当于随着静水压力 ξ 值的增大,或者高静水压力处),破坏曲面变得越来越凸起,偏平面越来越趋近于圆,混凝土近似塑性。

2.2.3 子午面、子午线的基本特征

存在两个极端子午面,对应的相似角为 $\theta=0°$ 和 $\theta=60°$,分别称之为拉子午面和压子午面,对应的子午线如图 2.15 和图 2.16 所示。

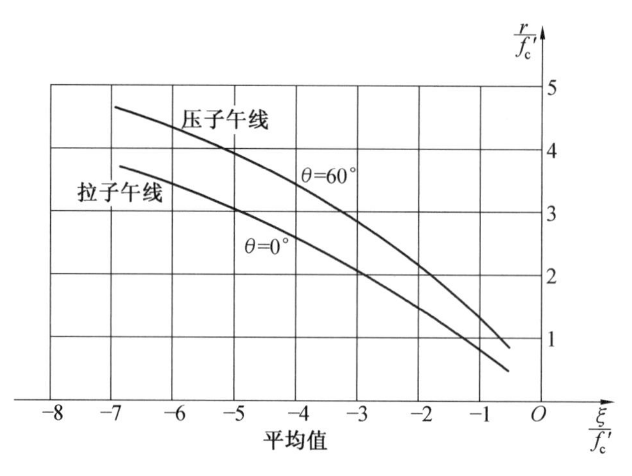

图 2.16　根据 Launay(1970—1972) 实验确定的子午线一般特征

混凝土圆柱体的三轴受压实验,可以分别采用两种方法对混凝土圆柱加载,分别对应压、拉子午线。

(1) 压子午线。

采用径向施加静水压力、轴向施加活塞作用,对应的应力状态为

$$\sigma_r=\sigma_1=\sigma_2>\sigma_z=\sigma_3 \quad \text{拉为正} \tag{2.8}$$

该应力状态对应为静水应力状态与同一方向上压应力的叠加,将式(2.8) 代入相似角计算式,有

$$\begin{aligned}\cos\theta=\frac{\sqrt{3}}{2}\frac{s_1}{\sqrt{J_2}}&=\frac{2\sigma_1-\sigma_2-\sigma_3}{2\sqrt{3}\left\{\frac{2}{3}\left[\left(\frac{\sigma_1-\sigma_2}{2}\right)^2+\left(\frac{\sigma_2-\sigma_3}{2}\right)^2+\left(\frac{\sigma_3-\sigma_1}{2}\right)^2\right]\right\}^{1/2}}\\&=\frac{\sigma_1-\sigma_3}{2\sqrt{3}\left[\frac{1}{3}(\sigma_1-\sigma_3)^2\right]^{1/2}}=\frac{\sigma_1-\sigma_3}{2\sqrt{3}\frac{1}{\sqrt{3}}(\sigma_1-\sigma_3)}=\frac{1}{2}\end{aligned} \tag{2.9}$$

即 $\theta=60°$,因此也称为压子午线,该子午线上包含了单轴受压强度 f'_c 和双轴等拉强度 f'_{bt}。

(2) 拉子午线。

轴向施加一拉力,径向施加侧压,即

$$\sigma_r=\sigma_1=\sigma_2<\sigma_z=\sigma_3 \quad \text{拉为正} \tag{2.10}$$

因此也称为拉子午线，该子午线上包含了单轴抗拉强度 f'_t和双轴等压强度 f'_{bc}。

(3) 剪力子午线。

当 $\theta=30°$ 时，有

$$\cos 3\theta=\frac{3\sqrt{3}J_3}{2J_2^{3/2}}=0\Rightarrow J_3=s_1s_2s_3=0$$

应力状态 $[\sigma_1,(\sigma_1+\sigma_3)/2,\sigma_3]$ 在该子午线上，而该应力状态为纯剪应力状态 $\frac{1}{2}(\sigma_1-\sigma_3,0,\sigma_3-\sigma_1)$ 和静水应力 $\sigma_m=\frac{1}{2}(\sigma_1+\sigma_3)$ 的叠加。

以 $\xi/f'_c-r/f'_c$为坐标系，列出了典型的实验结果，如图 2.17 所示。

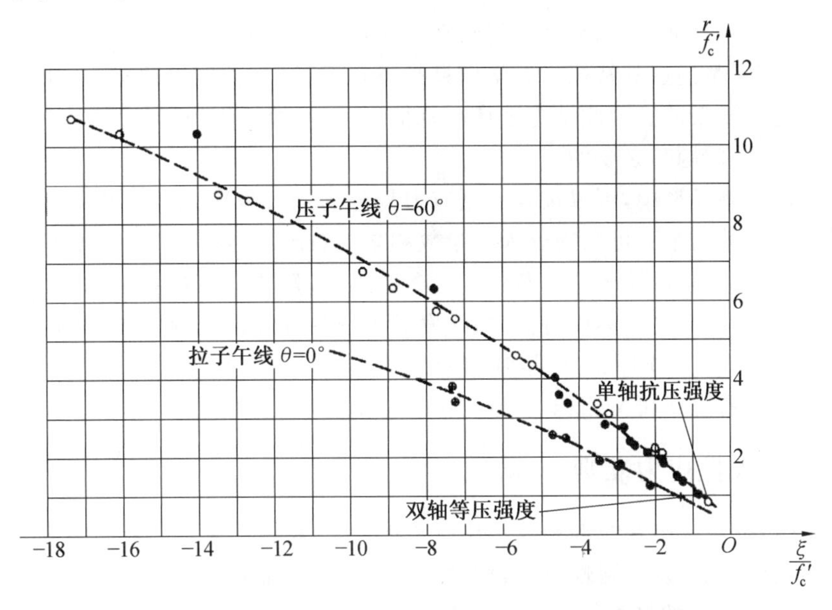

图 2.17　沿拉、压子午线上的一些实验结果

由图 2.15 ～ 2.17 可见，子午面具有以下共同特征：

(1) 破坏曲线取决于静水应力分量 I_1 或者 ξ。

(2) 子午线是弯曲的、平滑的和外凸的。

(3) $r_t/r_c<1$。

(4) 比值 r_t/r_c 随静水压力的增加而增大，在接近 π 平面处，其值约为 0.5；而当静水压力接近 $\xi/f'_c=-7$ 时，达到约 0.8 的高值。

(5) 理论上讲，单纯静水加载不可能引起材料破坏，已有的实验表明，没有观察到子午线向静水轴靠近的趋势。

上述破坏面的一般特征，对混凝土材料的模型发展具有重要的原则性意义。

通过调整 σ_z 和 σ_r，试件达到破坏(屈服) 状态，可以得到材料的破坏面(屈服面) 的受压和受拉子午线形状，从而获得破坏面(屈服面) 的主要特征和屈服(破坏) 轨迹的大致形状。不在子午线上的点只能通过“真三轴实验”(3 个主应力是相互独立的量) 得到。

混凝土在多轴应力下的破坏强度是应力状态的函数，不能由简单的拉、压或剪的个别极限强度来确定。比如单轴受压强度为 f'_c，纯剪时的应力达到 $0.08f'_c$时，混凝土发生破坏；而在 $0.5f'_c$ 压力下，剪应力增加到 $0.2f'_c$ 时，混凝土才发生破坏。因此，混凝土的强度与各种应力状态各个分量的相互作用有关。

三维主应力空间中的破坏面形状最好用等倾面上的横截面形状（即破坏轨迹）与子午面上的子午线形状来描述。

对于各向同性材料，主轴脚标 1、2、3 是任意的，因此破坏面的偏平面具有三重对称性。这样，在进行实验时，只需研究 0° ～ 60° 范围即可，其他范围可通过对称性直接得到。

2.3 混凝土在复杂应力下的破坏准则

根据混凝土的破坏面特征，混凝土材料在复杂应力下的真实性质和强度是十分复杂的，建立一个能够完整描述其特征的数学模型是不现实的，即使能够建立，对于实际问题的分析也将是过分复杂的。因此结合破坏面特征，并进行理想化处理，使其具有较简单的形式，对于处理实际问题是必要的。

在诸多破坏准则模型中，可以按其控制应力划分为最大拉应力准则和最大剪应力准则。按照其控制参数的个数可以划分为一参数和多参数破坏准则。早期的分析工作主要通过手工来进行，基本采用简单的一参数和二参数准则；随着计算机技术的发展，通过增添参数，其更符合混凝土的破坏面特征，相继发展了三参数、四参数和五参数准则。

下面按照控制应力顺序对各古典和近现代破坏准则进行简要评述，重点阐述 Mohr-Coulomb 拉断模型和 Willam-Warnke 多参数破坏准则模型。

2.3.1 最大拉应力准则(一参数)

1876 年，Rankine 提出在拉伸和较小压应力作用下，材料内某点的最大主应力达到单轴受拉强度时，材料就会发生脆性断裂，称之为最大拉应力准则或 Rankine 准则。混凝土的脆性断裂用 Rankine 的最大拉应力准则来描述是合适的，其破坏面的基本方程为

$$\sigma_1 = f'_t,\quad \sigma_2 = f'_t,\quad \sigma_3 = f'_t \tag{2.11}$$

在主应力空间内，方程(2.11)对应为垂直于 3 个主轴 σ_1、σ_2 和 σ_3 的 3 个平面，构成了材料的破坏面，称为拉断面。下面以不变量 (ξ, r, θ) 或 (I_1, J_2, θ) 的形式在 $0° \leqslant \theta \leqslant 60°$ 范围内进行描述。在 $0° \leqslant \theta \leqslant 60°$ 范围内，有 $\sigma_1 \geqslant \sigma_2 \geqslant \sigma_3$，破坏准则简化为

$$\sigma_1 = f'_t \tag{2.12}$$

根据偏应力基本公式，有

$$\sigma_1 = \sigma_m + \frac{2}{\sqrt{3}}\sqrt{J_2}\cos\theta = f'_t \tag{2.13}$$

即

$$I_1 + 2\sqrt{3}\sqrt{J_2}\cos\theta = 3f'_t \tag{2.14}$$

这样，以不变量的形式，破坏面方程可以写为

$$f(I_1, J_2, \theta) = 2\sqrt{3J_2}\cos\theta + I_1 - 3f'_t = 0 \tag{2.15}$$

根据不变量基本公式 $\cos 3\theta = \frac{3\sqrt{3}}{2}\frac{J_3}{J_2^{3/2}} = \frac{\sqrt{2}J_3}{\tau_{oct}^3}$，$\xi = \frac{1}{\sqrt{3}}I_1$ 和 $r = \sqrt{2J_2}$，有

$$f(I_1,J_2,\theta)=2\sqrt{3}\left(\frac{\sqrt{2}}{2}r\right)\cos\theta+\sqrt{3}\xi-3f_t'$$
$$=\sqrt{6}r\cos\theta+\sqrt{3}\xi-3f_t'=0 \tag{2.16}$$

整理得到

$$f(r,\xi,\theta)=\sqrt{2}r\cos\theta+\xi-\sqrt{3}f_t'=0 \tag{2.17}$$

破坏面在子午面上为一直线，在空间的形状为正三角锥面，在 π 平面上投影为一正三角形，如图 2.18 所示。

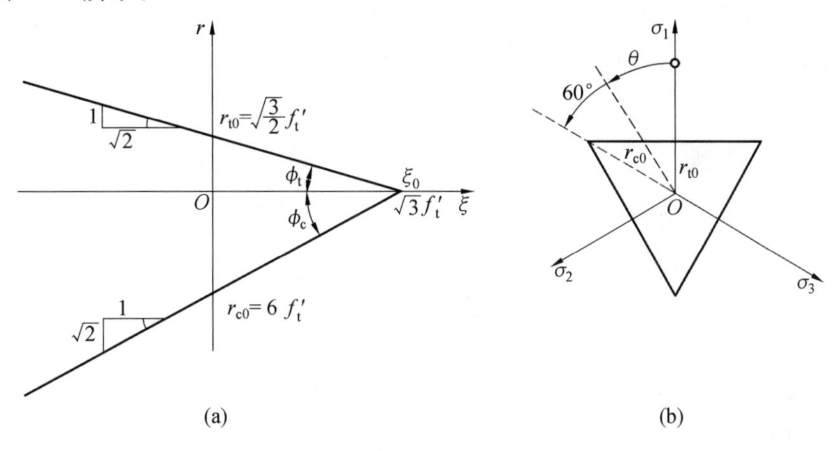

图 2.18　最大拉应力准则的拉、压子午线及其在 π 平面上的投影

2.3.2　基于剪应力的系列准则

在高静水压力作用下，混凝土表现为类似金属材料的塑性行为。一般来说，压力对延性材料的主要影响在于增大了材料的延性，使其在延性断裂前产生很大的变形。对于钢筋混凝土内的钢筋等金属材料而言，这类材料内的塑性变形主要是永久剪切应变的累积，其体积的永久改变量是很小的，静水压力对屈服值的影响也很小。另外，处于较低静水压力下的混凝土类材料，永久变形通常伴随着较大的体积改变，静水压力对其剪切强度具有较大的影响。

对于高压力作用下的金属和混凝土，忽略静水压力对材料屈服值的影响，可以得到剪切应力是引起高压力下金属和混凝土屈服的主要因素。这样，就需要建立剪切应力作为控制应力的屈服准则形式，即

$$f(J_2,J_3)=0,\quad f(s_1,s_2,s_3)=0 \tag{2.18}$$

1. 单剪应力系列的破坏准则

(1)Tresca(特雷斯卡)强度准则(一参数)。

1864 年 Tresca 提出，当材料中一点应力达到最大剪应力的临界值 k 时，混凝土材料即达到极限强度，可用如下数学表达式表示：

$$\max\left(\frac{1}{2}|\sigma_1-\sigma_2|,\frac{1}{2}|\sigma_2-\sigma_3|,\frac{1}{2}|\sigma_3-\sigma_1|\right)=k \tag{2.19}$$

其中，k 为纯剪时极限强度。在 $0°\leqslant\theta\leqslant 60°$ 范围内，有 $\sigma_1\geqslant\sigma_2\geqslant\sigma_3$，代入主应力公式，最

大剪应力可以写为

$$\frac{\sigma_1-\sigma_3}{2}=\frac{1}{2}\left\{\sigma_m+\frac{2}{\sqrt{3}}\sqrt{J_2}\cos\theta-\left[\sigma_m+\frac{2}{\sqrt{3}}\sqrt{J_2}\cos\left(\theta+\frac{2}{3}\pi\right)\right]\right\}$$
$$=\frac{1}{2}\times\frac{2}{\sqrt{3}}\left[\sqrt{J_2}\cos\theta-\sqrt{J_2}\cos\left(\theta+\frac{2}{3}\pi\right)\right]$$

即

$$\frac{\sigma_1-\sigma_3}{2}=\frac{1}{\sqrt{3}}\sqrt{J_2}\left[\cos\theta-\cos\left(\theta+\frac{2}{3}\pi\right)\right]=k,\quad 0°\leqslant\theta\leqslant 60° \tag{2.20}$$

用应力不变量表示，即

$$f(J_2,\theta)=\sqrt{J_2}\sin(\theta+\pi/3)-k=0 \tag{2.21}$$

由于 $r=\sqrt{2J_2}$，得到

$$f(r,\theta)=r\sin(\theta+\pi/3)-\sqrt{2}k=0 \tag{2.22}$$

即

$$r=\frac{\sqrt{2}k}{\sin(\theta+\pi/3)} \tag{2.23}$$

当 $\theta=0°$ 时，$r=\frac{2\sqrt{6}}{3}k$；当 $\theta=60°$ 时，$r=2\sqrt{2k}$。因此，Tresca 准则的破坏面与静水压力 I_1、ξ 大小无关，而是与静水压力轴平行的正六棱柱；子午线是与 ξ 轴平行的直线，在偏平面上为一正六边形，如图 2.19 所示。

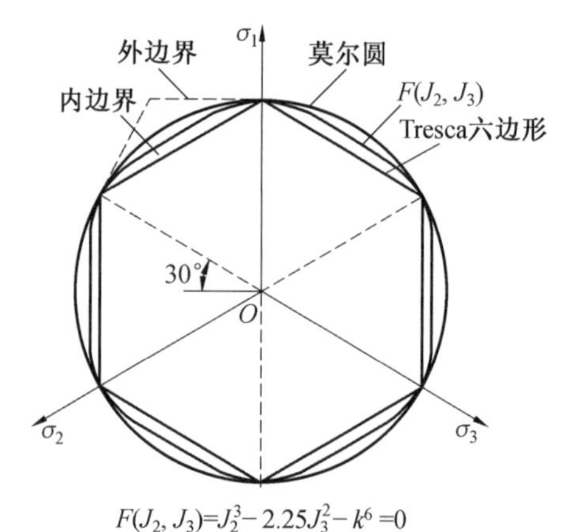

图 2.19　主拉应力空间偏平面内的几个剪应力准则

Tresca 强度准则应用于平面应力状态，即 $\sigma_3=0$，则形成双轴强度准则，如图 2.20 所示。从图中可以看出，双轴受压与双轴受拉强度相等，且双轴受力强度与单轴受力强度相等，显然这与混凝土双轴受力强度实验结果不相符合。

(2)Mohr-Coulomb(莫尔－库仑) 强度准则(二参数)。

在前面一章，我们讨论了修正的 Mohr-Coulomb 准则，给出了其一般形式：

$$\frac{\sigma_1}{f_t}-\frac{\sigma_3}{f_c}=1 \text{ 或 } m\sigma_1-\sigma_3=f_c,\quad \sigma_1\geqslant\sigma_2\geqslant\sigma_3 \tag{2.24}$$

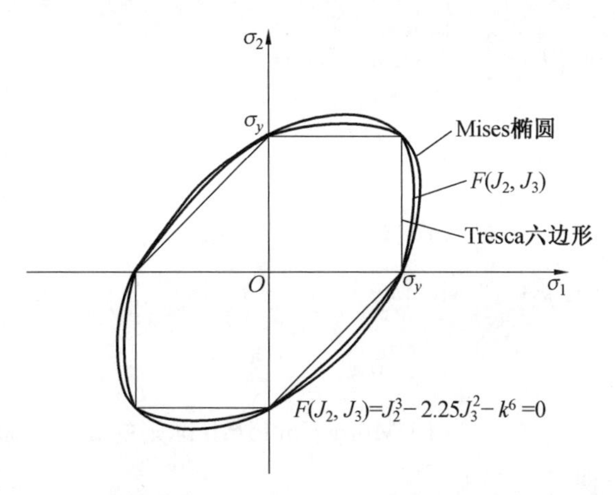

图 2.20　主拉应力空间在 $\sigma_3=0$ 平面内的几个剪应力准则

其中，$m=\dfrac{1+\sin\phi}{1-\sin\phi}=\dfrac{f_c}{f_t}$，$f_t=\dfrac{2c\cos\phi}{1+\sin\phi}$ 和 $f_c=\dfrac{2c\cos\phi}{1-\sin\phi}$。

表达成不变量的形式为

$$f(I_1,J_2,\theta)=\frac{1}{3}I_1\sin\phi+\sqrt{J_2}\sin\left(\theta+\frac{\pi}{3}\right)+\frac{\sqrt{J_2}}{\sqrt{3}}\cos\left(\theta+\frac{\pi}{3}\right)\sin\phi-c\cos\phi=0 \tag{2.25}$$

推导如下：

$$\sigma_1\frac{1+\sin\phi}{2c\cos\phi}-\sigma_3\frac{1-\sin\phi}{2c\cos\phi}=1$$

$$\Rightarrow\left(\sigma_m+\frac{2}{\sqrt{3}}\sqrt{J_2}\cos\theta\right)\frac{1+\sin\phi}{2c\cos\phi}-\left[\sigma_m+\frac{2}{\sqrt{3}}\sqrt{J_2}\cos\left(\theta+\frac{2}{3}\pi\right)\right]\frac{1-\sin\phi}{2c\cos\phi}=1$$

$$\Rightarrow\left(\frac{I_1}{3}+\frac{2}{\sqrt{3}}\sqrt{J_2}\cos\theta\right)(1+\sin\phi)-\left[\frac{I_1}{3}+\frac{2}{\sqrt{3}}\sqrt{J_2}\cos\left(\theta+\frac{2}{3}\pi\right)\right](1-\sin\phi)=2c\cos\phi$$

$$\Rightarrow\frac{I_1}{3}[1+\sin\phi-(1-\sin\phi)]+\frac{2}{\sqrt{3}}\sqrt{J_2}\cos\theta(1+\sin\phi)-$$

$$\frac{2}{\sqrt{3}}\sqrt{J_2}\cos\left(\theta+\frac{2}{3}\pi\right)(1-\sin\phi)=2c\cos\phi$$

$$\Rightarrow\frac{I_1}{3}(2\sin\phi)+\frac{2}{\sqrt{3}}\sqrt{J_2}\cos\theta+\frac{2}{\sqrt{3}}\sqrt{J_2}\cos\theta\sin\phi-\frac{2}{\sqrt{3}}\sqrt{J_2}\cos\left(\theta+\frac{2}{3}\pi\right)+$$

$$\frac{2}{\sqrt{3}}\sqrt{J_2}\cos\left(\theta+\frac{2}{3}\pi\right)\sin\phi-2c\cos\phi=0$$

$$\Rightarrow\frac{I_1}{3}\sin\phi+\frac{1}{\sqrt{3}}\sqrt{J_2}\cos\theta+\frac{1}{\sqrt{3}}\sqrt{J_2}\cos\theta\sin\phi-\frac{1}{\sqrt{3}}\sqrt{J_2}\cos\left(\theta+\frac{2}{3}\pi\right)+$$

$$\frac{1}{\sqrt{3}}\sqrt{J_2}\cos\left(\theta+\frac{2}{3}\pi\right)\sin\phi-c\cos\phi=0$$

$$\Rightarrow\frac{I_1}{3}\sin\phi+\sqrt{J_2}\left[\frac{1}{\sqrt{3}}\cos\theta-\frac{1}{\sqrt{3}}\cos\left(\theta+\frac{2}{3}\pi\right)\right]+$$

$$\frac{\sqrt{J_2}}{\sqrt{3}}\left[\cos\theta+\cos\left(\theta+\frac{2}{3}\pi\right)\right]\sin\phi-c\cos\phi=0$$

$$\Rightarrow\frac{I_1}{3}\sin\phi+\sqrt{J_2}\left[\sin\left(\theta+\frac{\pi}{3}\right)\right]+\frac{\sqrt{J_2}}{\sqrt{3}}\left[\cos\left(\theta+\frac{\pi}{3}\right)\right]\sin\phi-c\cos\phi=0$$

利用 $\xi=I_1/\sqrt{3}$ 和 $r=\sqrt{2J_2}$，式(2.25)又可写成

$$f(\xi,r,\theta)=\sqrt{2}\xi\sin\phi+\sqrt{3}r\sin\left(\theta+\frac{\pi}{3}\right)+r\cos\left(\theta+\frac{\pi}{3}\right)\sin\phi-\sqrt{6}c\cos\phi=0,$$

$$0\leqslant\theta\leqslant\frac{\pi}{3} \tag{2.26}$$

在主应力空间内，方程(2.26)即 Mohr-Coulomb 准则的破坏曲面为不规则六边形锥体，其子午线是直线，如图 2.21 所示。

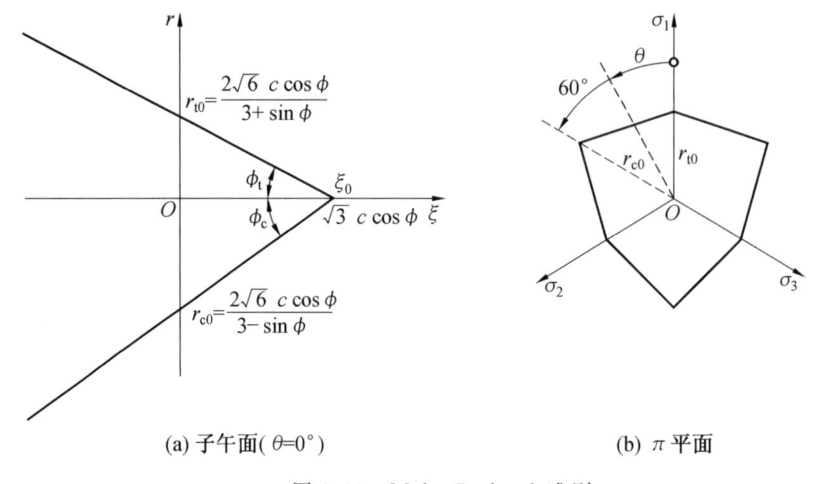

图 2.21 Mohr-Coulomb 准则

令 $\theta=0°$，方程(2.26)可以化为

$$\sqrt{2}\xi\sin\phi+\frac{3}{2}r+\frac{1}{2}r\sin\phi-\sqrt{6}c\cos\phi=0$$

$$\Rightarrow 2\sqrt{2}\xi\sin\phi+r(3+\sin\phi)-2\sqrt{6}c\cos\phi=0$$

得到

$$\tan\phi_t=\frac{2\sqrt{2}\sin\phi}{3+\sin\phi} \tag{2.27}$$

类似地，得到

$$\tan\phi_c=\frac{2\sqrt{2}\sin\phi}{3-\sin\phi} \tag{2.28}$$

只需要两个特征参数 r_{t0} 和 r_{c0} 来确定 π 平面上的不规则六边形。

当 $\xi=0,\theta=0°$ 时，

$$r_{t0}=\frac{2\sqrt{6}c\cos\phi}{3+\sin\phi}=\frac{\sqrt{6}f_c(1-\sin\phi)}{3+\sin\phi} \tag{2.29}$$

当 $\xi=0,\theta=60°$ 时，

$$r_{c0}=\frac{2\sqrt{6}c\cos\phi}{3-\sin\phi}=\frac{\sqrt{6}f_c(1-\sin\phi)}{3-\sin\phi} \tag{2.30}$$

r_{t0} 和 r_{c0} 的比值为

$$\frac{r_{t0}}{r_{c0}}=\frac{3-\sin\phi}{3+\sin\phi} \tag{2.31}$$

对于不同的 ϕ 值，可以得到 π 平面上一族 Mohr-Coulomb 断面，如图 2.22 所示。

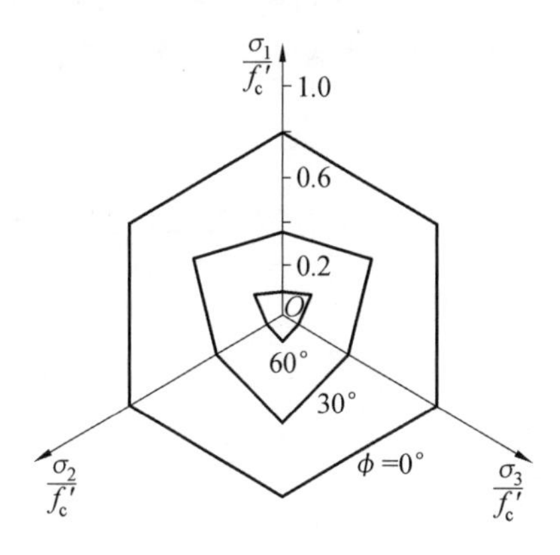

图 2.22　在偏平面上的 Mohr-Coulomb 准则失效曲线

当 $\sigma_3=0$ 时，平面的双轴强度包络线为一个不规则六边形，如图 2.23 所示。

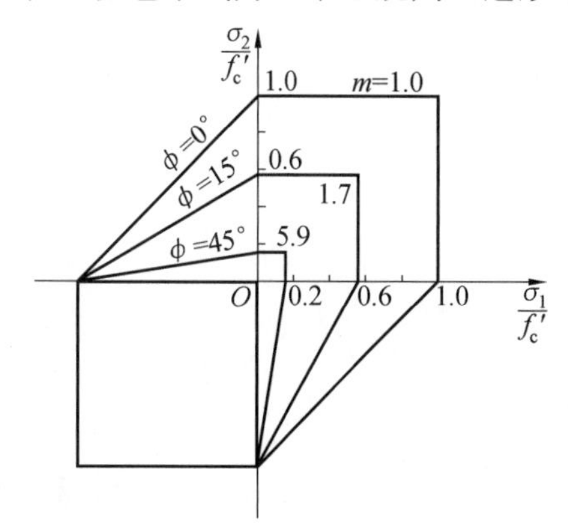

图 2.23　Mohr-Coulomb 锥体与 $\sigma_3=0$ 平面交线

当拉压强度相等时，即 $f_t=f_c$，或者等效地当 $\phi=0$ 时，Mohr-Coulomb 准则与 Tresca 准则一致。由图 2.11 可见，破坏曲线的形状与内摩擦角 ϕ 相关。

对于存在拉应力的情况，为了获得更好的近似，可将 Mohr-Coulomb 准则与最大拉应力准则结合起来应用，称为 Mohr-Coulomb 拉断准则。该准则具有 3 个参数，分别是 f_c、c、ϕ，后面的三参数模型中将讨论这一点。

Mohr-Coulomb 拉断准则的优点：

① 在使用范围内，与实验结果的差异不太大，且准则较简便；

② 准则能部分解释破坏的模式，特别是采用 Cowan 建议的组合模型，能在受压情况下反映剪切滑移破坏，在受拉荷载情况下反映断裂破坏。

Mohr-Coulomb 拉断准则的缺点：

① 准则未能考虑中间主应力的影响,在双轴受压时,未能反映混凝土强度的提高;

② 子午线为直线,在静水压力较高时,不符合多轴混凝土实验结果;

③ 在不同静水压力下,各偏平面上图形相似,$r_t/r_c=0.663$ 或 $m=4.1$,不符合多轴混凝土在低静水压力时接近三角形、高静水压力时接近圆形的规律;

④ 偏平面的不规则六边形不适宜用计算机进行数值计算。

(3)Menetrey-Willam(梅尼特里 — 威拉姆) 强度准则(三参数)。

Menetrey-Willam(1995) 基于 Hoek 和 Brown 的岩石破坏准则,即

$$F(\sigma_1,\sigma_3)=\left(\frac{\sigma_1-\sigma_3}{f_c}\right)^2+m\frac{\sigma_1}{f_c}-c=0 \tag{2.32}$$

进行了修正。利用 $r=\sqrt{2J_2}$ 和 $I_1=\sqrt{3}\xi$,方程(2.32) 可以整理为

$$\begin{aligned}
F(\sigma_1,\sigma_3)&=\left(\frac{\sigma_1-\sigma_3}{f_c}\right)^2+m\frac{\sigma_1}{f_c}-c\\
&=\frac{4}{3}\frac{J_2}{f_c^2}\left[\cos\theta-\cos\left(\theta+\frac{2}{3}\pi\right)\right]^2+m\frac{1}{f_c}\left(\frac{I_1}{3}+\frac{2}{\sqrt{3}}\sqrt{J_2}\cos\theta\right)-c\\
&=\frac{2}{3}\left(\frac{r}{f_c}\right)^2\left[\cos\theta-\cos\left(\theta+\frac{2}{3}\pi\right)\right]^2+m\left(\frac{\xi}{\sqrt{3}f_c}+\frac{2r}{\sqrt{6}f_c}\cos\theta\right)-c\\
&=\frac{2}{3}\left(\frac{r}{f_c}\right)^2\left(\frac{3}{2}\cos\theta+\frac{\sqrt{3}}{2}\sin\theta\right)^2+m\left(\frac{\xi}{\sqrt{3}f_c}+\frac{2r}{\sqrt{6}f_c}\cos\theta\right)-c\\
&=\left(\frac{r}{f_c}\right)^2\left(\cos\theta+\frac{\sqrt{3}}{3}\sin\theta\right)^2+m\left(\frac{\xi}{\sqrt{3}f_c}+\frac{2r}{\sqrt{6}f_c}\cos\theta\right)-c=0
\end{aligned}$$

在此基础上,根据混凝土的破坏面特征,提出如下三参数准则:

$$F(\xi,r,\theta)=\left(1.5\frac{r}{f_c}\right)^2+m\left[\frac{r}{\sqrt{6}f_c}\rho(\theta,\lambda)+\frac{\xi}{\sqrt{3}f_c}\right]-c=0 \tag{2.33}$$

式中,参数 $c=1$, $m=3\dfrac{f_c^2-f_t^2}{f_cf_t}\dfrac{\lambda}{\lambda+1}$。

在该准则中,λ 的影响是比较大的。如图 2.24 所示,破坏面是相应于静水压力轴上单轴受拉 $\xi=\dfrac{f_t}{\sqrt{3}}$、单轴受压 $\xi=\dfrac{f_c}{\sqrt{3}}$ 和三轴受压 $\xi=-\sqrt{3}f_c$ 时,$\lambda=0.5$ 与 $\lambda=0.6$ 的偏平面图形。对于混凝土三轴受力,$0.5<\lambda\leqslant0.6$;对于混凝土双轴受力,$\lambda=0.52$。

此外,Menetrey-Willam 将式(2.33) 推广为如下形式的广义准则:

$$F(\xi,r,\theta)=(A_fr)^2+m[B_fr\rho(\theta,\lambda)+C_f\xi]-c=0 \tag{2.34}$$

当 A_f、B_f、C_f、m 和 λ 取不同的值时,上式可变为 von Mises 准则、Drucker-Prager 准则和 Mohr-Coulomb 准则。

(4)Reimann(赖曼) 强度准则(四参数)。

Reimann(1965) 提出了四参数强度准则,认为受压子午线方程为一抛物线,即

$$\frac{\xi}{f_c}=a\left(\frac{r_c}{f_c}\right)^2+b\left(\frac{r_c}{f_c}\right)+c \tag{2.35}$$

其他子午线可根据压区子午线的相关方程来定义,即

$$r=\phi(\theta_0)r_c \tag{2.36}$$

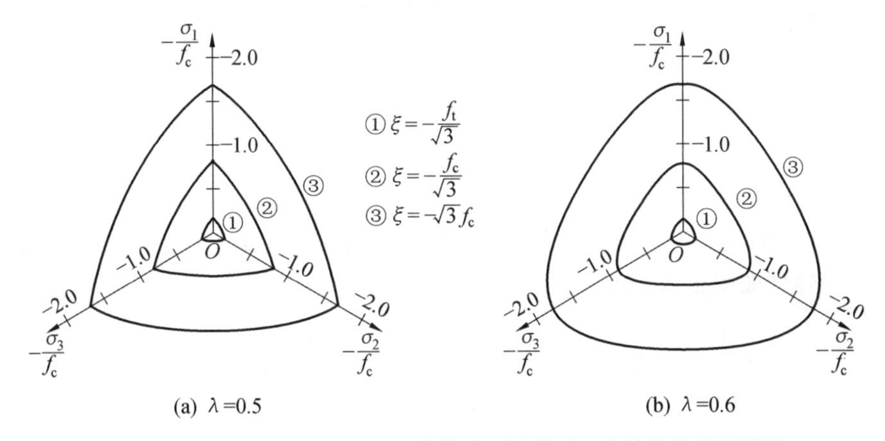

图2.24　Menetrey-Willam三参数准则在典型λ值处的偏平面图形

式中，$\theta_0=60°-\theta$，从$-\sigma_3$轴方向开始量起。当$-60°\leqslant\theta_0\leqslant60°$时，$\phi(\theta_0)$表示为

$$\phi(\theta_0)=\begin{cases}r_t/r_c, & \cos\theta_0\leqslant r_t/r_c\\ \dfrac{1}{\cos\theta_0+\sqrt{[(r_c^2/r_t^2)-1](1-\cos^2\theta_0)}}, & \cos\theta_0>r_t/r_c\end{cases}\tag{2.37}$$

偏平面由直线部分和微曲线部分组成。直线与半径为r_t的圆相切，对应为拉力子午线；微曲线部分与该直线在$\cos\theta_0=r_t/r_c$处相切，如图2.25所示。Reimann采用$r_t/r_c=0.635$构造该四参数准则，在此情况下，两部分曲线在$\theta_0\approx50°$处相交。

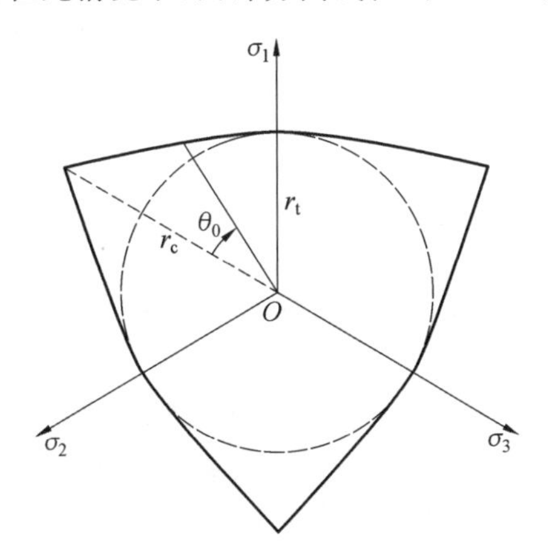

图2.25　Reimann准则在$r_t/r_c=0.635$处的偏平面

Reimann强度准则可以视作Mohr-Coulomb屈服面的改进，沿着拉子午线，具有曲线型子午线和光滑的屈服面。该准则存在的问题是：具有常量r_t/r_c，沿着压子午线具有边缘，且仅对压应力状态是正确的。

2. 八面体剪应力系列破坏准则

用八面体剪应力替代最大剪应力，作为材料的屈服控制应力，是相对方便的。

(1)von Mises(米泽斯)强度准则(一参数)。

1913年，von Mises提出，当材料中一点的八面体剪应力达到某一临界值时，材料遭到了破坏，也就是混凝土达到了极限强度，即

$$\tau_{oct}=\sqrt{\frac{2}{3}J_2}=\sqrt{\frac{2}{3}}k \tag{2.38}$$

将其简化为 Willam-Warnke 强度准则(五参数),即

$$f(J_2)=J_2-k^2=0 \tag{2.39}$$

式中,k 为纯剪状态下的屈服应力。von Mises 屈服面为与静水压力轴平行的圆柱体,子午线为与 ξ 轴平行的线,偏平面上为圆形,如图 2.26 所示。在偏平面上,von Mises 强度准则为 Tresca 强度准则正六边形的外接圆。

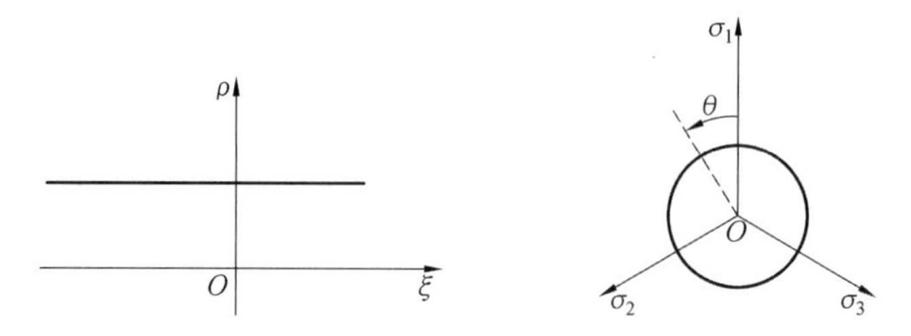

图 2.26 von Mises 强度准则在子午面和偏平面上的特征

由于 von Mises 强度准则在偏平面上为圆形,较 Tresca 强度准则的正六边形在有限元计算中处理棱角更方便,就这一点来说是一种改进,但存在强度与 ξ 无关、拉压强度相等等结论与混凝土实验结果不相符合的缺点。

(2)Drucker-Prager(德鲁克－普拉格)强度准则(二参数)。

Mohr-Coulomb 破坏面上具有 6 个拐角,给数值求解带来许多困难。Drucker 和 Prager 通过对 von Mises 准则的简单修正,改进了其与静水压力无关的缺点,改进后的数学表达式为

$$f(I_1,J_2)=\alpha I_1+\sqrt{J_2}-k=0 \tag{2.40}$$

或者

$$f(\xi,r)=\sqrt{6}\alpha\xi+r-\sqrt{2}k=0 \tag{2.41a}$$

$$f(I_1,J_2)=3\alpha\sigma_m+\sqrt{\frac{5}{2}}\tau_m-k=0 \tag{2.41b}$$

式中,α、k 为正常数,Drucker-Prager 强度准则的破坏曲面为圆锥体,如图 2.27 所示。当 α 为零时,方程(2.41a) 和方程(2.41b) 退化为 von Mises 强度准则。通过调整参数 α 和 k,可控制圆锥体的大小(锥度),比如当

$$\alpha=\frac{2\sin\phi}{\sqrt{3}(3-\sin\phi)},\quad k=\frac{6c\cos\phi}{\sqrt{3}(3-\sin\phi)} \tag{2.42}$$

时,圆锥面与 Mohr-Coulomb 受压子午线($\theta=60°$) 相外接;当

$$\alpha=\frac{2\sin\phi}{\sqrt{3}(3+\sin\phi)},\quad k=\frac{6c\cos\phi}{\sqrt{3}(3+\sin\phi)} \tag{2.43}$$

时,圆锥面与 Mohr-Coulomb 受拉子午线($\theta=0°$) 相接,如图 2.28 所示。

Drucker-Prager 强度准则的优点是比较简单,便于手算。缺点是 I_1 与$\sqrt{2}$ 是线性关系;另外,r 与 θ 无关,r_t 与 r_c 相等,即偏平面为圆形,这些结论也不符合多轴混凝土性能实验结果。混凝土的实验结果表明,$r-\xi$ 为曲线关系,偏平面上的破坏面迹线为非圆形,但

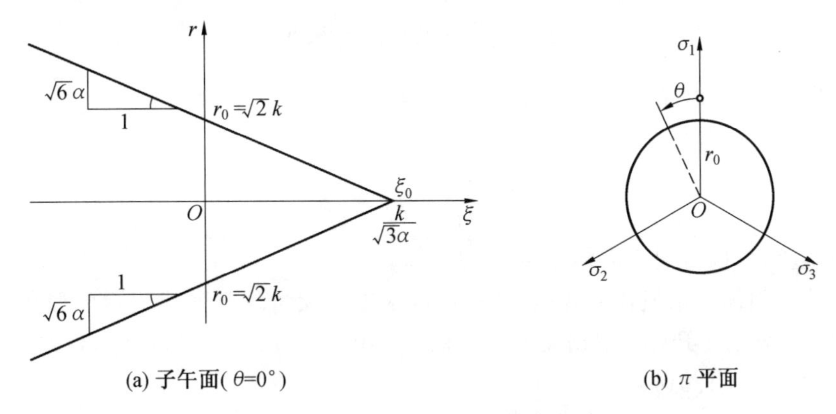

图 2.27　Drucker-Prager 强度准则

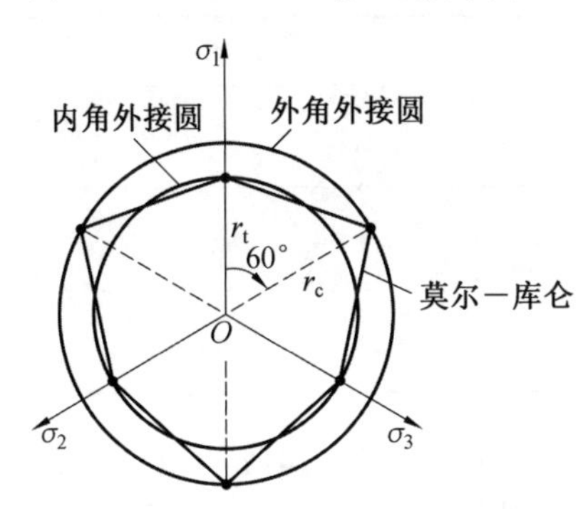

图 2.28　Drucker-Prager 强度准则与 Mohr-Coulomb 强度准则匹配

与相似角 θ 相关。作为修正和推广 Drucker-Prager 曲面的第一步，有两个方法：① 假设 r 与 ξ 保持抛物线关系，但保持偏平面截面与 θ 无关，即保持圆形截面；② 保持线性的 $r-\xi$ 关系，但是使得偏平面与 θ 相关，即非圆形截面。这些修正形成系列三参数模型。这些修正可以根据八面体正应力和剪应力的几何意义关系 $\sigma_{oct}=\xi/\sqrt{3}$ 和 $\tau_{oct}=r/\sqrt{3}$ 确定。

适当选定材料常数 α 和 k，式(2.40) 即可用于混凝土材料。参照 Kupfer 双轴应力强度准则，可取 $\alpha=0.07$，$k=0.507f'_c$。验证如下：

① 单轴受压状态：$\sigma_1=\sigma_2=0$，$\sigma_3=-f'_c$，则有 $I_1=-f'_c$，$J_2=\dfrac{2f'^2_c}{3}$，代入式(2.40) 得 $k=0.507f'_c$。

② 双轴等压状态：$\sigma_1=0$，$\sigma_2=\sigma_3=-\sigma$，则 $I_1=-2\sigma$，$J_2=\dfrac{\sigma^2}{3}$，由 Kupfer 双轴应力强度准则，有 $\sigma=1.16f'_c$。

(3)Bresler-Pister（布雷斯勒－匹思特）强度准则（三参数）。

最一般的混凝土强度准则是仅建立在八面体应力 τ_{oct} 和 σ_{oct} 关系的基础上，而忽略相似角 θ 的影响。这类模型有很多，其一般形式为

$$\tau_{oct}=f(\sigma_{oct}) \tag{2.44}$$

根据实验结果，八面体应力 τ_{oct} 和 σ_{oct} 之间近似为二次抛物线关系。1958 年，Bresler 和 Pister 提出了下列强度准则，称为 Bresler-Pister 强度准则：

$$\frac{\tau_{oct}}{f_c}=a-b\frac{\sigma_{oct}}{f_c}+c\left(\frac{\sigma_{oct}}{f_c}\right)^2 \tag{2.45}$$

式中，系数 a、b、c 可根据单轴受拉强度 f_t、单轴受压强度 f_c 和双轴等压强度 f_{bc} 实验数据确定。引入无量纲强度比

$$\bar{f}'_t=\frac{f'_t}{f'_c},\quad \bar{f}'_{bc}=\frac{f'_{bc}}{f'_c} \tag{2.46}$$

根据简单实验，可以得到八面体分量，见表 2.1。

将上述八面体分量值代入式(2.45)，可以求得以无量纲强度比表示的屈服面的三参数 a、b 和 c。Bresler-Pister 根据实验结果取 $f_t=0.1f_c$，$f_{bc}=1.28f_c$ 时，系数 $a=0.097$，$b=1.461\ 3$，$c=-1.014\ 4$。

表 2.1　由简单实验确定的八面体分量

实验	σ_{oct}/f'_c	τ_{oct}/f'_c
$\sigma_1=f'_t$	$\frac{1}{3}\bar{f}'_t$	$\frac{\sqrt{2}}{3}\bar{f}'_t$
$\sigma_3=-f'_c$	$-\frac{1}{3}$	$\frac{\sqrt{2}}{3}$
$\sigma_2=\sigma_3=-f'_{bc}$	$-\frac{2}{3}\bar{f}'_{bc}$	$\frac{\sqrt{2}}{3}\bar{f}'_{bc}$

不论假设的八面体应力分量间的关系如何，偏平面上的破坏曲线都为圆形，这同混凝土，尤其是低应力下的混凝土破坏面截面为近似三角形的实验结果不相符合。因此需要利用拉断准则进行拓展，实现在偏平面上的近似三角锥体。此外，Bresler-Pister强度准则的子午线为向静水压力轴闭口的抛物线，在高静水压力下，拉、压子午线可与静水压力轴相交，这与实验结果不符，如图 2.29 所示。

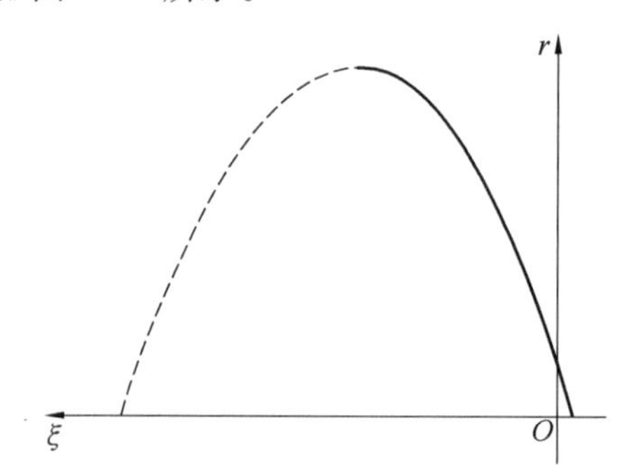

图 2.29　Breler-Pister 强度准则高静水压力交点

(4) Willam-Warnke(威拉姆－沃恩克) 强度准则(三参数)。

对于处于受拉和低压力作用下的混凝土，Willam 和 Warnke(1975) 提出一个三参数破坏面，该模型具有直线子午线和非圆截面。后续工作中，Willam 和 Warnke 又补充了两个参数，以描述曲线子午线，将其拓展到高压应力区域。五参数模型将在后面进行阐述。

下面，首先阐述非圆截面的描述方法，然后将其应用于沿着静水轴的锥形破坏面。

① 偏平面上的椭圆近似。考虑图 2.30 所示的典型偏平面，由于其具有三重对称性，

我们只考察 $0° \leqslant \theta \leqslant 60°$ 部分。

Willam 和 Warnke 成功地构造了偏平面上的三轴对称、凸面和光滑情况的表达式。该三角形部分为一段椭圆曲线，当 $r_t = r_c$ 时，偏平面蜕化成圆形，这就是说 von Mises 模型和 Drucker-Prager 模型都是该模型的特例。

当椭圆长、短半轴长分别为 a、b 时，椭圆方程为

$$f(x, y) = \frac{x^2}{a^2} + \frac{y^2}{b^2} - 1 = 0 \tag{2.47}$$

破坏曲面的椭圆迹线如图 2.31 所示。

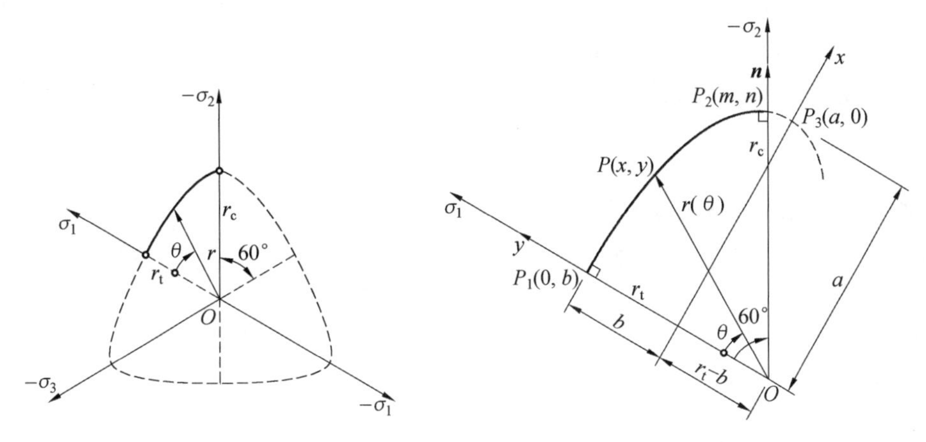

图 2.30　破坏曲面的偏平面　　　　图 2.31　破坏曲面的椭圆迹线($0° \leqslant \theta \leqslant 60°$)

用 x、y 作为椭圆的主轴，r 和 θ 作为极坐标，对 1/4 椭圆曲线 $P_1 - P - P_2 - P_3$ 的 $0° \sim 60°$ 部分进行分析。在 $\theta = 0°$ 和 $\theta = 60°$ 时，r_t 和 r_c 分别垂直于椭圆上的点 $P_1(0, b)$ 和 $P_2(m, n)$ 的切线。这样，短轴 y 轴与 r_t 重合，且在 P_1 点 r_t 与椭圆正交，参数 a、b 可用 r_t、r_c 来确定。椭圆上 $P_2(m, n)$ 的法向单位向量为

$$\boldsymbol{n} = (\cos 30°, \sin 30°) = (\sqrt{3}/2, 1/2) \tag{2.48}$$

这里需注意坐标轴 x 和 y 的方向。同样 $P_2(m, n)$ 外法向向量可用偏微分方程求得

$$\boldsymbol{n} = \frac{(\partial f/\partial x, \quad \partial f/\partial y)}{[(\partial f/\partial x)^2 + (\partial f/\partial y)^2]^{1/2}} = \frac{(m/a^2, \quad n/b^2)}{[m^2/a^4 + n^2/b^4]^{1/2}} \tag{2.49}$$

这样，可以求得

$$a^2 = \frac{m}{\sqrt{3}\, n} b^2 \tag{2.50}$$

用 r_t、r_c 表示 $P_2(m, n)$ 的坐标，有

$$m = \frac{\sqrt{3}}{2} r_c, \quad n = b - \left(r_t - \frac{1}{2} r_c\right) \tag{2.51}$$

$$\left.\begin{aligned} n + r_t - b &= \frac{1}{2} r_c \\ m &= \frac{\sqrt{3}}{2} r_c \end{aligned}\right\} \Rightarrow m = \frac{\sqrt{3}}{2} r_c, \quad n = b - \left(r_t - \frac{1}{2} r_c\right)$$

由于 P_2 位于椭圆上，有

$$\frac{m^2}{a^2}+\frac{n^2}{b^2}=1 \tag{2.52}$$

将式(2.50)、式(2.51)代入式(2.52)，可以解得椭圆半轴长度 a 和 b 分别为

$$a=\sqrt{\frac{r_c(r_t-2r_c)^2}{5r_c-4r_t}} \tag{2.53a}$$

$$b=\frac{2r_t^2-5r_cr_t+2r_c^2}{4r_t-5r_c} \tag{2.53b}$$

现在，将椭圆的笛卡尔坐标描述转换为原点在 O 点的极坐标描述，由图 2.31 可以建立坐标变换关系为

$$x=r\sin\theta,\quad y=r\cos\theta-(r_t-b) \tag{2.54}$$

因此，椭圆方程(2.47)可以转换为

$$\frac{r^2\sin^2\theta}{a^2}+\frac{[r\cos\theta-(r_t-b)]^2}{b^2}=1 \tag{2.55}$$

这样，可以求得极坐标 $r(\theta)(0\leqslant\theta\leqslant\pi/3)$ 为

$$r(\theta)=\frac{a^2(r_t-b)\cos\theta+ab[2br_t\sin^2\theta-r_t^2\sin^2\theta+a^2\cos^2\theta]^{1/2}}{a^2\cos^2\theta+b^2\sin^2\theta} \tag{2.56}$$

将式(2.53a)和式(2.53b)代入式(2.56)，消去 a 和 b，得到

$$r(\theta)=\frac{2r_c(r_c^2-r_t^2)\cos\theta+r_c(2r_t-r_c)[4(r_c^2-r_t^2)\cos^2\theta+5r_t^2-4r_tr_c]^{1/2}}{4(r_c^2-r_t^2)} \tag{2.57}$$

相似角为

$$\begin{aligned}\cos\theta&=\frac{\sqrt{3}}{2}\frac{s_1}{\sqrt{J_2}}=\frac{2\sigma_1-\sigma_2-\sigma_3}{2\sqrt{3}\sqrt{J_2}}\\&=\frac{2\sigma_1-\sigma_2-\sigma_3}{\sqrt{2}[(\sigma_1-\sigma_2)^2+(\sigma_2-\sigma_3)^2+(\sigma_3-\sigma_1)^2]^{1/2}}\end{aligned} \tag{2.58}$$

当 $a=b$、$r_t=r_c$ 时，椭圆变为圆。当 r 满足 $1/2\leqslant r_t/r_c\leqslant 1$ 时，即可破坏曲线的外凸、光滑性。

② 破坏面的平均应力。图 2.30 中的偏平面截面作为具有一定锥度的破坏曲面的基本截面，沿着静水轴变化，静水应力的线性变化对应直线型子午线。现在，以平均应力分量 σ_m、τ_m 和相似角 θ 的形式表达破坏曲面为

$$f(\sigma_m,\tau_m,\theta)=\frac{1}{\rho}\frac{\sigma_m}{f_c}+\frac{1}{r(\theta)}\frac{\tau_m}{f_c}-1=0 \tag{2.59}$$

$$\frac{\tau_{oct}}{f_c}=a-b\frac{\sigma_{oct}}{f_c}+c\left(\frac{\sigma_{oct}}{f_c}\right)^2 \tag{2.59a}$$

或者

$$b\frac{\sigma_m}{f_c}+\sqrt{\frac{5}{3}}\frac{\tau_m}{f_c}-a=0 \tag{2.59b}$$

这里，ρ 为特征参数。平均应力与八面体应力、应力不变量以及静水坐标和偏平面坐标间的关系为

$$\sigma_m=\sigma_{oct}=\frac{1}{3}I_1=\frac{1}{\sqrt{3}}\xi,\quad \tau_m^2=\frac{3}{5}\tau_{oct}^2=\frac{2}{5}J_2=\frac{1}{5}r^2 \tag{2.60}$$

或者写成主应力的形式：

$$\sigma_m = \frac{1}{3}(\sigma_1 + \sigma_2 + \sigma_3) \tag{2.61a}$$

$$\tau_m = \frac{1}{\sqrt{15}}\left[(\sigma_1 - \sigma_2)^2 + (\sigma_2 - \sigma_3)^2 + (\sigma_3 - \sigma_1)^2\right]^{1/2} \tag{2.61b}$$

式(2.59) 可以改写为

$$\frac{\tau_m}{f_c} = r(\theta)\left(1 - \frac{1}{\rho}\frac{\sigma_m}{f_c}\right) \tag{2.62}$$

③ 参数确定。强度准则(2.62) 中有 3 个参数，分别是 r_t、r_c 和 ρ，其可以通过 3 个典型的混凝土材料力学实验确定：单轴受拉实验 f_t、单轴受压实验 f_c 和双轴等压实验 f_{bc}。利用式(2.46) 的无量纲强度定义，计算得到的无量纲平均应力分量见表 2.2。

表 2.2　无量纲平均应力分量计算结果

实验	σ_m/f'_c	τ_m/f'_c	θ	$r(\theta)$
$\sigma_1 = f'_t$	$\frac{1}{3}\bar{f}'_t$	$\sqrt{\frac{2}{15}}\bar{f}'_t$	0°	r_t
$\sigma_3 = -f'_c$	$-\frac{1}{3}$	$\sqrt{\frac{2}{15}}$	60°	r_c
$\sigma_2 = \sigma_3 = -f'_{bc}$	$-\frac{2}{3}\bar{f}'_{bc}$	$\sqrt{\frac{2}{15}}\bar{f}'_{bc}$	0°	r_t

将这些应力值代入式(2.62)，求得模型的 3 个参数为

$$\begin{cases} \rho = \dfrac{\bar{f}'_{bc}\bar{f}'_t}{\bar{f}'_{bc} - \bar{f}'_t} \\ r_t = \left(\dfrac{6}{5}\right)^{1/2} \dfrac{\bar{f}'_{bc}\bar{f}'_t}{2\bar{f}'_{bc} + \bar{f}'_t} \\ r_c = \left(\dfrac{6}{5}\right)^{1/2} \dfrac{\bar{f}'_{bc}\bar{f}'_t}{3\bar{f}'_{bc}\bar{f}'_t + \bar{f}'_{bc} - \bar{f}'_t} \end{cases} \tag{2.63}$$

锥面的顶点位于静水轴上，令 $\tau_m = 0$，得到

$$\frac{\sigma_m}{f'_c} = \rho \tag{2.64}$$

具有典型混凝土强度比的 Willam-Warnke 三参数模型如图 2.32 所示。

3 个简单强度实验值标记在图 2.32 中，锥形面的倾角介于

$$\begin{cases} \tan\phi_t = \dfrac{r_{t_0}}{\rho}, \quad \theta = 0° \\ \tan\phi_c = \dfrac{r_{c_0}}{\rho}, \quad \theta = 60° \end{cases} \tag{2.65}$$

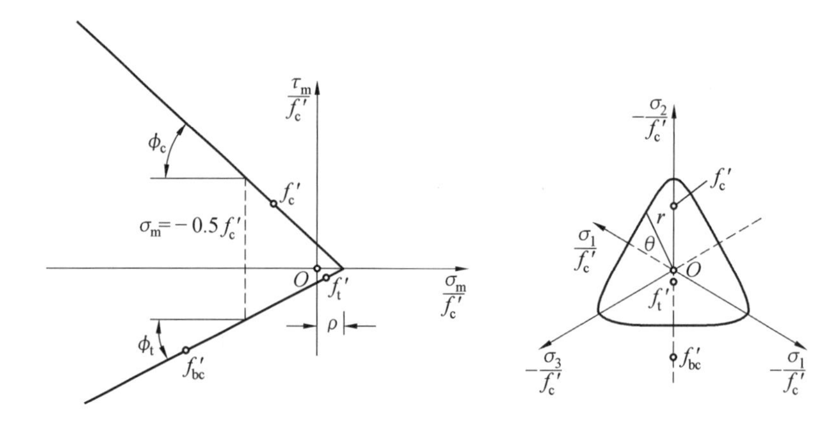

图 2.32　Willam-Warnke 三参数强度准则的偏平面与子午线

（强度　$f'_{bc}/f'_c=1.3$，　$f'_t/f'_c=0.1$）

式中，r_{t0} 和 r_{c0} 为 r_t 和 r_c 在 π 平面上的对应值。

当满足下列条件时，Willam-Warnke 三参数强度准则退化为圆锥形式的 Drucker-Prager 模型：

$$r_c=r_t=r_0,\quad f'_t=\frac{f'_{bc}}{3f'_{bc}-2} \tag{2.66}$$

此时，锥形破坏面可以用两个参数 ρ 和 r_0 描述为

$$\frac{1}{\rho}\frac{\sigma_m}{f'_c}+\frac{1}{r_0}\frac{\tau_m}{f'_c}=1 \tag{2.67}$$

当满足下列条件时，退化为 von Mises 模型，即

$$\rho\to\infty\quad 或\quad \bar{f}'_{bc}=\frac{\bar{f}'_{bc}}{\bar{f}'_c}=1 \tag{2.68}$$

此时，Drucker-Prager 锥形面退化为圆柱面，其半径为

$$\frac{1}{r_0}\frac{\tau_m}{f'_c}=1 \tag{2.69}$$

强度比为

$$\bar{f}'_{bc}=\bar{f}'_t=1 \tag{2.70}$$

④ 一般评述。外凸性条件是建立材料模型破坏面非常重要的条件，根据稳定材料的定义即 Drucker 稳定公设，屈服面和加载面必须是外凸的，塑性应变增量矢量的方向必须正交于屈服面或者加载面。而且，稳定材料要求在加载和卸载循环中产生正的塑性功耗散。满足这些条件的应力－应变模型能够确保满足边值问题解的唯一性，以及塑性变形的不可逆特征。

外凸性条件同时意味着偏平面上在所考察区间内不存在拐点，这样不能用三角函数或者埃尔米特(Hermitian) 插值来构造曲线。尤其是在实际工程中常用的 r_t/r_c 范围内，要满足外凸性条件。

(5) Ottosen(奥托森) 强度准则(四参数)。

在对偏平面内的失效曲线进行构造时，要考虑其具有如下特征：对称性、光滑性、外凸

性，同时满足随着静水压力的增加，其形状由近似三角形到近似圆形的变化特征，构造的数学表达式形式要简单。在这方面，Willam 和 Warnke 基于椭圆近似偏平面成功地构造了这样的数学表达式。Ottosen 也成功地构造了这样的表达式，他是基于以 $\cos 3\theta$ 形式的具有 4 个参数的三角函数近似偏平面。这两个模型的偏平面都是仅由 2 个参数控制的。

Ottosen(1977) 提出的含有不变量 I_1、J_2、$\cos 3\theta$ 的四参数准则，其表达式为

$$f(I_1, J_2, \cos 3\theta) = a\frac{J_2}{f_c^2} + \lambda\frac{\sqrt{J_2}}{f_c} + b\frac{I_1}{f_c} - 1 = 0 \tag{2.71}$$

式中，$\lambda = \lambda(\cos 3\theta) > 0$，且 a、b 均为常数。

失效曲面具有曲线子午线和非圆截面。曲线子午线是由常数 a 和 b 确定的，非圆截面是由函数 λ 定义的，在偏平面上 λ 由常数 $\lambda_t = 1/r_t$ 和 $\lambda_c = 1/r_c$ 确定，因此 Ottosen 强度准则具有 4 个参数。

下面介绍 λ 函数的确定方法。

① 薄膜比拟。由于随着静水压力的增加，偏平面必须由近似三角形变化到近似圆形，应用薄膜比拟构造这样的曲面是合适的，与等边三角形横截面的经典扭转问题相应的薄膜曲面能够满足这些条件。

考虑一等边三角形，如图 2.33 所示。

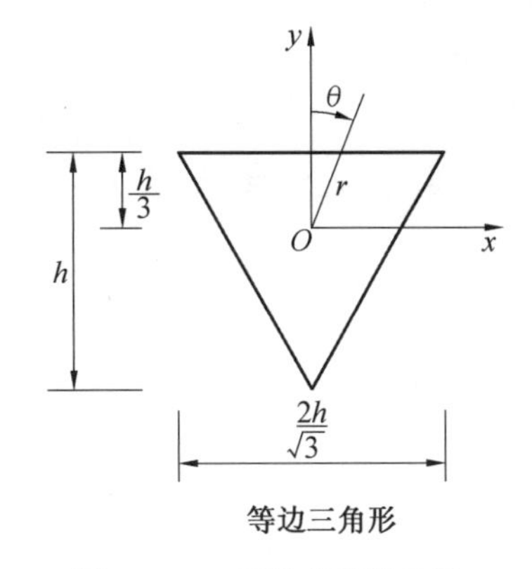

图 2.33　λ 函数的薄膜比拟

假设处于三边支承的均匀张紧状态的薄膜（皂膜），在均匀侧向压力作用下，竖向位移 z 服从泊松方程

$$\frac{\partial^2 z}{\partial x^2} + \frac{\partial^2 z}{\partial y^2} = -k \tag{2.72}$$

式中，k 为常数；z 在边界处为 0。很显然，挠曲薄膜的轮廓线具有对称性、光滑性和外凸性，并且该轮廓线在等边三角形和圆形之间变化。在这种情况下，位移函数 z 可以表示为

$$z = m\left(\sqrt{3}x + y + \frac{2}{3}h\right)\left(\sqrt{3}x - y - \frac{2}{3}h\right)\left(y - \frac{1}{3}h\right) \tag{2.73}$$

式中

$$m = \frac{k}{4h} \tag{2.74}$$

若选取 $m = 1/(2h)$，则 $k = 2$，数学位移 z 可以写为

$$z = \frac{1}{2h}\left(\frac{h}{3} - y\right)\left[\left(y + \frac{2}{3}h\right)^2 - 3x^2\right] \tag{2.75}$$

引入 $x = r\sin\theta$ 和 $y = r\cos\theta$，z 的方程变为

$$z = \frac{1}{2h}\left(\frac{4}{27}h^3 - hr^2 - r^3\cos 3\theta\right) \tag{2.76}$$

或者

$$r^3\cos 3\theta + hr^2 - \frac{4}{27}h^3 + 2hz = 0 \tag{2.77}$$

因为 $r \neq 0$，相应地 $2hz - \frac{4}{27}h^3 \neq 0$，式(2.77)可以改写为

$$\frac{1}{r^3} + \frac{h}{2hz - \frac{4}{27}h^3}\frac{1}{r} + \frac{\cos 3\theta}{2hz - \frac{4}{27}h^3} = 0 \tag{2.78}$$

其中，$0 \leqslant z \leqslant \frac{2}{27}h^2$，对于任意 z，由方程(2.78)确定了相应的轮廓线，为了简化，下面定义

$$\lambda = \frac{1}{r}, \quad p = \frac{1}{3}\frac{1}{2z - \frac{4}{27}h^2}, \quad q = \frac{1}{2}\frac{\cos 3\theta}{h\left(2z - \frac{4}{27}h^2\right)} \tag{2.79}$$

方程(2.78)可以改写为无量纲化的三次方程形式：

$$\lambda^3 + 3p\lambda + 2q = 0 \tag{2.80}$$

式中

$$p < 0, \quad q\begin{cases} \geqslant 0, & \cos 3\theta \leqslant 0 \\ < 0, & \cos 3\theta > 0 \end{cases} \tag{2.81}$$

下面定义两个参数 k_1 和 k_2：

$$\begin{cases} k_1 = \dfrac{2}{\sqrt{3\left(\dfrac{4}{27}h^2 - 2z\right)}} \\ k_2 = \dfrac{3}{2h\sqrt{3\left(\dfrac{4}{27}h^2 - 2z\right)}} = \dfrac{3k_1}{4h} \end{cases} \tag{2.82}$$

如果 $\cos 3\theta \geqslant 0(q \leqslant 0)$，方程(2.80)唯一的实根为

$$\lambda = \frac{1}{r} = k_1 \cos\left[\frac{1}{3}\arccos(k_2 \cos 3\theta)\right], \quad \cos 3\theta \geqslant 0 \tag{2.83}$$

如果 $\cos 3\theta \leqslant 0(q \geqslant 0)$，方程(2.80)唯一的正实根为

$$\lambda = \frac{1}{r} = k_1 \cos\left[\frac{\pi}{3} - \frac{1}{3}\arccos(-k_2 \cos 3\theta)\right], \quad \cos 3\theta \leqslant 0 \tag{2.84}$$

当 $\cos 3\theta = 0$ 时，方程(2.80)的根同式(2.83)所求得的相等。

式(2.83)和式(2.84)描述了偏平面上的 λ 函数，应用了两个参数 k_1 和 k_2，应用压拉子午线角标标记方法，即

$$\lambda_c = \lambda(\cos 3\theta) = \lambda(-1) = \frac{1}{r_c}, \quad \theta = 60° \tag{2.85}$$

$$\lambda_t = \lambda(\cos 3\theta) = \lambda(1) = \frac{1}{r_t}, \quad \theta = 0° \tag{2.86}$$

这样，参数 k_1 和 k_2 就可以由 λ_t 和 λ_c 或者 r_t 和 r_c 值确定。参数 k_1 称为尺寸系数，而 k_2 称为形状系数，且 $0 \leqslant k_2 \leqslant 1$。在 r_t/r_c 满足下列条件范围时，偏平面满足外凸性、光滑性要求：

$$\frac{1}{2} < \frac{r_t}{r_c} < 1 \tag{2.87}$$

当 r_t/r_c 趋于1时，偏平面趋于圆形。

Drucker-Prager模型和von Mises模型均是Ottosen模型的特例。当$a=0$、λ为常数时,即为Drucker-Prager模型;当$a=b=0$、λ为常数时,即为von Mises模型。

② 参数确定。该强度准则的4个参数由下列简单实验确定:

a. 单轴抗压强度$f_c(\theta=60°)$。

b. 单轴抗拉强度$f_t(\theta=0°)$。

c. 双轴等压强度$f_{bc}(\theta=0°)$,$f_{bc}=1.16f_c$。

d. 三轴强度根据Balmer和Richart等人的实验结果,取压力子午线上的$(\xi/f_c, r/f_c)=(-5,4)$,$\theta=60°$。

当取上述数值时,参数计算结果见表2.3和表2.4。虽然在仅有压应力情况下的4个参数与$\bar{f}'_t=f'_t/f'_c$相关性很大,但其对失效应力的影响很小。

表2.3　参数取值及其相关$\bar{f}'_t=f'_t/f'_c$的值

$\bar{f}'_t=f'_t/f'_c$	a	b	k_1	k_2
0.08	1.807 6	4.096 2	14.486 3	0.991 4
0.10	1.275 9	3.196 2	11.736 5	0.980 1
0.12	0.921 8	2.596 9	9.911 0	0.964 7

表2.4　λ函数的值及其相关$\bar{f}'_t=f'_t/f'_c$的值

$\bar{f}'_t=f'_t/f'_c$	λ_t	λ_c	λ_c/λ_t
0.08	14.472 5	7.783 4	0.537 8
0.10	11.710 9	6.531 5	0.557 7
0.12	9.872 0	5.697 9	0.577 2

(6)Hsieh-Ting-Chen(谢—丁—陈)强度准则(四参数)。

Hsich等人(1979)提出了包含不变量I_1、J_2和最大主应力σ_1的四参数准则,其表达式为

$$f(I_1,J_2,\sigma_1)=a\frac{J_2}{f_c^2}+b\frac{\sqrt{J_2}}{f_c}+c\frac{\sigma_1}{f_c}+d\frac{I_1}{f_c}-1=0 \tag{2.88}$$

该准则是八面体应力关系式$\tau_{oct}=f(\sigma_{oct})$与最大主拉应力准则的组合,它具有弯曲的子午线和在偏平面上的非圆形截面。

当参数$a=c=0$时,该准则变为Drucker-Prager强度准则;当$a=c=d=0$时,其变为von Mises准则;当$a=b=d=0$,且$c=\frac{f_c}{f_t}$时,则变为最大主拉应力准则(Rankine准则)。

4个参数由下列失效状态确定:

① 单轴抗压强度f_c。

② 单轴抗拉强度$f_t=0.1f_c$。

③ 双轴等压强度$f_{bc}=1.15f_c$。

④ 与Mills和Zimmerman实验结果吻合较好的压力子午线上的八面体应力状态

$(\sigma_{oct}/f'_c,\tau_{oct}/f'_c)=(-1.95,1.6)$。

根据上述实验结果，可以确定 4 个参数为 $a=2.010\ 8$，$b=0.971\ 4$，$c=9.141\ 2$，$d=0.231\ 2$。

(7) Willam-Warnke 强度准则（五参数）。

Willam-Warnke 三参数模型子午线为直线，在此基础上提出了具有曲线子午线的椭圆形非圆偏截面形式，建立的破坏面可以应用于低压力和高压力范围。三参数模型中平均应力间为线性关系，提出的五参数模型的拉压子午线分别为

$$\frac{\tau_{mt}}{f'_c}=\frac{r_t}{\sqrt{5}f'_c}=a_0+a_1\frac{\sigma_m}{f'_c}+a_2\left(\frac{\sigma_m}{f'_c}\right)^2,\quad \theta=0^\circ \tag{2.89}$$

$$\frac{\tau_{mc}}{f'_c}=\frac{r_c}{\sqrt{5}f'_c}=b_0+b_1\frac{\sigma_m}{f'_c}+b_2\left(\frac{\sigma_m}{f'_c}\right)^2,\quad \theta=60^\circ \tag{2.90}$$

这两个子午线将相交于静水轴的同一点 $\sigma_{m_0}/f'_c=\rho$，该点对应于静水受拉状态，因此参数由 6 个减少为 5 个。只要通过系列实验确定了这 5 个参数，首先就确定了与二次抛物线式(2.89)和式(2.90)对应的 $\theta=0^\circ$、$\theta=60^\circ$ 的两条子午线。然后，用三参数模型中的椭圆形偏平面将两条子午线相连。相比较三参数模型，该偏平面需将 r_t 和 r_c 作为平均应力 σ_m 的函数，即式(2.91)和式(2.92)。

$$r(\sigma_m,\theta)=\frac{2r_c(r_c^2-r_t^2)\cos\theta+r_c(2r_t-r_c)\left[4(r_c^2-r_t^2)\cos^2\theta+5r_t^2-4r_tr_c\right]^{1/2}}{4(r_c^2-r_t^2)\cos^2\theta+(r_c-2r_t)^2} \tag{2.91}$$

① 破坏面的一般性能。

a. 具有 5 个参数。

b. 包含了所有的应力不变量 $f(I_1,J_2,\theta)$ 或者 $f(\sigma_m,\tau_m,\theta)$。

c. 具有光滑面。

d. 偏平面具有 120° 周期性和 60° 对称性。

e. 偏平面为非圆截面，随着静水压力的增大，从近似三角形变化为近似圆形。

f. 子午线为二次抛物线。

g. 偏平面内的失效曲线为椭圆曲线的一部分。

h. 如果模型参数能够满足下列条件，则其偏平面为外凸的，沿着子午线也是外凸的。

$$a_0>0,\quad a_1\leqslant 0,\quad a_2\leqslant 0$$
$$b_0>0,\quad b_1\leqslant 0,\quad b_2\leqslant 0$$
$$\frac{r_t(\sigma_m)}{r_c(\sigma_m)}>\frac{1}{2} \tag{2.92}$$

注意，破坏面外凸的必要条件为

$$\frac{\partial^2 r}{\partial\theta^2}<r+\frac{2}{r}\left(\frac{\partial r}{\partial\theta}\right)^2$$

i. 由于要求 $a_2\leqslant 0$、$b_2\leqslant 0$，破坏面在高压应力处将交汇于静水压力轴，这与混凝土强度实验结果不符，因此规定了适用范围：$1/2\leqslant r_t/r_c\leqslant 1$。

j. 对所有的应力组合均具有适用性(包括受拉),同实验结果相比吻合较好,后面我们将介绍这一点。

k. 强度准则包含了几个早期的强度准则:

von Mises 模型:

$$a_0 = b_0 \quad 并且 \quad a_1 = b_1 = a_2 = b_2 = 0$$

Drucker-Prager 模型:

$$a_0 = b_0, \quad a_1 = b_1, \quad a_2 = b_2 = 0$$

Willam 和 Warnke 的三参数模型:

$$\frac{a_0}{b_2} = \frac{a_1}{b_1} \quad 并且 \quad a_2 = b_2 = 0$$

一个相对应的四参数模型:

$$\frac{a_0}{b_0} = \frac{a_1}{b_1} = \frac{a_2}{b_2}$$

② 参数确定。五参数模型的参数确定采用了 3 个简单实验和高压力范围内的 2 个强度点:

a. 单轴抗压强度 $f'_c(\theta = 60°, f'_c > 0)$。

b. 单轴抗拉强度 $f'_t(\theta = 0°)$,强度比值为 $\bar{f}'_t = f'_t / f'_c$。

c. 双轴等压强度 $f'_{bc}(\theta = 0°, f'_{bc} > 0)$,强度比值为 $\bar{f}'_{bc} = f'_{bc} / f'_c$。

d. 高压应力点 $(\sigma_m / f'_c, \tau_m / f'_c) = (-\bar{\xi}_1, \bar{r}_1)$ 在受拉子午线 $(\theta = 0°, \bar{\xi}_1 > 0)$ 上。

e. 高压应力点 $(\sigma_m / f'_c, \tau_m / f'_c) = (-\bar{\xi}_2, \bar{r}_2)$ 在受压子午线 $(\theta = 60°, \bar{\xi}_2 > 0)$ 上。

此外,两个抛物线相交于静水轴的同一点 σ_{m0},因此对于 $\rho = \dfrac{\sigma_{m_0}}{f'_c} > 0$,有 $r_t(\rho) = r_c(\rho) = 0$。

5 个实验的应力状态见表 2.5,当 $\theta = 0°$ 和 $\theta = 60°$ 时,超越函数(2.91)简化为 $r_t(\sigma_m)$ 以及 $r_c(\sigma_m)$。

将表 2.5 中的前 3 项代入式(2.91),得到

$$\begin{cases} \sqrt{\dfrac{2}{15}}\bar{f}'_t = a_0 + a_1\left(\dfrac{1}{3}\bar{f}'_t\right) + a_2\left(\dfrac{1}{3}\bar{f}'_t\right)^2 \\ \sqrt{\dfrac{2}{15}}\bar{f}'_{bc} = a_0 + a_1\left(-\dfrac{2}{3}\bar{f}'_{bc}\right) + a_2\left(-\dfrac{2}{3}\bar{f}'_{bc}\right)^2 \\ \bar{r}_1 = a_0 + a_1(-\bar{\xi}_1) + a_2(-\bar{\xi}_1)^2 \end{cases} \tag{2.93}$$

表 2.5　六参数的确定

实验	σ_m/f'_c	τ_m/f'_c	$\theta/(°)$	$r(\sigma_m,\theta)$
1. $\sigma_1=f'_1$	$\frac{1}{3}\bar{f}'_1$	$\sqrt{\frac{2}{15}}\bar{f}'_1$	0	$r_t=\sqrt{\frac{2}{3}}f'_t$
2. $\sigma_2=\sigma_3=-f'_{bc}$	$-\frac{2}{3}\bar{f}'_{bc}$	$\sqrt{\frac{2}{15}}\bar{f}'_{bc}$	0	$r_t=\sqrt{\frac{2}{3}}f'_{bc}$
3. $(-\bar{\xi}_1,\bar{r}_1)$	$-\bar{\xi}_1$	$\bar{r}_1$	0	$r_t=\sqrt{5}\bar{r}_1f'_c$
4. $\sigma_3=-f'_c$	$-\frac{1}{3}$	$\sqrt{\frac{2}{15}}$	60	$r_c=\sqrt{\frac{2}{3}}f'_c$
5. $(-\bar{\xi}_2,\bar{r}_2)$	$-\bar{\xi}_2$	$\bar{r}_2$	60	$r_c=\sqrt{5}\bar{r}_2f'_c$
6. 式(2.91)	ρ	0	0,60	$r_t=r_c=0$

这样可求得拉子午线上的 3 个参数为

$$\begin{cases} a_0=\dfrac{2}{3}\bar{f}'_{bc}a_1-\dfrac{4}{9}\bar{f}'^2_{bc}a_2+\sqrt{\dfrac{2}{15}}\bar{f}'_{bc} \\ a_1=\dfrac{1}{3}(2\bar{f}'_{bc}-\bar{f}'_t)a_2+\left(\dfrac{6}{5}\right)^{1/2}\dfrac{\bar{f}'_t-\bar{f}'_{bc}}{2\bar{f}'_{bc}+\bar{f}'_t} \\ a_2=\dfrac{\sqrt{\dfrac{6}{5}}\bar{\xi}_1(\bar{f}'_t-\bar{f}'_{bc})-\sqrt{\dfrac{6}{5}}\bar{f}'_t\bar{f}'_{bc}+\bar{r}_1(2\bar{f}'_{bc}+\bar{f}'_t)}{(2\bar{f}'_{bc}+\bar{f}'_t)\left(\bar{\xi}_1^2-\dfrac{2}{3}\bar{f}'_{bc}\bar{\xi}_1+\dfrac{1}{3}\bar{f}'_t\bar{\xi}_1-\dfrac{2}{9}\bar{f}'_t\bar{f}'_{bc}\right)} \end{cases} \tag{2.94}$$

根据表 2.5 中的第六项实验，有 $r_t(\rho)=0$，则

$$a_2\rho^2+a_1\rho+a_0=0 \tag{2.95}$$

得到

$$\rho=\frac{-a_1-\sqrt{a_1^2-4a_0a_2}}{2a_2} \tag{2.96}$$

将后 3 组强度值代入破坏条件，即可得到

$$\begin{cases} b_0=-\rho b_1-\rho^2b_2 \\ b_1=\left(\bar{\xi}_2+\dfrac{1}{3}\right)b_2+\dfrac{\sqrt{\dfrac{6}{5}}-3\bar{r}_2}{3\bar{\xi}_2-1} \\ b_2=\dfrac{\bar{r}_2\left(\rho+\dfrac{1}{3}\right)-\sqrt{\dfrac{2}{15}}(\rho+\bar{\xi}_2)}{(\bar{\xi}_2+\rho)\left(\bar{\xi}_2-\dfrac{1}{3}\right)\left(\rho+\dfrac{1}{3}\right)} \end{cases} \tag{2.97}$$

③ 讨论。Willam-Warnke 五参数准则反映了混凝土在三轴应力下的基本特征，由具有曲线型子午线的锥形和偏平面内的非圆形截面组成。当采用不同强度条件时，可得到

不同参数值，与实验结果的符合程度也不一样。

(8)Kotsovos(科斯特索夫)强度准则(五参数)。

Kotsovos(1979)提出了指数型子午线和椭圆组合偏平面的五参数强度准则模型，弥补了 Willam-Warnke 抛物线型子午线与静水压力轴相交且不在同一点的缺陷，经与实验结果值拟合，确定了指数公式的参数表达式为

$$\begin{cases}\dfrac{\tau_{\text{octc}}}{f'_{\text{c}}}=0.944\left(\dfrac{\sigma_{\text{oct}}}{f'_{\text{c}}}+0.05\right)^{0.724}, & \theta=60^\circ \\ \dfrac{\tau_{\text{octt}}}{f'_{\text{c}}}=0.633\left(\dfrac{\sigma_{\text{oct}}}{f'_{\text{c}}}+0.05\right)^{0.857}, & \theta=0^\circ\end{cases} \tag{2.98}$$

偏平面公式为

$$\tau_{\text{oct}}=\frac{2\tau_{\text{octc}}(\tau_{\text{octc}}{}^2-\tau_{\text{octt}}{}^2)\cos\theta+\tau_{\text{octc}}(2\tau_{\text{octt}}-\tau_{\text{octc}})\sqrt{4(\tau_{\text{octc}}{}^2-\tau_{\text{octt}}{}^2)\cos^2\theta}}{4(\tau_{\text{octc}}{}^2-2\tau_{\text{octt}}{}^2)\cos^2\theta+(\tau_{\text{octt}}-2\tau_{\text{octc}})^2+5\tau_{\text{octt}}{}^2-4\tau_{\text{octc}}\tau_{\text{octt}}} \tag{2.99}$$

其中，τ_{octc}、τ_{octt} 分别为 τ_{oct} 在 $\theta=60^\circ$、$\theta=0^\circ$ 时的极限强度。

(9)Podgorski(波德戈尔斯基)强度准则(五参数)。

以 Ottosen 准则为基础，Podgorski 提出了适用于混凝土、砂和黏土等材料，采用 3 个应力不变量来表达的强度准则，其具体形式为

$$\sigma_{\text{oct}}-C_0+C_1P\tau_{\text{oct}}+C_2\tau_{\text{oct}}^2=0 \tag{2.100}$$

其中

$$P=\cos\left(\frac{1}{3}\arccos\alpha J-\beta\right) \tag{2.101}$$

C_0、C_1、C_2、α 和 β 5 个参数的确定：由 $f_{\text{ttt}}=f_{\text{t}}$，$f_{\text{cc}}=1.1f'_{\text{c}}$，$f_{\text{oc}}=1.25f'_{\text{c}}$ 计算出在各种 $f_{\text{t}}/f'_{\text{c}}$ 比值下的 α 和 β 值，其中，f'_{c}、f_{t} 分别为单轴抗压强度和单轴抗拉强度，f_{ttt} 为三轴抗拉强度(取与单轴抗拉强度相等)，f'_{oc} 和 f'_{cc} 分别为应力比为 1∶0.5 和 1∶1 的双轴抗压强度，不同 $f_{\text{t}}/f'_{\text{c}}$ 比值下 α 和 β 值可由表 2.6 查得。

表 2.6　Podgorski 强度准则五参数取值

$f_{\text{t}}/f'_{\text{c}}$	λ	θ	$\arccos\alpha/(^\circ)$	$\beta/(^\circ)$
0.06	0.513 75	0.591 82	2.034	0.235
0.07	0.515 67	0.593 86	2.339	0.261
0.08	0.517 48	0.595 81	2.635	0.283
0.09	0.519 17	0.597 64	2.922	0.300
0.10	0.520 74	0.599 36	3.197	0.313
0.11	0.522 19	0.600 97	3.462	0.321
0.12	0.523 51	0.602 46	3.717	0.325

参数 C_0、C_1 和 C_2 可由下式来确定：

$$\begin{cases} C_0 = f_t \\ C_1 = \dfrac{\sqrt{2}}{P_0}\left(1 - \dfrac{3}{2}\ \dfrac{f_t/f'_{cc}}{f'_{cc}/f_t - 1}\right) \\ C_2 = \dfrac{9}{2}\ \dfrac{f'_c/f'_{cc}}{f'_{cc} - f_t} \end{cases} \tag{2.102}$$

其中

$$P_0 = P(\phi = 0) = \cos\left(\frac{1}{3}\arccos\alpha - \beta\right)$$

Podgorski 强度准则模型的子午线为抛物线形，偏平面为光滑外凸三角形。

(10) 过镇海－王传志强度准则(五参数)。

采用幂函数拟合的以八面体应力表示的混凝土强度准则，其子午线为幂函数形式：

$$\frac{\tau_{oct}}{f_c} = a\left(\frac{b - \sigma_{oct}/f_c}{c - \sigma_{oct}/f_c}\right)^d \tag{2.103}$$

$$c = c_t\,(\cos 1.5\theta)^{1.5} + c_c\,(\sin 1.5\theta)^2 \tag{2.104}$$

式中 5 个参数都有明确的几何(物理)意义：

① $b = f_{ttt}/f_c$ 为三轴等拉强度与单轴抗压强度的比值，即包络面或子午线与静水压力轴交点的坐标。

② $a = \tau_{0,oct}$ 为 $\sigma_0 \rightarrow \infty$ 时 τ_0 的极限值，即破坏曲面趋向一圆柱面的半径。

③ 当 $0 < d < 1.0$ 时，拉、压子午线在 $\sigma_0 = b$ 处连续，破坏包络面顶点处连续、光滑。

④ c 为不同偏平面夹角 θ 处的子午线参数。当 $\theta = 0°$ 时，$c = c_t$；当 $\theta = 60°$ 时，$c = c_c$，可分别得拉、压子午线。当 $\theta = 0° \sim 60°$ 时，得相应的子午线。

确定这 5 个参数采用的混凝土特征强度值为

① 单轴抗压，$-f_c$，$\theta = 60°$。

② 单轴抗拉，$f_t = 0.1f_c$，$\theta = 0°$。

③ 双轴等压，$f_{bc} = 1.28f_c$，$\theta = 0°$。

④ 三轴等拉，$f_{ttt} = 0.9f_t = 0.09f_c$。

⑤ 三轴抗压强度，$\theta = 60°$，$(\sigma_{oct}/f_c, \tau_{oct}/f_c) = (-4, 2.7)$ 或者 $(\sigma_0 = -4, \tau_0 = 2.7)$。

⑥ 用迭代法计算，得参数：$a = 6.963\,8$，$b = 0.09$，$d = 0.929\,7$，$c_t = 12.244\,5$，$c_c = 7.331\,9$。

(11) 江见鲸强度准则(五参数)。

该五参数准则的具体形式为

$$\begin{cases} A_2\left(\dfrac{\rho_c}{f_c}\right)^2 + A_1\dfrac{\rho_c}{f_c} + \dfrac{\xi}{f_c} - A_0 = 0, \theta = 60° \\ B_2\left(\dfrac{\rho_t}{f_c}\right)^2 + B_1\dfrac{\rho_t}{f_c} + \dfrac{\xi}{f_c} - B_0 = 0, \theta = 0° \\ \rho(\theta) = \rho_t + (\rho_c - \rho_t)\sin^4\dfrac{3\theta}{2} \end{cases} \tag{2.105}$$

这一准则也有 6 个参数，但当 $\rho_c = \rho_t = 0$ 时，受压、受拉子午线应交于等应力轴上同一点，即有

$$\frac{\xi_0}{f_c}-A_0=\frac{\xi_0}{f_c}-B_0=0 \tag{2.106}$$

由此可得 $A_0=B_0$，故有5个参数是独立的。若取三轴抗拉强度 $\sigma_1=\sigma_2=\sigma_3=f_{ttt}=f_t$，则可得 $\xi_0=\sqrt{3}f_t$，故 $A_0=B_0=\sqrt{3}f_t/f_c$。于是在式(2.105)中，每一个方程均只有两个待定参数，求解非常方便。用 f_c、f_t、f_{bc} 及一组 $(\bar{\xi}_1,\bar{\rho}_1)=(-5,4)$，$\theta=60°$ 标定参数，可得如下公式：

$$\begin{cases}A_1=\dfrac{\sqrt{\dfrac{2}{3}}(\sqrt{3}\bar{f}_t-\bar{\xi}_1)-\bar{\rho}_1\left(\sqrt{3}\bar{f}_t+\dfrac{1}{\sqrt{3}}\right)}{\sqrt{\dfrac{2}{3}}\bar{\rho}_1^2-\dfrac{2}{3}\bar{\rho}_1}\\ A_2=\dfrac{\left(\sqrt{3}\bar{f}_t-\dfrac{1}{\sqrt{3}}\right)\bar{\rho}_1^2\ \dfrac{2}{3}(\sqrt{3}\bar{f}_t-\bar{\xi}_1)}{\sqrt{\dfrac{2}{3}}\bar{\rho}_1^2-\dfrac{2}{3}\bar{\rho}_1}\\ B_1=\dfrac{2\bar{f}_{bc}-(3\bar{f}_1^2/\bar{f}_{bc})-2\bar{f}_t}{\sqrt{2}(\bar{f}_{bc}-\bar{f}_t)}\\ B_2=\dfrac{3\sqrt{3}\bar{f}_t}{2\bar{f}_{bc}(\bar{f}_{bc}-\bar{f}_t)}\end{cases} \tag{2.107}$$

式中，$\bar{f}_t=f_t/f_c$，$\bar{f}_{bc}=f_{bc}/f_c$，$\bar{\xi}_1=-5$，$\bar{\rho}_1=4$。

(12) 赵国藩－宋玉普强度准则。

大连理工大学赵国藩、宋玉普教授在系列三轴抗压强度实验的基础上提出了一个五参数的准则，其表达式为

$$\begin{cases}\tau'_{ot}=a_t+b_t\sigma'_{oct}+c_t\sigma'^2_{oct}, & \theta=0°\\ \tau'_{oc}=a_c+b_c\sigma'_{oct}+c_c\sigma'^2_{oct}, & \theta=60°\end{cases} \tag{2.108}$$

式中，$\tau'_{ot}=\frac{\tau_{oct}}{f_c}\theta=0°$；$\tau'_{oc}=\frac{\tau_{oct}}{f_c}\theta=60°$；$\sigma'_{oct}=\frac{\sigma_{oct}}{f_c}$。在偏平面上，$\tau_{oct}$ 随 θ 的变化可用三角函数来表示，即

$$\tau_{oct}(\theta)=\tau_{ot}\cos^2\frac{3\theta}{2}+\tau_{oc}\sin^2\frac{3\theta}{2} \tag{2.108a}$$

通过对众多实验数据进行处理，得到强度准则表达式为

$$\begin{cases}\dfrac{\tau_{oct}}{f_c}=0.0604-0.6678\dfrac{\sigma_{oct}}{f_c}-0.0042\left(\dfrac{\sigma_{oct}}{f_c}\right)^2, & \theta=0°\\ \dfrac{\tau_{oct}}{f_c}=0.0836-0.9245\dfrac{\sigma_{oct}}{f_c}-0.0581\left(\dfrac{\sigma_{oct}}{f_c}\right)^2, & \theta=60°\\ \tau_{oct}(\theta)=\tau_{ot}\cos^2\dfrac{3\theta}{2}+\tau_{oc}\sin^2\dfrac{3\theta}{2}\end{cases} \tag{2.109}$$

当静水压力增大到某一程度时，子午面的曲线与等压轴相交，这说明在高静水压力下，τ_{oct} 会下降，直到 $\tau_{oct}=0$。这一表达式比 Willam-Warnke 五参数准则简洁，并且满足在

静水压力轴上基本交于一点的条件。

(13) 黄克智 — 张远高强度准则。

清华大学黄克智教授提出了一个三参数公式，它既满足混凝土破坏面在子午线上投影为曲线的特点，又满足随着 ξ 的增大，偏平面上的投影越来越接近圆形的特征要求，是三参数中较好的一个强度准则。其具体表达式为

$$a\rho^{1.5}+b(\cos\theta)\rho+c\xi=1 \tag{2.110}$$

其中，3 个参数 a、b、c 可由 3 组强度实验来确定。

① 单轴抗拉实验

$$\xi=\frac{1}{\sqrt{3}}f_{t},\quad \rho=\sqrt{\frac{2}{3}}f_{t},\quad \theta=0^{\circ} \tag{2.110a}$$

② 单轴抗压实验

$$\xi=-\frac{1}{\sqrt{3}}f_{c},\quad \rho=\sqrt{\frac{2}{3}}f_{c},\quad \theta=60^{\circ} \tag{2.110b}$$

③ 双轴等压实验

$$\xi=-\frac{2}{\sqrt{3}}f_{bc},\quad \rho=\sqrt{\frac{2}{3}}f_{bc},\quad \theta=0^{\circ} \tag{2.110c}$$

即可由此标定参数 a、b、c 的值，可采用 Kupfer 的实验数据

$$f_{t}=0.1f'_{c},\quad f_{bc}=1.16f'_{c}$$

$$a=1.671/(f_{c})^{1.5},\quad b=7.656/f_{c},\quad c=5.817/f_{c}$$

2.3.3 系列破坏准则比较

表 2.7 列出了各种破坏准则的计算式和破坏曲线形状比较，表 2.8 给出了各种破坏准则的统一表达式的基本形式。下面对混凝土多参数破坏准则进行比较分析。

Bresler-Pister 准则在偏平面上是圆形包络线，拉压子午线相同($\tau_{ot}=\tau_{oc}$)，抛物形子午线在很小静水压力($\sigma_0\approx-1.5$) 处与横轴相交，这些都与混凝土的三轴实验结果相差很大；但是，双轴和三轴拉 / 压状态(T/C,T/C/C) 的计算强度又过高。本准则主要是由双轴强度实验数据拟合而来，适用的应力范围有限。

Willam-Warnke 准则建议的偏平面上的椭圆组合包络线是其突出优点，虽然计算式复杂，但能符合破坏包络面的几何要求，与实验结果一致。对双轴包络线和三轴拉 / 压状态都有准确的计算强度，但是其子午线的形状不甚理想。三参数的直子午线，只在很小的静水压力($-\sigma_0\leqslant0.5$) 时才符合实验结果。

Willam-Warnke 五参数准则的抛物形子午线适用于稍高的静水压力($-\sigma_0\leqslant2.0$)。在更高的静水压力下，拉、压子午线逐渐下降，并相继与横轴相交，不合理。拉压子午线的强度比值(τ_{ot}/τ_{oc}) 或是常数(三参数准则)，或是增长过快(五参数准则)，均不合理。

Ottosen 准则的压子午线在静水压力 $-\sigma_0\leqslant5$ 、拉子午线在 $-\sigma_0\leqslant3$ 范围内(包括三轴拉 / 压应力状态下)，理论曲线与实验结果相符，偏平面包络线和双轴包络线也与实验规律一致。只是在静水压力更高的情况下，给出的多轴抗压强度值偏高。此外，曲面的顶点有尖角，不光滑。

表 2.7　各种破坏准则的计算式和破坏曲线形状比较

参数	建议人（年份）	原则	方程及参数式	曲面形状	压、拉子午线	偏平面	二轴面
1	Rankine（1876）	最大拉应力：$(\sigma_1,\sigma_2,\sigma_3)\leqslant f_t$	$\sqrt{2}r\cos\theta+\xi-\sqrt{3}f_t=0$	直角三角锥，3 个平面与坐标轴垂直	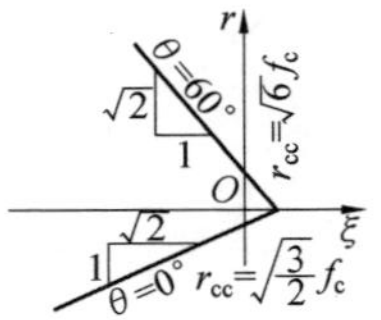 $\theta=60^\circ$；$r_{cc}=\sqrt{6}f_c$；$\theta=0^\circ$；$r_{cc}=\sqrt{\frac{3}{2}}f_c$	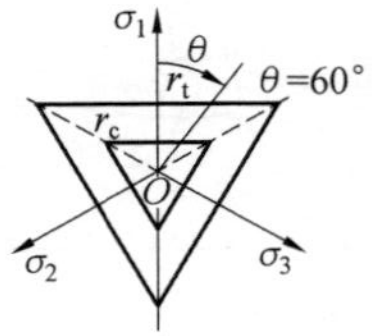 $\theta=60^\circ$；r_t；r_c	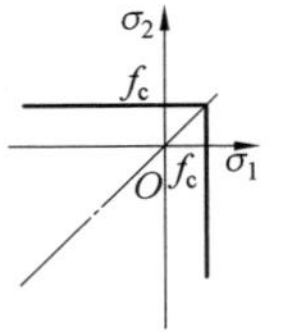 f_c
	Tresca（1864）	最大剪应力：$\left(\frac{\sigma_1-\sigma_2}{2},\frac{\sigma_2-\sigma_3}{2},\frac{\sigma_3-\sigma_1}{2}\right)=k=\frac{\sigma_y}{2}$	$r\sin(\theta+\frac{\pi}{3})-\sqrt{2}k=0$	六角棱柱	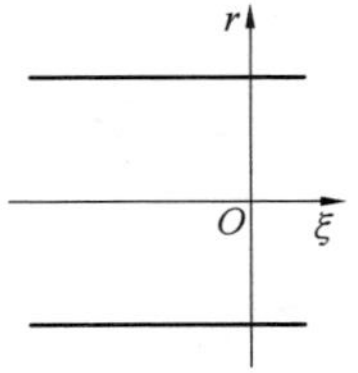	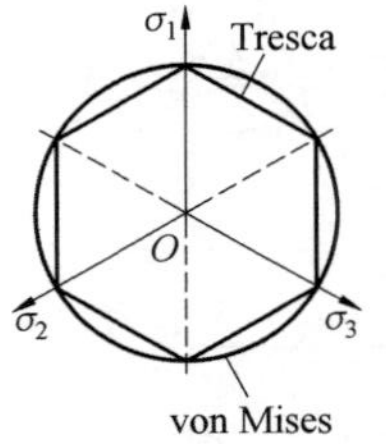 Tresca；von Mises	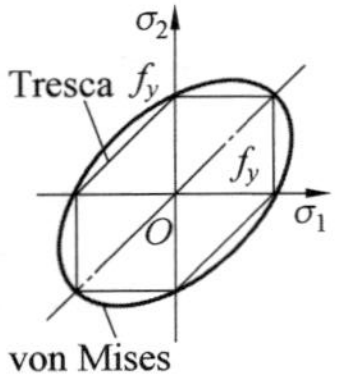 Tresca f_y；von Mises
	von Mises（1913）	八面体剪应力：$\tau_{oct}=\sqrt{\frac{2}{3}}k$，$k=\frac{1}{\sqrt{3}}\sigma_y$	$r^2-2k^2=0$	圆柱			
2	Mohr-Coulomb（1900）	剪应力：$\lvert r\rvert=f(\sigma)$（$\lvert r\rvert=c+\sigma\tan\phi$）	$\sqrt{2}\xi\sin\phi+\sqrt{3}r\sin(\theta+\frac{\pi}{3})+r\cos(\theta+\frac{\pi}{3})\sin\phi-\sqrt{6}c\cos\phi=0$	六角锥	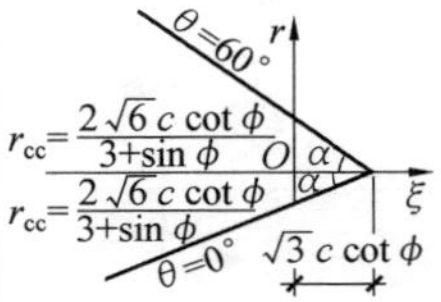 $\theta=60^\circ$：$r_{cc}=\frac{2\sqrt{6}c\cot\phi}{3+\sin\phi}$；$\theta=0^\circ$：$r_{cc}=\frac{2\sqrt{6}c\cot\phi}{3+\sin\phi}$；$\sqrt{3}c\cot\phi$	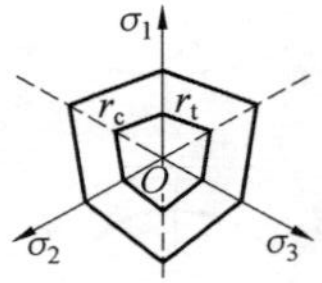 r_t；r_c	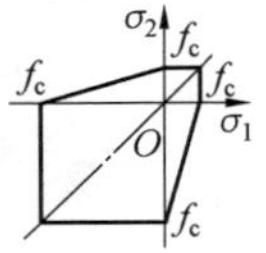 f_c
	Drucker-Prager（1952）	Mohr-Coulomb 准则的偏平面光滑化；von Mises 准则修正，τ_{oct} 与正应力有关	$\sqrt{6}\alpha\xi+r-\sqrt{2}k=0$	正圆锥	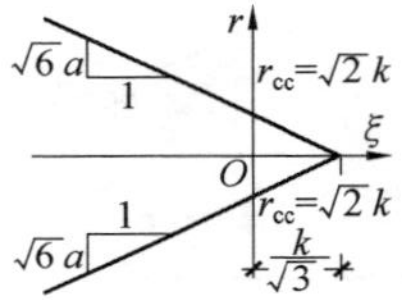 $r_{cc}=\sqrt{2}k$；$\sqrt{6}a$；$\frac{k}{\sqrt{3}}$	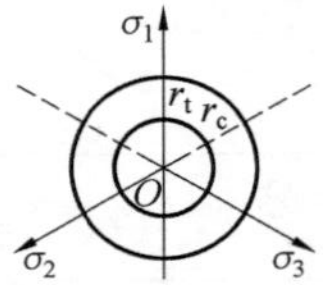 r_t；r_c	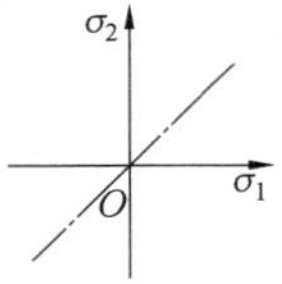

续表 2.7

参数	建议人（年份）	原则	方程及参数式	曲面形状	压、拉子午线	偏平面	二轴面
3	Bresler-Pister (1958)	八面体剪应力，$\tau_{cot}=f(\sigma_{cot})$，忽略 J(或 θ)的影响	$\frac{\tau_{oct}}{f_c}=a-b\left(\frac{\sigma_{oct}}{f_c}\right)+c\left(\frac{\sigma_{oct}}{f_c}\right)^2$	旋转抛物线			
	Willam-Warnke (1975)	直子午线和椭圆组合偏平面	$\frac{\tau_m}{f_c}=r(\theta)\left(1-\frac{1}{\rho}-\frac{\sigma_m}{f'_c}\right)$， 式中 $r(\theta)=A/B$， $A=2r_c(r_c^2-r_t^2)\cos\theta+r_c(2r_t-r_c)\times\sqrt{4(r_c^2-r_t^2)\cos^2\theta+5r_t^2-2r_tr_c}$ $B=4(r_c^2-r_t^2)\cos^2\theta+(r_c-2r_t)^2$	椭圆组合角锥			
4	Reimann (1965)	抛物线子午线、偏平面由直线和圆弧组成	$\theta=60°$：$\frac{\xi}{f_c}=a\left(\frac{r_c}{f_c}\right)^2+b\left(\frac{r_c}{f_c}\right)+c$， $\theta=60°-\theta_0$：$r=\varphi(\theta_0)\cdot r_c$ 式中，当 $\theta_0\leqslant\frac{r_t}{r_c}$时，$\varphi(\theta_0)=\frac{r_t}{r_c}$； 当 $\theta_0>\frac{r_t}{r_c}$时， $\varphi(\theta_0)=\frac{1}{\cos\theta_0+\sqrt{\left[\left(\frac{r_t}{r_c}\right)^2-1\right](1-\cos^2\theta_0)}}$	直一圆组合抛物曲面			
	Ottosen (1977)	曲子午线和非圆偏平面线都符合对称、光滑、外凸特征要求	$a\frac{J_2}{f_c^2}+\lambda\frac{\sqrt{J_2}}{f_c}+b\frac{I_1}{f_c}-1=0$， 当 $\cos 3\theta\geqslant 0$ 时， $\lambda=k_1\cos\left[\frac{1}{3}\arccos(k_2\cos 3\theta)\right]$， 当 $\cos 3\theta<0$ 时， $\lambda=k_1\cos\left[\frac{\pi}{3}-\frac{1}{3}\arccos(-k_2\cos 3\theta)\right]$	光滑外凸抛物曲面			

续表 2.7

参数	建议人（年份）	原则	方程及参数式	曲面形状	压、拉子午线	偏平面	二轴面
4	Hsieh-Ting-Chen（1979）	八面体应力和最大主拉应力组合	$a\frac{J_2}{f_c^2}+b\frac{\sqrt{J_2}}{f_c}+c\frac{\sigma_1}{f_c}+d\frac{I_1}{f_c}-1=0$	有尖棱的抛物曲面	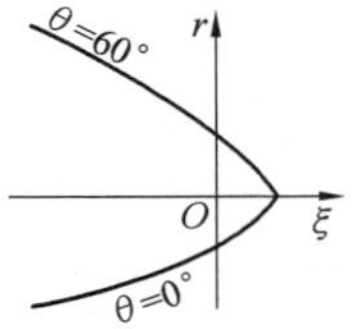	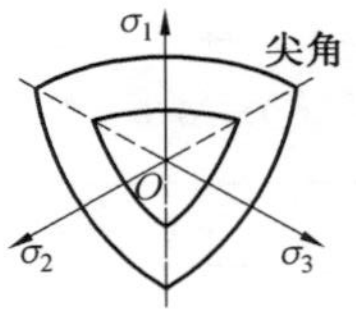 尖角	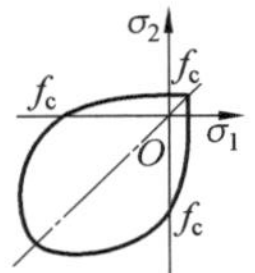
5	Willam-Warnke（1975）	抛物线形子午线和椭圆组合偏平面	$\theta=0°$：$\frac{\tau_{mt}}{f_c}=\frac{r_t}{\sqrt{5}f_c}=a_0+a_1\frac{\sigma_m}{f_c}+a_2\left(\frac{\sigma_m}{f_c}\right)^2$， $\theta=60°$： $\frac{\tau_{mc}}{f_c}=\frac{r_c}{\sqrt{5}f_c}=b_0+b_1\frac{\sigma_m}{f_c}+b_2\left(\frac{\sigma_m}{f_c}\right)^2$ 当 $\sigma_m=\rho,\tau_{mt}=\tau_{mc}=0$	椭圆组合抛物曲面	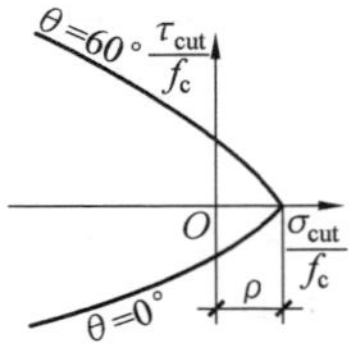	同三参数 Willam-Warnke 准则	
	Kotsovos（1979）	指数型子午线和椭圆组合偏平面	$\theta=0°$：$\frac{\tau_{octt}}{f_c}=a\left(c-\frac{\sigma_{oct}}{f_c}\right)^b$， $\theta=60°$：$\frac{\tau_{octc}}{f_c}=d\left(c-\frac{\sigma_{oct}}{f_c}\right)^e$	椭圆组合指数曲面	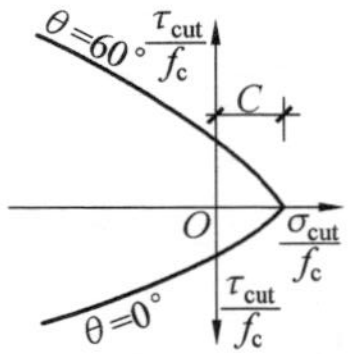	同 Willam-Warnke 准则	
	Podgorski	抛物线形子午线和椭圆组合偏平面	$\sigma_{oct}-C_0+C_1P\tau_{oct}+C_2\tau_{oct}^2=0$ $P=\cos\left[\frac{1}{3}\arccos(\alpha\cdot\cos 3\theta)-\beta\right]$	光滑外凸抛物曲面	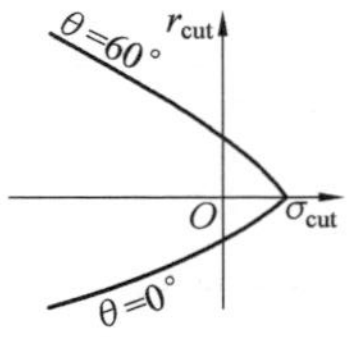	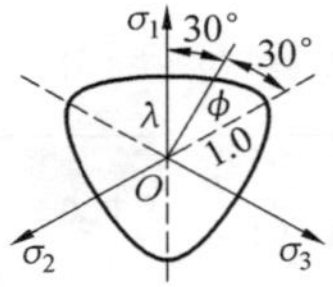	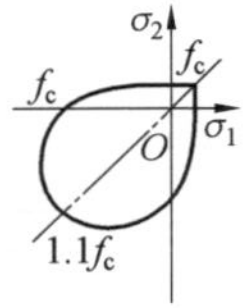

表 2.8　混凝土破坏准则统一表达式的基本形式

准则名	原表达式	统一表达式	计算式
(1) $\sigma_0=A+B\tau_0+C\tau_0^2$			
Reimann	$\frac{\xi}{f_c}=a\left(\frac{r_c}{f_c}\right)^2+b\left(\frac{r_c}{f_c}\right)+c,r=\varphi\cdot r_c$	$\sigma_0=\frac{c}{\sqrt{3}}-\frac{b}{\varphi}\tau_0-\frac{\sqrt{3}a}{\varphi^2}\tau_0^2$	$\sigma_0=0.073\ 6-\frac{0.701\ 8}{\varphi}\tau_0-\frac{0.344\ 3}{\varphi^2}\tau_0^2$
Ottosen	$a\frac{J_2}{f_c^2}+\lambda\frac{\sqrt{J_2}}{f_c}+b\frac{I_1}{f_c}-1=0$	$\sigma_0=\frac{1}{3b}-\sqrt{\frac{1}{6}}\frac{\lambda}{b}\tau_0-\frac{a}{2b}\tau_0^2$	$\sigma_0=0.100\ 4-0.122\ 9\lambda\tau_0-0.283\ 4\tau_0^2$
Hsieh-Ting-Chen	$a\frac{J_2}{f_c^2}+b\frac{\sqrt{J_2}}{f_c}+c\frac{\sigma_1}{f_c}+d\frac{I_1}{f_c}-1=0$	$\sigma_0=\left(\frac{1}{3d}-\frac{c}{3d}\frac{\sigma_1}{f_c}\right)-\sqrt{\frac{1}{6}}\frac{b}{d}\tau_0-\frac{a}{2d}\tau_0^2$	$\sigma_0=\left(0.790\ 6-6.964\ 9\frac{\sigma_1}{f_c}\right)-1.169\ 1\frac{b}{d}\tau_0-2.578\ 1\tau_0^2$
Podgorski	$\sigma_{oct}-C_0+C_1P\tau_{oct}+C_2\tau_{oct}^2=0$	$\sigma_0=c_0-c_1P\cdot\tau_0-c_2f_c\cdot\tau_0^2$	$\sigma_0=0.1-1.395\ 0P\cdot\tau_0-0.409\ 1f_c\cdot\tau_0^2$
(2) $\tau_0=D+E\sigma_0+F\sigma_0^2$			
Bresler-Pister	$\frac{\tau_{oct}}{f_c}=a-b\left(\frac{\sigma_{oct}}{f_c}\right)+c\left(\frac{\sigma_{oct}}{f_c}\right)^2$	$\tau_0=a-b\sigma_0+c\sigma_0^2$	$\tau_0=0.097\ 04-1.462\ 6\sigma_0-1.018\ 6\sigma_0^2$
Willam-Warnke(5)	$\theta=0°$: $\frac{\tau_{mt}}{f_c}=\frac{r_t}{\sqrt{5}f_c}=a_0+a_1\frac{\sigma_m}{f_c}+a_2\left(\frac{\sigma_m}{f_c}\right)^2$ $\theta=60°$: $\frac{\tau_{mc}}{f_c}=\frac{r_c}{\sqrt{5}f_c}=b_0+b_1\frac{\sigma_m}{f_c}+b_2\left(\frac{\sigma_m}{f_c}\right)^2$	$\tau_{ot}=\frac{a_0}{\sqrt{0.6}}+\frac{a_1}{\sqrt{0.6}}\sigma_0+\frac{a_2}{\sqrt{0.6}}$ $\sigma_0^2\tau_{oc}=\frac{b_0}{\sqrt{0.6}}+\frac{b_1}{\sqrt{0.6}}\sigma_0+\frac{b_2}{\sqrt{0.6}}\sigma_0^2$	$\tau_{ot}=0.070\ 29-0.692\ 4\sigma_0-0.079\ 24\sigma_0^2$ $\tau_{oc}=0.115\ 1-1.129\ 0\sigma_0-0.181\ 0\sigma_0^2$
Willam-Warnke(3)	$\frac{\tau_{mc}}{f_c}=r(\theta)\left(1-\frac{1}{\rho}\frac{\sigma_m}{f_c}\right)$	$\tau_0=\frac{r(\theta)}{\sqrt{0.6}}+\frac{r(\theta)}{\sqrt{0.6}}\sigma_0$, $F=0$	$\tau_0=\frac{r(\theta)}{0.774\ 6}-\frac{r(\theta)}{0.084\ 02}\sigma_0$
(3) $\tau_0=\alpha\left[\varphi(\sigma_0)\right]^\beta$			
Kotsovos	$\theta=0°$: $\frac{\tau_{octt}}{f_c}=a\left(c-\frac{\sigma_{oct}}{f_c}\right)^b$ $\theta=60°$: $\frac{\tau_{octc}}{f_c}=d\left(c-\frac{\sigma_{oct}}{f_c}\right)^e$	$\alpha=a,\beta=b$, $\alpha=d,\beta=e$, $\varphi=c-\frac{\sigma_{oct}}{f_c}$	$\tau_{ot}=0.633(0.05-\sigma_0)^{0.857}$ $\tau_{ot}=0.944(0.05-\sigma_0)^{0.724}$
过－王	$\tau_0=a\left(\frac{b-\sigma_0}{c-\sigma_0}\right)$	$\alpha=a,\beta=d,\varphi=\frac{b-\sigma_0}{c-\sigma_0}$	$\tau_0=6.963\ 8\left(\frac{0.09-\sigma_0}{c-\sigma_0}\right)^{0.929\ 7}$

注：决定参数值的条件为 $f_t=0.1f_c, f_m=0.9f_t, f_{oc}=-1.28f_c, \sigma_0=-4, \tau_0=27, \theta=60°$。

Hsieh-Ting-Chen 准则的理论曲线在各种应力状态下都与 Ottosen 准则的相近，但在偏平面包络线($\theta=60°$ 处) 和子午线拉端都有尖角，不连续光滑。其结果是在双轴应力状态下，靠近单轴受压($\sigma_2/\sigma_3=1\sim1.3$) 处的计算强度偏低。

Kotsovos 准则的偏平面包络线和子午线都符合连续、光滑和外凸的几何要求，但混凝土三轴等拉强度是根据其他应力状态的实验数据回归计算而得，取为 $f_{ttt}=0.05f_c$，数值偏低，影响三轴拉 / 压计算强度。当静水压力 $-\sigma_0>5$ 时，三轴抗压的计算强度偏高，尤其是拉子午线($\theta=0°$) 附近的计算误差更大。

Podgorski 准则的子午线和偏平面包络线都与 Ottosen 准则的接近，与实验结果相符，但在较高静水压力($-\sigma_0>5$) 时的计算强度偏高。而双轴等压强度取定 $f_{cc}=-1.1f_c$，低于一般实验值，使得双轴受压(C/C) 范围的计算强度普遍偏低，也影响三轴拉 / 压(T/C/C) 强度偏低。

过一王准则的各种理论曲线都处于其他各破坏准则的变化范围中间，所有应力状态下的混凝土多轴强度计算值适中，与实验结果相符。

图 2.34 给出了混凝土多参数破坏准则拉压子午线和偏平面上的差异性比较。

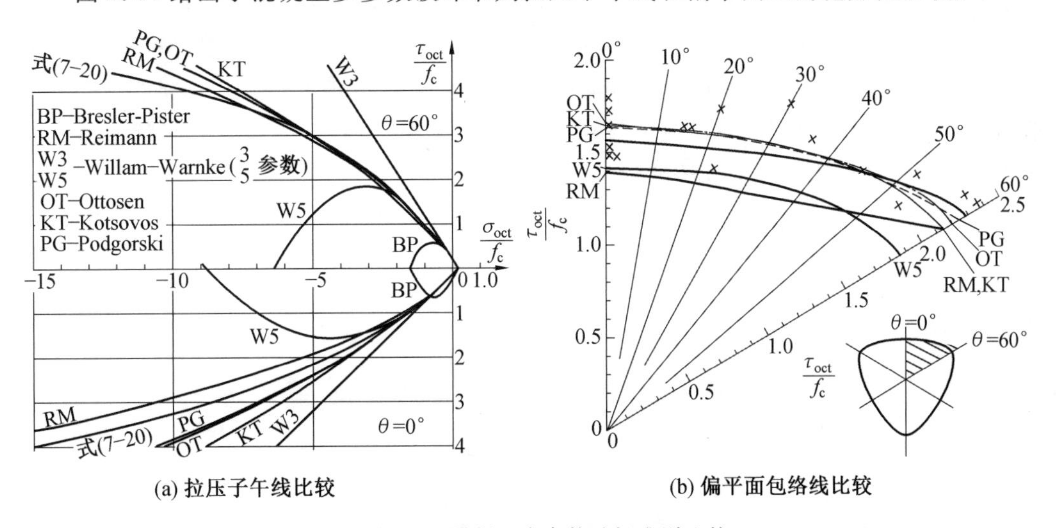

图 2.34　混凝土多参数破坏准则比较

图 2.35 给出的是混凝土各多参数破坏准则在双轴状态下的包络线。

评价一个混凝土破坏准则的标准大体上可以从以下四个方面来衡量：① 多轴强度的理论值与实验结果的符合程度；② 适用的应力范围大小；③ 破坏曲面几何特征的合理性；④ 在数值计算中的计算效率。

从以上的对比分析可以得到结论：混凝土的破坏准则包含 4 或 5 个参数足以准确地模拟破坏曲面的形状；参数太少(1 到 3 个)，则曲面形状过于简单，不能准确模拟破坏曲面；参数过多虽然有可能提高模拟曲面的精细程度，但由于混凝土材料多轴强度的离散性，数学意义上的精细并不一定能够真正提高计算的精确度，反而使计算变得繁复。

评定混凝土破坏准则采用如下条件：① 计算强度与实验结果的相符程度；② 适用的应力范围宽窄；③ 破坏包络面几何特征的合理性。则上述各破坏准则中，较好的是过一王、Ottosen 和 Podgorski 准则，其次是 Hsieh-Ting-Chen、Kotsovos、Willam-Warnke 准

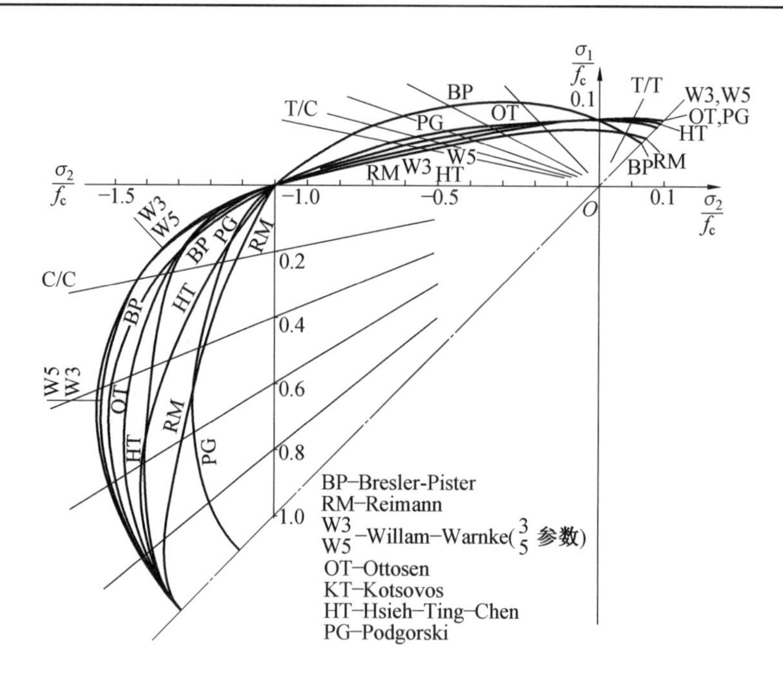

图 2.35　混凝土各多参数破坏准则双轴状态下的包络线

则，而 Bresler-Pister 准则较差。在结构的有限元分析中，可根据结构的应用范围和要求的准确性选用合理的混凝土破坏准则。

第 3 章　混凝土的非线性弹性本构理论

应力－应变呈线性关系且服从胡克(Hooke)定律,称为线弹性本构关系,以一维问题为例,其表达式为

$$\sigma = E\varepsilon$$

在早期混凝土有限元分析中,当混凝土受压时也采用这一关系,但它与混凝土的应力－应变关系差异较大。

如果应力和应变不成正比,但有一一对应关系,卸载后没有残余变形,应力状态完全由应变状态决定,而与加载历史无关,则称为非线性弹性,其表达式为

$$\begin{cases} \sigma = E(\sigma)\varepsilon \\ \mathrm{d}\sigma = E(\sigma)\,\mathrm{d}\varepsilon = E_{\mathrm{t}}\mathrm{d}\varepsilon \end{cases}$$

如果将线弹性关系中材料常数不取为常数,而是确定为随应力状态而变化的参数,则这种关系变为非线性弹性。在线弹性本构关系基础上,具体地是将材料常数 E 和 ν,或 K 和 G 确定为随应力状态而变化的参数。非线性弹性本构模型的主要特点包括:可描述压缩范围内及破坏前的非线性变形;可以反映混凝土应变随着应力的增大而非线性增长;卸载时应变沿加载路径返回,无残余应变;应力－应变关系曲线一般根据混凝土的单轴或多轴应力状态的实验结果加以标定,或者采用经验公式进行回归拟合;有以割线形式表示的全量模型和以切线应力－应变关系表示的增量模型两种。

3.1　材料的线弹性本构关系

1. 各向同性线弹性本构关系

在混凝土结构非线性分析中,将混凝土视作各向同性材料。根据弹性理论,其独立的常数有 2 个,线弹性关系的一般表达式为

$$\sigma_{ij} = C_{ijkl}\varepsilon_{kl} \quad \text{或者} \quad [\sigma] = [D]\{\varepsilon\}^{\mathrm{T}} \tag{3.1}$$

其中,向量展开形式为

$$[\sigma] = \{\sigma_x, \sigma_y, \sigma_z, \tau_{xy}, \tau_{yz}, \tau_{zx}\}^{\mathrm{T}} \tag{3.1a}$$

$$[\varepsilon] = \{\varepsilon_x, \varepsilon_y, \varepsilon_z, \gamma_{xy}, \gamma_{yz}, \gamma_{zx}\}^{\mathrm{T}} \tag{3.1b}$$

$$[D]=\frac{E}{(1+\nu)(1-2\nu)}\begin{bmatrix} 1-\nu & \nu & \nu & & & \\ & 1-\nu & \nu & & & \\ & & 1-\nu & & & \\ & & & \frac{1-\nu}{2} & & \\ & \text{sym.}^{①} & & & \frac{1-\nu}{2} & \\ & & & & & \frac{1-\nu}{2} \end{bmatrix} \tag{3.1c}$$

或者

$$[D]=\begin{bmatrix} K+\frac{4}{3}G & K-\frac{2}{3}G & & & & \\ K-\frac{2}{3}G & K+\frac{4}{3}G & & \text{sym.} & & \\ K-\frac{2}{3}G & K-\frac{2}{3}G & K+\frac{4}{3}G & & & \\ & & & G & & \\ & 0 & & 0 & G & \\ & & & 0 & 0 & G \end{bmatrix} \tag{3.1d}$$

各组弹性常数之间的数学关系见表 3.1。

表 3.1　基本弹性常数之间的数学关系

	基本弹性常数		
	E、ν	λ、G	K、G
E		$\frac{G(2G+3\lambda)}{G+\lambda}$	$\frac{9KG}{3K+G}$
ν		$\frac{\lambda}{2(G+\lambda)}$	$\frac{3K-2G}{6K+2G}$
λ	$\frac{E\nu}{(1+\nu)(1-2\nu)}$		$K-\frac{2}{3}G$
G	$\frac{E}{2(1+\nu)}$		
K	$\frac{E}{3(1-2\nu)}$	$\lambda+\frac{2}{3}G$	

式(3.1)可以改写为

$$\sigma_{ij}=\lambda\varepsilon_{kk}\delta_{ij}+2G\varepsilon_{ij} \tag{3.2}$$

其分量形式为

① 注:sym. 表示对称。

$$\begin{cases}\sigma_x = 2G\varepsilon_x + \lambda\varepsilon_v, & \tau_{xy} = G\gamma_{xy} \\ \sigma_y = 2G\varepsilon_y + \lambda\varepsilon_v, & \tau_{yz} = G\gamma_{yz} \\ \sigma_z = 2G\varepsilon_z + \lambda\varepsilon_v, & \tau_{zx} = G\gamma_{zx}\end{cases} \tag{3.2a}$$

体积模量的形式为

$$\varepsilon_{ij} = \frac{\sigma_{kk}}{9K}\delta_{ij} + \frac{1}{2G}S_{ij} \quad \text{或者} \quad \sigma_{ij} = K\varepsilon_v\delta_{ij} + 2Ge_{ij} \tag{3.3}$$

式(3.3)可以改写为

$$\sigma_{ij} = 2Ge_{ij} + K\varepsilon_{kk}\delta_{ij} = 2G\varepsilon_{ij} + (3K - 2G)\varepsilon_{oct}\delta_{ij} \tag{3.3a}$$

采用割线模量,写为

$$\begin{aligned}\sigma_{ij} &= 2G_s e_{ij} + K_s\varepsilon_{kk}\delta_{ij} \\ &= 2G_s(\varepsilon_{ij} - \varepsilon_{oct}\delta_{ij}) + K_s 3\varepsilon_{oct}\delta_{ij} \\ &= 2G_s\varepsilon_{ij} - 2G_s\varepsilon_{oct}\delta_{ij} + 3K_s\varepsilon_{oct}\delta_{ij} \\ &= 2G_s\varepsilon_{ij} + (3K_s - 2G_s)\varepsilon_{oct}\delta_{ij}\end{aligned} \tag{3.3b}$$

在 ABAQUS 程序手册中,以应力表示应变的形式为

$$\begin{Bmatrix}\varepsilon_{11}\\ \varepsilon_{22}\\ \varepsilon_{33}\\ \gamma_{12}\\ \gamma_{13}\\ \gamma_{23}\end{Bmatrix} = \begin{bmatrix}1/E & -\nu/E & -\nu/E & 0 & 0 & 0\\ -\nu/E & 1/E & -\nu/E & 0 & 0 & 0\\ -\nu/E & -\nu/E & 1/E & 0 & 0 & 0\\ 0 & 0 & 0 & 1/G & 0 & 0\\ 0 & 0 & 0 & 0 & 1/G & 0\\ 0 & 0 & 0 & 0 & 0 & 1/G\end{bmatrix}\begin{Bmatrix}\sigma_{11}\\ \sigma_{22}\\ \sigma_{33}\\ \sigma_{12}\\ \sigma_{13}\\ \sigma_{23}\end{Bmatrix} \tag{3.4}$$

2. 正交各向异性线弹性本构关系

这类材料具有 3 个相互正交的弹性对称面,各种增强纤维复合材料和木材等均属于这类材料。对于具有一个弹性对称面的弹性体,其弹性常数将由 21 个减少为 13 个;对于具有两个弹性对称面的弹性体,其弹性常数将由 13 个减少为 9 个;假如弹性体有 3 个弹性对称面,则本构方程不会出现新的变化。

$$\begin{Bmatrix}\varepsilon_x\\ \varepsilon_y\\ \varepsilon_z\\ \gamma_{xy}\\ \gamma_{yz}\\ \gamma_{zx}\end{Bmatrix} = \begin{bmatrix}\frac{1}{E_x} & -\frac{v_{yx}}{E_y} & -\frac{v_{zx}}{E_z} & 0 & 0 & 0\\ -\frac{v_{xy}}{E_x} & \frac{1}{E_y} & -\frac{v_{zy}}{E_z} & 0 & 0 & 0\\ -\frac{v_{xz}}{E_x} & -\frac{v_{yz}}{E_y} & \frac{1}{E_z} & 0 & 0 & 0\\ 0 & 0 & 0 & \frac{1}{G_{xy}} & 0 & 0\\ 0 & 0 & 0 & 0 & \frac{1}{G_{yz}} & 0\\ 0 & 0 & 0 & 0 & 0 & \frac{1}{G_{zx}}\end{bmatrix}\begin{Bmatrix}\sigma_x\\ \sigma_y\\ \sigma_z\\ \tau_{xy}\\ \tau_{yz}\\ \tau_{zx}\end{Bmatrix} \tag{3.5}$$

在 ABAQUS 程序手册中,正交各向异性材料本构关系为

$$\begin{Bmatrix}\sigma_{11}\\ \sigma_{22}\\ \sigma_{33}\\ \sigma_{12}\\ \sigma_{13}\\ \sigma_{23}\end{Bmatrix}=\begin{bmatrix}D_{1111} & D_{1122} & D_{1133} & 0 & 0 & 0\\ & D_{2222} & D_{2233} & 0 & 0 & 0\\ & & D_{3333} & 0 & 0 & 0\\ & & & D_{1212} & 0 & 0\\ & \text{sym.} & & & D_{1313} & 0\\ & & & & & D_{2323}\end{bmatrix}\begin{Bmatrix}\varepsilon_{11}\\ \varepsilon_{22}\\ \varepsilon_{33}\\ \gamma_{12}\\ \gamma_{13}\\ \gamma_{23}\end{Bmatrix}=[D^{el}]\begin{Bmatrix}\varepsilon_{11}\\ \varepsilon_{22}\\ \varepsilon_{33}\\ \gamma_{12}\\ \gamma_{13}\\ \gamma_{23}\end{Bmatrix} \tag{3.6}$$

$$\begin{cases}D_{1111}=E_1(1-\nu_{23}\nu_{32})\gamma\\ D_{2222}=E_2(1-\nu_{13}\nu_{31})\gamma\\ D_{3333}=E_3(1-\nu_{12}\nu_{21})\gamma\\ D_{1122}=E_1(\nu_{21}+\nu_{31}\nu_{23})\gamma=E_2(\nu_{12}+\nu_{32}\nu_{13})\gamma\\ D_{1133}=E_1(\nu_{31}+\nu_{21}\nu_{32})\gamma=E_3(\nu_{13}+\nu_{12}\nu_{23})\gamma\\ D_{2233}=E_2(\nu_{32}+\nu_{12}\nu_{31})\gamma=E_3(\nu_{23}+\nu_{21}\nu_{13})\gamma\\ D_{1212}=G_{12}\\ D_{1313}=G_{13}\\ D_{2323}=G_{23}\end{cases} \tag{3.6a}$$

$$\gamma=\frac{1}{1-\nu_{12}\nu_{21}-\nu_{23}\nu_{32}-\nu_{31}\nu_{13}-2\nu_{21}\nu_{32}\nu_{13}} \tag{3.6b}$$

3.2 全量型非线性弹性本构关系的实用形式

1. Cedolin 全量 K－G 型

式(3.3b)表达了以割线模量表示的全量型非线性弹性本构关系的一般形式。以实验为基础，Cedolin 提出了八面体应力和八面体应变间的非线性弹性本构关系为

$$\sigma_{oct}=3K_s\varepsilon_{oct},\quad \tau_{oct}=G_s\gamma_{oct} \tag{3.7}$$

$$\frac{K_s}{K_0}=a\cdot b^{\varepsilon_{oct}/c}+d \tag{3.7a}$$

$$\frac{G_s}{G_0}=p\cdot q^{-\gamma_{oct}/m}-s\gamma_{oct}+t \tag{3.7b}$$

其中，K_0、G_0 为初始体积模量与剪切模量；K_s、G_s 为全量型体积模量与剪切模量，它随八面体应变 ε_{oct} 与 γ_{oct} 的增大而减小。a、b、c、d、p、q、m、s 和 t 均为材料常数，由实验数据统计求出，Cedolin 等人求得 $a=0.85$，$b=2.5$，$c=0.0014$，$d=0.15$，$p=0.81$，$q=2.2$，$m=0.002$，$s=2.0$，$t=0.19$。将变化了的 K_s、G_s 代替弹性矩阵中的 K_0、G_0，即可得到非线性弹性本构矩阵。

这一形式是很简洁的，但根据一部分实验数据得出的规律不一定适用于不同原材料、不同配合比、不同强度的混凝土；即使规律相似，要确定上述式子中 9 个材料常数也不是件容易的事。

此外，Kupfer、Gerstls 等人也从实验总结出了 G_s、K_s 的变化规律(图 3.1)，但与上述规律有所不同，这里不再详述。

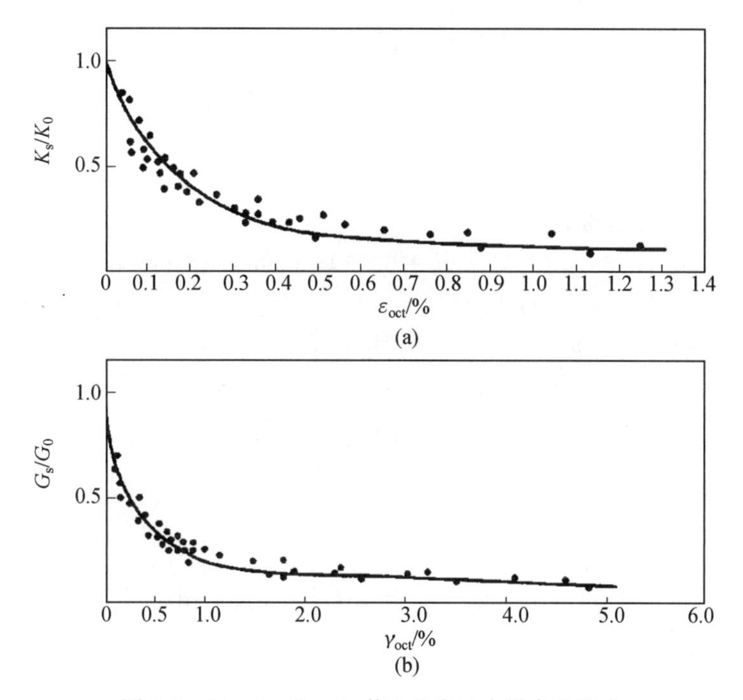

图 3.1　Kupfer、Gerstls 等人从实验中拟合的规律

例 3.1　假设混凝土材料单元为各向同性非线性弹性，其割线模量本构方程为

$$\sigma_m = K_s \varepsilon_{kk}$$

$$s_{ij} = 2G_s e_{ij}$$

根据实验结果，割线体积模量和割线剪切模量的拟合公式为

$$K_s(\varepsilon_{oct}) = K_0 \left[a\ (b)^{\varepsilon_{oct}/c} + d \right]$$

$$G_s(\gamma_{oct}) = G_0 \left[m\ (q)^{-\gamma_{oct}/r} - n\gamma_{oct} + t \right]$$

参数 $a=0.85$，$b=2.5$，$c=0.001\,4$，$d=0.15$，$m=0.81$，$q=2.0$，$r=0.002$，$n=2.0$，$t=0.19$，$E_0=5.30\times 10^6\ \mathrm{lb/in^2}$，$\nu_0=0.15$。

材料单元的三轴实验结果为

$$\varepsilon_{ij} = 10^{-4} \times \begin{bmatrix} -30 & 0 & 0 \\ 0 & -18 & 0 \\ 0 & 0 & -12 \end{bmatrix}$$

问题：(a) 确定与给定应变状态对应的应力状态；(b) 推导以拟合公式中的材料常数表达的应变能密度 W 的表达式。

解　(a) 初始体积模量和剪切模量为

$$K_0 = \frac{E_0}{3(1-2\nu_0)} = 2.524 \times 10^6\ \mathrm{lb/in^2}$$

$$G_0 = \frac{E_0}{2(1+\nu_0)} = 2.304 \times 10^6\ \mathrm{lb/in^2}$$

八面体应变为

$$\varepsilon_{oct}=\frac{1}{3}I_1'=\frac{1}{3}(\varepsilon_1+\varepsilon_2+\varepsilon_3)=\frac{1}{3}\varepsilon_{kk}$$

$$\gamma_{oct}=\left(\frac{8}{3}J_2'\right)^{1/2}=\frac{2}{3}\left[(\varepsilon_1-\varepsilon_2)^2+(\varepsilon_2-\varepsilon_3)^2+(\varepsilon_3-\varepsilon_1)^2\right]^{1/2}$$

$$\varepsilon_{oct}=-20\times10^{-4},\quad \gamma_{oct}=14.97\times10^{-4}$$

代入割线模量公式，得到

$$K_s=(2.524\times10^6)\left[0.85\times(2.5)^{-1.429}+0.15\right]=0.96\times10^6(\mathrm{lb/in^2})$$

$$G_s=(2.304\times10^6)\left[0.81\times(2)^{-0.749}-2\times(14.97\times10^{-4})+0.19\right]=1.54\times10^6(\mathrm{lb/in^2})$$

根据 $\sigma_{ij}=2G_s\varepsilon_{ij}+(3K_s-2G_s)\varepsilon_{oct}\delta_{ij}$，得到

$$\sigma_{ij}=\begin{bmatrix}-8\,840 & 0 & 0\\ 0 & -5\,144 & 0\\ 0 & 0 & -3\,296\end{bmatrix}\ \mathrm{lb/in^2}$$

(b)

$$W=\int_0^{\varepsilon_{ij}}\sigma_{ij}\mathrm{d}\varepsilon_{ij}=\int_0^{J_2'}2G_s\mathrm{d}J_2'+\int_0^{I_1'}K_sI_1'\mathrm{d}I_1'$$

因为 $I_1'=3\varepsilon_{oct}$，$J_2'=\frac{3}{8}\gamma_{oct}^2$，有

$$W=\int_0^{\gamma_{oct}}\frac{3}{2}G_s\gamma_{oct}\mathrm{d}\gamma_{oct}+\int_0^{\varepsilon_{oct}}9K_s\varepsilon_{oct}\mathrm{d}\varepsilon_{oct}$$

W 仅是 ε_{oct} 和 γ_{oct} 的函数，将割线模量代入上式，得到

$$W=\frac{3}{2}G_0\left[\frac{-mr}{\ln q}\left(\gamma_{oct}+\frac{r}{\ln q}\right)q^{-\gamma_{oct}/r}+m\left(\frac{r}{\ln q}\right)^2-\frac{1}{3}n\gamma_{oct}^3+\frac{1}{2}t\gamma_{oct}^2\right]+$$
$$9K_0\left[\frac{ac}{\ln b}\left(\varepsilon_{oct}-\frac{c}{\ln b}\right)b^{\varepsilon_{oct}/c}+a\left(\frac{c}{\ln b}\right)^2+\frac{1}{2}d\varepsilon_{oct}^2\right]$$

积分得到

$$W=26.89\ \mathrm{lb\cdot in/in^3}$$

由于

$$\sigma_{ij}\varepsilon_{ij}=(-8\,840)(-30\times10^{-4})+(-5\,144)(-18\times10^{-4})+$$
$$(-3\,296)(-12\times10^{-4})=39.73(\mathrm{lb\cdot in/in^3})$$

得到

$$\Omega=\sigma_{ij}\varepsilon_{ij}-W=12.84\ \mathrm{lb\cdot in/in^3}$$

其中，$\varepsilon_{iu}=\sum\Delta\sigma_i/E_i$。因为混凝土抗拉时其强度很小，受拉时应力－应变曲线在相当大范围内呈直线，因而对于双向受拉及一向受压、一向受拉应力状态下，受拉方向的切线弹性模量可取初始切线模量。

附：

$$W=\int_0^{\varepsilon_{ij}}\sigma_{ij}\mathrm{d}\varepsilon_{ij}=\int_0^{\varepsilon_{ij}}(2G_se_{ij}+K_s\varepsilon_{kk}\delta_{ij})\left(\mathrm{d}e_{ij}+\frac{\mathrm{d}\varepsilon_{kk}}{3}\delta_{ij}\right)$$

$$
\begin{aligned}
&= \int_0^{\varepsilon_{ij}} \left(2G_s e_{ij}\,\mathrm{d}e_{ij} + 2G_s e_{ij}\,\frac{\mathrm{d}\varepsilon_{kk}}{3}\delta_{ij} + K_s\varepsilon_{kk}\delta_{ij}\,\mathrm{d}e_{ij} + K_s\varepsilon_{kk}\delta_{ij}\,\frac{\mathrm{d}\varepsilon_{kk}}{3}\delta_{ij}\right)\\
&= \int_0^{\varepsilon_{ij}} \left(2G_s\,\mathrm{d}J_2{}' + 2G_s e_{ii}\,\frac{\mathrm{d}\varepsilon_{kk}}{3} + K_s\varepsilon_{kk}\,\mathrm{d}e_{ii} + K_s\varepsilon_{kk}\delta_{ii}\,\frac{\mathrm{d}I_1{}'}{3}\right)\\
&= \int_0^{\varepsilon_{ij}} \left(2G_s\,\mathrm{d}J_2{}' + 0 + 0 + K_s\varepsilon_{kk}\,3\,\frac{\mathrm{d}I_1{}'}{3}\right)\\
&= \int_0^{\varepsilon_{ij}} (2G_s\,\mathrm{d}J_2{}' + K_s\varepsilon_{kk}\,\mathrm{d}I_1{}') = \int_0^{J_2{}'} 2G_s\,\mathrm{d}J_2{}' + \int_0^{I_1{}'} K_s I_1{}'\,\mathrm{d}I_1{}'
\end{aligned}
$$

$$
\begin{aligned}
W &= \int_0^{J_2{}'} 2G_s\,\frac{3}{8}\,2\gamma_{oct}\,\mathrm{d}\gamma_{oct} + \int_0^{I_1{}'} K_s\,3\varepsilon_{oct}\,3\,\mathrm{d}\varepsilon_{oct}\\
&= \int_0^{\gamma_{oct}} \frac{3}{2}G_s\gamma_{oct}\,\mathrm{d}\gamma_{oct} + \int_0^{\varepsilon_{oct}} 9K_s\varepsilon_{oct}\,\mathrm{d}\varepsilon_{oct}
\end{aligned}
$$

2. Ottosen 全量 $E-\nu$ 型

基本思想：将单轴受压实验$\sigma-\varepsilon$关系推广到复杂应力状态，4个已知条件为材料的破坏准则、非线性指标、割线模量和泊松比。

破坏准则是指处于什么应力状态下，混凝土达到破坏，前已述及，不再重复。非线性指标能定量地表示某一应力状态与破坏时应力状态相距多远，这相当于在一维应力状态下表示其应力水平有多高。根据等效的单轴应力－应变关系表达式，由非线性指标便可以在相应的单轴应力－应变曲线上确定相当的应力水平，从而由单轴应力－应变关系表达式求得相应的材料参数，如即时割线弹性模量。

下面讨论非线性指标和等效的单轴应力－应变关系表达式。

(1) 非线性指标。

所谓非线性指标，是描述实际应力状态与破坏时的应力状态相互关系的一个定量指标，它表明了应力状态的相对水平，可以据此确定混凝土变形的非线性程度。

① 在单轴应力状态下，非线性指标可以用单向应力σ唯一地确定，其定义为

$$\beta = \frac{\sigma}{|f_c|} \tag{3.8}$$

当$\beta=0$时，对应未加载状态；当$\beta=1$时，对应未破坏状态。因此$0\leqslant\beta\leqslant1$。如在应力小于$0.3f_c$时，应力－应变关系基本上呈线性关系，这个系数0.3就是一种非线性指标。

② 在双向应力状态下，不能仅由某一单向应力决定非线性指标，它必与两个方向的应力水平有关。如图3.2所示，非线性指标定义为

$$\beta = \frac{\sigma_2}{\sigma_{2f}} = \frac{\sigma_1}{\sigma_{1f}} = \frac{OP}{OF} \tag{3.9}$$

③ 三向应力状态情况。在三向应力状态下，问题比较复杂，主要有以下3种形式。

a. Ottosen 非线性指标。如图3.3所示，已知$\sigma_1\geqslant\sigma_2\geqslant\sigma_3$，若保持$\sigma_1$、$\sigma_2$不变，使$\sigma_3$

减小(绝对值增大)到 σ_{3f},达到破坏曲面,定义非线性指标为

$$\beta=\frac{\sigma_3}{\sigma_{3f}} \tag{3.10}$$

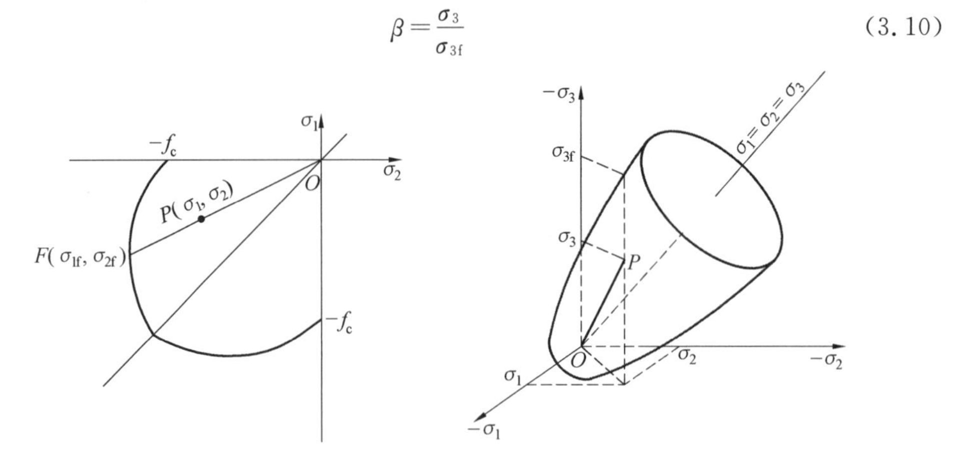

图 3.2 双向应力下的非线性指标　　　　图 3.3 Ottosen 非线性指标

当混凝土存在主拉应力时,如 $\sigma_1>0$ 时,要求对确定非线性指标的定义做些修改,因为应力状态中的拉应力越多,混凝土性质的非线性就越少,为此在叠加静水应力 $-\sigma_1$ 后可转化为压缩应力状态,即取

$$\sigma_1{}'=0,\quad \sigma_2{}'=\sigma_2-\sigma_1,\quad \sigma_3{}'=\sigma_3-\sigma_1 \tag{3.11}$$

以应力状态 $(\sigma_1{}',\sigma_2{}',\sigma_3{}')$ 代替应力状态 $(\sigma_1,\sigma_2,\sigma_3)$,由 $\sigma_3{}'$ 去求 σ_{3f},使得 $(\sigma_1{}',\sigma_2{}',\sigma_{3f})$ 达到破坏状态,其非线性指标为

$$\beta=\frac{\sigma_3{}'}{\sigma_{3f}} \tag{3.12}$$

b. $\sqrt{J_2}$ 法。清华大学江见鲸教授考虑到 Ottosen 非线性指标的迭代求解特点而提出基于 $\sqrt{J_2}$ 方法的非线性指标,如图 3.4 所示。

设某一应力状态 $(\sigma_1,\sigma_2,\sigma_3)$,其相应的 3 个不变量参数为 (I_1,J_2,θ)。若保持 I_1 与 θ 不变,增大 J_2,使之达到破坏状态。若达到破坏状态时的不变量为 (I_1,J_{2f},θ),则非线性指标可取为

$$\beta=\frac{\sqrt{J_2}}{\sqrt{J_{2f}}} \tag{3.13}$$

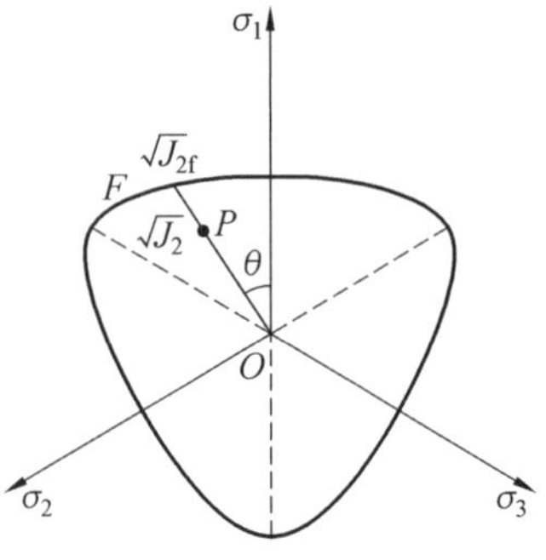

图 3.4 江见鲸非线性指标

从图中可以看出某点应力状态在 π 平面上投影为 P 点,OP 与 $\sqrt{J_2}$ 成比例。保持 I_1 及 θ 不变,相当于连接 OP,然后延长与破坏面相交于 OF,OF 与 $\sqrt{J_{2f}}$ 成比例,可见

$$\beta=\frac{\sqrt{J_2}}{\sqrt{J_{2f}}}=\frac{OP}{OF} \tag{3.14}$$

从另一方面看,因 $\sqrt{J_2}$ 与 τ_{oct} 成比例,这一方法也可看作保持 σ_{oct} 不变,而增大 τ_{oct} 达到破坏状态 $(\tau_{oct})_f$,取 $\beta=\tau_{oct}/(\tau_{oct})_f$。

c. 比例增大法。清华大学王传志教授团队对 Ottosen 模型中的非线性指标提出了一

种算法。这一方法对 Ottosen 法的修改有两点：一是不单一地增大 $|\sigma_3|$，而是按比例增大 $(\sigma_1,\sigma_2,\sigma_3)$，使之达到破坏状态 $(\sigma_{1f},\sigma_{2f},\sigma_{3f})$；二是在求非线性指标时又引入一调整系数 k，将非线性指标的计算公式表达为

$$\beta=\left(\frac{\sigma_3}{\sigma_{3f}}\right)^k,\quad 0\leqslant k\leqslant 1 \tag{3.15}$$

调整 k 值，可以更好地适应各种不同的加载情况。

(2) 等效一维应力－应变关系(即确定即时割线模量)。

Ottosen 建议的本构模型，基本上采用 Sargin 于 1971 年提出的表达式(但不考虑侧压系数 k_3)，即

$$\frac{\sigma}{f_c}=\frac{A\dfrac{\varepsilon}{\varepsilon_c}+(D-1)\left(\dfrac{\varepsilon}{\varepsilon_c}\right)^2}{1+(A-2)\dfrac{\varepsilon}{\varepsilon_c}+D\left(\dfrac{\varepsilon}{\varepsilon_c}\right)^2} \tag{3.16}$$

其中，σ 和 ε 以受压为正；f_c 为混凝土单轴抗压强度，$A=E_0/E_c$，E_0 为混凝土初始弹性模量，E_c 为混凝土应力达到 f_c 时的割线模量；ε_c 为应力达到峰值应变时的应变。

D 为系数，对 $\sigma-\varepsilon$ 曲线上升段影响不大，而对下降段影响很大，如图 3.5 所示。限制 $0\leqslant D\leqslant 1.0$，$D$ 愈大，则曲线下降愈平缓。这一曲线基本反映了应力－应变全曲线的主要特征，因而在混凝土有限元分析中应用很广。

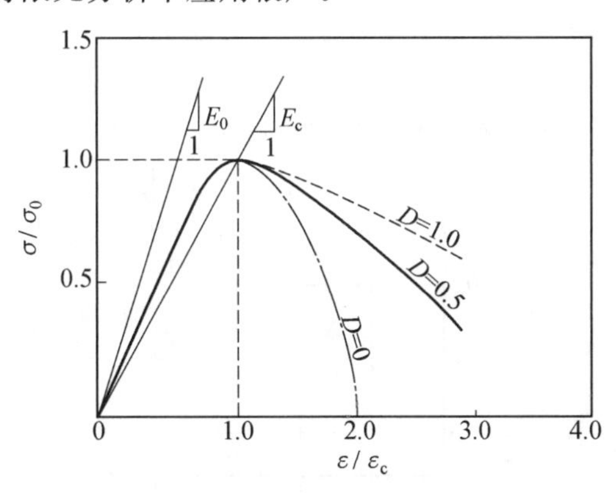

图 3.5　Sargin 模型

对任一应力 σ，其应变为 ε，则割线模量 $E_s=\sigma/\varepsilon$。将 $\beta=\sigma/f_c$ 及 $E_s=\sigma/\varepsilon$ 代入式(3.16)得到

$$\beta+\beta(A-2)\left(\frac{\varepsilon}{\varepsilon_c}\right)+\beta D\left(\frac{\varepsilon}{\varepsilon_c}\right)^2=A\left(\frac{\varepsilon}{\varepsilon_c}\right)+(D-1)\left(\frac{\varepsilon}{\varepsilon_c}\right)^2 \tag{3.17}$$

又因为

$$\frac{\varepsilon}{\varepsilon_c}=\frac{\sigma}{E_s}\Big/\frac{\sigma_c}{E_c}=\beta\frac{E_c}{E_s} \tag{3.18}$$

将式(3.18)代入式(3.17)，整理后得到

$$E_s=\frac{1}{2}E_0-\beta\left(\frac{1}{2}E_0-E_c\right)\pm\sqrt{\left[\frac{1}{2}E_0-\beta\left(\frac{1}{2}E_0-E_c\right)\right]^2+\beta E_c^2[D(1-\beta)-1]} \tag{3.19}$$

其中，根号前的正号适用于上升段，根号前的负号适用于下降段。对于任一应力水平，当 $\beta=\sigma/f_c$ 已知时，即可从中求出相应割线模量。

在三轴应力状态下，以 E_f 代替 E_c，E_f 是在三轴应力状态下混凝土破坏时的割线弹性模量。这里介绍关于 E_f 取值的两种建议模型：

① 王传志等的建议。

$$E_f=E_0\left(0.18-0.0015\theta+0.038\left|\frac{\sigma_{oct}}{f_c}\right|^{-1.75}\right) \tag{3.20}$$

式中，E_f 为混凝土破坏时的割线模量；E_0 为混凝土初始弹性模量；θ 为应力矢量与 σ_1 轴在 π 平面上投影的夹角（相似角）；σ_{oct} 为八面体正应力。

② Ottosen 的建议。

$$E_f=\frac{E_c}{1+4(A-1)x} \tag{3.21}$$

其中

$$A=E_0/E_c \tag{3.22}$$

$$x=\left(\frac{\sqrt{J_2}}{f_c}\right)_f-\frac{1}{\sqrt{3}}\geqslant 0 \tag{3.23}$$

当计算出 $x<0$ 时，取 $x=0$。式中 $(\sqrt{J_2}/f_c)_f$ 是达到破坏时的 $\sqrt{J_{2f}}$（由 σ_1、σ_2、σ_3 求得）与 f_c 之比，而 $1/\sqrt{3}$ 来自单轴应力状态下破坏时 $\sqrt{J_2}(0,0,f_c)$ 与 f_c 之比，即 $\sqrt{J_2}/f_c=1/\sqrt{3}$。

(3) 即时割线泊松比。

现在建立全量 $E-\nu$ 型非弹性本构关系中的另一个材料参量泊松比的定义。普通混凝土的初始泊松比一般为 0.15 ~ 0.22。在单轴应力状态下，当应力小于 $0.8f_c$ 时，泊松比几乎保持不变；当应力大于 $0.8f_c$ 时，泊松比增加很快，甚至大于 0.5，如图 3.6 所示。

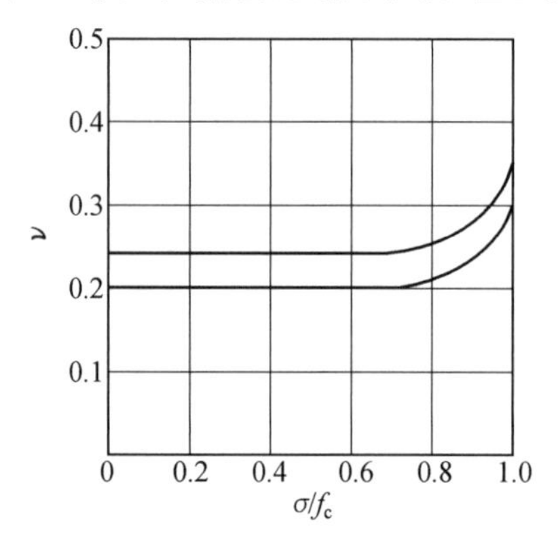

图 3.6 Ottosen 公式建议的泊松比

根据实验结果，这里介绍以下 4 种计算方法：

① Ottosen 公式。

$$\nu_s=\begin{cases}\nu_0, & \beta\leqslant\beta_a=0.8\\ \nu_f-(\nu_f-\nu_0)\sqrt{1-\left(\dfrac{\beta-\beta_a}{1-\beta_a}\right)^2}, & \beta>\beta_a\end{cases} \tag{3.24}$$

其中,ν_0、ν_f 分别是初始及破坏时的泊松比。

②Darwin-Pecknold 公式(只适用于平面问题)。

$$\nu=\begin{cases}0.2, & \text{压}-\text{压}\\ 0.2+0.6\left(\dfrac{\sigma_2}{f_c}\right)^4+0.4\left(\dfrac{\sigma_1}{f_c}\right)^4, & \text{拉}-\text{压}\end{cases} \tag{3.25}$$

③Elwi 和 Murray 公式。

$$\nu=\nu_0\left[1+1.3763\frac{\varepsilon}{\varepsilon_u}-5.36\left(\frac{\varepsilon}{\varepsilon_u}\right)^2+8.586\left(\frac{\varepsilon}{\varepsilon_u}\right)^3\right] \tag{3.26}$$

④ 江见鲸建议公式。

$$\begin{cases}\nu=\nu_0, & \beta\leqslant 0.8\\ \nu=\nu_0+(0.5-\nu_0)\left(\dfrac{\beta-0.8}{0.2}\right)^2, & \beta>0.8\end{cases} \tag{3.27}$$

下面总结一下,混凝土全量 $E-\nu$ 型非线性弹性本构关系计算步骤如下:

① 已知单轴抗压强度 f_c,初始弹性模量 E_0,初始泊松比 ν_0,单轴应力状态下的 $\sigma-\varepsilon$ 表达式,给定破坏准则表达式 $F(\sigma_{ij})=0$,输入$[\sigma_x,\sigma_y,\sigma_z,\sigma_{xy},\sigma_{yz},\sigma_{zx}]$。

② 求主应力 σ_1、σ_2、σ_3,并计算出相应的不变量 I_1、J_2、J_3、θ。

③ 计算非线性指标 β。

④ 计算即时割线模量 E_s。

⑤ 计算割线泊松比 ν_s。

⑥ 根据下式,计算并形成非线性本构矩阵:

$$\sigma_{ij}=2G_s e_{ij}+K_s\varepsilon_{kk}\delta_{ij} \tag{3.28}$$

其中

$$K_s=\frac{\sigma_{oct}}{3\varepsilon_{oct}}=\frac{E_s}{3(1-2\nu_s)},\quad G_s=\frac{\tau_{oct}}{\gamma_{oct}}=\frac{E_s}{2(1+\nu_s)} \tag{3.29}$$

例 3.2　对于典型的等效一维应力-应变关系

$$\frac{\sigma}{f_c}=2\left(\frac{\varepsilon}{\varepsilon_0}\right)-\left(\frac{\varepsilon}{\varepsilon_0}\right)^2$$

推导相应的即时割线弹性模量和即时切线弹性模量参数表达式。

解　由 $\beta=\dfrac{\sigma}{f_c}$,$E_s=\dfrac{\sigma}{\varepsilon}$,$E_0=2\dfrac{f_c}{\varepsilon_0}$,得到

$$\left(\frac{\varepsilon}{\varepsilon_0}\right)^2-2\left(\frac{\varepsilon}{\varepsilon_0}\right)+\beta=0\Rightarrow\frac{\varepsilon}{\varepsilon_0}=\frac{2-\sqrt{4-4\beta}}{2}=1-\sqrt{1-\beta}$$

所以

$$\begin{aligned}E_s&=\frac{\sigma}{\varepsilon}=\frac{\sigma}{f_c}\frac{f_c}{\varepsilon_0}\frac{\varepsilon_0}{\varepsilon}=\beta\frac{E_0}{2}\frac{1}{1-\sqrt{1-\beta}}=\beta\frac{E_0}{2}\frac{1+\sqrt{1-\beta}}{\beta}\\&=\frac{E_0}{2}(1+\sqrt{1-\beta})=E_f(1+\sqrt{1-\beta})\end{aligned}$$

该等效一维应力-应变关系相应的即时切线模量可以推得如下:

$$\frac{\sigma}{f_c}=2\left(\frac{\varepsilon}{\varepsilon_0}\right)-\left(\frac{\varepsilon}{\varepsilon_0}\right)^2$$

$$\Rightarrow \frac{1}{f_c}\frac{d\sigma}{d\varepsilon}=\frac{2}{\varepsilon_0}-2\frac{\varepsilon}{\varepsilon_0}\frac{1}{\varepsilon_0}$$

因为

$$\frac{\varepsilon}{\varepsilon_0}=1-\sqrt{1-\beta}$$

所以

$$E_0=2\frac{f_c}{\varepsilon_0}\Rightarrow E_t=E_0-E_0\frac{\varepsilon}{\varepsilon_0}=E_0\left[1-(1-\sqrt{1-\beta})\right]=\sqrt{1-\beta}E_0$$

3.3 增量型非线性弹性本构关系

1. 单向应力状态下应力增量与应变增量间关系

设有应力增量，相应地有应变增量，则

$$d\sigma=E_t d\varepsilon,\quad E_t=d\sigma/d\varepsilon \tag{3.30}$$

其中，E_t 为切线弹性模量，其值由实验确定，但通常可由等效的一维应力－应变关系表达式求导而得。在混凝土有限元分析中常用的表达式及相应的切线弹性模量列举如下：

(1)Saenz 公式。

$$\sigma=\frac{E_0\varepsilon}{1+\left(\frac{E_0}{E_c}-2\right)\frac{\varepsilon}{\varepsilon_0}+\left(\frac{\varepsilon}{\varepsilon_0}\right)^2} \tag{3.31a}$$

$$E_t=\frac{E_0\left[1-\left(\frac{\varepsilon}{\varepsilon_0}\right)^2\right]}{\left[1+\left(\frac{E_0}{E_c}-2\right)\frac{\varepsilon}{\varepsilon_0}+\left(\frac{\varepsilon}{\varepsilon_0}\right)^2\right]^2} \tag{3.31b}$$

(2)Sargin 公式。

$$\sigma=\sigma_0\frac{A\frac{\varepsilon}{\varepsilon_0}+(D-1)\left(\frac{\varepsilon}{\varepsilon_0}\right)^2}{1+(A-2)\frac{\varepsilon}{\varepsilon_0}+D\left(\frac{\varepsilon}{\varepsilon_0}\right)^2} \tag{3.32a}$$

$$E_t=E_0\frac{\left[A+2(D-1)\frac{\varepsilon}{\varepsilon_0}\right]\left[1+(A-2)\frac{\varepsilon}{\varepsilon_0}+D\left(\frac{\varepsilon}{\varepsilon_0}\right)^2\right]}{\left[1+(A-2)\frac{\varepsilon}{\varepsilon_0}+D\left(\frac{\varepsilon}{\varepsilon_0}\right)^2\right]^2}-\frac{\left[A\frac{\varepsilon}{\varepsilon_0}+(D-1)\left(\frac{\varepsilon}{\varepsilon_0}\right)^2\right]\left[A-2+2D\frac{\varepsilon}{\varepsilon_0}\right]}{\left[1+(A-2)\frac{\varepsilon}{\varepsilon_0}+D\left(\frac{\varepsilon}{\varepsilon_0}\right)^2\right]^2} \tag{3.32b}$$

其中，$A=E_0/E_c$，$0\leqslant D\leqslant 1$。

(3)Elwinad(埃尔温德)&Murray(穆雷) 公式。

$$\sigma=\frac{E_0\varepsilon}{1+\left(R+\frac{E_0}{E_c}-2\right)\frac{\varepsilon}{\varepsilon_c}-(2R-1)\left(\frac{\varepsilon}{\varepsilon_c}\right)^2+R\left(\frac{\varepsilon}{\varepsilon_c}\right)^3} \tag{3.33a}$$

$$E_t = \frac{1 + (2R-1)\left(\frac{\varepsilon}{\varepsilon_c}\right)^2 - 2R\left(\frac{\varepsilon}{\varepsilon_c}\right)^3}{\left[1 + \left(R + \frac{E_0}{E_c} - 2\right)\frac{\varepsilon}{\varepsilon_c} - (2R-1)\left(\frac{\varepsilon}{\varepsilon_c}\right)^2 + R\left(\frac{\varepsilon}{\varepsilon_c}\right)^3\right]^2} \tag{3.33b}$$

其中

$$R = \frac{E_0\left(\frac{\sigma_0}{\sigma_u} - 1\right)}{E_c\left(\frac{\varepsilon_u}{\varepsilon_c} - 1\right)^2} - \frac{\varepsilon_c}{\varepsilon_u} \tag{3.33c}$$

2. 各向同性单变模量模型

建立增量型本构模型最简单的方法，便是将线弹性本构方程中的(杨氏) 弹性模量用切线模量代替，即

$$\dot{\sigma}_{ij} = \frac{E_t}{1+\nu}\dot{\varepsilon}_{ij} + \frac{\nu E_t}{(1+\nu)(1-2\nu)}\dot{\varepsilon}_{kk}\delta_{ij} \tag{3.34}$$

该模型假设泊松比为常数。根据混凝土单轴受压实验可知，当应力超过极限应力的 75% 时，应力－应变曲线明显偏离线性，本模型将非线性归咎于切线模量 E_t 中，对于多轴受压情况下的 E_t，可以通过引入标量函数或应力－等效应变的概念来得到。

对于平面应力情况，有

$$\begin{bmatrix}\dot{\sigma}_x \\ \dot{\sigma}_y \\ \dot{\tau}_{xy}\end{bmatrix} = \frac{E_t}{1-\nu^2}\begin{bmatrix}1 & \nu & \\ \nu & 1 & \\ & & \frac{1-\nu}{2}\end{bmatrix}\begin{bmatrix}\dot{\varepsilon}_x \\ \dot{\varepsilon}_y \\ \dot{\gamma}_{xy}\end{bmatrix} \tag{3.35}$$

式中，ν 为常数。

3. 各向同性双变模量模型

比上述模型复杂一点的是引入两个参数 K_t 和 G_t 来代替 E_t。首先，将应力增量和应变增量分解为两部分，即静水压力部分和偏量部分：

$$\dot{\sigma}_{ij} = \dot{s}_{ij} + \frac{1}{3}\dot{\sigma}_{kk}\delta_{ij} = \dot{s}_{ij} + \dot{\sigma}_m\delta_{ij}, \quad \dot{\varepsilon}_{ij} = \dot{e}_{ij} + \frac{1}{3}\dot{\varepsilon}_{kk}\delta_{ij} \tag{3.36}$$

对于各向同性线弹性材料，其增量形式的本构方程为

$$\dot{\sigma}_m = K(t)\dot{\varepsilon}_{kk}, \quad \dot{s}_{ij} = 2G(t)\dot{e}_{ij} \tag{3.37}$$

认为静水压力部分与偏量部分是相互独立的，彼此间不耦合，且有

$$K(t) = \frac{\dot{\sigma}_{oct}}{3\dot{\varepsilon}_{oct}} = \frac{E(t)}{3[1-2\nu(t)]}, \quad G(t) = \frac{\dot{\tau}_{oct}}{\dot{\gamma}_{oct}} = \frac{E(t)}{2[1+\nu(t)]} \tag{3.38}$$

式中，σ_{oct} 和 ε_{oct} 分别为八面体应力和应变。

Kupfer 根据双轴实验结果，认为 $K(t)$ 和 $G(t)$ 随八面体而变化，其结果为

$$\frac{G(t)}{G(t_0)} = \frac{[1 - a(\tau_{oct}/f_c)^m]^2}{1 + (m-1)a(\tau_{oct}/f_c)^m} \tag{3.39}$$

$$\frac{K(t)}{K(t_0)} = \frac{G(t)/G(t_0)}{\exp[-(c\gamma_{oct})^p][1 - p(c\gamma_{oct})^p]} \tag{3.40}$$

式中，初始模量 $G(t_0)$、$K(t_0)$ 及参数 a、c、m 和 p 依赖于混凝土单轴抗压强度 f_c。

因此增量型的本构方程可写为

$$\dot{\sigma}_{ij}=2G(t)\dot{\varepsilon}_{ij}+[3K(t)-2G(t)]\dot{\varepsilon}_{oct}\delta_{ij} \tag{3.41}$$

对于平面应力情况，其矩阵形式本构方程为

$$\begin{bmatrix}\sigma'_x\\ \sigma'_y\\ \tau'_{xy}\end{bmatrix}=\begin{bmatrix}E^*(t) & \nu^*(t) & 0\\ \nu^*(t) & E^*(t) & 0\\ 0 & 0 & G(t)\end{bmatrix}\begin{bmatrix}\dot{\varepsilon}_x\\ \dot{\varepsilon}_y\\ \dot{\gamma}_{xy}\end{bmatrix} \tag{3.42}$$

式中，模量为

$$E^*(t)=4G(t)\,\frac{3K(t)+G(t)}{3K(t)+4G(t)},\quad \nu^*(t)=2G(t)\,\frac{3K(t)-2G(t)}{3K(t)+4G(t)} \tag{3.43}$$

4. 基于割线模量的各向同性双变模量模型

作为各向同性线弹性本构关系的一个简单扩展，下面首先给出基于割线模量的增量型非线性弹性本构模型，该模型仍然局限于各向同性假设，这对于低应力水平是合适的。

当体积割线模量和体积剪切模量分别以八面体正应变和八面体剪应变描述时，即

$$K_s=K_s(\varepsilon_{oct}),\quad G_s=G_s(\gamma_{oct}) \tag{3.44}$$

对

$$\begin{cases}\tau_{oct}=G_s\gamma_{oct}\\ \sigma_{oct}=3K_s\varepsilon_{oct}\end{cases} \tag{3.45}$$

求微分，得到

$$\dot{\tau}_{oct}=\left(G_s+\gamma_{oct}\frac{dG_s}{d\gamma_{oct}}\right)\dot{\gamma}_{oct} \tag{3.46}$$

$$\dot{\sigma}_{oct}=3\left(K_s+\varepsilon_{oct}\frac{dK_s}{d\varepsilon_{oct}}\right)\dot{\varepsilon}_{oct} \tag{3.47}$$

将上式改写为

$$\begin{cases}\dot{\tau}_{oct}=G_t\dot{\gamma}_{oct}\\ \dot{\sigma}_{oct}=3K_t\dot{\varepsilon}_{oct}\end{cases} \tag{3.48}$$

这样，就定义了切线体积模量和切线剪切模量为

$$\begin{cases}K_t=K_s+\varepsilon_{oct}\dfrac{dK_s}{d\varepsilon_{oct}}\\ G_t=G_s+\gamma_{oct}\dfrac{dG_s}{d\gamma_{oct}}\end{cases} \tag{3.49}$$

通过理论推导，Murray 建立了与其对应的增量型本构关系的表达式：

$$\dot{\sigma}_{ij}=2\left[\left(\frac{K_t}{2}-\frac{G_s}{3}\right)\delta_{ij}\delta_{kl}+G_s\delta_{ik}\delta_{jl}+\eta e_{ij}e_{kl}\right]\dot{\varepsilon}_{kl} \tag{3.50}$$

其矩阵形式为

$$\{d\sigma\}=[C]\{d\varepsilon\} \tag{3.51}$$

式中

$$\{\dot{\sigma}\}=\begin{bmatrix}\dot{\sigma}_x\\ \dot{\sigma}_y\\ \dot{\sigma}_z\\ \dot{\tau}_{xy}\\ \dot{\tau}_{yz}\\ \dot{\tau}_{zx}\end{bmatrix},\quad \{\dot{\varepsilon}\}=\begin{bmatrix}\dot{\varepsilon}_x\\ \dot{\varepsilon}_y\\ \dot{\varepsilon}_z\\ \dot{\gamma}_{xy}\\ \dot{\gamma}_{yz}\\ \dot{\gamma}_{zx}\end{bmatrix} \tag{3.52}$$

$[C]$ 是切线刚度矩阵，可以表示为

$$[C]=[A]+[B] \tag{3.53}$$

式中

$$[A]=\begin{bmatrix}\alpha & \beta & \beta & 0 & 0 & 0\\ \beta & \alpha & \beta & 0 & 0 & 0\\ \beta & \beta & \alpha & 0 & 0 & 0\\ 0 & 0 & 0 & G_s & 0 & 0\\ 0 & 0 & 0 & 0 & G_s & 0\\ 0 & 0 & 0 & 0 & 0 & G_s\end{bmatrix} \tag{3.53a}$$

$$\begin{cases}\alpha=\left(K_t+\dfrac{4}{3}G_s\right)\\ \beta=\left(K_t-\dfrac{2}{3}G_s\right)\end{cases} \tag{3.53b}$$

$$[B]=2\eta\{e\}\{e\}^{\mathrm{T}} \tag{3.53c}$$

$$\{e\}=\begin{bmatrix}e_x\\ e_y\\ e_z\\ e_{xy}\\ e_{yz}\\ e_{zx}\end{bmatrix},\quad \{e\}^{\mathrm{T}}=\{e_x\quad e_y\quad e_z\quad e_{xy}\quad e_{yz}\quad e_{zx}\} \tag{3.53d}$$

$$\eta=\frac{4}{3}\frac{G_t-G_s}{\gamma_{oct}^2} \tag{3.53e}$$

例 3.3　混凝土材料单元在加载历史中的某一即时应变和应力状态为

$$\varepsilon_{ij}=10^{-4}\times\begin{bmatrix}-30 & 0 & 0\\ 0 & -18 & 0\\ 0 & 0 & -12\end{bmatrix}$$

$$\sigma_{ij}=\begin{bmatrix}-8\,840 & 0 & 0\\ 0 & -5\,144 & 0\\ 0 & 0 & -3\,296\end{bmatrix}\ \mathrm{lb/in^2}$$

试确定相应于下列应变增量的应力增量。

$$\dot{\varepsilon}_{ij}=10^{-6}\begin{bmatrix}-90 & 30 & 0\\ 30 & -50 & 0\\ 0 & 0 & -40\end{bmatrix}$$

解　由 Cedolin 提出的割线模量式

$$K_s(\varepsilon_{oct})=K_0\left[a\ (b)^{\varepsilon_{oct}/c}+d\right]$$

$$G_s(\gamma_{oct})=G_0\left[m\ (q)^{-\gamma_{oct}/r}-n\gamma_{oct}+t\right]$$

和式(3.29)～(3.34),得到

$$K_t(\varepsilon_{oct})=K_0\left[a\left(1+\frac{\varepsilon_{oct}}{c}\ln b\right)b^{\varepsilon_{oct}/c}+d\right]$$

$$G_t(\gamma_{oct})=G_0\left[m\left(1-\frac{\gamma_{oct}}{r}\ln q\right)q^{-\gamma_{oct}/r}-2n\gamma_{oct}+t\right]$$

由当前应变状态和例 3.1 中八面体应变的计算结果

$$\varepsilon_{oct}=-20\times10^{-4},\quad \gamma_{oct}=14.97\times10^{-4}$$

计算得到

$$\{e\}=10^{-4}\times\begin{bmatrix}-10\\ 2\\ 8\\ 0\\ 0\\ 0\end{bmatrix}$$

同时,计算得到切线模量为

$$K_t=0.202\times10^6\ \text{lb/in}^2,\quad G_t=0.958\times10^6\ \text{lb/in}^2$$

由例 3.1 中计算得到的

$$K_s=0.96\times10^6\ \text{lb/in}^2,\quad G_s=1.54\times10^6\ \text{lb/in}^2$$

计算得到

$$\alpha=2.255\times10^6\ \text{lb/in}^2,\quad \beta=-0.825\times10^6\ \text{lb/in}^2,\quad \eta=-34.63\times10^{10}\ \text{lb/in}^2$$

代入式(3.53a)和式(3.53c),得到

$$[A]=(2.255\times10^6)\begin{bmatrix}1 & -0.366 & -0.366 & 0 & 0 & 0\\ -0.366 & 1 & -0.366 & 0 & 0 & 0\\ -0.366 & -0.366 & 1 & 0 & 0 & 0\\ 0 & 0 & 0 & 0.683 & 0 & 0\\ 0 & 0 & 0 & 0 & 0.683 & 0\\ 0 & 0 & 0 & 0 & 0 & 0.683\end{bmatrix}$$

$$[B]=(-0.693\times10^6)\begin{bmatrix}1.00 & -0.20 & -0.80 & 0 & 0 & 0\\ -0.20 & 0.04 & 0.16 & 0 & 0 & 0\\ -0.80 & 0.16 & 0.64 & 0 & 0 & 0\\ 0 & 0 & 0 & 0 & 0 & 0\\ 0 & 0 & 0 & 0 & 0 & 0\\ 0 & 0 & 0 & 0 & 0 & 0\end{bmatrix}$$

应力增量计算为

$$\{\dot{\sigma}\}=([A]+[B])\{\dot{\varepsilon}\}=\begin{bmatrix}1.562 & -0.686 & -0.271 & 0 & 0 & 0\\ -0.686 & 2.227 & -0.936 & 0 & 0 & 0\\ -0.271 & -0.936 & 1.811 & 0 & 0 & 0\\ 0 & 0 & 0 & 1.540 & 0 & 0\\ 0 & 0 & 0 & 0 & 1.540 & 0\\ 0 & 0 & 0 & 0 & 0 & 1.540\end{bmatrix}\times$$

$$\begin{bmatrix}-90\\ -50\\ -40\\ 60\\ 0\\ 0\end{bmatrix}=\begin{bmatrix}-95.44\\ -12.17\\ -1.25\\ 92.40\\ 0\\ 0\end{bmatrix}\ (\mathrm{lb/in^2})$$

即时应力更新为

$$\sigma_{ij}=\begin{bmatrix}-8\,935.44 & 92.40 & 0\\ 92.40 & -5\,156.17 & 0\\ 0 & 0 & -3\,297.25\end{bmatrix}\mathrm{lb/in^2}$$

相应的应变为

$$\varepsilon_{ij}=10^{-4}\times\begin{bmatrix}-30.9 & 0.30 & 0\\ 0.30 & -18.50 & 0\\ 0 & 0 & -12.40\end{bmatrix}$$

5. 正交各向异性增量型非线性弹性本构模型

(1)Darwin－Pecknold(达尔文－佩克诺尔德)双轴增量型本构模型。

在双轴应力作用下，混凝土在一个方向上的应力对另一方向会引起泊松比效应，而且会影响到微裂缝的形成和发展，并影响到另一方向的强度和变形。因此，将双向受力的混凝土视为正交各向异性材料是比较合理的。由于混凝土材料在较低应力时已经呈现明显的非线性，因此线性正交异性理论只能用于描述应力增量与应变增量之间的关系。应力较大时的变形模量 E_1、E_2、ν_{12}、ν_{21}，则应考虑材料的非线性、微裂缝的扩展和泊松比的影响。

正交异性材料的本构矩阵可以写为

$$\begin{bmatrix}\varepsilon_1\\ \varepsilon_2\\ \gamma_{12}\end{bmatrix}=\begin{bmatrix}\frac{1}{E_1} & -\frac{\nu_{21}}{E_2} & \\ -\frac{\nu_{12}}{E_1} & \frac{1}{E_2} & \\ & & \frac{1}{G_{12}}\end{bmatrix}\begin{bmatrix}\sigma_1\\ \sigma_2\\ \tau_{12}\end{bmatrix} \tag{3.54}$$

这样，由于

$$\varepsilon_1\nu_{12}=\frac{\nu_{12}\sigma_1}{E_1}-\frac{\nu_{12}\nu_{21}}{E_2}\sigma_2\Rightarrow\varepsilon_1\nu_{12}+\varepsilon_2=\left(\frac{1}{E_2}-\frac{\nu_{12}\nu_{21}}{E_2}\right)\sigma_2$$

$$\Rightarrow \sigma_2 = \frac{1}{1-\nu_{12}\nu_{21}}(\nu_{12}E_2\varepsilon_1 + E_2\varepsilon_2)$$

$$\varepsilon_2 = -\frac{\nu_{12}}{E_1}\sigma_1 + \frac{1}{E_2}\sigma_2 \Rightarrow -\frac{\nu_{12}}{E_1}\sigma_1 = \varepsilon_2 - \frac{1}{1-\nu_{12}\nu_{21}}(\nu_{12}\varepsilon_1 + \varepsilon_2)$$

$$\Rightarrow \sigma_1 = \frac{1}{1-\nu_{12}\nu_{21}}E_1\varepsilon_1 + \frac{1}{1-\nu_{12}\nu_{21}}\frac{E_1}{\nu_{12}}\varepsilon_2 - \frac{E_1}{\nu_{12}}\varepsilon_2$$

$$\Rightarrow \sigma_1 = \frac{1}{1-\nu_{12}\nu_{21}}(E_1\varepsilon_1 + \nu_{21}E_1\varepsilon_2)$$

得到

$$\begin{bmatrix}\sigma_1\\\sigma_2\\\tau_{12}\end{bmatrix} = \frac{1}{1-\nu_{12}\nu_{21}}\begin{bmatrix}E_1 & \nu_{21}E_1 & \\ \nu_{12}E_2 & E_2 & \\ & & (1-\nu_{12}\nu_{21})G_{12}\end{bmatrix}\begin{bmatrix}\varepsilon_1\\\varepsilon_2\\\gamma_{12}\end{bmatrix}$$

根据对称性，有

$$-\frac{\nu_{21}}{E_2} = -\frac{\nu_{12}}{E_1} \Rightarrow \nu_{21}E_1 = \nu_{12}E_2 \tag{3.54a}$$

对于单轴拉伸实验，有

$$\begin{bmatrix}\varepsilon_1\\\varepsilon_2\\\gamma_{12}\end{bmatrix} = \begin{bmatrix}\frac{1}{E_1} & -\frac{\nu_{21}}{E_2} & \\ -\frac{\nu_{12}}{E_1} & \frac{1}{E_2} & \\ & & \frac{1}{G_{12}}\end{bmatrix}\begin{bmatrix}\sigma_1\\0\\0\end{bmatrix} \Rightarrow \begin{cases}\varepsilon_1 = \frac{\sigma_1}{E_1}\\ \varepsilon_2 = -\frac{\nu_{12}}{E_1}\sigma_1\\ \gamma_{12} = 0\end{cases} \Rightarrow \begin{cases}E_1 = \frac{\sigma_1}{\varepsilon_1}\\ \nu_{12} = -\frac{\varepsilon_2}{\varepsilon_1}\end{cases} \tag{3.55}$$

对于平面纯剪实验，有

$$\begin{bmatrix}\varepsilon_1\\\varepsilon_2\\\gamma_{12}\end{bmatrix} = \begin{bmatrix}\frac{1}{E_1} & -\frac{\nu_{21}}{E_2} & \\ -\frac{\nu_{12}}{E_1} & \frac{1}{E_2} & \\ & & \frac{1}{G_{12}}\end{bmatrix}\begin{bmatrix}0\\0\\\tau_{12}\end{bmatrix} \Rightarrow \gamma_{12} = \frac{\tau_{12}}{G_{12}} \Rightarrow G_{12} = \frac{\tau_{12}}{\gamma_{12}} \tag{3.56}$$

若近似取

$$\nu = \sqrt{\nu_{21}\nu_{12}} \tag{3.57a}$$

$$(1-\nu^2)G = \frac{1}{4}(E_1 + E_2 - 2\nu\sqrt{E_1E_2}) \tag{3.57b}$$

当存在受拉应力的双向受力情况时，由于混凝土的抗拉强度很小，受拉时应力－应变曲线在相当大的范围内是直线，因此受拉方向的切线弹性模量可取初始切线弹性模量。对于泊松比的影响，可以采用正交各向异性的应力－应变关系的形式，来考虑泊松比的影响。考虑泊松比影响的增量型本构关系为

$$\begin{bmatrix}\mathrm{d}\sigma_1\\\mathrm{d}\sigma_2\\\mathrm{d}\tau_{12}\end{bmatrix} = \frac{1}{1-\nu_1\nu_2}\begin{bmatrix}E_{1t} & \nu_2E_{1t} & \\ \nu_1E_{2t} & E_{2t} & \\ & & (1-\nu_1\nu_2)G_t\end{bmatrix}\begin{bmatrix}\mathrm{d}\varepsilon_1\\\mathrm{d}\varepsilon_2\\\mathrm{d}\gamma_{12}\end{bmatrix} \tag{3.58}$$

式中，E_{1t} 和 E_{2t} 分别为施加一级荷载后在各自主应力方向的等效切线模量；ν_{12} 和 ν_{21} 为主方向 1 和 2 上的应力分别对方向 2 和 1 所引起的横向变形影响(泊松比)。根据弹性矩阵的对称性，有

$$\nu_{12}E_{2t}=\nu_{21}E_{1t} \tag{3.59}$$

当实验资料不足时，可近似取

$$\nu=\sqrt{\nu_{12}\nu_{21}} \tag{3.60}$$

关于泊松比的取值，Darwin 和 Pecknold 建议：

$$\nu=\begin{cases}0.2, & \text{C/C}\\ 0.2+0.6\left(\dfrac{\sigma_2}{f_c}\right)^4+0.4\left(\dfrac{\sigma_1}{f_c}\right)^4, & \text{C/T 或 T/T}\end{cases} \tag{3.61}$$

式中，C/C 表示双向受压；C/T 和 T/T 分别表示一拉一压和双向受拉。剪切切线模量 G_t 按下式取值能够满足其值不受坐标轴选取的影响：

$$(1-\nu^2)G_t=\frac{1}{4}(E_{1t}+E_{2t}-2\nu\sqrt{E_{1t}E_{2t}}) \tag{3.62}$$

这样，本构关系的最后形式为

$$\begin{bmatrix}d\sigma_1\\ d\sigma_2\\ d\tau_{12}\end{bmatrix}=\frac{1}{1-\nu_{12}\nu_{21}}\begin{bmatrix}E_{1t} & \nu\sqrt{E_{1t}E_{2t}} & \\ \nu\sqrt{E_{1t}E_{2t}} & E_{2t} & \\ & & \frac{1}{4}(E_{1t}+E_{2t}-2\nu\sqrt{E_{1t}E_{2t}})\end{bmatrix}\begin{bmatrix}d\varepsilon_1\\ d\varepsilon_2\\ d\gamma_{12}\end{bmatrix} \tag{3.63}$$

附：

$$\left.\begin{aligned}\nu_{12}E_{2t}=\nu_{21}E_{1t}\\ \nu^2=\nu_{12}\nu_{21}\end{aligned}\right\}\Rightarrow\nu^2=\nu_{21}^2\frac{E_{1t}}{E_{2t}}\Rightarrow\begin{cases}\nu_{21}=\nu\sqrt{\dfrac{E_{2t}}{E_{1t}}}\Rightarrow\nu_{21}E_{1t}=\nu\sqrt{E_{1t}E_{2t}}\\ \nu_{12}=\nu\sqrt{\dfrac{E_{1t}}{E_{2t}}}\Rightarrow\nu_{12}E_{2t}=\nu\sqrt{E_{1t}E_{2t}}\end{cases}$$

(2) 正交各向异性轴对称问题的本构方程。

对于轴对称问题，其材料响应矩阵为 4×4 阶，如果是正交各向异性，其独立的材料常数只有 7 个。现在，以材料的正交主轴为坐标轴建立坐标系，其矩阵形式的本构方程为

$$\begin{bmatrix}d\varepsilon_1\\ d\varepsilon_2\\ d\varepsilon_3\\ d\gamma_{12}\end{bmatrix}=\begin{bmatrix}E_1^{-1} & -\nu_{12}E_2^{-1} & -\nu_{13}E_3^{-1} & 0\\ -\nu_{21}E_1^{-1} & E_2^{-1} & -\nu_{23}E_3^{-1} & 0\\ -\nu_{31}E_1^{-1} & -\nu_{32}E_2^{-1} & E_3^{-1} & 0\\ 0 & 0 & 0 & G_{12}^{-1}\end{bmatrix}\begin{bmatrix}d\sigma_1\\ d\sigma_2\\ d\sigma_3\\ d\tau_{12}\end{bmatrix} \tag{3.64}$$

根据对称性，有

$$\nu_{12}E_1=\nu_{21}E_2,\quad \nu_{13}E_1=\nu_{31}E_3,\quad \nu_{23}E_2=\nu_{32}E_3 \tag{3.65}$$

这样，有

$$\begin{bmatrix} d\varepsilon_1 \\ d\varepsilon_2 \\ d\varepsilon_3 \\ d\gamma_{12} \end{bmatrix} = \begin{bmatrix} \frac{1}{E_1} & \frac{-\mu_{12}}{\sqrt{E_1E_2}} & \frac{-\mu_{13}}{\sqrt{E_1E_3}} & 0 \\ & \frac{1}{E_2} & \frac{-\mu_{23}}{\sqrt{E_2E_3}} & 0 \\ & & \frac{1}{E_3} & 0 \\ \text{sym.} & & & \frac{1}{G_{12}} \end{bmatrix} \begin{bmatrix} d\sigma_1 \\ d\sigma_2 \\ d\sigma_3 \\ d\tau_{12} \end{bmatrix} \tag{3.66}$$

对上式求逆，得到下列形式的本构方程

$$\{d\sigma\} = [C]\{d\varepsilon\} \tag{3.67}$$

式中

$$[C] = \frac{1}{\phi}\begin{bmatrix} E_1(1-\mu_{32}^2) & \sqrt{E_1E_2}(\mu_{13}\mu_{32}+\mu_{12}) & \sqrt{E_1E_3}(\mu_{12}\mu_{32}+\mu_{13}) & 0 \\ & E_2(1-\mu_{13}^2) & \sqrt{E_2E_3}(\mu_{12}\mu_{13}+\mu_{32}) & 0 \\ \text{sym.} & & E_3(1-\mu_{12}^2) & 0 \\ & & & \phi G_{12} \end{bmatrix} \tag{3.68}$$

$$\mu_{12}^2 = \nu_{12}\nu_{21}, \quad \mu_{23}^2 = \nu_{23}\nu_{32}, \quad \mu_{13}^2 = \nu_{13}\nu_{31} \tag{3.68a}$$

$$\phi = 1 - \mu_{12}^2 - \mu_{23}^2 - \mu_{13}^2 - 2\mu_{12}\mu_{23}\mu_{13} \tag{3.68b}$$

如果将$[C]$变换到非正交坐标系下，假设剪切模量 G_{12} 是关于坐标旋转的不变量，可得到

$$G_{12} = \frac{1}{4\phi}\left[E_1 + E_2 - 2\mu_{12}\sqrt{E_1E_2} - (\sqrt{E_1}\,\mu_{23} + \sqrt{E_2}\,\mu_{31})^2\right] \tag{3.68c}$$

(3) 切线模量的泊松比效应消除。

① 等效单轴应力－应变关系。为了消除双向受力下泊松比的影响，Darwin 等提出了等效单轴应变的概念。由图1.22 中关于双轴受压作用下应力－应变曲线可见，混凝土初始刚度随侧压的增大而增大，这是由泊松比效应引起的，因此在同一应力方向测得的应变包含了侧向的贡献。

类似地，混凝土单轴受拉横向变形大，但刚度小；双轴受拉横向变形小，但刚度大，因此泊松比对双轴受拉应力－应变曲线的初始刚度具有降低的影响(从单轴受拉看更直接)。对于线弹性各向同性材料，考虑泊松比效应，混凝土双轴受压时在方向 2 上的应力－应变关系可表达为

$$\sigma_2 = \frac{E_0\varepsilon_2}{1-\nu\alpha} \tag{3.69}$$

式中，α 为正交方向主应力与所考察方向上的主应力之比，$\alpha = \sigma_1/\sigma_2$；$E_0$ 为单轴加载下的初始切线模量；ν 为单轴加载下的泊松比，即横向变形与轴压方向变形的比。

这样，有

$$\left.\begin{array}{l}\dfrac{\sigma_1}{\varepsilon_{10}}=E\Rightarrow\dfrac{\varepsilon_{12}}{\varepsilon_{10}}=\nu\\[2ex]\dfrac{\sigma_2}{\varepsilon_{20}}=E\Rightarrow\dfrac{\varepsilon_{21}}{\varepsilon_{20}}=\nu\end{array}\right\}\Rightarrow\begin{cases}\varepsilon_1=\varepsilon_{10}-\varepsilon_{21}=\dfrac{\sigma_1}{E}-\nu\varepsilon_{20}=\dfrac{\sigma_1}{E}-\nu\dfrac{\sigma_2}{E}\\[2ex]\varepsilon_2=\varepsilon_{20}-\varepsilon_{12}=\dfrac{\sigma_2}{E}-\nu\varepsilon_{10}=\dfrac{\sigma_2}{E}-\nu\dfrac{\sigma_1}{E}\end{cases}$$

$$\Rightarrow\begin{cases}\varepsilon_1=\dfrac{\sigma_1}{E}-\nu\dfrac{\sigma_1}{\alpha E}=\dfrac{\sigma_1}{E}\left(1-\dfrac{\nu}{\alpha}\right)\Rightarrow\sigma_1=\dfrac{\alpha E}{\alpha-\nu}\varepsilon_1\\[2ex]\varepsilon_2=\dfrac{\sigma_2}{E}-\nu\dfrac{\alpha\sigma_2}{E}=\dfrac{\sigma_2}{E}(1-\alpha\nu)\Rightarrow\sigma_2=\dfrac{E\varepsilon_2}{1-\alpha\nu}\end{cases}$$

其中，ε_{12} 为方向 1 的力在方向 2 上产生的横向变形，其余类似。

这样，如果取一假想应变 ε_{2u}，使得式(3.69) 与单轴受压时等效，即满足

$$\sigma_2=E_0\varepsilon_{2u}\tag{3.70}$$

则在取用假想应变 ε_{2u} 后，σ_2 仍可按单轴受压时的弹性关系求得，因此称 ε_{2u} 为“等效单轴受力应变”。

将方程(3.67) 写为如下形式：

$$\begin{bmatrix}d\sigma_1\\d\sigma_2\\d\sigma_3\\d\tau_{12}\end{bmatrix}=\begin{bmatrix}E_1B_{11}&E_1B_{12}&E_1B_{13}&0\\E_2B_{21}&E_2B_{22}&E_2B_{23}&0\\E_3B_{31}&E_3B_{32}&E_3B_{33}&0\\0&0&0&G_{12}\end{bmatrix}\begin{bmatrix}d\varepsilon_1\\d\varepsilon_2\\d\varepsilon_3\\d\gamma_{12}\end{bmatrix}\tag{3.71}$$

上式展开后，得到

$$\begin{cases}d\sigma_1=E_1(B_{11}d\varepsilon_1+B_{12}d\varepsilon_2+B_{13}d\varepsilon_3)\\d\sigma_2=E_2(B_{21}d\varepsilon_1+B_{22}d\varepsilon_2+B_{23}d\varepsilon_3)\\d\sigma_3=E_3(B_{31}d\varepsilon_1+B_{32}d\varepsilon_2+B_{33}d\varepsilon_3)\\d\tau_{12}=G_{12}d\gamma_{12}\end{cases}\tag{3.72}$$

如果令

$$d\varepsilon_{iu}=B_{i1}d\varepsilon_1+B_{i2}d\varepsilon_2+B_{i3}d\varepsilon_3,\quad i=1,2,3\tag{3.73}$$

则式(3.67) 可以写为

$$\begin{bmatrix}d\sigma_1\\d\sigma_2\\d\sigma_3\\d\tau_{12}\end{bmatrix}=\begin{bmatrix}E_{1t}&0&0&0\\0&E_{2t}&0&0\\0&0&E_{3t}&0\\0&0&0&G_{12t}\end{bmatrix}\begin{bmatrix}d\varepsilon_{1u}\\d\varepsilon_{2u}\\d\varepsilon_{3u}\\d\gamma_{12}\end{bmatrix}\tag{3.74}$$

由上式可得

$$d\varepsilon_{iu}=\frac{d\sigma_i}{E_{it}}\tag{3.75}$$

其形式与单轴受力情况相同，因此称其为单轴等效应变。

$$\varepsilon_{iu}=\int\frac{d\sigma_i}{E_{it}}\tag{3.76}$$

基本思想：一旦应力－应变关系写成了与单轴情况相似的形式，就可使用与单轴应力－应变响应相似的应力－应变曲线来描述材料的复杂受力性能。

② 切线模量。Darwin 等认为，引用了等效单轴应变以后，即可消除泊松比的影响。

因此，如在 Saenz 的单轴应力－应变关系中用等效单轴应变代替原来的应变，则 Saenz 公式即可用于双轴问题：

$$\sigma_i=\frac{E_0\varepsilon_{iu}}{1+\left(\frac{E_0}{E_{si}}-2\right)\left(\frac{\varepsilon_{iu}}{\varepsilon_{ic}}\right)+\left(\frac{\varepsilon_{iu}}{\varepsilon_{ic}}\right)^2} \tag{3.77}$$

式中，σ_i 为主应力（$i=1,\ 2$）；ε_{iu} 为等效单轴受力应变；E_0 为原点切线模量，同单轴受力初始模量；E_{si} 为相应于最大压应力 σ_{ic} 的割线模量，$E_{si}=\sigma_{ic}/\varepsilon_{ic}$；$\varepsilon_{ic}$ 为相应于最大压力 σ_{ic} 的等效单轴受力应变，如果采用 Kupfer 等破坏准则，ε_{ic} 和 σ_{ic} 可由其破坏准则确定。关于 σ_{ic} 的计算，Darwin-Pecknold 建议在双向受压时用 Kupfer 等所提出的公式，即

$$\begin{cases}\alpha=\sigma_1/\sigma_2\\ \sigma_{2c}=\dfrac{1+3.65\alpha}{(1+\alpha)^2}f_c\\ \sigma_{1c}=\alpha\sigma_{2c}\end{cases} \tag{3.78}$$

关于 ε_{ic} 的计算，可近似应用下列公式（ε_0 为单轴峰值应变）：

$$\begin{cases}\varepsilon_{ic}=\varepsilon_0\left[\dfrac{3\sigma_{ic}}{f_c}-2\right], & |\sigma_{ic}|\geqslant|f_c|\\ \varepsilon_{ic}=\varepsilon_0\left[-1.6\left(\dfrac{\sigma_{ic}}{f_c}\right)^3+2.25\left(\dfrac{\sigma_{ic}}{f_c}\right)^2+0.35\left(\dfrac{\sigma_{ic}}{f_c}\right)\right], & |\sigma_{ic}|<|f_c|\end{cases} \tag{3.79}$$

有了 σ_{ic} 和 ε_{ic}，求导后即可分别求得两个方向的切线弹性模量：

$$E_{it}=\frac{d\sigma_i}{d\varepsilon_{iu}}=\frac{E_0\left[1-\left(\frac{\varepsilon_{iu}}{\varepsilon_{ic}}\right)^2\right]}{\left[1+\left(\frac{E_0}{E_{si}}-2\right)\left(\frac{\varepsilon_{iu}}{\varepsilon_{ic}}\right)+\left(\frac{\varepsilon_{iu}}{\varepsilon_{ic}}\right)^2\right]^2} \tag{3.80}$$

其中，$\varepsilon_{iu}=\sum\Delta\sigma_i/E_i$。因为混凝土抗拉时其强度很小，受拉时应力－应变曲线在相当大范围内呈直线，因而对于双向受拉及一向受压、一向受拉应力状态下，受拉方向的切线弹性模量可取初始切线模量。

附：

$$\begin{aligned}E_{it}&=\frac{d\sigma_i}{d\varepsilon_{iu}}\\&=\frac{E_0\left[1+\left(\frac{E_0}{E_{si}}-2\right)\left(\frac{\varepsilon_{iu}}{\varepsilon_{ic}}\right)+\left(\frac{\varepsilon_{iu}}{\varepsilon_{ic}}\right)^2\right]-E_0\varepsilon_{iu}\left[\left(\frac{E_0}{E_{si}}-2\right)\left(\frac{1}{\varepsilon_{ic}}\right)+2\left(\frac{\varepsilon_{iu}}{\varepsilon_{ic}}\right)\frac{1}{\varepsilon_{ic}}\right]}{\left[1+\left(\frac{E_0}{E_{si}}-2\right)\left(\frac{\varepsilon_{iu}}{\varepsilon_{ic}}\right)+\left(\frac{\varepsilon_{iu}}{\varepsilon_{ic}}\right)^2\right]^2}\\&=\frac{E_0\left[1+\left(\frac{E_0}{E_{si}}-2\right)\left(\frac{\varepsilon_{iu}}{\varepsilon_{ic}}\right)+\left(\frac{\varepsilon_{iu}}{\varepsilon_{ic}}\right)^2\right]-E_0\left[\left(\frac{E_0}{E_{si}}-2\right)\left(\frac{\varepsilon_{iu}}{\varepsilon_{ic}}\right)+2\left(\frac{\varepsilon_{iu}}{\varepsilon_{ic}}\right)\frac{\varepsilon_{iu}}{\varepsilon_{ic}}\right]}{\left[1+\left(\frac{E_0}{E_{si}}-2\right)\left(\frac{\varepsilon_{iu}}{\varepsilon_{ic}}\right)+\left(\frac{\varepsilon_{iu}}{\varepsilon_{ic}}\right)^2\right]^2}\\&=\frac{E_0\left[1-\left(\frac{\varepsilon_{iu}}{\varepsilon_{ic}}\right)^2\right]}{\left[1+\left(\frac{E_0}{E_{si}}-2\right)\left(\frac{\varepsilon_{iu}}{\varepsilon_{ic}}\right)+\left(\frac{\varepsilon_{iu}}{\varepsilon_{ic}}\right)^2\right]^2}\end{aligned}$$

③ 等效单轴应变的计算。ε_{iu} 的值根据各级荷载增量所得的等效单轴应变增量 $\Delta\varepsilon_{iu}$ 叠加得到，$\Delta\varepsilon_{iu}$ 则由该级荷载增量所产生的主应力增量 $\Delta\sigma_i$ 求得为

$$\Delta\varepsilon_{iu}=\frac{\Delta\sigma_i}{E_i} \tag{3.81}$$

E_i 为上一级荷载增量施加后在 i 方向的即时切线模量。本级荷载增量使得 ε_{iu} 更新为

$$\varepsilon_{iu}^{\text{new}}=\varepsilon_{iu}^{\text{old}}+\Delta\varepsilon_{iu} \tag{3.82}$$

即可求得任一指定荷载值产生的 ε_{iu}。该计算方法的应用前提是主轴方向没有改变，如果主轴方向发生改变，应按照下列要求转换后再进行应变相加。

如果从最初主轴方向旋转大于 45°，材料的主轴应按图 3.7 所示加以转换后再进行应变相加。设图中 $a-a$ 与 $b-b$ 为起始的主轴方向，1 和 2 为上一级荷载增量施加后的主轴方向，相应的主应力为 σ_1^{old} 和 σ_2^{old}；1′ 和 2′ 为本级荷载增量施加后的主轴方向，相应的主应力值为 σ_1^{new} 和 σ_2^{new}；θ_0、θ_1^{old} 和 θ_1^{new} 分别为主轴 a、1 和 1′ 与坐标轴 x 之间的夹角。

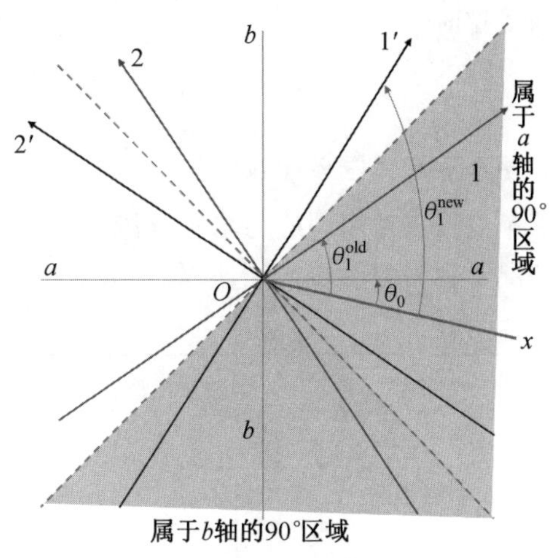

图 3.7　主轴分区图

将整个平面进行分区，在主轴 a 两边各 45° 范围内属于 a 区，相应于主轴 b 得 b 区。当满足

$$|\theta_1^{\text{old}}-\theta_0|<\frac{\pi}{4},\quad |\theta_1^{\text{new}}-\theta_0|<\frac{\pi}{4}$$

时，主轴 1 和 1′ 都处于 a 区域，即本级荷载增量施加后，应力状态主方向属区保持不变，因此

$$\begin{cases}E_1\Delta\varepsilon_{1u}=\sigma_1^{\text{new}}-\sigma_1^{\text{old}}\\ E_2\Delta\varepsilon_{2u}=\sigma_2^{\text{new}}-\sigma_2^{\text{old}}\\ \varepsilon_{1u}^{\text{new}}=\varepsilon_{1u}^{\text{old}}+\Delta\varepsilon_{1u}\\ \varepsilon_{2u}^{\text{new}}=\varepsilon_{2u}^{\text{old}}+\Delta\varepsilon_{2u}\end{cases} \tag{3.83}$$

当满足

$$|\theta_1^{\text{old}}-\theta_0|<\frac{\pi}{4},\quad \frac{\pi}{4}<|\theta_1^{\text{new}}-\theta_0|<\frac{3\pi}{4}$$

时，主轴 1 和 1′ 将分别处于区域 a 和区域 b，因此有

$$\begin{cases}E_2\Delta\varepsilon_{1u}=\sigma_1^{\text{new}}-\sigma_2^{\text{old}}\\ E_1\Delta\varepsilon_{2u}=\sigma_2^{\text{new}}-\sigma_1^{\text{old}}\\ \varepsilon_{1u}^{\text{new}}=\varepsilon_{2u}^{\text{old}}+\Delta\varepsilon_{1u}\\ \varepsilon_{2u}^{\text{new}}=\varepsilon_{1u}^{\text{old}}+\Delta\varepsilon_{2u}\end{cases} \tag{3.84}$$

同理，当满足 $\frac{\pi}{4}<|\theta_1^{\text{old}}-\theta_0|<\frac{3\pi}{4}$，$\frac{\pi}{4}<|\theta_1^{\text{new}}-\theta_0|<\frac{3\pi}{4}$ 时，则主轴 1 和 1′ 都处于

同一区域 b；当满足$\frac{3\pi}{4} < |\theta_1^{\mathrm{old}} - \theta_0| < \pi$，$\frac{3\pi}{4} < |\theta_1^{\mathrm{new}} - \theta_0| < \pi$ 时，则主轴 1 和 1′ 都处于同一区域 a，都可以应用式(3.84) 进行计算。

当满足

$$\frac{\pi}{4} < |\theta_1^{\mathrm{old}} - \theta_0| < \frac{3\pi}{4},\quad \frac{3\pi}{4} < |\theta_1^{\mathrm{new}} - \theta_0| < \pi$$

时，则主轴 1 和 1′ 分别处于区域 b 和区域 a，可以采用式(3.84) 计算。

关于泊松比的值，Darwin 和 Pecknold 建议：双向受压时，$\nu = 0.2$；一向受压、一向受拉和双向受拉时

$$\nu = 0.2 + 0.6\left(\frac{\sigma_2}{f_c}\right)^4 + 0.4\left(\frac{\sigma_1}{f_c}\right)^4 \tag{3.85}$$

6. 茅声焘和肖国模建议方法

茅声焘提出对不同应力水平分段逐渐降低切线模量、逐渐增大泊松比的方法，在不开裂的情况下视材料为各向同性，具体取值见表 3.2。

表 3.2　茅声焘和肖国模建议方法取值

$\sigma/(f_c)_f$	E_t/E_0	ν
0 ～ 0.3	1.0	0.2
0.3 ～ 0.85	0.7	0.2
0.85 ～ 1.0	0.15	0.3
1.0 ～ 0.9	−0.075	0.5

其中，E_0 为初始切线弹性模量；ν 为泊松比；$(f_c)_f$ 为考虑双向应力条件下的强度极限值。

7. Phillips 和 Zienkiewicz 建议方法

英国学者菲利普斯(Phillips) 和辛克维奇(Zienkiewicz) 建议了一个增量型的混凝土 $K-G$ 本构模型，在该方法中切线体积模量 K 保持常数，而切线剪切模量 G 则随$\sqrt{J_2}$ 的增大而减小，具体取值见表 3.3。

表 3.3　Phillips 和 Zienkiewicz 建议模型参数取值

$\sqrt{J_2}/f_c$	0.0	0.18	0.26	0.42	0.58	0.72	0.88	1.0	2.0
G/G_0	1.0	1.0	0.7	0.4	0.2	0.1	0.05	0.03	0.02

其中，G_0 为初始剪切模量，中间可用内插法取值。

综上，双轴非线性弹性问题增量型本构的计算步骤如下：

(1) 计算当前应力状态(σ_1，σ_2) 及应力增量 $d\sigma_1$ 和 $d\sigma_2$。

(2) 对于双轴问题，由双轴破坏准则计算出临界应力 σ_{1c} 和 σ_{2c}。

(3) 计算应变 ε_{1c} 和 ε_{2c} 以及等效泊松比 ν。

(4) 由上一级加载结束时的等效切线模量 E_1 和 E_2 来计算等效单轴应变增量 $d\varepsilon_{iu}$ 及全量 ε_{iu}。

(5) 计算当前的等效切线模量 E_1 和 E_2。

(6) 计算应变增量。

例 3.4　已知一应力状态：$\sigma_1 = -2.366\ \text{N/mm}^2$，$\sigma_2 = 8.134\ \text{N/mm}^2$，$\sigma_3 = -13.499\ \text{N/mm}^2$；材料常数为 $f_c = 20\ \text{N/mm}^2$，$E_0 = 30\ \text{kN/mm}^2$。求相当于该应力状态下的即时切线弹性模量。

解　由给定应力状态可以解得

$$I_1 = -24,\quad \xi = -13.856,\quad \sqrt{J_2} = 5.568$$

$$\rho = 7.874\,3,\quad \theta = 28.8^\circ$$

(1) 用$\sqrt{J_2}/\sqrt{J_{2f}}$法，已经求得非线性指标 $\beta = 0.633\,8$，可得

$$E_t = E_0\sqrt{1-\beta} = 30\sqrt{1-0.633\,8} = 18.15\ (\text{kN/mm}^2)$$

(2) 用 σ_3/σ_{3f} 法，按 Ottosen 建议保持(σ_1，σ_2)不变，减小 σ_3 到 σ_{3f} 使其达到破坏，经多次迭代可得 $\sigma_{3f} = 23.12\ \text{kN/mm}^2$，进而

$$\beta = \frac{\sigma_3}{\sigma_{3f}} = \frac{13.499}{23.12} = 0.583\,9$$

于是

$$E_t = E_0\sqrt{1-\beta} = 30\sqrt{1-0.583\,9} = 19.35\ (\text{kN/mm}^2)$$

(3) 按茅声焘建议，由

$$\frac{\sigma_3}{f_c} = \frac{13.499}{20} = 0.675$$

取

$$E_t = 0.7E_0 = 21\ \text{kN/mm}^2$$

(4) 按 Zienkiewicz 建议

$$K_t = K_0 = 15.625,\quad G_0 = 12.605$$

由

$$\sqrt{J_2}/f_c = 5.568/20 = 0.278\,4$$

得

$$G_t = 0.667G_0 = 8.407\,5\ \text{kN/mm}^2$$

因此

$$E_t = \frac{9KG}{2K+G} = \frac{9\times 15.625\times 8.407\,5}{2\times 15.625 + 8.470\,5} = 29.9\ (\text{kN/mm}^2)$$

附：

$$K_t = K_0 = \frac{E_0}{3(1-2\nu_0)} = \frac{30}{3(1-2\times 0.18)} = 15.625$$

$$G_0 = \frac{E_0}{2(1+\nu_0)} = \frac{30}{2(1+0.18)} = 12.711$$

8. 三轴应力状态下应力增量与应变增量之间的关系(Bathe 方法)

三向应力状态下应力增量与应变增量的关系比较复杂，这里介绍描述这种关系的 Bathe(巴思) 方法。这一方法采用 Murray(穆雷) 的等效应力－应变曲线，按应力阶段把

混凝土看成各向同性或正交各向异性材料，按等效应力－应变曲线来计算变化的切线模量，并且结合混凝土的开裂和压碎等情况。

(1) 等效单轴模型。

Bathe 采用了 Elwi 和 Murray 提出的三向受力等效单轴模型，即

$$\sigma_i=\frac{E_0\varepsilon_{iu}}{1+\left(R+\dfrac{E_0}{E_s}-2\right)\dfrac{\varepsilon_{iu}}{\varepsilon_{ic}}-(2R-1)\left(\dfrac{\varepsilon_{iu}}{\varepsilon_{ic}}\right)^2+R\left(\dfrac{\varepsilon_{iu}}{\varepsilon_{ic}}\right)^3}\tag{3.86}$$

$$R=\frac{E_0(\sigma_{ic}/\sigma_{if}-1)}{E_s(\varepsilon_{if}/\varepsilon_{ic}-1)^2}-\frac{\varepsilon_{ic}}{\varepsilon_{if}}\tag{3.86a}$$

其所表示的曲线如图 3.8 所示。

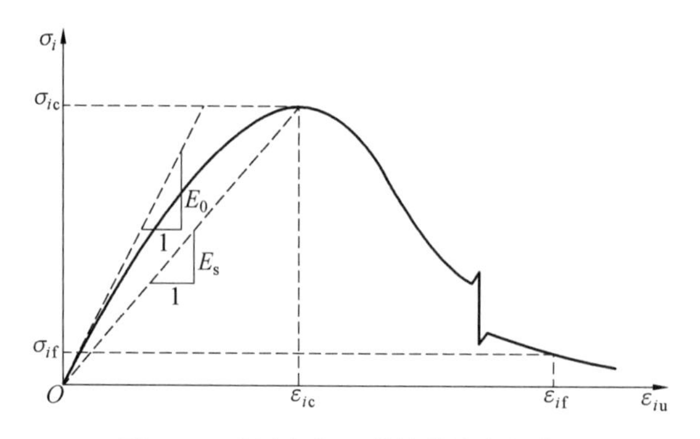

图 3.8 受压应力－单轴等效应变曲线

利用式(3.86) 得出切线模量

$$E_i=\frac{\mathrm{d}\sigma_i}{\mathrm{d}\varepsilon_{iu}}\tag{3.87}$$

$$E_i=E_0\frac{1+(2R-1)(\varepsilon_{iu}/\varepsilon_{ic})^2-2R(\varepsilon_{iu}/\varepsilon_{ic})^3}{\left[1+\left(R+\dfrac{E_0}{E_s}-2\right)\dfrac{\varepsilon_{iu}}{\varepsilon_{ic}}-(2R-1)\left(\dfrac{\varepsilon_{iu}}{\varepsilon_{ic}}\right)^2+R\left(\dfrac{\varepsilon_{iu}}{\varepsilon_{ic}}\right)^3\right]^2}\tag{3.87a}$$

(2) 各应力阶段材料模型。

① 拉伸未开裂阶段。压应力很小及卸载的情况下，把混凝土看成各向同性材料，其切线模量取初始弹性模量，即

$$[D]=\frac{E_0}{(1+\nu)(1-2\nu)}\begin{bmatrix}1-\nu & \nu & & & & \\ \nu & 1-\nu & & & \text{sym.} & \\ \nu & \nu & 1-\nu & & & \\ & & & \dfrac{1-2\nu}{2} & & \\ & 0 & & 0 & \dfrac{1-2\nu}{2} & \\ & & & 0 & 0 & \dfrac{1-2\nu}{2}\end{bmatrix}\tag{3.88}$$

其中，E_t 为初始弹性模量；ν 为泊松比。

② 当三向受压，最大压应力 $|\sigma_c|\leqslant k\sigma_0$ 时，可近似地将混凝土看成各向同性非线性材

料，即

$$[D]=\frac{E_t}{(1+\nu)(1-2\nu)}\begin{bmatrix} 1-\nu & \nu & & & & \\ \nu & 1-\nu & & \text{sym.} & & \\ \nu & \nu & 1-\nu & & & \\ & & & \frac{1-2\nu}{2} & & \\ & 0 & & 0 & \frac{1-2\nu}{2} & \\ & & & 0 & 0 & \frac{1-2\nu}{2} \end{bmatrix} \tag{3.89}$$

其中，E_t 为等效切线模量，它为 3 个主应力 $\sigma_i(i=1,2,3)$ 方向上的切线弹性模量按应力的加权平均值。在刚度计算中可取

$$E_t=\frac{|\sigma_1|E_{t1}+|\sigma_2|E_{t2}+|\sigma_3|E_{t3}}{|\sigma_1|+|\sigma_2|+|\sigma_3|} \tag{3.90}$$

其中，$E_{ti}(i=1,2,3)$ 为 3 个主应力方向按其应变大小由 Saenz 单轴曲线求得的即时切线模量。但其中的 ε_0、σ_u、ε_u 应考虑三向受压情况而进行修正。这一修正应由实验资料统计求出。无实验资料时，可保持 σ_1、σ_2 不变，选定合适的破坏条件求得 σ_{3f}。为使$(\sigma_1,\sigma_2,\sigma_{3f})$满足破坏条件，可取

$$\gamma=\sigma_{3f}/\sigma_c\geqslant 1,\quad \text{即 } \sigma_0'=\sigma_{3f}\geqslant\sigma_0$$

然后取 $\sigma_u'=\gamma\sigma_u$，$\varepsilon_c'=\gamma\beta\varepsilon_0$，$\varepsilon_u'=\gamma\beta\varepsilon_u$。

其中，β 是由实验确定的常数。用 σ_c'、σ_u'、ε_c'、ε_u' 代替 σ_c、σ_u、ε_c、ε_u，即可求得即时切线模量。

③ 当压应力较大，即 $|\sigma|>0.4\sigma_c$ 时，把混凝土处理成正交异性的非线性材料，即

$$[D]=\frac{1}{(1+\nu)(1-2\nu)}\begin{bmatrix} (1-\nu)E_1 & & & & & \\ \nu E_{21} & (1-\nu)E_2 & & \text{sym.} & & \\ \nu E_{31} & \nu E_{32} & (1-\nu)E_3 & & & \\ & & & \frac{(1-2\nu)}{2}E_{12} & & \\ & 0 & & 0 & \frac{(1-2\nu)}{2}E_{23} & \\ & & & 0 & 0 & \frac{(1-2\nu)}{2}E_{31} \end{bmatrix} \tag{3.91}$$

其中，E_{ij} 取为 E_i 和 E_j 的应力加权平均值，即

$$E_{ij}=\frac{|\sigma_i|E_i+|\sigma_j|E_j}{|\sigma_i|+|\sigma_j|} \tag{3.92}$$

④ 当达到破坏时，认为 $E_t=0$（计算中取 $E_t=0.001$）。

以上关于 $E_i(i=1,2,3)$ 的求法仅在建立刚度矩阵时用。在求得位移量及应变增量以后，计算累加应力值时，Bathe 建议用下列方法求得 E_i 的值，即

$$E_i = \frac{\sigma_i' - \sigma_i}{\Delta\varepsilon_i} \tag{3.93}$$

其中，σ_i' 为应变等于 $\varepsilon_{ki} + \Delta\varepsilon_i$ 时的应力；σ_i 为应变等于 ε_{ki} 时的应力值；ε_{ki} 为 k 级荷载时的应变值(累加值)；$\Delta\varepsilon_i$ 是该级荷载下的应变增量值。

⑤ 当某主拉应力超过混凝土抗拉强度时，认为沿主拉应力方向混凝土开裂，并取刚度矩阵(在主应力坐标中)为

$$[D] = \frac{E_t}{1-\nu^2}\begin{bmatrix} n_n & \nu n_n & \nu n_n & & 0 & \\ & 1 & \nu & & & \\ & & 1 & & 0 & 0 \\ & \text{sym.} & & \eta\frac{1-\nu}{2} & & \\ & & & & \eta\frac{1-\nu}{2} & \\ & & & & & \eta\frac{1-\nu}{2} \end{bmatrix} \tag{3.94}$$

其中，n_n、η 可称为残余刚度系数，它们的取值与许多因素有关，为了确定它们的合理值还必须做进一步研究。在目前计算中可取 $n_n = 0.001$，$\eta = 0.5$。

⑥ 卸载(软化)时是弹性的，为了度量材料的加载和卸载，引入加载函数

$$f = s_{ij} + 3\alpha\sigma_m \tag{3.95}$$

式中

$$s_{ij} = \sigma_{ij} - \sigma_m\delta_{ij} \tag{3.95a}$$

$$\sigma_m = \frac{I_1}{3} = \frac{1}{3}(\sigma_x + \sigma_y + \sigma_z) \tag{3.95b}$$

其中，α 为常数，通常为负值；f_{max} 为受力过程中曾经达到的最大值。若 $f \geqslant f_{max}$，则材料加载；若 $f < f_{max}$，则材料卸载。

⑦ 泊松比。在完成增量本构关系之前，还必须确定泊松比。

当忽略泊松比的变化时也可按下列实验公式计算：

$$\nu = \nu_0\left[1.0 + 1.3763\frac{\varepsilon}{\varepsilon_0} - 5.3600\left(\frac{\varepsilon}{\varepsilon_0}\right)^2 + 8.586\left(\frac{\varepsilon}{\varepsilon_0}\right)^3\right] \tag{3.96}$$

式中，ε_0 相当于单轴应力下的应力达峰值时的应变。

(3) 非线性弹性的增量形式刚度矩阵计算步骤。

非线性弹性的增量形式刚度矩阵可按下列步骤计算：

① 给定材料参数 E_0、f_t、f_c、ε_c、ε_u、σ_u、ν，并选定破坏准则。

② 选定 n_n、η 和 α、β、k 参数。

③ 给定应力$[\sigma_x\ \sigma_y\ \sigma_z\ \tau_{xy}\ \tau_{yz}\ \tau_{zx}]'$。

④ 计算主应力(σ_1，σ_2，σ_3)及相应的不变量。

⑤ 判断应力水平，计算 σ_{3f} 及 γ 值，修正 σ_0、ε_0、ε_u、σ_u。

⑥ 判断材料处于何种状态：受拉破坏、受拉未破坏、受压很小、受压很大、受压破坏。

⑦ 在受压为主，又未到破坏时，先检查是加载还是卸载，按等效一维 $\sigma - \varepsilon$ 曲线求 E_t、ν_t，并将 E_t、ν_t 代入不同的本构矩阵。

第 4 章　混凝土的弹塑性本构关系

4.1　基本概念

有两种不同的理论描述弹塑性本构关系，分别是形变理论和增量理论。形变理论是直接以全量的形式表示的，与加载路径无关，仅适用于简单加载(在加载过程中任一点的应力各分量是按比例增长的)。增量理论采用增量的形式描述塑性状态下的应力－应变关系，在应用中需要按加载过程进行积分计算。本章主要讨论混凝土弹塑性增量本构关系。

普通混凝土从拉坏到压坏的典型单轴应力－应变曲线如图 4.1 所示。

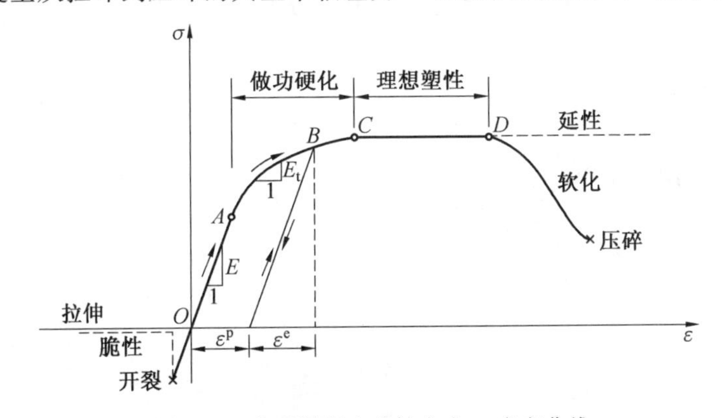

图 4.1　普通混凝土单轴应力－应变曲线

对于受拉破坏，直至峰值应力和峰值应变前基本表现为线弹性行为，且在破坏时没有出现塑性变形。对于受压破坏，混凝土的本构关系可以划分为 3 个阶段，即：当材料的应力或应变水平未达到初始屈服条件时，材料的本构关系为弹性关系；当应力－应变水平超过初始屈服条件而未达到破坏条件时，材料的本构关系为弹塑性关系；当应力水平超过破坏条件后，材料的部分或全部退出工作。

对于复杂应力下的混凝土弹塑性增量本构关系的构建除了破坏准则，还需要明确屈服准则、流动法则和强化法则。

屈服准则，即应力状态达到屈服状态的条件。流动法则，即确定屈服状态下塑性变形增量方向的方法。硬化法则或者强化法则，是指达到屈服条件后，屈服条件的后继强化法则。

材料的屈服极限随塑性变形的发展而提高，当卸载后重新加载时，要达到这一提高后的值才会重新屈服，即重新出现新的塑性变形，这种现象称为强化。相反，随着塑性变形的发展，材料屈服极限降低的现象称为软化。

如果材料塑性变形发展，但屈服极限保持不变，称为理想弹塑性，这种材料在塑性变形或总变形达到某一极限值时，才发生破坏。对于强化材料或者软化材料，在一定的应力状态下，首先进入初始屈服面；随着塑性变形的增加，进入后继屈服面，又称为加载面；最后，达到破坏。破坏准则对应混凝土断裂起始，包括开裂和压碎类型，因此屈服面一般不等于破坏面。当屈服准则和破坏准则这些边界确定后，混凝土塑性区的整个增量应力－应变关系就可以基于经典弹塑性理论建立了。

但在工程上，有时将屈服面也称为破坏面，主要原因有以下两个方面：

(1) 工程结构不允许有很大的塑性变形，因此将屈服极限定义为破坏状态。

(2) 混凝土、岩石类材料没有明显的屈服点，但破坏点却很明确。在高静水压力下，会发生相当的塑性变形，因此也会产生类似的屈服。在应力空间中，屈服面在静水压力方向应该是闭合的，但是破坏面是开口的，如图 4.2 所示。为了便于工程分析和应用，一般假定后继屈服面与初始屈服面形状相似、大小不同，即数学表达式形式相同，但是常数大小不同。

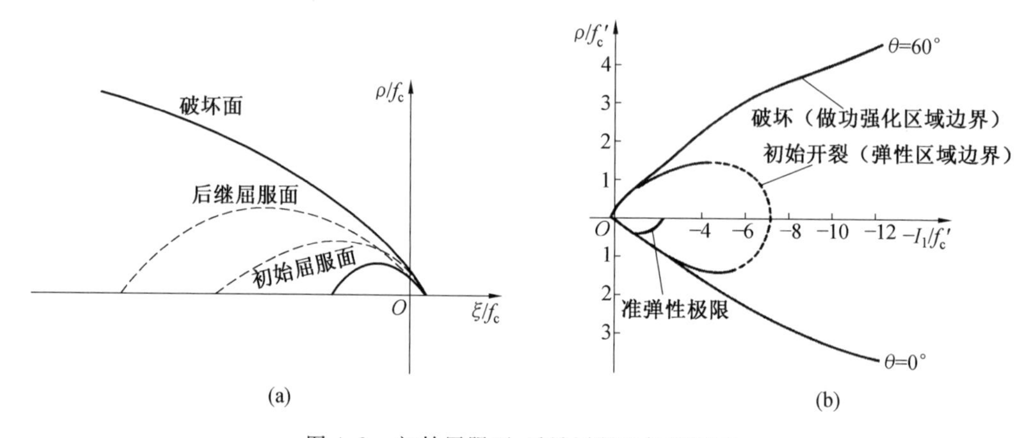

图 4.2　初始屈服面、后继屈服面与破坏面

4.1.1　屈服准则

弹性状态的界限称为屈服条件。当材料内微元的应力状态达到该界限时，进一步的加载就可能使微元产生不可恢复的塑性变形。屈服条件可以用 $f(\sigma_{ij})=0$ 表示，它在以应力分量为坐标的应力空间中也是一个曲面，称之为屈服面。在前面章节中介绍的破坏准则，如 Tresca、von Mises、Mohr-Coulomb、Druck-Prager 等准则，仍然是目前应用较广的屈服准则形式，这些屈服准则与前述相应的破坏准则的差异性在于参数是建立在初始屈服应力水平上的。这里再补充几个常用的屈服准则。

(1)Zienkiewicz-Pande 屈服准则。

1977 年，Zienkiewicz(辛克维奇) 和 Pande(潘德) 保留了 Mohr-Coulomb 准则拉压子午线不同的特征，提出如下形式的破坏准则：

$$F=\alpha\sigma_{\mathrm{m}}^{2}+\beta\sigma_{\mathrm{m}}+\nu+\left(\frac{\sqrt{J_2}}{g(\theta_\sigma)}\right)^2 \tag{4.1}$$

其子午面上的屈服线为二次曲线，以不变量的形式可以写为

$$F = AI_1^2 + BI_1 + C + \left(\frac{\sqrt{J_2}}{g(\theta_\sigma)}\right)^2 = 0 \tag{4.2}$$

其中，$g(\theta_\sigma)$ 是 π 平面上屈服曲线随相似角的变化函数，Gudehus 和 Arygris 建议形式为

$$g(\theta_\sigma) = \frac{2K}{(1+K) - (1-K)\sin 3\theta_\sigma} \tag{4.3}$$

K 用内摩擦角表示为

$$K = \frac{3 - \sin\phi}{3 + \sin\phi} \tag{4.4}$$

α 和 β 的取值涉及子午面上二次曲线的形式。

① 双曲线形式，如图 4.3(a) 所示，以 Mohr-Coulomb 包络线为其渐近线，若取

$$F = \left(\frac{\sigma_m - d}{a}\right)^2 - \frac{1}{b^2}\left(\frac{\sqrt{J_2}}{g(\theta_\sigma)}\right)^2 - 1 = 0 \tag{4.5}$$

相当于取 $\alpha = -\frac{b^2}{a^2}, \beta = 2\frac{b^2 d}{a^2}, \nu = b^2 - \frac{b^2 d^2}{a^2}$。

② 抛物线形式，如图 4.3(b) 所示，若取

$$F = (\sigma_m - d)^2 + a\left[\frac{\sqrt{J_2}}{g(\theta_\sigma)}\right]^2 = 0 \tag{4.6}$$

相当于取 $\alpha = 0, \beta = \frac{1}{a}, \nu = -\frac{d}{a}$。

③ 椭圆形式，如图 4.3(c) 所示，若取

$$F = \left(\frac{\sigma_m - d}{a}\right)^2 + \frac{1}{b^2}\left[\frac{\sqrt{J_2}}{g(\theta_\sigma)}\right]^2 - 1 = 0 \tag{4.7}$$

相当于式(4.1) 中 $\alpha = \frac{b^2}{a^2}, \beta = -2\frac{b^2 d}{a^2}, \nu = -b^2 + \frac{b^2 d^2}{a^2}$，其子午线为封闭型曲线。

(2) W. F. Chen 三参数屈服准则。

W. F. Chen 教授先后提出了初始屈服准则和破坏准则，分别是三参数和四参数的形式，其中三参数破坏准则的具体形式为

压 — 压区：

$$f_u(\sigma_{ij}) = J_2 + \frac{1}{3}A_u I_1 - \tau_u^2 = 0 \tag{4.8}$$

拉 — 拉区和拉 — 压区：

$$f_u(\sigma_{ij}) = J_2 - \frac{1}{6}I_1^2 + \frac{1}{3}A_u I_1 - \tau_u^2 = 0 \tag{4.9}$$

假定初始屈服面具有与上述破坏面相同的形式，即

压 — 压区：

$$f_0(\sigma_{ij}) = J_2 + \frac{1}{3}A_0 I_1 - \tau_0^2 = 0 \tag{4.10a}$$

拉 — 拉区和拉 — 压区：

$$f_0(\sigma_{ij}) = J_2 - \frac{1}{6}I_1^2 + \frac{1}{3}A_0 I_1 - \tau_0^2 = 0 \tag{4.10b}$$

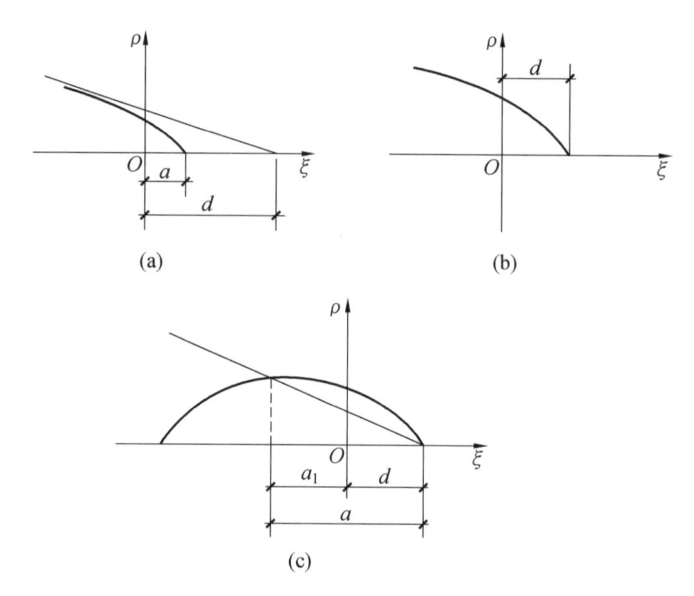

图 4.3　Zienkiewicz-Pande 屈服条件

$$F(I_1, J_2)=\begin{cases} J_2+\dfrac{1}{3}A_0 I_1-\tau_0^2=0, & \text{若 } I_1 \leqslant 0 \text{ 或} \sqrt{J_2}+\dfrac{I_1}{\sqrt{3}} \leqslant 0 \\ J_2-\dfrac{1}{6}I_1^2+\dfrac{1}{3}A_0 I_1-\tau_0^2=0, & \text{若 } I_1>0 \text{ 或} \sqrt{J_2}+\dfrac{I_1}{\sqrt{3}}>0 \end{cases} \tag{4.11}$$

4 个材料常数(A_0,τ_0,A_u,τ_u)可以通过简单实验确定,但在压－压、压－拉、拉－拉区是不同的。

压－压区:

$$\frac{A_0}{f'_c}=\frac{\bar{f}_{bc}^2-\bar{f}_c^2}{2\bar{f}_{bc}-\bar{f}_c}, \quad \frac{A_u}{f'_c}=\frac{\bar{f}'^2_{bc}-1}{2\bar{f}'_{bc}-1} \tag{4.12}$$

$$\left(\frac{\tau_0}{f'_c}\right)^2=\frac{\bar{f}_c\bar{f}_{bc}(2\bar{f}_c-\bar{f}_{bc})}{3(2\bar{f}_{bc}-\bar{f}_c)}, \quad \left(\frac{\tau_u}{f'_c}\right)^2=\frac{\bar{f}'_{bc}(2-\bar{f}'_{bc})}{3(2\bar{f}'_{bc}-1)} \tag{4.13}$$

拉－压或拉－拉区:

$$\frac{A_0}{f'_c}=\frac{\bar{f}_c-\bar{f}_t}{2}, \quad \frac{A_u}{f'_c}=\frac{1-\bar{f}'_t}{2} \tag{4.14}$$

$$\left(\frac{\tau_0}{f'_c}\right)^2=\frac{\bar{f}_c\bar{f}_t}{6}, \quad \left(\frac{\tau_u}{f'_c}\right)^2=\frac{\bar{f}'_t}{6} \tag{4.15}$$

由于各个区域的屈服函数、加载函数是不同的,因此区分应力状态所属哪个区域是正确应用模型的关键。对于三维受力情况,可以由二维情况简单地广义化,方法是将应力状态通过简单线性关系分离,如图 4.4 所示。

这个线性函数为

$$\sqrt{J_2}+\frac{1}{\sqrt{3}}I_1=0 \quad \text{和} \quad \sqrt{J_2}-\frac{1}{\sqrt{3}}I_1=0 \tag{4.16}$$

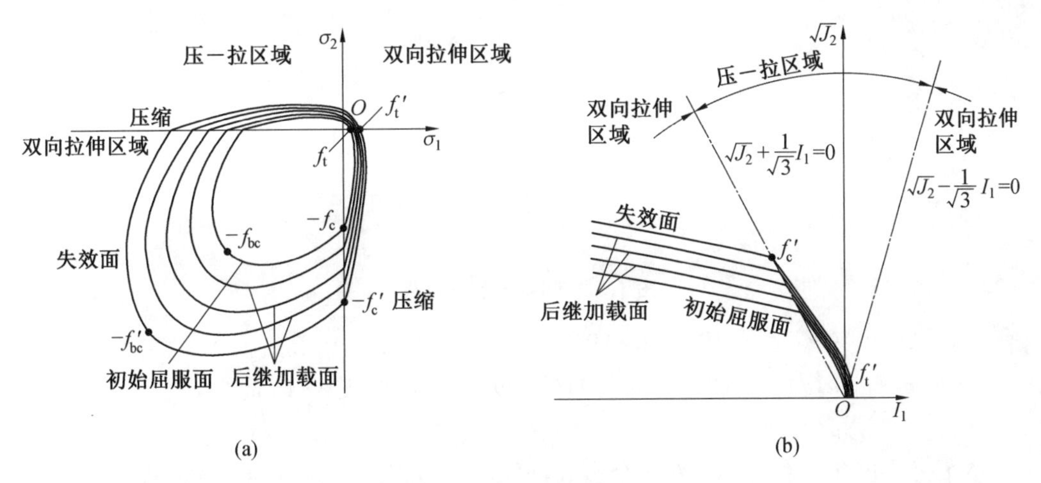

图 4.4 W. F. Chen 屈服条件

这样，压－压区域为

$$I_1 < 0 \quad 和 \quad \sqrt{J_2} + \frac{I_1}{\sqrt{3}} < 0 \tag{4.17}$$

压－拉区域为

$$I_1 < 0 \quad 和 \quad \sqrt{J_2} + \frac{I_1}{\sqrt{3}} > 0 \tag{4.18}$$

拉－压区域为

$$I_1 > 0 \quad 和 \quad \sqrt{J_2} - \frac{I_1}{\sqrt{3}} > 0 \tag{4.19}$$

拉－拉区域为

$$I_1 > 0 \quad 和 \quad \sqrt{J_2} - \frac{I_1}{\sqrt{3}} < 0 \tag{4.20}$$

(3)Nilsson 屈服准则。

瑞典学者 Nilsson 在 1979 年(Nilsson,1979) 提出了一个椭圆球屈服面，其表达式为

$$F(\sigma_{oct}, \tau_{oct}, \theta) = \sqrt{\left(\frac{2\dfrac{\sigma_{oct}}{H} - \xi_u + \xi_1}{\xi_u - \xi_1}\right)^2 + \left(\frac{\dfrac{\tau_{oct}}{H}}{b(\theta)}\right)^2} - 1 = 0 \tag{4.21}$$

其中，σ_{oct} 与 τ_{oct} 为八面体正应力和剪应力；$\theta = \dfrac{1}{3}\arccos\dfrac{3\sqrt{3}J_3}{2J_2^{3/2}}$，为 π 平面上的相似角；H 为硬化参数，对静力加载初始屈服 $H = f_c$(单轴抗压强度)；ξ_1、ξ_u 为等压三轴压缩与拉伸时的初始屈服值，参见图 4.5；$b(\theta)$ 为 θ 的函数，表达了偏应力径向投影随 θ 角的变化，取 $b(\theta = 0°) = b_1$，$b(\theta = 60°) = b_2$，参见图 4.5。

取 $b(\theta)$ 为椭圆曲线，如

$$b(\theta) = \frac{t(\theta) + u(\theta)}{\nu(\theta)} \tag{4.22}$$

其中

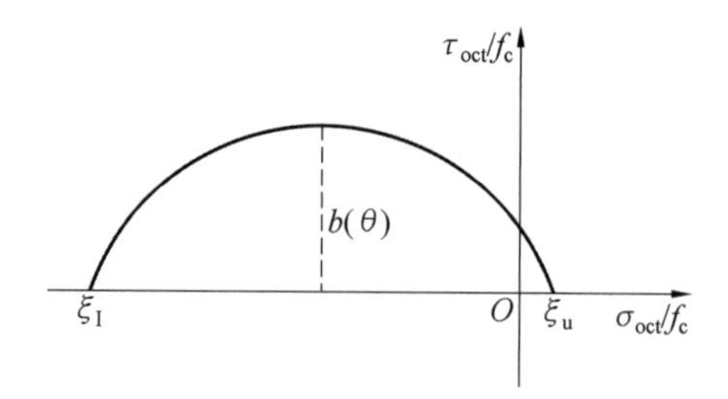

图 4.5　Nilsson 屈服条件

$$\begin{cases} t(\theta)=2b_2(b_2^2-b_1^2)\cos\theta \\ u(\theta)=b_2(2b_1-b_2)\left[4(b_2^2-b_1^2)\cos^2\theta+5b_1^2-4b_1b_2\right]^{\frac{1}{2}} \\ \nu(\theta)=4(b_2^2-b_1^2)\cos\theta+(b_2-2b_1)^2 \end{cases} \tag{4.23}$$

整个公式包含了 ξ_1、ξ_u、b_1、b_2 4 个参数，可由 4 组实验数据来确定。通常取单轴抗压、单轴抗拉、等压双轴抗压、等压三轴抗压的屈服值来确定。Nilsson 取 Launay 和 Gachon 的实验数据。当 $f_t/f_c=0.15$，$f_{bc}/f_c=1.8$，$f_{tc}/f_c=-2.3$ 时，建议 $\xi_1=-2.3$，$\xi_u=0.05$，$b_1=0.85$，$b_2=0.64$，可供读者应用时参考。

(4) 于丙子屈服准则。

中国长江水利水电科学院于丙子于 1982 年提出了一个适应面较广泛的屈服准则，为

$$F(I_1,\sqrt{J_2})=\sqrt{J_2}-k\left(1-\frac{I_1}{P_0}\right)^{\alpha}\left(1-\frac{I_1}{P_1}\right)^{\beta}=0 \tag{4.24}$$

式中，I_1 为应力张量第一不变量；J_2 为应力偏量第一不变量；P_0 为三向等拉拉裂应力限值；P_1 为三向等压屈服限值；α、β 为屈服面形状参数，为保证屈服面的凸性必须满足 $0\leqslant\alpha\leqslant1$ 和 $0\leqslant\beta\leqslant1$；$k$ 为强化参数。

这一屈服条件可以包含很多种屈服条件。

① 取 $\alpha=\beta=0$ 为 von Mises 屈服条件，则

$$F=\sqrt{J_2}-k=0 \tag{4.25}$$

② 取 $\alpha=1$，$\beta=0$ 为 Drucker-Prager 屈服条件，则

$$F=\sqrt{J_2}+aI_1-k=0,\quad a=k/P_0 \tag{4.26}$$

③ 取 $\alpha=\dfrac{1}{2}$，$\beta=0$，则屈服面为抛物面

$$F=\sqrt{J_2}-k\left(1-\frac{I_1}{P_0}\right)^{1/2}=0 \tag{4.27}$$

④ 取 $\alpha=\beta=\dfrac{1}{2}$，则屈服面为椭圆面

$$F=\sqrt{J_2}-k\left[\left(1-\frac{I_1}{P_0}\right)\left(1-\frac{I_1}{P_1}\right)\right]^{1/2} \tag{4.28}$$

⑤ 在式(4.28) 中取屈服面的临界状态线的方程为

$$\sqrt{J_2}=m(I_1-P_0) \tag{4.29}$$

则有

$$k=m\sqrt{-P_0P_1}$$

于是

$$F=\sqrt{J_2}-m\sqrt{(I_1-P_0)(P_1-I_1)}=0 \tag{4.30}$$

此为 Zienkeiwicz 的椭圆闭合曲线。

由此可见，于丙子提出的屈服准则是一个具有普遍性的屈服模型，这为编制计算机程序提供了方便，更便于实际应用。

以上介绍了集中屈服准则。其中一部分是闭合型的（如在子午面上屈服曲线为椭圆），相当一部分是开口型的。开口型屈服条件不符合岩石、混凝土一类材料在三轴高压应力下能够发生的屈服的实际情况，但在静水压力（平均压应力 σ_m）较小的条件下，又能与材料的屈服特性较好地符合。因而不少学者对开口型的屈服准则，在静水压力方向又加了一个屈服面，成为两屈服面组成的闭合屈服面，如图 4.6 所示。这种屈服面类似于在静水压力轴开口方向加了一个帽子，所以通常又叫“帽子模型”或“帽盖模型”(cap model)。有些学者则用两种不同的屈服条件或两个屈服面组成闭合的屈服面，也称为双屈服面准则。

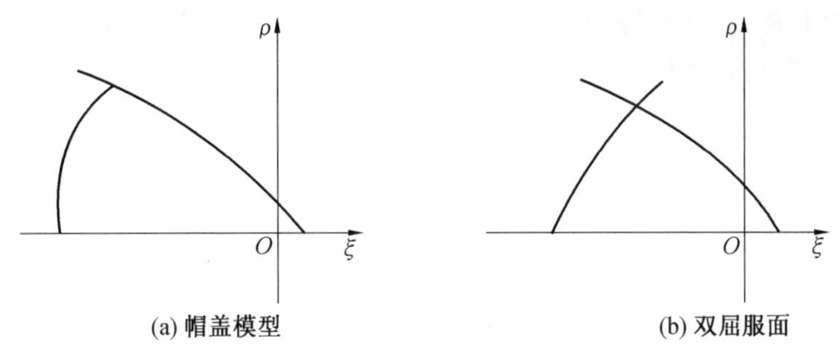

图 4.6　闭合屈服面

另外，用应力表示的屈服面在材料有软化行为时，处理起来比较困难，因而又有不少学者提出了在应变空间，即用 ε_{ij} 或应变张量来表示屈服准则。读者可以参考有关文献。

4.1.2　后继屈服面

复杂应力作用下的材料进入塑性状态后卸载，此后在加载时，与单轴应力作用下一样，应力－应变关系将保持为弹性，直到卸载前达到最高应力点，材料才再次进入塑性状态。同单向应力作用情况不同的是，屈服点的变化变为屈服面的变化。这个变化对于强化段而言是扩大，对于软化段而言是缩小。相对于初始屈服面，称之为后继屈服面。如果 $f(\sigma_{ij})=0$ 表示加载屈服条件或加载面，对于理想塑性材料，则 $f=F=$ 初始屈服函数。与初始屈服面及破坏面不同，加载面不仅与应力状态有关，也与整个应变历史有关，其一般形式为

$$f(\sigma_{ij},\varepsilon_{ij}^{p},k)=0 \tag{4.31}$$

式中，ε_{ij}^{p} 为塑性应变；k 为强化（或软化）参数，这两个量直接表征材料内部的永久变化，称之为内变量。

加载面随 k 的变化而改变其形状、大小和位置。对于强化材料，当加载面（硬化面）与 k 无关时，即为破坏面或最终屈服面。对于软化材料，当加载面（软化面）达到与 k 无关

时，即为残余破坏面。

4.1.3 强化法则

实际中采用等向强化模式和随动强化模式。

(1) 等向强化模式。

等向强化模型认为在塑性流动中屈服面仅发生大小变化，不发生形状和位置变化，即屈服面均匀膨胀。

如果初始屈服条件为 $f^*(\sigma_{ij})=0$，那么等向硬化的后继屈服条件即硬化条件为

$$f=f^*(\sigma_{ij})-k(\kappa)=0 \tag{4.32}$$

加载面的均匀膨胀假设不能反映材料的 Bauschinger 效应。材料 Bauschinger 效应说明硬化后材料的弹性范围不发生改变，只是屈服面位置发生改变。等向膨胀使压屈服应力和拉屈服应力同时相等增加。

简单地说，如果材料在一个方向屈服强度提高(强化)，在其他方向的屈服强度也同时提高，这样的材料称为等向强化材料(图 4.7)。等向强化的强化函数 $k(\xi_\beta)$ 是内变量 ξ_β 的函数，通常采用的形式有以下 4 种：

① 累积塑性功形式

$$k=k(w^{\mathrm{p}})=w^{\mathrm{p}}=\int\sigma_{ij}\,\mathrm{d}\varepsilon_{ij}^{\mathrm{p}} \tag{4.33}$$

② 塑性应变形式

$$k=k(\varepsilon_{ij}^{\mathrm{p}}) \tag{4.34}$$

③ 等效塑性应变形式

$$k=k(\gamma^{\mathrm{p}})=\gamma^{\mathrm{p}}=\int\sqrt{\mathrm{d}\varepsilon_{ij}^{\mathrm{p}}\,\mathrm{d}\varepsilon_{ij}^{\mathrm{p}}} \tag{4.35}$$

④ 体积塑性应变形式

$$k=k(\varepsilon_{v}^{\mathrm{p}})=\varepsilon_{v}^{\mathrm{p}} \tag{4.36}$$

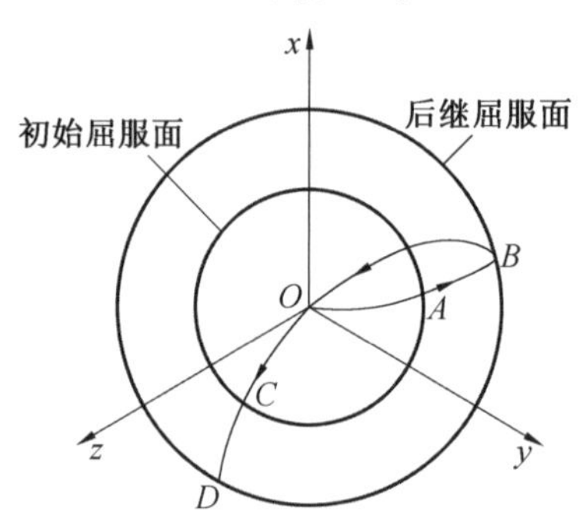

图 4.7 等向强化概念

(2) 随动强化模式。

如果材料在该方向的屈服点提高，其他方向的屈服应力相应下降，比如拉伸的屈服强度提高多少，反向的压缩屈服强度就减少多少，这样的材料称为随动强化材料。随动硬化模型是考虑 Bauschinger 效应的简化模型，如图 4.8 所示。该模型假定材料将在塑性变形

的方向 OP_+ 上被硬化（即屈服值增大），而在其相反方向 OP_- 上被同等地软化（即屈服值减小）。这样，在加载过程中，随着塑性变形发展，屈服面的大小和形状都不改变，只是整体地在应力空间中做平移。

如果只是单向加载（即从没有加载到屈服，卸载，再反向加载到屈服），两种材料模型的效果是一样的。等向强化模式没有考虑包辛格效应，而随动强化模式是考虑了包辛格效应的简化模型。包辛格效应是某些塑性材料的一种力学性质，表现为当材料受到某一方向的荷载作用（如拉伸）进入塑性变形阶段后，若接着施加相反方向的荷载（如压缩），将会发现此时材料的屈服应力会比直接施加后一种荷载时降低，单轴情况如图 4.8(b) 所示。

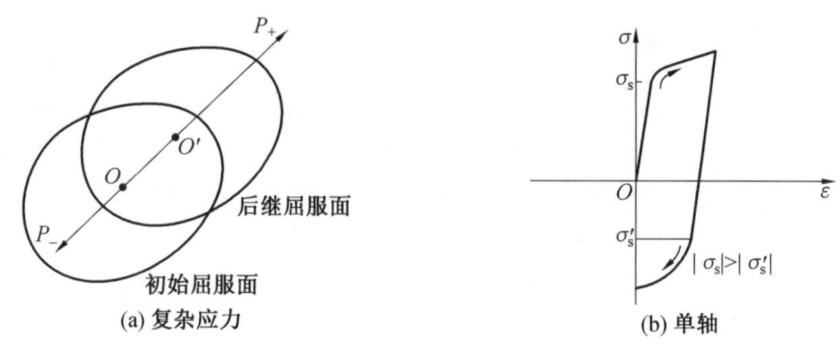

图 4.8　包辛格效应与随动强化概念

如初始屈服条件为 $f^*(\sigma_{ij})-C=0$，则对随动硬化模型，其后继屈服条件即硬化条件可表示为

$$f=f^*(\sigma_{ij}-\alpha_{ij})-C=0 \tag{4.37}$$

式中，C 为常数，为初始屈服面在应力空间内的位移。α_{ij} 是表征加载面的中心移动，称为背应力（back stress）。

随动硬化模型有两种，分别为 Prager（普拉格）硬化模型和 Ziegler（齐格勒）硬化模型。

如选中心点 O 为参考点，则它就是中心点的位移，其大小反映了硬化程度，就是表示硬化程度的参数，是 $\mathrm{d}\varepsilon_{ij}^{\mathrm{p}}$ 的函数。令

$$\mathrm{d}\alpha_{ij}=a\mathrm{d}\varepsilon_{ij}^{\mathrm{p}} \tag{4.38}$$

式中，a 为材料常数，由实验确定。这就是 Prager 的线性随动硬化模型。

但 Prager 理论在某些应力状态下（如剪拉应力状态下）不能满足刚体随动硬化的基本假定。根据 Ziegler 理论，有

$$\mathrm{d}\alpha_{ij}=\mathrm{d}\mu(\sigma_{ij}-\alpha_{ij})=0 \tag{4.39}$$

式中，$\mathrm{d}\mu=a\mathrm{d}\varepsilon_{\mathrm{p}}$（$a$ 为常数）。

（3）混合硬化模型。

混合硬化是上述两种硬化模型的组合，它假定塑性流动时后继屈服面的大小、形状和位置均发生变化，如图 4.9 所示。这种模型既能反映 Bauschinger 效应，也能反映连续加载面的膨胀，其模型表达式为

$$f=f^*(\sigma_{ij}-\alpha_{ij})-k(\kappa)=0 \tag{4.40}$$

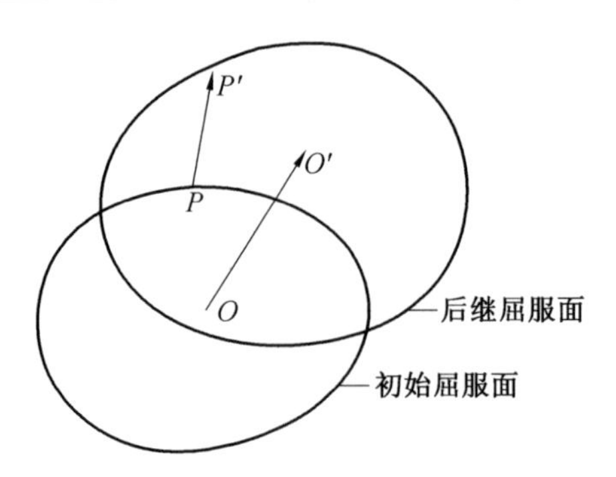

图 4.9　混合强化模型概念

4.1.4　加、卸载准则

对于复杂应力状态，存在 6 个应力分量，在各应力分量增减变化中，其加载还是卸载显然要比单向应力状态复杂得多，因为单向应力状态只有一个应力分量，可以直接由该分量的增减判断。对于弹性理想塑性材料、弹性强化塑性材料和软化材料，由于存在着强化差异性，其加卸载准则条件式是不同的。

当考虑强化范围时，材料可以处理为弹塑性强化模型。当材料从屈服面上退化到弹性区时，发生卸载，即 $\mathrm{d}f<0$，后继屈服面的全微分方程为

$$\mathrm{d}f=\frac{\partial f}{\partial \sigma_{ij}}\mathrm{d}\sigma_{ij}+\frac{\partial f}{\partial \varepsilon_{ij}^{\mathrm{p}}}\mathrm{d}\varepsilon_{ij}^{\mathrm{p}}+\frac{\partial f}{\partial k}\mathrm{d}k \tag{4.41}$$

当应力增量指向加载面内时，变形从塑性状态回到弹性状态，对应卸载过程。由于卸载过程中既无塑性应变产生，也无材料硬化，即 $\mathrm{d}\varepsilon_{ij}^{\mathrm{p}}=0$，$\mathrm{d}k=0$，这样得到强化材料的卸载准则为

$$f=0,\quad \mathrm{d}f<0,\quad \frac{\partial f}{\partial \sigma_{ij}}\mathrm{d}\sigma_{ij}<0 \tag{4.42}$$

若应力状态从同一屈服面上的一点变到另一点，即应力增量沿着加载面，则材料不会进入弹性区，材料也不会产生塑性变形和硬化，即 $\mathrm{d}\varepsilon_{ij}^{\mathrm{p}}=0$，$\mathrm{d}k=0$，称之为中性变载，其条件式为

$$f=0,\quad \mathrm{d}f=0,\quad \frac{\partial f}{\partial \sigma_{ij}}\mathrm{d}\sigma_{ij}=0 \tag{4.43}$$

对于加载情况，应力增量指向加载面外，推动加载面变化，应力状态到达新的加载面上，其条件式为

$$f=0,\quad \mathrm{d}f>0,\quad \frac{\partial f}{\partial \sigma_{ij}}\mathrm{d}\sigma_{ij}>0 \tag{4.44}$$

加卸载准则概念如图 4.10 所示。

4.1.5　流动法则与一致性条件

按照 von Mises 塑性势能理论，经过应力空间任何一点 M，必有塑性位势等势面存在，即

$$g(\sigma_{ij},H)=0 \tag{4.45}$$

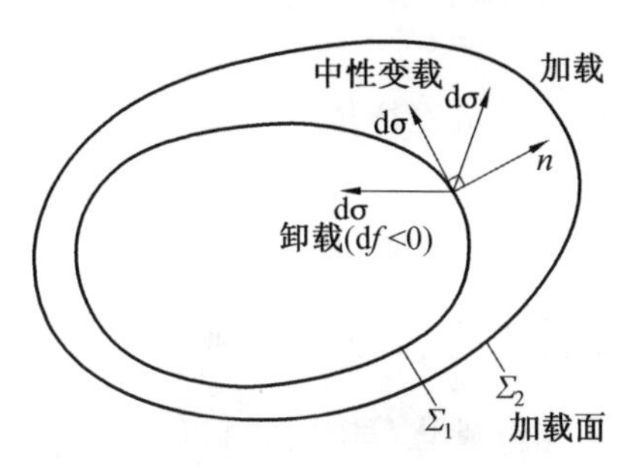

图 4.10　加卸载准则

根据该塑性势能函数 $g(\sigma_{ij})$，塑性流动方程可以写成如下形式：

$$\mathrm{d}\varepsilon_{ij}^{\mathrm{p}} = \mathrm{d}\lambda \frac{\partial g}{\partial \sigma_{ij}} \tag{4.46}$$

这里，$\mathrm{d}\lambda$ 是非负的比例标量因子，仅当产生塑性变形时为非零。方程 $g(\sigma_{ij})$ 定义了 9 维应力空间中的塑性势能面，其法向矢量的方向余弦与 $\partial g/\partial \sigma_{ij}$ 成比例。由上式可见，$\mathrm{d}\varepsilon_{ij}^{\mathrm{p}}$ 建立了指向塑性势能面的法向。

当屈服函数与塑性势能函数一致时，式(4.46) 可简化为

$$\mathrm{d}\varepsilon_{ij}^{\mathrm{p}} = \mathrm{d}\lambda \frac{\partial f}{\partial \sigma_{ij}} \tag{4.47}$$

称之为相关联流动法则(与屈服准则相关)，如果在主应力或主应变空间中考察流动法则，则可写为

$$\mathrm{d}\varepsilon_{i}^{\mathrm{p}} = \mathrm{d}\lambda \frac{\partial f}{\partial \sigma_{i}} \tag{4.48}$$

当 $f \neq g$ 时，称为非相关联流动法则。

在塑性变形时，应力点停留在屈服面上，这个补充的条件称为一致性条件，用数学式表示为

$$f(\sigma + \mathrm{d}\sigma, k + \mathrm{d}k) = 0 \tag{4.49}$$

或者用增量的形式可写成

$$\frac{\partial f}{\partial \sigma}\mathrm{d}\sigma + \frac{\partial f}{\partial k}\mathrm{d}k = 0 \tag{4.50}$$

一致性条件用来确定塑性应变增量的大小，它与流动法则结合使用即可确定塑性应变增量的大小和方向。

有关 Drucker 稳定公设和 Il'yushin 公设可参见有关塑性力学书籍，这里不再赘述。

4.2　基于理想弹塑性理论的混凝土本构关系

整个应力增量可以视为弹性应变增量和塑性应变增量之和，即

$$\mathrm{d}\varepsilon_{ij} = \mathrm{d}\varepsilon_{ij}^{\mathrm{e}} + \mathrm{d}\varepsilon_{ij}^{\mathrm{p}} \tag{4.51}$$

利用胡克定律或其他非线性弹性模型，可以给出应力和弹性应变增量的关系。对于塑性材料的应力－应变关系的建立，可以归咎于建立当前状态下应力和塑性应变之间的关系，本节介绍基于理想弹塑性理论的混凝土本构关系，下节介绍基于弹塑性强化理论的

混凝土本构关系。

根据广义胡克定律，材料的弹性应变增量为

$$\mathrm{d}\varepsilon_{ij}^{\mathrm{e}}=C_{ijkl}\mathrm{d}\sigma_{kl} \tag{4.52}$$

有了加载准则 $f(\mathrm{d}\sigma_{ij})$ 和弹性应变增量 $\mathrm{d}\varepsilon_{ij}^{\mathrm{e}}$，下面确定塑性应变增量 $\mathrm{d}\varepsilon_{ij}^{\mathrm{p}}$。

4.2.1 弹性理想塑性材料的加卸载准则

对于混凝土受压状态，当忽略其硬化范围时，可以处理为弹性理想塑性模型，即假设塑性变形发生且没有极限，对于塑性流动，应力状态始终处于该屈服面上，即屈服面的大小形状不随内变量的发展而变化，后继屈服面与初始屈服面重合，即

$$f(\sigma_{ij},\varepsilon_{ij}^{\mathrm{p}},k)=f(\sigma_{ij})=0 \tag{4.53}$$

当满足 $f(\sigma_{ij})<0$ 时，材料处于弹性状态，对其取微分得到

$$\mathrm{d}f=\frac{\partial f}{\partial\sigma_{ij}}\mathrm{d}\sigma_{ij} \tag{4.54}$$

当 $f(\sigma_{ij})=0$ 时，材料存在两种可能状态

$$\mathrm{d}f=0\Rightarrow\frac{\partial f}{\partial\sigma_{ij}}\mathrm{d}\sigma_{ij}=0\quad \text{加载} \tag{4.55}$$

$$\mathrm{d}f<0\Rightarrow\frac{\partial f}{\partial\sigma_{ij}}\mathrm{d}\sigma_{ij}<0\quad \text{卸载} \tag{4.56}$$

这就是弹性理想塑性的加卸载准则。

4.2.2 弹性理想塑性材料的本构关系

根据前面的学习，弹性理想塑性材料的完整应力－应变关系可以表达为

$$\mathrm{d}\varepsilon_{ij}=\mathrm{d}\varepsilon_{ij}^{\mathrm{e}}+\mathrm{d}\varepsilon_{ij}^{\mathrm{p}} \tag{4.57}$$

$$\mathrm{d}\varepsilon_{ij}^{\mathrm{e}}=\frac{1}{9K}\mathrm{d}I_1\delta_{ij}+\frac{1}{2G}\mathrm{d}s_{ij} \tag{4.58}$$

$$\mathrm{d}\varepsilon_{ij}^{\mathrm{p}}=\mathrm{d}\lambda\,\frac{\partial f}{\partial\sigma_{ij}} \tag{4.59}$$

这样

$$\mathrm{d}\varepsilon_{ij}=\frac{1}{9K}\mathrm{d}I_1\delta_{ij}+\frac{1}{2G}\mathrm{d}s_{ij}+\mathrm{d}\lambda\,\frac{\partial f}{\partial\sigma_{ij}} \tag{4.60}$$

其中，$\mathrm{d}\lambda\begin{cases}=0, & f<k \text{ 或 } f=k,\text{但 } \mathrm{d}f<0\\ >0, & f=k \text{ 且 } \mathrm{d}f=0\end{cases}$。

下面的主要任务就是确定 $\mathrm{d}\lambda$，具体是通过将上述应力－应变关系同一致性条件联合来完成的。一致性条件的一般表达式为

$$\frac{\partial f}{\partial\sigma}\mathrm{d}\sigma+\frac{\partial f}{\partial\kappa}=0 \tag{4.61}$$

对于弹性理想塑性材料，由于不存在强化参数，其一致性条件为

$$\mathrm{d}f=\frac{\partial f}{\partial\sigma_{ij}}\mathrm{d}\sigma_{ij}=0 \tag{4.62}$$

一致性条件实际上就是确保应力增加 $\mathrm{d}\sigma_{ij}$ 后，产生的新应力状态 $\sigma_{ij}+\mathrm{d}\sigma_{ij}$ 仍然满足

屈服条件，即

$$f(\sigma_{ij}+\mathrm{d}\sigma_{ij})=f(\sigma_{ij})+\mathrm{d}f=f(\sigma_{ij})=0 \tag{4.63}$$

由式(4.60)，有

$$\mathrm{d}\sigma_{ij}=\mathrm{d}s_{ij}+\frac{1}{3}\mathrm{d}I_1\delta_{ij}=2G\mathrm{d}\varepsilon_{ij}-2G\mathrm{d}\lambda\frac{\partial f}{\partial\sigma_{ij}}+\left(\frac{1}{3}-\frac{2G}{9K}\right)\mathrm{d}I_1\delta_{ij} \tag{4.64}$$

将上式代入一致性条件式(4.62)，有

$$\mathrm{d}f=\frac{\partial f}{\partial\sigma_{ij}}\mathrm{d}\sigma_{ij}=\frac{\partial f}{\partial\sigma_{ij}}\left[2G\mathrm{d}\varepsilon_{ij}-2G\mathrm{d}\lambda\frac{\partial f}{\partial\sigma_{ij}}+\left(\frac{1}{3}-\frac{2G}{9K}\right)\mathrm{d}I_1\delta_{ij}\right]=0 \tag{4.65}$$

$$2G\frac{\partial f}{\partial\sigma_{ij}}\mathrm{d}\varepsilon_{ij}-2G\mathrm{d}\lambda\frac{\partial f}{\partial\sigma_{ij}}\frac{\partial f}{\partial\sigma_{ij}}+\left(\frac{1}{3}-\frac{2G}{9K}\right)\mathrm{d}I_1\frac{\partial f}{\partial\sigma_{ij}}\delta_{ij}=0 \tag{4.66}$$

为了消掉 $\mathrm{d}I_1$，令 $i=j$，由式(4.60) 得到

$$\mathrm{d}\varepsilon_{kk}=\frac{1}{9K}\mathrm{d}I_1\cdot 3+\frac{1}{2G}\cdot 0+\mathrm{d}\lambda\frac{\partial f}{\partial\sigma_{ij}}\delta_{ij} \tag{4.67}$$

得到

$$\mathrm{d}I_1=3K\left(\mathrm{d}\varepsilon_{kk}-\mathrm{d}\lambda\frac{\partial f}{\partial\sigma_{ij}}\delta_{ij}\right) \tag{4.68}$$

将上式代入式(4.66)，整理得到

$$\mathrm{d}\lambda=\frac{\dfrac{\partial f}{\partial\sigma_{ij}}\mathrm{d}\varepsilon_{ij}+\dfrac{3K-2G}{6G}\mathrm{d}\varepsilon_{kk}\dfrac{\partial f}{\partial\sigma_{ij}}\delta_{ij}}{\dfrac{\partial f}{\partial\sigma_{ij}}\dfrac{\partial f}{\partial\sigma_{ij}}+\dfrac{3K-2G}{6G}\left(\dfrac{\partial f}{\partial\sigma_{ij}}\delta_{ij}\right)^2} \tag{4.69}$$

因此，如果定义了某种材料的屈服函数 f，并预先描述了应变增量，$\mathrm{d}\lambda$ 因子就可以唯一确定了。

将式(4.68) 代入式(4.65)，得到

$$\mathrm{d}\sigma_{ij}=2G\mathrm{d}e_{ij}+K\mathrm{d}\varepsilon_{kk}\delta_{ij}-\mathrm{d}\lambda\left[(K-\frac{2}{3}G)\frac{\partial f}{\partial\sigma_{mn}}\delta_{mn}\delta_{ij}+2G\frac{\partial f}{\partial\sigma_{ij}}\right] \tag{4.70}$$

附：
$$\begin{aligned}
\mathrm{d}\sigma_{ij}&=2G\mathrm{d}\varepsilon_{ij}-2G\mathrm{d}\lambda\frac{\partial f}{\partial\sigma_{ij}}+\left(\frac{1}{3}-\frac{2G}{9K}\right)\mathrm{d}I_1\delta_{ij}\\
&=2G\mathrm{d}\varepsilon_{ij}-2G\mathrm{d}\lambda\frac{\partial f}{\partial\sigma_{ij}}+\left(K-\frac{2}{3}G\right)\left(\mathrm{d}\varepsilon_{kk}-\mathrm{d}\lambda\frac{\partial f}{\partial\sigma_{ij}}\delta_{ij}\right)\delta_{ij}\\
&=2G\mathrm{d}\varepsilon_{ij}+K\mathrm{d}\varepsilon_{kk}\delta_{ij}-\frac{2}{3}G\mathrm{d}\varepsilon_{kk}\delta_{ij}-\mathrm{d}\lambda\left(K-\frac{2}{3}G\right)\frac{\partial f}{\partial\sigma_{mn}}\delta_{mn}\delta_{ij}-\mathrm{d}\lambda 2G\frac{\partial f}{\partial\sigma_{ij}}\\
&=2G\mathrm{d}\varepsilon_{ij}-2G\mathrm{d}\lambda\frac{\partial f}{\partial\sigma_{ij}}+\left(K-\frac{2}{3}G\right)\mathrm{d}\varepsilon_{kk}\delta_{ij}-\left(K-\frac{2}{3}G\right)\mathrm{d}\lambda\frac{\partial f}{\partial\sigma_{mn}}\delta_{mn}\delta_{ij}\\
&=2G\mathrm{d}\varepsilon_{ij}-\frac{2}{3}G\mathrm{d}\varepsilon_{kk}\delta_{ij}+K\mathrm{d}\varepsilon_{kk}\delta_{ij}-\left(K-\frac{2}{3}G\right)\mathrm{d}\lambda\frac{\partial f}{\partial\sigma_{mn}}\delta_{mn}\delta_{ij}-2G\mathrm{d}\lambda\frac{\partial f}{\partial\sigma_{ij}}\\
&=2G\left(\mathrm{d}\varepsilon_{ij}-\frac{\mathrm{d}\varepsilon_{kk}}{3}\delta_{ij}\right)+K\mathrm{d}\varepsilon_{kk}\delta_{ij}-\mathrm{d}\lambda\left[\left(K-\frac{2}{3}G\right)\frac{\partial f}{\partial\sigma_{mn}}\delta_{mn}\delta_{ij}+2G\frac{\partial f}{\partial\sigma_{ij}}\right]\\
&=2G\mathrm{d}e_{ij}+K\mathrm{d}\varepsilon_{kk}\delta_{ij}-\mathrm{d}\lambda\left[\left(K-\frac{2}{3}G\right)\frac{\partial f}{\partial\sigma_{mn}}\delta_{mn}\delta_{ij}+2G\frac{\partial f}{\partial\sigma_{ij}}\right]
\end{aligned}$$

式(4.70) 中，$\mathrm{d}e_{ij}=\mathrm{d}\varepsilon_{ij}-\dfrac{\mathrm{d}\varepsilon_{kk}}{3}\delta_{ij}$。

这样，相应的应力增量就可以唯一地由屈服函数和应变增量确定。换句话说，如果当前应力已知，且应变增量预先给出，通过上式可以确定相应的应力增量。

然而，一般情况下，如果已知当前应力状态，并且应力增量预先给出，并不能唯一地确定应变增量，因为塑性应变增量只能在待定的非负标量因子范围内确定。

对于多数混凝土模型，其屈服函数通常为两个不变量的函数，即

$$f(\sigma_{ij})=f(I_1,\sqrt{J_2})=k \tag{4.71}$$

对应力张量求微分

$$\frac{\partial f}{\partial \sigma_{ij}}=\frac{\partial f}{\partial I_1}\frac{\partial I_1}{\partial \sigma_{ij}}+\frac{\partial f}{\partial \sqrt{J_2}}\frac{\partial \sqrt{J_2}}{\partial \sigma_{ij}} \tag{4.72}$$

由$\frac{\partial I_1}{\partial \sigma_{ij}}=\delta_{ij}$，$\frac{\partial \sqrt{J_2}}{\partial \sigma_{ij}}=\frac{s_{ij}}{2\sqrt{J_2}}$，式(4.72) 可以进一步简化为

$$\frac{\partial f}{\partial \sigma_{ij}}=\frac{\partial f}{\partial I_1}\delta_{ij}+\frac{1}{2\sqrt{J_2}}\frac{\partial f}{\partial \sqrt{J_2}}s_{ij} \tag{4.73}$$

代入前面的应力增量张量公式(4.70)，得到

$$\mathrm{d}\sigma_{ij}=2G\mathrm{d}e_{ij}+K\mathrm{d}\varepsilon_{kk}\delta_{ij}-\mathrm{d}\lambda\left(3K\frac{\partial f}{\partial I_1}\delta_{ij}+\frac{G}{\sqrt{J_2}}\frac{\partial f}{\partial \sqrt{J_2}}s_{ij}\right) \tag{4.74}$$

由式(4.73) 和式(4.69) 中的标量因子 $\mathrm{d}\lambda$ 可以整理为

$$\mathrm{d}\lambda=\frac{3K\mathrm{d}\varepsilon_{kk}(\partial f/\partial I_1)+(2G/\sqrt{J_2})(\partial f/\partial \sqrt{J_2})s_{mn}\mathrm{d}e_{mn}}{9K(\partial f/\partial I_1)^2+G(\partial f/\partial \sqrt{J_2})^2} \tag{4.75}$$

4.2.3 Drucker-Prager 材料

1952 年，Drucker 和 Prager 将 von Mises 屈服准则拓展，以考虑静水压力对材料剪切抗力的影响，是对 Mohr-Coulomb 准则的光滑化处理和推广。

$$f=\sqrt{J_2}+\alpha I_1=k \tag{4.76}$$

相应于该屈服准则的应力－应变关系可以写为

$$\mathrm{d}\varepsilon_{ij}=\frac{\mathrm{d}s_{ij}}{2G}+\frac{\mathrm{d}I_1}{9K}\delta_{ij}+\mathrm{d}\lambda\left(\frac{s_{ij}}{2\sqrt{J_2}}+\alpha\delta_{ij}\right) \tag{4.77}$$

$$\mathrm{d}\lambda=\frac{(G/\sqrt{J_2})s_{mn}\mathrm{d}e_{mn}+3K\alpha\mathrm{d}\varepsilon_{kk}}{G+9K\alpha^2} \tag{4.78}$$

塑性应变率为

$$\mathrm{d}\varepsilon_{kk}^{\mathrm{p}}=3\alpha\mathrm{d}\lambda \tag{4.79}$$

如果 $\alpha\neq 0$，塑性变形伴随着体积的增大，这个性质称为膨胀。它是屈服函数与静水压力有关的一个推论。对于任何屈服面在静水轴负向开口的材料，在屈服时按照相关联流动法则产生塑性体积膨胀。

由式(4.77) 和屈服准则可以确定总的体积应变 $\mathrm{d}\varepsilon_{kk}$，即

$$\mathrm{d}\varepsilon_{kk}=\frac{\mathrm{d}I_1}{3K}+3\alpha\frac{(G/\sqrt{J_2})[\sigma_{mn}\mathrm{d}\varepsilon_{mn}-I_1(\mathrm{d}\varepsilon_{kk}/3)]+3K\alpha\mathrm{d}\varepsilon_{kk}}{G+9K\alpha^2} \tag{4.80}$$

$$d\varepsilon_{ij}=\frac{1}{9K}dI_1\delta_{ij}+\frac{1}{2G}ds_{ij}+d\lambda\left(\frac{s_{ij}}{2\sqrt{J_2}}+\alpha\delta_{ij}\right)\Rightarrow$$

$$d\varepsilon_{kk}=\frac{dI_1}{3K}+\frac{(G/\sqrt{J_2})s_{mn}de_{mn}+3K\alpha d\varepsilon_{kk}}{G+9K\alpha^2}(0+3\alpha)$$

$$=\frac{dI_1}{3K}+3\alpha\frac{(G/\sqrt{J_2})[\sigma_{mn}d\varepsilon_{mn}-(I_1/3)d\varepsilon_{kk}]+3K\alpha d\varepsilon_{kk}}{G+9K\alpha^2}$$

解 $d\varepsilon_{kk}$ 并利用式(4.76)可以得到

$$d\varepsilon_{kk}=\frac{\sqrt{J_2}dI_1}{3KGk}(G+9K\alpha^2)+\frac{3\alpha}{k}\sigma_{mn}d\varepsilon_{mn} \tag{4.81}$$

用等式(4.74)及等式(4.75)代替屈服公式(4.76)，得到如下对于 Drucker-Prager 材料的应力增量张量关系：

$$d\sigma_{ij}=2Gde_{ij}+Kd\varepsilon_{kk}\delta_{ij}-d\lambda\left(\frac{G}{\sqrt{J_2}}s_{ij}+3K\alpha\delta_{ij}\right) \tag{4.82}$$

其中

$$d\lambda=\frac{G/\sqrt{J_2}s_{mn}de_{mn}+3K\alpha d\varepsilon_{kk}}{G+9K\alpha^2} \tag{4.83}$$

等式(4.82)可以被写为

$$d\sigma_{ij}=D_{ijmn}d\varepsilon_{mn} \tag{4.84}$$

对于直接在有限的位移公式中的使用，其中

$$D_{ijmn}=2G\delta_{im}\delta_{jn}+\left(K-\frac{2}{3}G\right)\delta_{ij}\delta_{mn}-\frac{(G/\sqrt{J_2})s_{ij}+3K\alpha\delta_{ij}}{G+9K\alpha^2}\left(\frac{G}{\sqrt{J_2}}s_{mn}+3K\alpha\delta_{mn}\right) \tag{4.85}$$

这里把矩阵 $\boldsymbol{D}$ 称为弹塑性本构矩阵。

例 4.1　考察 Drucker-Prager 材料在单轴应变状态下的性能。

$$d\varepsilon_{ij}=[d\varepsilon_1\quad 0\quad 0]$$

$$de_{ij}=\frac{1}{3}d\varepsilon_1[2\quad -1\quad -1]$$

$$d\sigma_{ij}=[\sigma_1\quad \sigma_2\quad \sigma_2]$$

材料的弹性性能由式(4.86a)和式(4.86b)控制：

$$d\sigma_1=\left(K+\frac{4}{3}G\right)d\varepsilon_1=Bd\varepsilon_1=\frac{3K+4G}{9K}dI_1 \tag{4.86a}$$

$$d\sigma_1-d\sigma_2=2Gd\varepsilon_1=\frac{2G}{3K}dI_1 \tag{4.86b}$$

当满足下式时，材料屈服：

$$\frac{1}{\sqrt{3}}(\sigma_1-\sigma_2)+\alpha(\sigma_1+2\sigma_2)=k \tag{4.87}$$

$$f=\sqrt{J_2}+\alpha I_1=\frac{1}{\sqrt{3}}(\sigma_1-\sigma_2)+\alpha(\sigma_1+2\sigma_2)=k$$

将式(4.86a)和式(4.86b)代入式(4.87)，得到屈服点处的竖向应力：

$$\sigma_1 = \frac{\sqrt{3}\,(3K+4G)\,k}{6G \pm 9\sqrt{3}\,K\alpha} = \frac{\sqrt{3}\,Bk}{2G \pm 3\sqrt{3}\,K\alpha} \tag{4.88a}$$

$$|\sigma_2| = \frac{\sqrt{3}\,(3K-2G)}{6G \pm 9\sqrt{3}\,K\alpha}k \tag{4.88b}$$

根据式(4.81)和式(4.87)，可以得到单轴应变实验下的静水压力和受压体积应变直接的增量关系：

$$\mathrm{d}I_1 = \frac{9K\alpha\left\{\left[(2\sqrt{3})/3\right]G - 3K\alpha\right\}}{G+9K\alpha^2}\mathrm{d}\varepsilon_{kk} + 3K\mathrm{d}\varepsilon_{kk} \tag{4.89}$$

当 $\alpha=0$ 时，式(4.89)退化为相应的弹性材料表达。增量塑性体积应变变为

$$\mathrm{d}\varepsilon_{kk}^{\mathrm{p}} = \frac{\alpha(2\sqrt{3}G - 9K\alpha)}{3KG(1+2\sqrt{3}\alpha)}\mathrm{d}I_1 \tag{4.90a}$$

对于受压实验下的单轴应变应力路径达到屈服面，需要满足下列条件，塑性体积应变增量总为正。

$$\frac{2G}{\sqrt{3}\,k} > 3\alpha \tag{4.90b}$$

4.2.4 Mohr-Coulomb 材料

Mohr-Coulomb 方程：

$$f(\sigma_{ij}) = I_1\sin\phi + \frac{3(1-\sin\phi)\sin\theta + \sqrt{3}(3+\sin\phi)\sin\theta}{2}\sqrt{J_2} - 3c\cos\phi = 0 \tag{4.91}$$

根据相似角的定义

$$\cos 3\theta = \frac{3\sqrt{3}}{2}\frac{J_3}{J_2^{3/2}} \tag{4.91a}$$

$$\frac{\partial\theta}{\partial J_2} = \frac{3\sqrt{3}}{4\sin 3\theta}\frac{J_3}{J_2^{5/2}}, \qquad \frac{\partial\theta}{\partial J_3} = \frac{-\sqrt{3}}{2\sin 3\theta}\frac{1}{J_2^{3/2}} \tag{4.91b}$$

将屈服函数对 I_1、J_2、J_3 进行微分有

$$C_1 = \frac{\partial f}{\partial I_1} = \sin\phi \tag{4.91c}$$

$$C_2 = \frac{\partial f}{\partial J_2} = \frac{3(1-\sin\phi)\sin\theta + \sqrt{3}(3+\sin\phi)\sin\theta}{4\sqrt{J_2}} + \frac{3\sqrt{3}J_3\left[(1-\sin\phi)\cos\theta - \sqrt{3}(3+\sin\phi)\sin\theta\right]}{8J_2^2\sin 3\theta} \tag{4.91d}$$

$$C_3 = \frac{\partial f}{\partial J_3} = -\frac{\sqrt{3}\left[3(1-\sin\phi)\sin\theta - \sqrt{3}(3+\sin\phi)\sin\theta\right]}{4J_2\sin 3\theta} \tag{4.91e}$$

因此屈服条件的梯度为

$$\frac{\partial f}{\partial\sigma_{ij}} = \frac{\partial f}{\partial I_1}\frac{\partial I_1}{\partial\sigma_{ij}} + \frac{\partial f}{\partial J_2}\frac{\partial J_2}{\partial\sigma_{ij}} + \frac{\partial f}{\partial J_3}\frac{\partial J_3}{\partial\sigma_{ij}} \tag{4.92}$$

或者

$$\frac{\partial f}{\partial \sigma_{ij}} = C_1 \delta_{ij} + C_2 s_{ij} + C_3 t_{ij} \tag{4.93}$$

$$t_{ij} = \frac{\partial J_3}{\partial \sigma_{ij}} = s_{ik} s_{kj} - \frac{2}{3} J_2 \delta_{ij} \tag{4.93a}$$

这里，仅需要由屈服面确定常数 C。为了比较，不同屈服函数形式下的常数 C 总结于表 4.1。

表 4.1　屈服函数的 C 值

屈服函数	C_1	C_2	C_3
von Mises	0	$\frac{1}{2\sqrt{J_2}}$	0
Drucker-Prager	α	$\frac{1}{2\sqrt{J_2}}$	0
Tresca	0	$\frac{3}{4\sqrt{J_2}}(\sin\theta + \sqrt{3}\cos\theta - \sqrt{3}\sin\theta\cot 3\theta + \cos\theta\cot 3\theta)$	$\frac{3\sqrt{3}(\sqrt{3}\sin\theta - \cos\theta)}{4J_2\sin 3\theta}$
Mohr-Coulomb	$\sin\phi$	$\frac{\sqrt{3}}{4\sqrt{J_2}}[\sqrt{3}(1-\sin\phi)(\sin\theta + \cos\theta\cot 3\theta) + (3+\sin\phi)(\cos\theta - \sin\theta\cot 3\theta)]$	$\frac{3}{4J_2\sin 3\theta}[(3+\sin\phi)\cdot\sin\theta - \sqrt{3}(1-\sin\phi)\cos\theta]$

4.2.5　拉端拉断的 Mohr-Coulomb 材料

拉端拉断模型可以将混凝土的脆性断裂与弹性行为区分开来。判断脆性断裂常用的准则便是基于最大主应力准则的一参数模型，即

$$f(\sigma_{ij}) = \sigma_1 - \sigma_1 = 0,\quad \sigma_1 \geqslant \sigma_2 \geqslant \sigma_3 \tag{4.94}$$

这里 σ_1 相应于单轴受拉强度 f_t，该失效面是个锥体形，在偏平面上是三角截面，如图 4.11 所示。

下面讨论混凝土的弹性理想脆性失效后性能，在失效后阶段，利用弹性理想塑性固体公式严格推导由于开裂应变 $d\varepsilon_{ij}^c$ 引起的非弹性变形率或者应变增量。类似于理想塑性体，由开裂 $d\varepsilon_{ij}^c$ 引起的该部分非弹性变形对弹性应变能没有贡献，即

$$d\sigma_{ij}\, d\varepsilon_{ij}^c = 0 \tag{4.95}$$

根据理想塑性材料的流动法则及其对应的正交性原理，由开裂引起的非弹性应变增量与断裂面是垂直的，因此有

$$d\varepsilon_{ij}^c = d\lambda \frac{\partial f}{\partial \sigma_{ij}} \tag{4.96}$$

为了方便，定义破裂面梯度方向的单位矢量 n_{ij} 为

$$n_{ij} = \frac{\partial f / \partial \sigma_{ij}}{|\partial f / \partial \sigma_{ij}|} \tag{4.97}$$

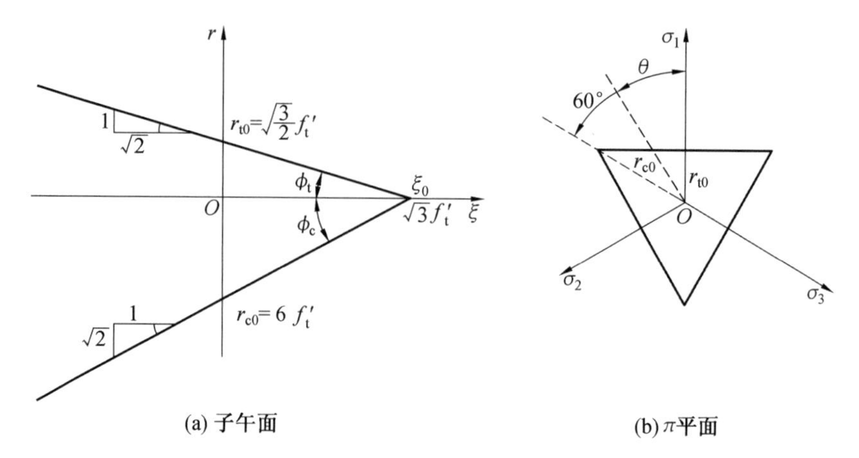

图 4.11 朗金最大主应力准则

相应于最大拉应力准则的梯度方向 $\partial f/\partial\sigma_{ij}$ 由最大主应力 σ_1 来定义，即

$$n_{ij}^{(1)}=\frac{(\partial f/\partial\sigma_1)\ (\partial f/\partial\sigma_1)}{|\partial f/\partial\sigma_{ij}|}=\delta_{i1}\delta_{j1} \tag{4.98}$$

$$\{n_{ij}^{(1)}\}=[1\quad 0\quad 0\quad 0\quad 0\quad 0],\quad \left|\frac{\partial f}{\partial\sigma_{ij}}\right|=1 \tag{4.98a}$$

标量因子可由软化条件求得

$$f(\sigma_{ij})=0,\quad \mathrm{d}f(\sigma_{ij})=-\sigma_l \tag{4.99}$$

对于脆性断裂工况，一致性条件为

$$\frac{\partial f}{\partial\sigma_{ij}}\mathrm{d}\sigma_{ij}=-\sigma_l \tag{4.100}$$

应变增量部分为

$$\mathrm{d}\varepsilon_{ij}=\mathrm{d}\varepsilon_{ij}^{\mathrm{e}}+\mathrm{d}\varepsilon_{ij}^{\mathrm{c}} \tag{4.101}$$

弹性部分为

$$\mathrm{d}\sigma_{ij}=D_{ijkl}\mathrm{d}\varepsilon_{kl}^{\mathrm{e}} \tag{4.102}$$

D_{ijkl} 是弹性刚度矩阵，为 C_{ijkl} 的逆张量，即

$$D_{ijkl}=(K-\frac{2}{3}G)\delta_{ij}\delta_{kl}+G(\delta_{ik}\delta_{jl}+\delta_{il}\delta_{jk}) \tag{4.103}$$

代入一致性条件，即

$$\frac{\partial f}{\partial\sigma_{ij}}\mathrm{d}\sigma_{ij}=\frac{\partial f}{\partial\sigma_{ij}}D_{ijkl}(\mathrm{d}\varepsilon_{kl}-\mathrm{d}\varepsilon_{kl}^{\mathrm{c}})=-\sigma_l \tag{4.104}$$

由断裂流动法则可得

$$\frac{\partial f}{\partial\sigma_{ij}}D_{ijkl}(\mathrm{d}\varepsilon_{kl}-\mathrm{d}\lambda\frac{\partial f}{\partial\sigma_{kl}})=-\sigma_l \tag{4.105}$$

于是有

$$\mathrm{d}\lambda=\frac{(\partial f/\partial\sigma_{ij})D_{ijkl}\mathrm{d}\varepsilon_{kl}+\sigma_l}{(\partial f/\partial\sigma_{ij})D_{ijkl}(\partial f/\partial\sigma_{kl})} \tag{4.106}$$

非弹性应变有

$$\mathrm{d}\varepsilon_{ij}^{\mathrm{c}}=\mathrm{d}\lambda\frac{\partial f}{\partial\sigma_{ij}}=\mathrm{d}\lambda\left|\frac{\partial f}{\partial\sigma_{ij}}\right|n_{ij}=\mathrm{d}\lambda\sqrt{\frac{\partial f}{\partial\sigma_{mn}}\frac{\partial f}{\partial\sigma_{mn}}}n_{ij} \tag{4.107}$$

因而有

$$d\varepsilon_{ij}^{c}=\frac{n_{mn}^{(1)}D_{mnkl}d\varepsilon_{kl}+\sigma_{l}}{n_{rs}^{(1)}D_{rstu}n_{tu}^{(1)}}n_{ij}^{(1)} \tag{4.108}$$

附：

$$\frac{\partial f}{\partial\sigma_{ij}}D_{ijkl}\left(d\varepsilon_{kl}-d\lambda\frac{\partial f}{\partial\sigma_{kl}}\right)=-\sigma_{l}$$

$$\Rightarrow\frac{\partial f}{\partial\sigma_{ij}}D_{ijkl}d\varepsilon_{kl}+\sigma_{l}=\frac{\partial f}{\partial\sigma_{ij}}D_{ijkl}d\lambda\frac{\partial f}{\partial\sigma_{kl}}$$

$$\Rightarrow d\lambda=\frac{(\partial f/\partial\sigma_{ij})D_{ijkl}d\varepsilon_{kl}+\sigma_{l}}{(\partial f/\partial\sigma_{ij})D_{ijkl}(\partial f/\partial\sigma_{kl})}$$

$$\begin{aligned}d\varepsilon_{ij}^{c}&=d\lambda\sqrt{\frac{\partial f}{\partial\sigma_{mn}}\frac{\partial f}{\partial\sigma_{mn}}}n_{ij}\\&=\frac{(\partial f/\partial\sigma_{ij})D_{ijkl}d\varepsilon_{kl}+\sigma_{l}}{(\partial f/\partial\sigma_{ij})D_{ijkl}(\partial f/\partial\sigma_{kl})}\sqrt{\frac{\partial f}{\partial\sigma_{mn}}\frac{\partial f}{\partial\sigma_{mn}}}n_{ij}\\&=\frac{\frac{\partial f}{\partial\sigma_{ij}}D_{ijkl}d\varepsilon_{kl}+\sigma_{l}}{\frac{\partial f}{\partial\sigma_{ij}}D_{ijkl}\frac{\partial f}{\partial\sigma_{kl}}}n_{ij}^{(1)}\left|\frac{\partial f}{\partial\sigma_{mn}}\right|\\&=\frac{n_{mn}^{(1)}D_{ijkl}d\varepsilon_{kl}+\sigma_{l}/\left|\frac{\partial f}{\partial\sigma_{mn}}\right|}{n_{rs}^{(1)}D_{ijkl}n_{\mathrm{tu}}^{(1)}}n_{ij}^{(1)}\\&=\frac{n_{mn}^{(1)}D_{ijkl}d\varepsilon_{kl}+\sigma_{l}}{n_{rs}^{(1)}D_{ijkl}n_{\mathrm{tu}}^{(1)}}n_{ij}^{(1)}\end{aligned}$$

4.3　基于弹塑性强化理论的混凝土本构关系

4.3.1　一致性条件

弹塑性强化材料对应的一致性条件可以写为

$$\begin{aligned}&\frac{\partial f}{\partial\sigma_{ij}}d\sigma_{ij}+\frac{\partial f}{\partial\varepsilon_{ij}^{p}}d\varepsilon_{ij}^{p}+\frac{\partial f}{\partial\kappa}d\kappa=0\\&\Rightarrow\frac{\partial f}{\partial\sigma_{ij}}D_{ijkl}^{e}[d\varepsilon_{kl}-d\varepsilon_{kl}^{p}]+\frac{\partial f}{\partial\varepsilon_{ij}^{p}}d\varepsilon_{ij}^{p}+\frac{\partial f}{\partial\kappa}\frac{\partial\kappa}{\partial\varepsilon_{ij}^{p}}d\varepsilon_{ij}^{p}=0\\&\Rightarrow\frac{\partial f}{\partial\sigma_{ij}}D_{ijkl}^{e}\left[d\varepsilon_{kl}-d\lambda\frac{\partial g}{\partial\sigma_{kl}}\right]+\frac{\partial f}{\partial\varepsilon_{ij}^{p}}d\lambda\frac{\partial g}{\partial\sigma_{ij}}+\frac{\partial f}{\partial\kappa}\frac{\partial\kappa}{\partial\varepsilon_{ij}^{p}}d\lambda\frac{\partial g}{\partial\sigma_{ij}}=0\end{aligned} \tag{4.109}$$

4.3.2　本构方程的一般表达

混凝土弹塑性应变硬化本构模型应变增量为

$$d\varepsilon_{ij}=d\varepsilon_{ij}^{e}+d\varepsilon_{ij}^{p} \tag{4.110}$$

弹性应变增量为

$$d\varepsilon_{ij}^{e}=C_{ijkl}d\sigma_{kl} \tag{4.110a}$$

式中，C_{ijkl} 为材料响应系数，是应力张量 σ_{mn} 的函数。

对于弹塑性应变硬化模型，其初始屈服和后继屈服应力状态均应满足 $f=0$ 和 $f+\mathrm{d}f=0$，由一致性条件

$$\frac{\partial f}{\partial \sigma_{ij}} D_{ijkl}^{\mathrm{e}}\left[\mathrm{d}\varepsilon_{kl}-\mathrm{d}\lambda \frac{\partial g}{\partial \sigma_{kl}}\right]+\frac{\partial f}{\partial \varepsilon_{ij}^{\mathrm{p}}} \mathrm{d}\lambda \frac{\partial g}{\partial \sigma_{ij}}+\frac{\partial f}{\partial \kappa} \frac{\partial \kappa}{\partial \varepsilon_{ij}^{\mathrm{p}}} \mathrm{d}\lambda \frac{\partial g}{\partial \sigma_{ij}}=0 \tag{4.111}$$

流动法则为

$$\mathrm{d}\lambda=\frac{(\partial f / \partial \sigma_{ij}) D_{ijkl}^{\mathrm{e}} \mathrm{d}\varepsilon_{kl}}{h+(\partial f / \partial \sigma_{mn}) D_{mnpq}^{\mathrm{e}}(\partial g / \partial \sigma_{pq})} \tag{4.112}$$

强化参数 h 为

$$h=-\frac{\partial f}{\partial \varepsilon_{ij}^{\mathrm{p}}} \frac{\partial g}{\partial \sigma_{ij}}-\frac{\partial f}{\partial \kappa} \frac{\partial \kappa}{\partial \varepsilon_{ij}^{\mathrm{p}}} \frac{\partial g}{\partial \sigma_{ij}} \tag{4.113}$$

塑性应变增量是整个应变增量和初始屈服及后继屈服加载面梯度的函数，即

$$\mathrm{d}\varepsilon_{ij}^{\mathrm{p}}=\mathrm{d}\lambda \frac{\partial g}{\partial \sigma_{ij}}=\frac{(\partial f / \partial \sigma_{ij}) D_{ijkl}^{\mathrm{e}} \mathrm{d}\varepsilon_{kl}}{h+(\partial f / \partial \sigma_{mn}) D_{mnpq}^{\mathrm{e}}(\partial g / \partial \sigma_{pq})} \frac{\partial g}{\partial \sigma_{ij}} \tag{4.114}$$

增量型的弹塑性应变硬化应力应变关系为

$$\mathrm{d}\sigma_{ij}=D_{ijkl}^{\mathrm{ep}} \mathrm{d}\varepsilon_{kl}=(D_{ijkl}^{\mathrm{e}}+D_{ijkl}^{\mathrm{p}}) \mathrm{d}\varepsilon_{kl} \tag{4.115}$$

式中

$$D_{ijkl}^{\mathrm{p}}=-\frac{D_{ij\mathrm{rs}}^{\mathrm{e}}(\partial f / \partial \sigma_{\mathrm{rs}})(\partial g / \partial \sigma_{\mathrm{tu}}) D_{\mathrm{tu}kl}^{\mathrm{e}}}{h+(\partial f / \partial \sigma_{mn}) D_{mnpq}^{\mathrm{e}}(\partial g / \partial \sigma_{pq})} \tag{4.116}$$

如果 $f=g$，则其为相关联塑性理论，否则 $f \neq g$ 为非相关联塑性理论。

附：

因为

$$\begin{aligned}
\mathrm{d}\varepsilon_{ij} &= \mathrm{d}\varepsilon_{ij}^{\mathrm{e}}+\mathrm{d}\varepsilon_{ij}^{\mathrm{p}} \\
&= C_{ijkl} \mathrm{d}\sigma_{ij}+\frac{(\partial f / \partial \sigma_{ij}) D_{ijkl}^{\mathrm{e}} \mathrm{d}\varepsilon_{kl}}{h+(\partial f / \partial \sigma_{mn}) D_{mnpq}^{\mathrm{e}}(\partial g / \partial \sigma_{pq})} \frac{\partial g}{\partial \sigma_{ij}} \\
&\Rightarrow D_{ijkl}^{\mathrm{e}} \mathrm{d}\varepsilon_{ij}=\mathrm{d}\sigma_{ij}+D_{ijkl}^{\mathrm{e}} \frac{(\partial f / \partial \sigma_{ij}) D_{ijkl}^{\mathrm{e}} \mathrm{d}\varepsilon_{kl}}{h+(\partial f / \partial \sigma_{mn}) D_{mnpq}^{\mathrm{e}}(\partial g / \partial \sigma_{pq})} \frac{\partial g}{\partial \sigma_{ij}} \\
&\Rightarrow \mathrm{d}\sigma_{ij}=D_{ijkl}^{\mathrm{e}} \mathrm{d}\varepsilon_{ij}-D_{ijkl}^{\mathrm{e}} \frac{(\partial f / \partial \sigma_{ij}) D_{ijkl}^{\mathrm{e}} \mathrm{d}\varepsilon_{kl}}{h+(\partial f / \partial \sigma_{\mathrm{mn}}) D_{mnpq}^{\mathrm{e}}(\partial g / \partial \sigma_{pq})} \frac{\partial g}{\partial \sigma_{ij}} \\
&\Rightarrow \mathrm{d}\sigma_{ij}=\left[D_{ijkl}^{\mathrm{e}}-D_{ijrs}^{\mathrm{e}} \frac{(\partial f / \partial \sigma_{\mathrm{rs}}) D_{\mathrm{tu}kl}^{\mathrm{e}}}{h+(\partial f / \partial \sigma_{mn}) D_{mnpq}^{\mathrm{e}}(\partial g / \partial \sigma_{pq})} \frac{\partial g}{\partial \sigma_{\mathrm{tu}}}\right] \mathrm{d}\varepsilon_{kl} \\
&\Rightarrow \mathrm{d}\sigma_{ij}=D_{ijkl}^{\mathrm{ep}} \mathrm{d}\varepsilon_{kl}=(D_{ijkl}^{\mathrm{e}}+D_{ijkl}^{\mathrm{p}}) \mathrm{d}\varepsilon_{kl} \\
&\Rightarrow D_{ijkl}^{\mathrm{p}}=-\frac{D_{ijrs}^{\mathrm{e}}(\partial f / \partial \sigma_{rs})(\partial g / \partial \sigma_{\mathrm{tu}}) D_{\mathrm{tu}kl}^{\mathrm{e}}}{h+(\partial f / \partial \sigma_{mn}) D_{mnpq}^{\mathrm{e}}(\partial g / \partial \sigma_{pq})}
\end{aligned}$$

故强化材料的弹塑性本构矩阵的矩阵形式为

$$[D_{\mathrm{ep}}]=[D]-\frac{[D]\left[\frac{\partial F}{\partial[\sigma]}\right]\left[\frac{\partial F}{\partial[\sigma]}\right]^{\mathrm{T}}[D]}{h+\left[\frac{\partial F}{\partial[\sigma]}\right]^{\mathrm{T}}[D]\left[\frac{\partial F}{\partial[\sigma]}\right]} \tag{4.117}$$

4.3.3　各向同性硬化和软化的具有帽盖的 Drucker-Prager 材料

(1) 简单平面帽盖的 Drucker-Prager 模型。

①Drucker-Prager 模型的屈服面和加载面为

$$E_f=\alpha I_1+\sqrt{J_2}-k(\varepsilon_p)=0 \tag{4.118}$$

式中，ε_p 为有效塑性应变。

② 受压平面帽盖

$$F_c=I_1-x(\varepsilon_{kk}^p)=0 \tag{4.119}$$

式中，x 是关于塑性体积应变增量 $d\varepsilon_{kk}^p$ 的硬化函数；帽盖位置 x 与塑性体积应变ε_{kk}^p 之间有下列关系：

$$\varepsilon_{kk}^0=W(e^{Dt}-1)$$

式中，D 和 W 为材料常数。

③ 拉断平面极限帽盖

$$F_c=I_1-T=0 \tag{4.120}$$

式中，T 为拉断极限。

该模型在静水压力时仍表现为 Drucker-Prager 的材料性能，故其不能反映出此时体积被压缩的情况，该模型也不能描述剪切荷载作用的工况。

(2) 椭圆帽盖的 Drucker-Prager 模型。

① 选用由 Sandler 与 Melvin(1976) 等提出的形如下式的函数：

$$F_f=\sqrt{J_2}-(A-Ce^{BI_1}) \tag{4.121}$$

② 1/4 椭圆的应变硬化帽盖函数为

$$F_c=(I_1-l)^2+R^2J_2-(x-l)^2=0 \tag{4.122}$$

式中，x 为依赖于塑性应变的硬化函数；l 为椭圆帽盖中心在静水压力轴上的 I_1 值；R 为椭圆帽盖长轴半径与短轴半径之比，是 l 的函数。

③ 拉断平面极限帽盖

$$F_t=I_1-T=0 \tag{4.123}$$

该帽盖模型在高静水压力下的膨胀受到约束，能反映应变硬化和软化情况，但不能正确估计剪切荷载作用下的滞回环，因其硬化函数只考虑到了塑性应变的影响。

通常情况下，破坏包络线函数和硬化函数可以表示成

$$f=f[\sigma_{ij},x(\varepsilon_{ij}^p),k(\varepsilon_p)] \tag{4.124}$$

式中，$x(\varepsilon_{ij}^p)$ 为关于塑性应变的硬化函数；$k(\varepsilon_p)$ 为与有效塑性应变有关的材料函数。

已如前述，各向同性材料弹性张量形如

$$C_{ijkl}=\left(K-\frac{2}{3}G\right)(\delta_{ij}\delta_{kl})+G(\delta_{ik}\delta_{jl}+\delta_{il}\delta_{jk}) \tag{4.125}$$

(3) 帽盖模型的刚度矩阵。

一般来说，$\partial f/\partial\sigma_{ij}$ 和 $\partial g/\partial\sigma_{ij}$ 可写成

$$\frac{\partial f}{\partial\sigma_{ij}}=\frac{\partial f}{\partial I_1}\delta_{ij}+\frac{\partial f}{\partial J_2}s_{ij}+\frac{\partial f}{\partial J_3}t_{ij} \tag{4.126}$$

和

$$\frac{\partial g}{\partial \sigma_{ij}}=\frac{\partial g}{\partial I_1}+\frac{\partial g}{\partial J_2}s_{ij}+\frac{\partial g}{\partial J_3}t_{ij} \tag{4.127}$$

这里

$$t_{ij}=\frac{\partial J_3}{\partial \sigma_{ij}}=s_{ik}s_{kj}-\frac{2}{3}J_2\delta_{ij} \tag{4.128}$$

将式(4.119) 和式(4.127) 代入式(4.42),并化简后可得

$$\mathrm{d}\sigma_{ij}=\left[\left(D^{\mathrm{e}}_{ijkl}-\frac{H^*_{ij}H_{kl}}{H_1}\right)\right]\mathrm{d}\varepsilon_{kl}=D^{\mathrm{ep}}_{ijkl}\,\mathrm{d}\varepsilon_{kl} \tag{4.129}$$

为方便,引入如下参数

$$C_1=\frac{\partial f}{\partial I_1},\quad C_2=\frac{\partial f}{\partial J_2},\quad C_3=\frac{\partial f}{\partial J_3} \tag{4.130a}$$

$$D_1=\frac{\partial g}{\partial I_1},\quad D_2=\frac{\partial g}{\partial J_2},\quad D_3=\frac{\partial g}{\partial J_3} \tag{4.130b}$$

和

$$\lambda=K-\frac{2}{3}G,\quad \mathrm{d}\varepsilon_{\mathrm{p}}=C\sqrt{\mathrm{d}\varepsilon^{\mathrm{p}}\mathrm{d}\varepsilon^{\mathrm{p}}} \tag{4.130c}$$

函数 H_1 和 H_{ij} 定义如下:

$$\begin{aligned}H_1=&3C_1D_1(3\lambda+2G)+2C_2G(2D_2J_2+3D_3J_3)+\\&2G_3G\left(3D_2J_3+D_3s_{ik}s_{kj}s_{il}s_{lj}-\frac{4}{3}D_3J_2^2\right)-\frac{\partial f}{\partial x}\frac{3D_1}{D(\varepsilon^{\mathrm{p}}_{kk}+W)}-\\&C\frac{\partial f}{\partial k}\frac{\partial k}{\partial \varepsilon_{\mathrm{p}}}\left[3D_1^2+2D_2^2J_2+6D_2D_3J_3+D_3^2\left(s_{ik}s_{kj}s_{il}s_{lj}-\frac{4}{3}J_2^2\right)\right]^{1/2}\end{aligned} \tag{4.130d}$$

$$H_{ii}=C_1(3\lambda+2G)+2GC_2s_{ii}+2GC_3t_{ii}\quad (\text{不求和}) \tag{4.130e}$$

$$H^*_{ii}=D_1(3\lambda+2G)+2GD_2s_{ii}+2GD_3t_{ii}\quad (\text{不求和}) \tag{4.130f}$$

$$H_{ij}=2GC_2s_{ij}+2GC_3t_{ij},\quad H^*_{ij}=2GD_2s_{ij}+2GD_3t_{ij}\quad (i\neq j) \tag{4.130g}$$

对于平面应变情况,其帽盖模型弹塑性矩阵为

$$\begin{bmatrix}\mathrm{d}\sigma_x\\\mathrm{d}\sigma_y\\\mathrm{d}\tau_{xy}\\\mathrm{d}\sigma_z\end{bmatrix}=\begin{bmatrix}\lambda+2G-\dfrac{H^*_{xx}H_{xx}}{H_1} & \lambda-\dfrac{H^*_{xx}H_{yy}}{H_1} & -\dfrac{H^*_{xx}H_{xy}}{H_1}\\ -\dfrac{H^*_{xy}H_{xx}}{H_1} & \lambda+2G-\dfrac{H^*_{yy}H_{yy}}{H_1} & -\dfrac{H^*_{yy}H_{xy}}{H_1}\\ \lambda-\dfrac{H^*_{zz}H_{xx}}{H_1} & -\dfrac{H^*_{xy}H_{yy}}{H_1} & G-\dfrac{H^*_{xy}H_{xy}}{H_1}\\ \lambda-\dfrac{H^*_{yy}H_{xx}}{H_1} & \lambda-\dfrac{H^*_{zz}H_{yy}}{H_1} & -\dfrac{H^*_{zz}H_{xy}}{H_1}\end{bmatrix}\begin{bmatrix}\mathrm{d}\varepsilon_x\\\mathrm{d}\varepsilon_y\\\mathrm{d}\gamma_{xy}\end{bmatrix} \tag{4.131}$$

显然,当为相关流理论时,其是对称的;当为非相关流理论时,其是非对称的。

对于相关流情况:

对应 Drucker-Prager 函数 $f=F_l=\alpha I_1+\sqrt{J_2}-k(\varepsilon_{\mathrm{p}})=0$,有

$$C_1=D_1=\frac{\partial F_1}{\partial I_1}=\alpha,\quad C_2=D_2=\frac{\partial F_1}{\partial J_2}=\frac{1}{2\sqrt{J_2}},\quad C_3=D_3=\frac{\partial F_1}{\partial J_3}=0 \tag{4.132a}$$

对应平面硬化帽盖函数 $f=F_c=I_1-x(\varepsilon_{kk}^{p})=0$，有

$$C_1=D_1=1,\quad C_2=D_2=0,\quad C_3=D_3=0,\quad \frac{\partial F_c}{\partial x}=-1,\quad \frac{\partial F_c}{\partial k}=0 \tag{4.132b}$$

对应椭圆帽盖函数 $f=F_c=(I_1-l)^2+R^2J_2-(x-l)^2=0$ 有

$$C_1=D_1-2(I_1-l),\quad C_2=D_2=R^2,\quad C_3=D_3=0,\quad \frac{\partial F_c}{\partial x}=-2(x-l),\quad \frac{\partial F_c}{\partial k}=0 \tag{4.132c}$$

4.3.4　混合硬化 von Mises 材料

初始屈服面认为是各向同性的，形如

$$f(\sigma_{ij})=\frac{1}{2}s_{ij}s_{ij}-\sigma_0^2 \tag{4.133}$$

其中，σ_0 表示单轴受拉时的初始屈服应力，而后继屈服面则为塑性应变 ε_{ij}^{p} 的函数，考虑到等向硬化和随动硬化，其表达式可写成

$$f(\sigma_{ij},\varepsilon_{ij}^{p},k)=F(\sigma_{ij}-\alpha_{ij})-k^2(\varepsilon_p)=0 \tag{4.134}$$

相应 von Mises 材料的荷载函数为

$$f=F-k^2=\frac{3}{2}\bar{s}_{ij}\bar{s}_{ij}-\bar{\sigma}_e^2(\bar{\varepsilon}_p)=0 \tag{4.135}$$

这里 $\bar{s}_{ij}$ 表示偏平面上的换算应力张量，为

$$\bar{s}_{ij}=\bar{\sigma}_{ij}-\frac{\bar{\sigma}_{kk}}{3}\delta_{ij} \tag{4.136}$$

σ_{ij} 为换算应力张量，且

$$\bar{\sigma}_{ij}=\sigma_{ij}-\alpha_{ij} \tag{4.137}$$

换算的有效应变为

$$\bar{\varepsilon}_p=\int d\bar{\varepsilon}_p=\int\left(\frac{2}{3}d\bar{\varepsilon}_{ij}^{p}d\bar{\varepsilon}_{ij}^{p}\right)^{1/2} \tag{4.138}$$

此时换算的有效应力为

$$\bar{\sigma}_e=\left(\frac{1}{2}\bar{s}_{ij}\bar{s}_{ij}\right)^{1/2} \tag{4.139}$$

因此换算的有效应力应变关系为

$$\bar{\sigma}_e=\bar{\sigma}_e\bar{\varepsilon}_p \tag{4.140}$$

因此塑性应变增量可以分为共线的两部分

$$d\varepsilon_{ij}^{p}=d\varepsilon_{ij}^{p(i)}+d\varepsilon_{ij}^{p(k)} \tag{4.141}$$

$d\varepsilon_{ij}^{p(i)}$ 与屈服面的膨胀有关，而 $d\varepsilon_{ij}^{p(k)}$ 与屈服面的平移有关，它们可以分别写为

$$d\varepsilon_{ij}^{p(i)}=Md\varepsilon_{ij}^{p} \tag{4.142a}$$

$$d\varepsilon_{ij}^{p(k)}=(1-M)\,d\varepsilon_{ij}^{p} \tag{4.142b}$$

M 为材料常数，其取值范围为

$$-1<M\leqslant 1 \tag{4.142c}$$

当 M 取负值时可描述软化现象，用与屈服面有关的 $d\varepsilon_{ij}^{p(i)}$ 来定义有效换算应变增量

$d\varepsilon_{ij}^{p}$，即

$$d\bar{\varepsilon}_{ij}^{p} = d\varepsilon_{ij}^{p(i)} = M d\varepsilon_{ij}^{p} \tag{4.143}$$

由式(4.138)，可得换算有效应变与有效应变之间的关系为

$$\bar{\varepsilon}_{p} = M\int\left(\frac{2}{3}d\varepsilon_{ij}^{p}d\varepsilon_{ij}^{p}\right)^{1/2} = M\varepsilon_{p} \tag{4.144}$$

对式(4.140) 微分，得屈服面膨胀率为

$$d\bar{\sigma}_{e} = \bar{H}d\bar{\varepsilon}_{p} = M\bar{H}d\varepsilon_{p} \tag{4.145}$$

式中，$\bar{H}$ 为与屈服面膨胀有关的塑性模量。

后继屈服面的移动是沿着其法向方向的，若为 Prager 硬化情况，则有

$$d\alpha_{ij} = c d\varepsilon_{ij}^{p(k)} = c(1-M)d\varepsilon_{ij}^{p} \tag{4.146}$$

若为 Zeigler 硬化情况，则有

$$d\alpha_{ij} = d\mu\bar{\sigma}_{ij} = d\mu(\sigma_{ij}-\alpha_{ij}) \tag{4.147}$$

由前文知，增量应力应变关系为

$$d\sigma_{ij} = D_{ijkl}^{e}\left(d\varepsilon_{kl} - d\lambda\frac{\partial F}{\partial\sigma_{kl}}\right) \tag{4.148}$$

当塑性流动发生时，其一致性条件为

$$df = 0 \tag{4.149}$$

1. Prager 硬化情况

此时全微分为

$$df = \frac{\partial F}{\partial\sigma_{ij}}d\sigma_{ij} + \frac{\partial F}{\partial\alpha_{ij}}d\alpha_{ij} - \frac{dk^{2}}{d\varepsilon_{p}}d\varepsilon_{p} \tag{4.150}$$

由式(4.144)、式(4.146) 和式(4.150) 可知其一致性条件为

$$df = \frac{\partial F}{\partial\sigma_{ij}}d\sigma_{ij} - c(1-M)\frac{\partial F}{\partial\sigma_{ij}}d\lambda\frac{\partial F}{\partial\sigma_{ij}} - \frac{dk^{2}}{d\varepsilon_{p}}d\lambda\left(\frac{2}{3}\frac{\partial F}{\partial\sigma_{ij}}\frac{\partial F}{\partial\sigma_{ij}}\right)^{1/2} = 0 \tag{4.151}$$

于是可得

$$d\lambda = \frac{1}{h}B_{kl}d\varepsilon_{kl} \tag{4.152}$$

这里

$$B_{kl} = \frac{\partial F}{\partial\sigma_{ij}}D_{ijkl}^{e} \tag{4.152a}$$

及

$$h = \frac{\partial F}{\partial\sigma_{pq}}D_{pqrs}^{e}\frac{\partial F}{\partial\sigma_{rs}} + c(1-M)\frac{\partial F}{\partial\sigma_{mn}}\frac{\partial F}{\partial\sigma_{mn}} + \frac{dk^{2}}{d\varepsilon_{p}}\left(\frac{2}{3}\frac{\partial F}{\partial\sigma_{rs}}\frac{\partial F}{\partial\sigma_{rs}}\right)^{1/2} \tag{4.152b}$$

将式(4.151) 代入式(4.148)，即得到混合硬化弹塑性应力－应变关系

$$d\sigma_{ij} = D_{ijkl}^{ep}d\varepsilon_{kl} = (D_{ijkl}^{e} + D_{ijkl}^{p})d\varepsilon_{kl} \tag{4.153}$$

塑性刚度张量

$$D_{ijkl}^{p} = -\frac{1}{h}B_{ij}B_{kl} \tag{4.154}$$

对各向同性线弹性材料

$$D^{\mathrm{p}}_{ijkl}=2G\left(\delta_{ik}\delta_{jl}+\frac{\nu}{1-2\nu}\delta_{ij}\delta_{kl}\right) \tag{4.155}$$

式中,G 为剪切模量,ν 为泊松比,式(4.152a) 又可简化为

$$B_{kl}=2G\frac{\partial F}{\partial \sigma_{kl}} \tag{4.156}$$

对于 von Mises 材料,根据式(4.135)、式(4.145) 知式(4.152b) 为

$$h=18G\bar{s}_{mn}\bar{s}_{mn}+9c(1-M)\bar{s}_{mn}\bar{s}_{mn}+2M\bar{\sigma}_{\mathrm{e}}\bar{H}\ (6\bar{s}_{mn}\bar{s}_{mn})^{1/2} \tag{4.157}$$

利用式(4.135) 有

$$h=[12G+6c(1-M)+4M\bar{H}]\bar{\sigma}_{\mathrm{e}}^2 \tag{4.158}$$

当将式(4.153) 应用于单轴时,有

$$\begin{bmatrix}\bar{\sigma}_1\\ \bar{\sigma}_2\\ \bar{\sigma}_3\end{bmatrix}=\begin{bmatrix}\sigma_1\\ 0\\ 0\end{bmatrix}-\begin{bmatrix}\alpha_1\\ \alpha_2\\ \alpha_3\end{bmatrix}=\begin{bmatrix}\sigma_1-\alpha_1\\ \dfrac{\alpha_1}{2}\\ \dfrac{\alpha_1}{2}\end{bmatrix} \tag{4.159}$$

表示为换算偏应力有

$$\begin{bmatrix}\bar{s}_1\\ \bar{s}_2\\ \bar{s}_3\end{bmatrix}=\begin{bmatrix}\dfrac{2}{3}\sigma_1-\alpha_1\\ \dfrac{\alpha_1}{2}-\dfrac{1}{3}\sigma_1\\ \dfrac{\alpha_1}{2}-\dfrac{1}{3}\sigma_1\end{bmatrix} \tag{4.160}$$

换算有效应力变为

$$\bar{\sigma}_{\mathrm{e}}^2=\frac{3}{2}(\bar{s}_1^2+\bar{s}_2^2+\bar{s}_3^2)=\left(\sigma_1-\frac{3}{2}\alpha_1\right)^2 \tag{4.161}$$

两边开方并求微分,同时联立式(4.146) 得

$$\mathrm{d}\bar{\sigma}_{\mathrm{e}}=\mathrm{d}\sigma_1-\frac{3}{2}c(1-M)\,\mathrm{d}\varepsilon_1^{\mathrm{p}} \tag{4.162}$$

对于单轴情况有

$$\mathrm{d}\sigma_1=H\mathrm{d}\varepsilon_1^{\mathrm{p}}\quad 和 \quad \mathrm{d}\bar{\sigma}_{\mathrm{e}}=M\bar{H}\,\mathrm{d}\varepsilon_1^{\mathrm{p}} \tag{4.163}$$

这里 H 为单轴应力－塑性应变曲线在应力 σ_1 的斜率,利用式(4.162),则式(4.163) 变为

$$H-\frac{3}{2}c=M\left(\bar{H}-\frac{3}{2}c\right) \tag{4.164}$$

因为 M 为一任意材料常数,方程(4.164) 要求

$$\bar{H}=H \quad 和 \quad c=\frac{2}{3}H \tag{4.165}$$

将式(4.165) 代入式(4.158) 可得

$$h=4(3G+H)\bar{\sigma}_{\mathrm{e}}^2 \tag{4.166}$$

塑性刚度张量

$$D_{ijkl}^{\mathrm{p}} = -\frac{36G^2}{h}\bar{s}_{ij}\bar{s}_{kl} \tag{4.167}$$

2. Zeiger 硬化情况

式(4.147)中的 $\mathrm{d}\mu$ 变为

$$\mathrm{d}\mu = C\mathrm{d}\varepsilon_{\mathrm{p}}^{(k)} = C\left(\frac{2}{3}\mathrm{d}\varepsilon_{ij}^{\mathrm{p}(k)}\mathrm{d}\varepsilon_{ij}^{\mathrm{p}(k)}\right)^{1/2} \tag{4.168}$$

利用式(4.142b)、式(4.168)中的 $\mathrm{d}\mu$ 变为

$$\mathrm{d}\mu = C(1-M)\left(\frac{2}{3}\mathrm{d}\varepsilon_{ij}^{\mathrm{p}}\mathrm{d}\varepsilon_{ij}^{\mathrm{p}}\right)^{1/2} = C(1-M)\varepsilon_{\mathrm{p}} \tag{4.169}$$

用式(4.147)取代式(4.146)代入式(4.150)中,则可得到类似于式(4.152b)中的 h 值,只是其表达式中的第二项变为

$$C(1-M)\left(\frac{2}{3}\frac{\partial F}{\partial \sigma_{rs}}\frac{\partial F}{\partial \sigma_{rs}}\right)^{1/2}\bar{\sigma}_{mn}\frac{\partial F}{\partial \sigma_{mn}} \tag{4.170}$$

与单轴实验相比较,可得

$$C = \frac{H}{\bar{\sigma}_{\mathrm{e}}} \tag{4.171}$$

3. Chen-Chen(1975)模型

该模型将混凝土应力—应变曲线分为线弹性段、应变硬化阶段直至断裂破坏,模型选用的破坏面分别为

压—压区

$$f_{\mathrm{u}}(\sigma_{ij}) = J_2 + \frac{1}{3}A_{\mathrm{u}}I_1 - \tau_{\mathrm{u}}^2 = 0 \tag{4.172}$$

拉—拉和压—拉区

$$f_{\mathrm{u}}(\sigma_{ij}) = J_2 - \frac{1}{6}I_1^2 + \frac{1}{3}A_{\mathrm{u}}I_1 - \tau_{\mathrm{u}}^2 = 0 \tag{4.173}$$

初始屈服面选用与破坏面形状相同的函数,即

压—压区

$$f_0(\sigma_{ij}) = J_2 + \frac{1}{3}A_0I_1 - \tau_0^2 = 0 \tag{4.174}$$

拉—拉和压—拉区

$$f_0(\sigma_{ij}) = J_2 - \frac{1}{6}I_1^2 + \frac{1}{3}A_0I_1 - \tau_0^2 = 0 \tag{4.175}$$

其中,A_0、τ_0、A_{u} 和 τ_{u} 为材料常数,它们在压—压区与压—拉区、拉—拉区是不同的。可根据相应于单轴受压极限强度 f_{c} 与初始屈服强度 f_{c}'、单轴受拉极限强度 f_{t} 与相应初始屈服强度 f_{t}' 和双轴等压极限强度 f_{bc} 及相应初始屈服强度 f_{bc}' 等来确定,它们为

$$\frac{A_0}{f_{\mathrm{c}}} = \frac{\bar{f}'^2_{\mathrm{bc}} - \bar{f}'^2_{\mathrm{c}}}{2\bar{f}'_{\mathrm{bc}} - \bar{f}'_{\mathrm{c}}}, \quad \frac{A_{\mathrm{u}}}{f_{\mathrm{c}}} = \frac{\bar{f}^2_{\mathrm{bc}} - 1}{2\bar{f}_{\mathrm{bc}} - 1} \tag{4.176a}$$

$$\left(\frac{\tau_0}{f_{\mathrm{c}}}\right)^2 = \frac{\bar{f}'_{\mathrm{c}}\bar{f}'_{\mathrm{bc}}(2\bar{f}'_{\mathrm{c}} - \bar{f}'_{\mathrm{bc}})}{3(2\bar{f}'_{\mathrm{bc}} - \bar{f}'_{\mathrm{c}})}, \quad \left(\frac{\tau_{\mathrm{u}}}{f_{\mathrm{c}}}\right)^2 = \frac{\bar{f}_{\mathrm{bc}}(2 - \bar{f}_{\mathrm{bc}})}{3(2\bar{f}_{\mathrm{bc}} - 1)} \tag{4.176b}$$

$$\frac{A_0}{f_c}=\frac{\bar{f}'_c-\bar{f}'_t}{2},\quad \frac{A_u}{f_c}=\frac{1-\bar{f}_t}{2} \tag{4.176c}$$

$$\left(\frac{\tau_0}{f_c}\right)^2=\frac{\bar{f}'_c\bar{f}'_t}{6},\quad \left(\frac{\tau_u}{f_c}\right)^2=\frac{\bar{f}_t}{6} \tag{4.176d}$$

式中上部带一横线的符号表示该种符号量值对单轴受压极限强度 f_c 进行无量纲处理。

由于压－压区与压－拉区、拉－拉区的屈服函数和加载函数是不同的，因此区分应力状态所属区域对正确应用模型是很重要的，对于三维受力情况，可按如下规则区分：

(1) 当 $I_1<0$，并且$\sqrt{J_2}+\frac{1}{\sqrt{3}}I_1>0$，则属于压－压区；

(2) 当 $I_1<0$，并且$\sqrt{J_2}+\frac{1}{\sqrt{3}}I_1<0$，则属于压－拉区；

(3) 当 $I_1>0$，并且$\sqrt{J_2}-\frac{1}{\sqrt{3}}I_1>0$，则属于拉－压区；

(4) 当 $I_1>0$，且有$\sqrt{J_2}-\frac{1}{\sqrt{3}}I_1<0$，则属于拉－拉区。

Chen-Chen 模型为各向同性硬化模型，其加载函数为

$$f(\sigma_{ij},\varepsilon_{ij}^{p})=F(\sigma_{ij})-\tau^2(\varepsilon_p)=0 \tag{4.177}$$

其中，τ 为有效应力，可根据单轴受力情况确定。

对于加载函数，Chen-Chen 提出，在压－压区（$I_1<0$ 和$\sqrt{J_2}-\frac{1}{\sqrt{3}}I_1<0$）为

$$F(\sigma_{ij})=\frac{J_2+(\beta/3)I_1}{1-(\alpha/3)I_1}=\tau^2 \tag{4.178}$$

在压－拉区和拉－拉区（$I_1>0$ 或$\sqrt{J_2}-\frac{1}{\sqrt{3}}I_1>0$），则为

$$F(\sigma_{ij})=\frac{J_2-\frac{1}{6}I_1^2+(\beta/3)I_1}{1-(\alpha/3)I_1}=\tau^2 \tag{4.179}$$

其中，α、β 为常数，当 $\tau=\tau_0$ 和 $\tau=\tau_u$ 时，加载函数分别对应于初始屈服面 f_0 和破坏面 f_u，当 $\tau_0<\tau<\tau_u$ 时，加载函数则为后继屈服面。于是有

$$\alpha=\frac{A_u-A_0}{\tau_u^2-\tau_0^2},\quad \beta=\frac{A_0\tau_u^2-A_u\tau_0^2}{\tau_u^2-\tau_0^2} \tag{4.180}$$

如将式(4.178)、式(4.179) 引入式(4.43) 中，即可得相关流应变硬化增量型本构模型，形如

$$\begin{bmatrix}d\sigma_x\\d\sigma_y\\d\sigma_z\\d\tau_{xy}\\d\tau_{yz}\\d\tau_{zx}\end{bmatrix}=\frac{E}{(1+\nu)(1-2\nu)}\begin{bmatrix}\phi_{11}&\phi_{12}&\phi_{13}&\phi_{14}&\phi_{15}&\phi_{16}\\&\phi_{22}&\phi_{23}&\phi_{24}&\phi_{25}&\phi_{26}\\&&\phi_{33}&\phi_{34}&\phi_{35}&\phi_{36}\\&&&\phi_{44}&\phi_{45}&\phi_{46}\\&\text{sym.}&&&\phi_{55}&\phi_{56}\\&&&&&\phi_{66}\end{bmatrix}\begin{bmatrix}d\varepsilon_x\\d\varepsilon_y\\d\varepsilon_z\\d\gamma_{xy}\\d\gamma_{yz}\\d\gamma_{zx}\end{bmatrix} \tag{4.181}$$

式中

$$
\begin{cases}
\phi_{11}=1-\nu-w\left[(1-2\nu)(s_x+\rho)+3\nu\rho\right]^2 \\
\phi_{12}=\nu-w\left[(1-2\nu)(s_x+\rho)+3\nu\rho\right]\left[(1-2\nu)(s_y+\rho)+3\nu\rho\right] \\
\phi_{13}=\nu-w\left[(1-2\nu)(s_x+\rho)+3\nu\rho\right]\left[(1-2\nu)(s_z+\rho)+3\nu\rho\right] \\
\phi_{14}=-w\left[(1-2\nu)(s_x+\rho)+3\nu\rho\right]\left[(1-2\nu)\tau_{xy}\right] \\
\phi_{15}=-w\left[(1-2\nu)(s_x+\rho)+3\nu\rho\right]\left[(1-2\nu)\tau_{yz}\right] \\
\phi_{16}=-w\left[(1-2\nu)(s_x+\rho)+3\nu\rho\right]\left[(1-2\nu)\tau_{zx}\right] \\
\phi_{22}=1-\nu-w\left[(1-2\nu)(s_y+\rho)+3\nu\rho\right]^2 \\
\phi_{23}=\nu-w\left[(1-2\nu)(s_y+\rho)+3\nu\rho\right]\left[(1-2\nu)(s_z+\rho)+3\nu\rho\right] \\
\phi_{24}=-w\left[(1-2\nu)(s_y+\rho)+3\nu\rho\right]\left[(1-2\nu)\tau_{xy}\right] \\
\phi_{25}=-w\left[(1-2\nu)(s_y+\rho)+3\nu\rho\right]\left[(1-2\nu)\tau_{yz}\right] \\
\phi_{26}=-w\left[(1-2\nu)(s_y+\rho)+3\nu\rho\right]\left[(1-2\nu)\tau_{zx}\right] \\
\phi_{33}=1-\nu-w\left[(1-2\nu)(s_z+\rho)+3\nu\rho\right]^2 \\
\phi_{34}=-w\left[(1-2\nu)(s_z+\rho)+3\nu\rho\right]\left[(1-2\nu)\tau_{xy}\right] \\
\phi_{35}=-w\left[(1-2\nu)(s_z+\rho)+3\nu\rho\right]\left[(1-2\nu)\tau_{yz}\right] \\
\phi_{36}=-w\left[(1-2\nu)(s_z+\rho)+3\nu\rho\right]\left[(1-2\nu)\tau_{zx}\right] \\
\phi_{44}=\dfrac{1-2\nu}{2}-w\left[(1-2\nu)\tau_{xy}\right]^2 \\
\phi_{45}=-w\left[(1-2\nu)\tau_{xy}\right]\left[(1-2\nu)\tau_{yz}\right] \\
\phi_{46}=-w\left[(1-2\nu)\tau_{xy}\right]\left[(1-2\nu)\tau_{zx}\right] \\
\phi_{55}=\dfrac{1-2\nu}{2}-w\left[(1-2\nu)\tau_{yz}\right]^2 \\
\phi_{56}=-w\left[(1-2\nu)\tau_{yz}\right]\left[(1-2\nu)\tau_{zx}\right] \\
\phi_{66}=\dfrac{1-2\nu}{2}-w\left[(1-2\nu)\tau_{zx}\right]^2
\end{cases}
\tag{4.182}
$$

这里

$$
\frac{1}{w}=\left[(1-2\nu)(2J_2+3\rho^2)+9\nu\rho^2\right]+\frac{2\tau H(1+\nu)(1-2\nu)}{E}\sqrt{(2J_2+3\rho^2)}\left(1-\frac{\alpha}{3}I_1\right)
\tag{4.182a}
$$

$$
\rho=nI_1+\frac{\beta+\alpha\tau^2}{3}
\tag{4.182b}
$$

$$
H=\frac{\mathrm{d}\tau}{\mathrm{d}\varepsilon_{\mathrm{p}}}=\text{单轴受压实验所得的斜率}
\tag{4.182c}
$$

当应力状态达到某临界值时，混凝土便发生断裂破坏，或被拉断，或被压碎，通常我们提出的破坏准则主要是在应力空间定义的，这对拉断破坏显然不太合适，故这里提出两种准则，分别是：

应力准则

$$
f(\sigma_{ij})=\tau_{\mathrm{u}}^2
\tag{4.183}
$$

应变准则

$$f'(\varepsilon_{ij})=J'_2+\frac{A_u}{3}\frac{\varepsilon_u}{f_c}I'_1=\tau_u^2\left(\frac{\varepsilon_u}{f_c}\right)^2 \tag{4.184}$$

或

$$\text{最大主应变}=\varepsilon_1 \tag{4.185}$$

这里 ε_u 与 ε_f 分别对应于单轴受压与单轴受拉时的极限应变，I'_1、J'_2 为应变张量的第一不变量和偏应变张量的第二不变量。

4. Hsieh-Ting-Chen(1982) 强化模型

基于实验结果，同时为方便，该模型采用如下形式的具有四参数的初始屈服面和破坏面：

$$f(\sigma_{ij})=A\frac{J_2}{\tau}+B\sqrt{J_2}+C\sigma_1+DI_1-\tau=0 \tag{4.186}$$

式中，σ_1 为最大主应力(以受拉为正)；τ 为与上述曲面大小有关的单轴有效受压应力(且 $\tau\geqslant 0$)。如果 $\tau=f_c$(单轴受压极限强度)，则式(4.186) 转换为破坏面；如 $\tau=f'_c$(单轴受压屈服应力)，则式(4.186) 转换为初始屈服面。A、B、C 和 D 是无量纲材料常数，根据实验结果对于破坏面有 $A=2.0108$，$B=0.9714$，$C=9.1412$，$D=0.2312$。为方便，初始屈服面采用同样参数。

对于后继屈服面，即加载面，也采用与式(4.186) 形式相同的函数，但其中的应力张量 σ_{ij} 则由换算应力张量 $\bar{\sigma}_{ij}$ 来代替，以描述荷载面的刚性移动。刚性移动由 α_{ij} 来定义，换算应力张量为 $\bar{\sigma}_{ij}=\sigma_{ij}-\alpha_{ij}$，于是加载面可写成

$$f(\bar{\sigma}_{ij},\bar{\tau})=A\frac{\bar{J}_2}{\bar{\tau}(\varepsilon_p^i)}+B\sqrt{\bar{J}_2}+C\bar{\sigma}_1+D\bar{I}_1-\bar{\tau}(\varepsilon_p^i)=0 \tag{4.187}$$

这里以(—) 表示的各量相应于换算应力张量 $\bar{\sigma}_{ij}$，ε_p^i 是与各向同性硬化相关的塑性应变，参数 A、B、C 和 D 与初始屈服面中的相同，上述 3 种曲面如图 4.12 所示。

在该模型中由塑性变形引起的材料损伤可由有效塑性应变来表示，有效塑性应变定义为

$$\varepsilon_p=\int d\varepsilon_p=\int\sqrt{d\delta_{ij}^p d\delta_{ij}^p} \tag{4.188}$$

对于混合硬化情况，有效塑性应变又分为等向硬化部分和随动硬化部分，即

$$d\varepsilon_p^i=Md\varepsilon_p,\quad d\varepsilon_p^k=(1-M)d\varepsilon_p \tag{4.189}$$

等向硬化部分与等效应力增量间的关系为

$$d\bar{\tau}=\bar{H}d\varepsilon_p^i=M\bar{H}d\varepsilon_p \tag{4.190}$$

式中，$\bar{H}=d\bar{\tau}/d\varepsilon_p^i$ 为 $\bar{\tau}-\varepsilon_p^i$ 曲线的斜率，根据 Zeigler 随动硬化规律，有如下关系：

$$d\alpha_{ij}=cd\varepsilon_p^k\bar{\sigma}_{ij}=c(1-M)d\varepsilon_p\bar{\sigma}_{ij} \tag{4.191}$$

式中，c 为标量因子；根据前文相关流公式，于是有

$$d\sigma_{ij}=[D_{ijkl}^e+D_{ijkl}^p]d\varepsilon_{kl} \tag{4.192}$$

式中

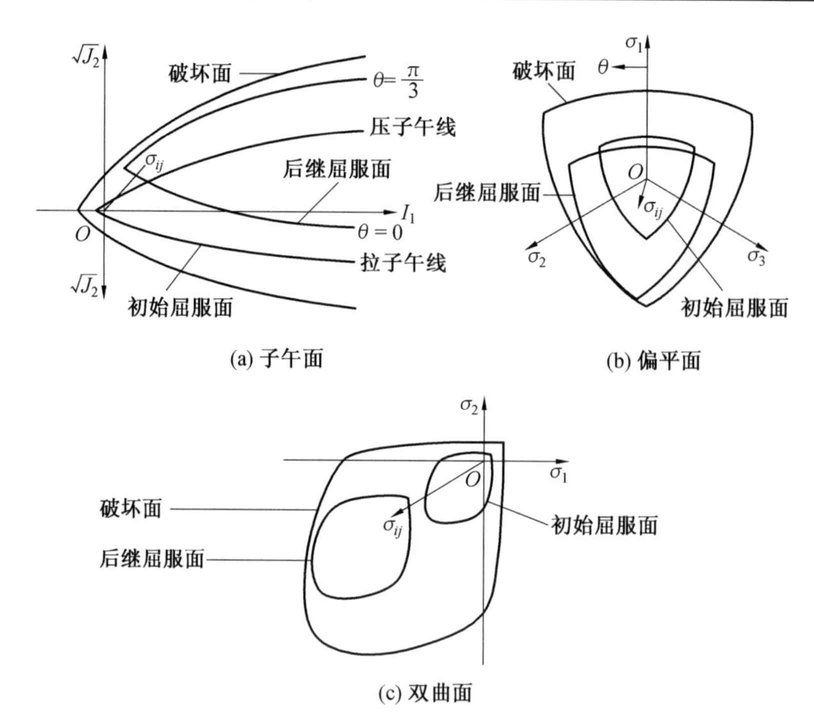

图 4.12　Hsieh-Ting-Chen 模型破坏面、初始屈服面和后继屈服面示意图

$$D^{e}_{ijkl}=G(\delta_{ik}\delta_{jl}+\delta_{il}\delta_{jk})+\left(K-\frac{2}{3}G\right)\delta_{ij}\delta_{kl} \tag{4.192a}$$

$$D^{p}_{ijkl}=-\frac{1}{h}H_{ij}H_{kl} \tag{4.192b}$$

这里

$$H_{ij}=3K\beta_1\delta_{ij}+2G\phi_{ij} \tag{4.192c}$$

$$h=\left(2\beta_1^2+\frac{2}{3}\beta_4\right)^{1/2}\left[c(1-M)(\beta_1\delta_{ij}+\phi_{ij})\bar{\sigma}_{ij}+M\bar{H}\left(\frac{A\bar{J}_2}{\bar{\tau}^2}+1\right)\right]+9k\beta_1^2+2G\beta_4 \tag{4.193}$$

式中

$$\begin{cases}\phi_{ij}=\dfrac{\beta_2}{2\sqrt{\bar{J}_2}}\bar{s}_{ij}+\beta_3\bar{t}_{ij}\\ \beta_1=\dfrac{1}{3}C+D\\ \beta_2=2\sqrt{\bar{J}_2}\ \dfrac{A}{\tau}+B+\dfrac{2}{\sqrt{3}}\\ \beta_3=\dfrac{C}{\bar{J}_2}\ \dfrac{1}{3-4\sin^2\theta}\\ \beta_4=\phi_{ij}\phi_{ij}\end{cases} \tag{4.193a}$$

和

$$\bar{t}_{ij} = \bar{s}_{ik}\bar{s}_{kj} - \frac{2}{3}\delta_{ij}\bar{J}_2 \tag{4.193b}$$

在上述方程中,G 和 K 是弹性剪切模量和体积模量;θ 为相似角,定义如前文。

当应力状态达到破坏面时,材料将发生:① 拉断;② 压碎;③ 混合破坏。它们可根据下述定义的 α 来加以区分:

$$\alpha = \frac{I_1}{2\sqrt{3}\sqrt{J_2}\cos\theta}, \quad |\theta| \leqslant 60^\circ \tag{4.194}$$

① 当 $\alpha < 1$ 时,为拉断。

② 当 $\alpha > \dfrac{1+\nu}{1-2\nu}$ 时,为压碎。

③ 当 $1 \leqslant \alpha \leqslant \dfrac{1+\nu}{1-2\nu}$ 时,为混合破坏。

用八面体剪应力及其正应力表示的区间如图 4.13 所示,当泊松比 $\nu = 0.2$,$\alpha = 1.0$ 和 2.0 时,是各破坏区的界限,对于不同的破坏形态,它们有:

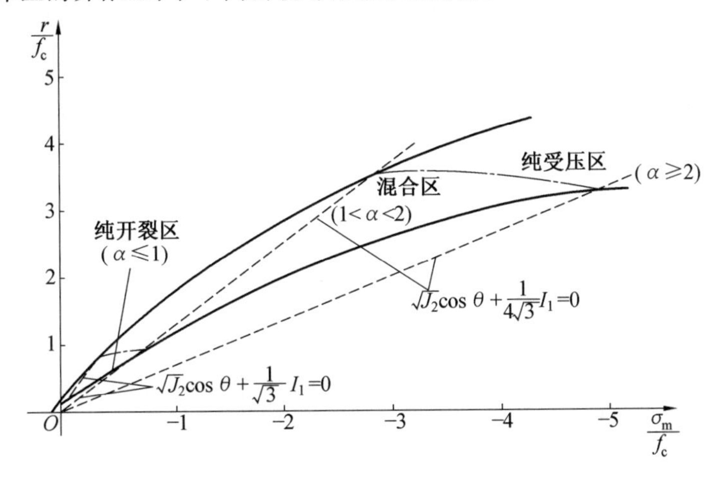

图 4.13　子午面上的破坏区

① 拉断破坏($\alpha < 1$),垂直于裂缝的拉应力和平行于裂缝的剪应力将全部释放,此时材料为横观弹性的。

② 压碎破坏($\alpha > \dfrac{1+\nu}{1-2\nu}$),各个方向的应力和刚度均变为零。

③ 混合破坏($1 \leqslant \alpha \leqslant \dfrac{1+\nu}{1-2\nu}$),根据 α 的不同,刚度介于上述两者之间。

在图 4.13 中,当 $\theta = 60^\circ$ 时,β_1、β_3 为奇异的,在角点处数值处理比较困难,为此 Hsieh(1981) 建议

$$\beta_2 = 2\sqrt{J_2}\,\frac{A}{\tau} + B + \frac{C}{\sqrt{3}}, \quad \beta_3 = 0 \tag{4.195}$$

根据前文可知

$$H = M\overline{H} + C(1-M)\bar{\tau} \tag{4.196}$$

式中,$H = \mathrm{d}\tau/\mathrm{d}\varepsilon_p$,是单轴受拉情况时 $\tau - \varepsilon_p$ 曲线的斜率。因为 M 是任意的,Hsieh(1982)

认为

$$\overline{H}=H \quad 和 \quad c=\frac{H}{\bar{\tau}} \tag{4.197}$$

M 的取值应与实验结果吻合，而硬化模量可按下式来求：

$$\begin{cases} H_i=M\overline{H}=\left[\dfrac{\mathrm{d}\bar{\sigma}}{\mathrm{d}\varepsilon_{\mathrm{p}}}\right]_{单轴应力情况} \\ H_k=H-M\overline{H}=\left[\dfrac{\mathrm{d}\sigma}{\mathrm{d}\varepsilon_{\mathrm{p}}}-\dfrac{\mathrm{d}\bar{\sigma}}{\mathrm{d}\varepsilon_{\mathrm{p}}}\right]_{单轴应力情况}=\left[\dfrac{\mathrm{d}\alpha}{\mathrm{d}\varepsilon_{\mathrm{p}}}\right]_{单轴应力情况} \end{cases} \tag{4.198}$$

式中，$\mathrm{d}\bar{\sigma}=\mathrm{d}\sigma-\mathrm{d}\alpha$，于是式(4.192c)的函数为

$$h=\left(2\beta_1^2+\frac{2}{3}\beta_4\right)^{1/2}\left[\frac{H_k}{\tau}(\beta_1\delta_{ij}+\phi_{ij})\bar{\sigma}_{ij}+H_i\left(\frac{A\bar{J}_2}{\bar{\tau}^2}+1\right)\right]+9K\beta_1^2+2G\beta_4 \tag{4.199}$$

根据单轴受力的加、卸载可求 H_i、H_k，见图 4.14，其中 $\bar{\tau}_{\mathrm{t}}$ 代表受拉应力，而 $\bar{\tau}_{\mathrm{t}}/\bar{\tau}$ 在该模型中为常数。当应变变化为 $\Delta\varepsilon_{\mathrm{p}}^{\mathrm{B}}$ 时，有应力变化 $\Delta\sigma_{\mathrm{B}}$、$\Delta\sigma_{\mathrm{C}}$，于是有

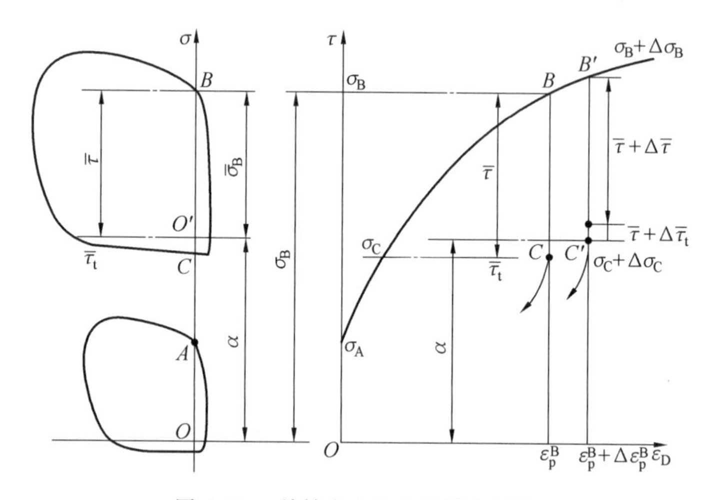

图 4.14　单轴应力状态的混合硬化

$$H_i=r\frac{\Delta\sigma_{\mathrm{B}}-\Delta\sigma_{\mathrm{C}}}{\Delta\varepsilon_{\mathrm{p}}^{\mathrm{B}}} \tag{4.200}$$

$$H_k=\frac{\Delta\sigma_{\mathrm{B}}}{\Delta\varepsilon_{\mathrm{p}}^{\mathrm{B}}}-rH_i=\frac{(1-r)\Delta\sigma_{\mathrm{B}}+r\Delta\sigma_{\mathrm{C}}}{\varepsilon_{\mathrm{p}}^{\mathrm{B}}} \tag{4.201}$$

这里

$$r=\frac{\bar{\tau}}{\bar{\tau}+\bar{\tau}_{\mathrm{t}}} \tag{4.201a}$$

对于等向强化，可根据单轴受力情况来求 H

$$H=\frac{\mathrm{d}\tau}{\mathrm{d}\varepsilon_{\mathrm{p}}}=\left[\frac{\mathrm{d}\sigma_1}{\mathrm{d}\varepsilon_{\mathrm{p}}}\right]_{(单轴)} \tag{4.202}$$

式中

$$\mathrm{d}\varepsilon_{\mathrm{p}}=\left[(\mathrm{d}\varepsilon_1^{\mathrm{p}})^2+(\mathrm{d}\varepsilon_2^{\mathrm{p}})^2+(\mathrm{d}\varepsilon_3^{\mathrm{p}})^2\right]^{1/2} \tag{4.202a}$$

软化材料的加、卸载：

对于软化材料,加载后屈服面会收缩,应力增量指向屈服面内,同卸载很难区别,因此用应力空间表达的屈服条件很难建立加载、卸载条件式。一般用应变空间表示屈服条件和后继屈服面,即

$$\phi(\varepsilon_{ij}, H) = 0 \tag{4.203}$$

则加、卸载条件式可以写为

$$\phi = 0, \quad \mathrm{d}\phi > 0, \quad \frac{\partial \phi}{\partial \varepsilon_{ij}} \mathrm{d}\varepsilon_{ij} > 0 \tag{4.204a}$$

$$\phi = 0, \quad \mathrm{d}\phi = 0, \quad \frac{\partial \phi}{\partial \varepsilon_{ij}} \mathrm{d}\varepsilon_{ij} = 0 \tag{4.204b}$$

$$\phi = 0, \quad \mathrm{d}\phi < 0, \quad \frac{\partial \phi}{\partial \varepsilon_{ij}} \mathrm{d}\varepsilon_{ij} < 0 \tag{4.204c}$$

4.4　弹塑性过渡区的刚度矩阵处理

在用增量法求解时,在某一级荷载下,单元按应力状态不同分为三类:

① 上一步荷载时单元未屈服,即 $F < 0$,加载后仍未屈服,这时单元处于弹性状态,本构矩阵为[D];

② 上一步荷载时单元已屈服,加载后仍满足屈服条件,则单元处于塑性状态,本构关系用$[D]_{\mathrm{ep}}$ 表示;

③ 上一步荷载时单元处于弹性,加载后满足屈服条件,这种单元处于过渡状态,可取弹性矩阵[D] 和弹塑性矩阵$[D]_{\mathrm{ep}}$ 的加权组合,即

$$[D]_{\mathrm{ep}} = m[D] + (1 - m)[D]_{\mathrm{ep}} \tag{4.205}$$

求 m 的方法如下:设加 k 级荷载后的等效应力为 σ_r,等效应变为 ε_r,前一级荷载结束时的等效应变为 ε_{k-1},而 ε_s 是屈服时应变,则

$$m = \frac{\varepsilon_s - \varepsilon_{k-1}}{\varepsilon_k - \varepsilon_{k-1}} \tag{4.206}$$

当然,修正$[D]_{\mathrm{ep}}$ 会影响本级荷载的 ε_k,这在具体计算中还需要迭代。

关于等效应力、应变可以取应力强度、应变强度或其他代表值,这里不再赘述。

第5章　损伤力学在混凝土中的应用

5.1　损伤力学基本概念

1. 损伤变量和有效应力

设未施加荷载前杆面积为A，应力作用后，损伤面积为A^*，杆净面积或有效面积$A_n = A - A^*$。损伤定义为

$$D = \frac{A^*}{A} = \frac{A - A_n}{A} = 1 - \frac{A_n}{A} \tag{5.1}$$

或

$$A_n = (1 - D)A \tag{5.2}$$

式中，损伤D在$0 \sim 1$范围内变化。定义应力为

$$\sigma = \frac{F}{A} \tag{5.3}$$

有效应力(净截面上的应力）为

$$\tilde{\sigma} = \frac{F}{A_n} \tag{5.4}$$

$$F = \sigma A = \tilde{\sigma} A_n \tag{5.5}$$

$$\tilde{\sigma} = \frac{\sigma}{1 - D} \tag{5.6}$$

测定断面损伤有微观方法与宏观方法两大类。微观方法有超声波、红外、紫外线探测和受力后切片电镜扫描等，其中声波发射法使用较多。宏观方法有：① 用声波传递速度与弹性模量E的关系，来推求E的变化，进而求出D值；② 利用构件的自振频率或其他振动特性的变化来推断D；③ 利用应变等价原理，由单轴受力实验测定$\hat{E}$值，进而求得D值。

2. 应变等价原理

应变等价原理假设应力σ作用在受损材料上的应变与有效应力作用在无损材料上的应变等价，即

$$\varepsilon = \frac{\sigma}{\tilde{E}} = \frac{\tilde{\sigma}}{E} = \frac{\sigma}{(1 - D)E} \tag{5.7}$$

或

$$\sigma = (1 - D)E\varepsilon \tag{5.8}$$

式中

$$\widetilde{E}=(1-D)E \tag{5.9}$$

这样

$$D=1-\frac{\widetilde{E}}{E} \tag{5.10}$$

$$\frac{\mathrm{d}\sigma}{\mathrm{d}\varepsilon}=\frac{\mathrm{d}E}{\mathrm{d}\varepsilon}(1-D)\varepsilon+E(1-D)-E\varepsilon\frac{\mathrm{d}D}{\mathrm{d}\varepsilon} \tag{5.11}$$

$$\begin{aligned}&\sigma=(1-D)E\varepsilon\\&\Rightarrow\frac{\mathrm{d}\sigma}{\mathrm{d}\varepsilon}=\frac{\mathrm{d}E}{\mathrm{d}\varepsilon}(1-D)\varepsilon+(1-D)E-E\varepsilon\frac{\mathrm{d}D}{\mathrm{d}\varepsilon}\end{aligned} \tag{5.12}$$

$$\left.\begin{aligned}&\frac{\mathrm{d}\sigma}{\mathrm{d}\varepsilon}=E(1-D)\Rightarrow D=1-\frac{1}{E}\frac{\mathrm{d}\sigma}{\mathrm{d}\varepsilon}\\&D=1-\frac{\widetilde{E}}{E}\end{aligned}\right\}\Rightarrow\widetilde{E}=\frac{\mathrm{d}\sigma}{\mathrm{d}\varepsilon} \tag{5.13}$$

当加载到某一值后卸载，假定损伤不可逆，卸载过程中损伤值和弹性模量值不变，即有 $\mathrm{d}D/\mathrm{d}\varepsilon=\mathrm{d}E/\mathrm{d}\varepsilon=0$，卸载时有

$$\frac{\mathrm{d}\sigma}{\mathrm{d}\varepsilon}=E(1-D) \tag{5.14}$$

$$D=1-\frac{1}{E}\frac{\mathrm{d}\sigma}{\mathrm{d}\varepsilon} \tag{5.15}$$

$$\widetilde{E}=\frac{\mathrm{d}\sigma}{\mathrm{d}\varepsilon} \tag{5.16}$$

可见，受损材料卸载过程中的有效弹性模量即为卸载时应力－应变曲线的斜率，即 $\widetilde{E}$ 为卸载弹性模量。这样，有两种方法可以获得加载时刻的即时损伤变量：

(1) 可根据材料拉伸加载与卸载实验，根据卸载斜率确定卸载弹性模量 $\widetilde{E}$，进而可以求得卸载过程中的损伤变量 D，由于损伤变量在卸载过程中不变形，因此就求得了在全应力－应变曲线上一点的即时损伤变量。

(2) 根据 $\sigma-\varepsilon$ 实测曲线拟合方程，由 $D=1-\frac{1}{E}\left(\frac{\sigma}{\varepsilon}\right)$ 求得 D 值。

3. 有效应力张量

多轴作用下各向同性的应力张量可由单轴情况加以推广：

$$\widetilde{\sigma}=\frac{\sigma}{1-D} \tag{5.17}$$

实际材料是各向异性的，这样损伤变量应用张量表示，材料内一微元面积表示为

$$\mathbf{A}=A\boldsymbol{n}=A_ie_i \tag{5.18}$$

损伤后微元面积为

$$\widetilde{\mathbf{A}}=\widetilde{A}\widetilde{\boldsymbol{n}}=(1-D_i)A_ie_i \tag{5.19}$$

式中，D_i 为 $\mathbf{A}$ 面法线方向的损伤变量。

定义二阶对称张量

$$\boldsymbol{\psi}=\boldsymbol{I}-\boldsymbol{D} \tag{5.20}$$

使

$$\tilde{\boldsymbol{A}}=\boldsymbol{\psi}\boldsymbol{A} \tag{5.21}$$

$$\boldsymbol{P}=\boldsymbol{\sigma}A=\tilde{\boldsymbol{\sigma}}\tilde{\boldsymbol{A}}=\tilde{\boldsymbol{\sigma}}\boldsymbol{\psi}\boldsymbol{A}=\tilde{\boldsymbol{\sigma}}(\boldsymbol{I}-\boldsymbol{D})\boldsymbol{A} \tag{5.22}$$

$$\boldsymbol{\sigma}=\tilde{\boldsymbol{\sigma}}\boldsymbol{\psi}=\tilde{\boldsymbol{\sigma}}(\boldsymbol{I}-\boldsymbol{D}) \tag{5.23}$$

$$\tilde{\boldsymbol{\sigma}}=(\boldsymbol{I}-\boldsymbol{D})^{-1}\boldsymbol{\sigma} \tag{5.24}$$

$$\tilde{\boldsymbol{\sigma}}=\frac{1}{2}[\boldsymbol{\sigma}\,(\boldsymbol{I}-\boldsymbol{D})^{-1}+(\boldsymbol{I}-\boldsymbol{D})^{-1}\boldsymbol{\sigma}]=(\boldsymbol{I}-\boldsymbol{D})^{-\frac{1}{2}}\boldsymbol{\sigma}\,(\boldsymbol{I}-\boldsymbol{D})^{-\frac{1}{2}} \tag{5.25}$$

应力张量与有效应力张量主轴重合，为简化可取

$$(I-D)_{ij}=\begin{cases}\dfrac{1}{1-D_i}, & i=j=1,2,3\\ 0, & i\neq j\end{cases} \tag{5.26}$$

称 $D_i(i=1,2,3)$ 为主损伤变量，不考虑耦合效应，有

$$\tilde{\sigma}_1=\frac{\sigma_1}{1-D_1},\quad \tilde{\sigma}_2=\frac{\sigma_2}{1-D_2},\quad \tilde{\sigma}_3=\frac{\sigma_3}{1-D_3} \tag{5.27}$$

$$\boldsymbol{\sigma}=\frac{1}{2}[\boldsymbol{\sigma}\,(\boldsymbol{I}-\boldsymbol{D})^{-1}+(\boldsymbol{I}-\boldsymbol{D})^{-1}\boldsymbol{\sigma}]=(\boldsymbol{I}-\boldsymbol{D})^{-\frac{1}{2}}\boldsymbol{\sigma}\,(\boldsymbol{I}-\boldsymbol{D})^{-\frac{1}{2}} \tag{5.28}$$

$$\langle x\rangle=\frac{1}{2}(x+|x|) \tag{5.29}$$

4. 能量等价假设

该假设是由 Sidoroff 提出的，其内容是：如果用有效应力张量 $\boldsymbol{\sigma}^*$ 代替无损材料中的 Cauchy 应力张量 $\boldsymbol{\sigma}$，则受损材料的弹性余能和无损材料的弹性余能相等。设无损材料的弹性余能为 $\Phi_e(\boldsymbol{\sigma},0)$，受损后的弹性余能为 $\Phi_e(\boldsymbol{\sigma},\boldsymbol{D})$，那么有

$$\Phi_e(\boldsymbol{\sigma},\boldsymbol{D})=\Phi_e(\boldsymbol{\sigma}^*,0) \tag{5.30}$$

这里，$\Phi_e(\boldsymbol{\sigma}^*,0)=\dfrac{1}{2}\boldsymbol{\sigma}^*\boldsymbol{D}_e^{*-1}\boldsymbol{\sigma}^*\Rightarrow\Phi_e(\boldsymbol{\sigma},\boldsymbol{D})=\dfrac{1}{2}\boldsymbol{\sigma}^*\boldsymbol{D}_e^{*-1}\boldsymbol{\sigma}^*$，$\boldsymbol{D}_e^{*-1}=\boldsymbol{\psi}\boldsymbol{D}_e^{-1}\boldsymbol{\psi}$。

根据热力学控制方程，有

$$\begin{aligned}
\{\varepsilon\}&=\frac{\partial\Phi_e(\boldsymbol{\sigma},\boldsymbol{D})}{\partial\{\sigma\}}=[D_e^*]^{-1}\{\sigma^*\}[\psi^T]=[D_e^*]^{-1}[\psi^T]\{\sigma\}[\psi^T]\\
&\Rightarrow[\psi^T]^{-1}[D_e^*]\{\varepsilon\}[\psi^T]^{-1}=\{\sigma\}\\
&\Rightarrow\{\sigma\}=[\psi^T]^{-1}[D_e^*][\psi^T]^{-1}\{\varepsilon\}\\
&\Rightarrow[D_e]=[\psi^T]^{-1}[D_e^*][\psi^T]^{-1}\\
&\Rightarrow[D_e]^{-1}=[\psi^T][D_e^*]^{-1}[\psi^T]\\
&\Rightarrow[D_e]^{-1}=[\psi][D_e^*]^{-1}[\psi]\\
&\Rightarrow[D_e^*]^{-1}=[\psi][D_e]^{-1}[\psi]
\end{aligned} \tag{5.31}$$

5.2　混凝土的弹性损伤

5.2.1　一维弹性损伤模型

1. Loland 损伤模型

该模型描述混凝土的受拉工况，如图 5.1 所示，把损伤分为两个阶段：

$$\sigma = \frac{E\varepsilon}{1-D_0} \tag{5.32}$$

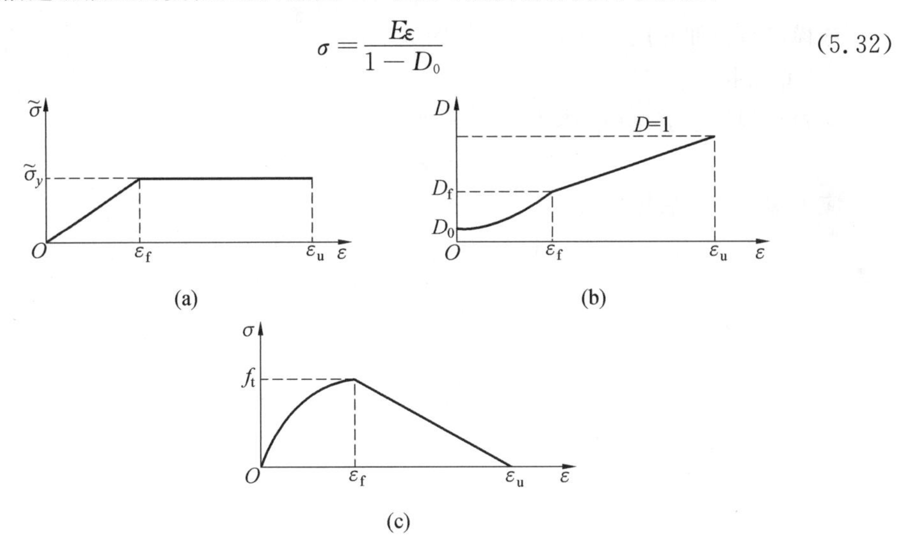

图 5.1　Loland 损伤模型

第一阶段 $0 \leqslant \varepsilon \leqslant \varepsilon_f$，有效应力直线增加。

利用 $\sigma - \varepsilon$ 和 $\tilde{\sigma} - \varepsilon$ 实测曲线及 $\sigma = (1-D)\tilde{\sigma}$ 关系得

$$D = D_0 + C_1 \varepsilon^{\beta} \tag{5.33}$$

$$\tilde{\sigma} = \tilde{E}\varepsilon = \frac{E\varepsilon}{1-D_0} \Rightarrow \sigma = (1-D)\tilde{\sigma} = (1-D)\frac{E\varepsilon}{1-D_0} \tag{5.34}$$

第二阶段 $\varepsilon_f \leqslant \varepsilon \leqslant \varepsilon_u$，有效应力保持常量。

$$\tilde{\sigma} = \frac{E\varepsilon_f}{1-D_0} \tag{5.35}$$

$$\tilde{\sigma} = \frac{E\varepsilon_f}{1-D_0} \Rightarrow \sigma = (1-D)\tilde{\sigma} = (1-D)\frac{E\varepsilon_f}{1-D_0} \tag{5.36}$$

损伤方程为

$$D = D_f + C_2(\varepsilon - \varepsilon_f) \tag{5.37}$$

由 $\sigma - \varepsilon$ 曲线各特征点的条件

$$\begin{cases} \varepsilon = \varepsilon_f, & \sigma = f_t \\ \varepsilon = \varepsilon_f, & \dfrac{d\sigma}{d\varepsilon} = 0 \\ \varepsilon = \varepsilon_u, & D = 1 \end{cases} \tag{5.38}$$

可以求出3个常数

$$\begin{cases}\beta=\dfrac{f_t}{E\varepsilon_f-f_t}\\ C_1=\dfrac{1-D_0}{1+\beta}\varepsilon_f\\ C_2=\dfrac{1-D_f}{\varepsilon_u-\varepsilon_f}\end{cases} \tag{5.39}$$

2. Mazars 模型

该模型将拉伸和压缩分别考虑，如图5.2所示。

(1) 单轴拉伸。

应力达到峰值前无初始损伤，$\sigma-\varepsilon$ 为线性关系，即

$$\sigma=E_0\varepsilon \tag{5.40}$$

应力达到峰值后按下式：

$$\sigma=E_0\left[\varepsilon_f(1-A_T)+\frac{A_T\varepsilon}{\exp[B_T(\varepsilon-\varepsilon_f)]}\right] \tag{5.41}$$

这样损伤方程为

$$\begin{cases}D_T=0, & \varepsilon\leqslant\varepsilon_f\\ D_T=1-\dfrac{\varepsilon_f(1-A_T)}{\varepsilon}-\dfrac{A_T}{\exp[B_T(\varepsilon-\varepsilon_f)]}, & \varepsilon>\varepsilon_f\end{cases} \tag{5.42}$$

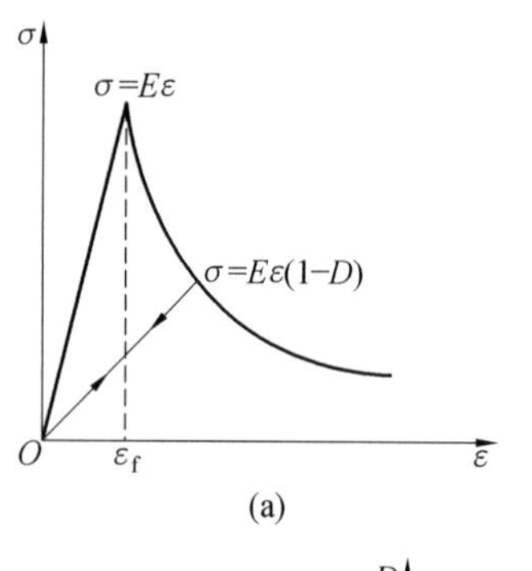

(a)

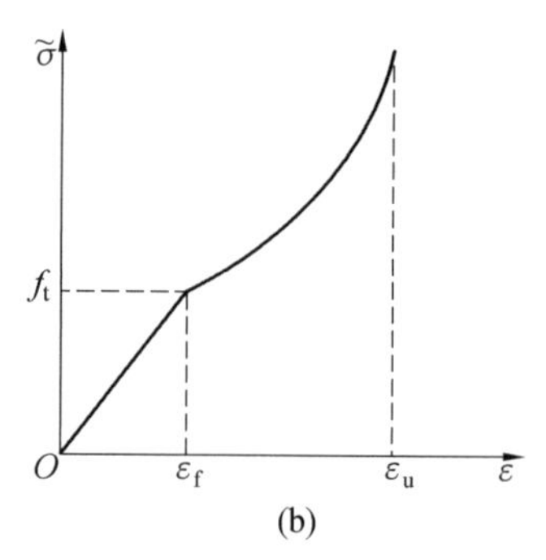

(b)

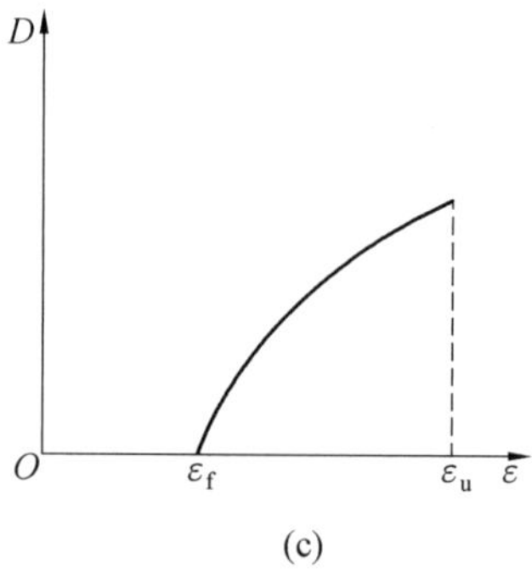

(c)

图5.2 Mazars 模型

$$\sigma = E_0\left[\varepsilon_f(1-A_T)+\frac{A_T\varepsilon}{\exp[B_T(\varepsilon-\varepsilon_f)]}\right]$$

$$\Rightarrow \frac{\sigma}{E_0\varepsilon}=\frac{\varepsilon_f(1-A_T)}{\varepsilon}+\frac{A_T}{\exp[B_T(\varepsilon-\varepsilon_f)]}$$

$$\Rightarrow D_T = 1-\frac{\sigma}{E\varepsilon}=1-\frac{\varepsilon_f(1-A_T)}{\varepsilon}-\frac{A_T}{\exp[B_T(\varepsilon-\varepsilon_f)]} \tag{5.43}$$

对于一般混凝土材料，$0.7 \leqslant A_T \leqslant 1$，$10^4 \leqslant B_T \leqslant 10^5$，$0.5\times 10^{-4} \leqslant \varepsilon_f \leqslant 1.5\times 10^{-4}$。

(2) 单轴压缩。

单轴压缩时主应变为

$$\{\varepsilon\}=[\varepsilon_1 \quad -\nu\varepsilon_1 \quad -\nu\varepsilon_1]^T,\quad \varepsilon_1<0 \tag{5.44}$$

取等效应变

$$\varepsilon^* = \sqrt{\sum_1^3 (\langle\varepsilon_i\rangle_+)^2} = -\sqrt{2}\nu\varepsilon_1 \tag{5.45}$$

开始有损伤应变为 $\varepsilon_f(\varepsilon_f>0)$，应力达到损伤阈值时有

$$\varepsilon^* = \varepsilon_f \quad 或 \quad \varepsilon_1 = \frac{-\varepsilon_f}{\nu\sqrt{2}} \tag{5.46}$$

上升段应力－应变关系为

$$-\varepsilon_1 \leqslant \frac{\varepsilon_f}{\nu\sqrt{2}} \tag{5.47}$$

$$\sigma_1 = E_0\varepsilon_1 \tag{5.48}$$

$$\sigma_1 = E_0\left\{\frac{\varepsilon_f(1-A_c)}{-\nu\sqrt{2}}+\frac{A_c\varepsilon_1}{\exp[B_c(-\nu\varepsilon_1\sqrt{2}-\varepsilon_f)]}\right\} \tag{5.49}$$

损伤方程为

$$D_c = 1-\frac{\varepsilon_f(1-A_c)}{\varepsilon^*}-\frac{A_c}{\exp[B_c(\varepsilon^*-\varepsilon_f)]} \tag{5.50}$$

式中，A_c、B_c 为材料常数，一般 $1<A_c<1.5$，$10^3<B_c<2\times 10^3$。

$$\sigma_1 = E_0\left\{\frac{\varepsilon_f(1-A_c)}{-\nu\sqrt{2}}+\frac{A_c\varepsilon_1}{\exp[B_c(-\nu\varepsilon_1\sqrt{2}-\varepsilon_f)]}\right\} \tag{5.51a}$$

$$D_c = 1-\frac{\sigma_1}{E_0\varepsilon_1}=1-\frac{\varepsilon_f(1-A_c)}{-\nu\sqrt{2}\varepsilon_1}-\frac{A_c}{\exp[B_c(-\nu\varepsilon_1\sqrt{2}-\varepsilon_f)]}$$

$$=1-\frac{\varepsilon_f(1-A_c)}{\varepsilon^*}-\frac{A_c}{\exp[B_c(\varepsilon^*-\varepsilon_f)]} \tag{5.51b}$$

3. 双直线模型

为简化计算，该模型将 $\sigma-\varepsilon$ 上升段和下降段均简化成直线，如图 5.3 所示。

在曲线上升段，$\sigma=E\varepsilon$，$D=0$；在曲线下降段，有

$$\sigma=\sigma_f-\sigma_f\frac{\varepsilon-\varepsilon_f}{\varepsilon_u-\varepsilon_f}=\sigma_f\frac{\varepsilon_u-\varepsilon}{\varepsilon_u-\varepsilon_f}=\frac{\varepsilon_u-\varepsilon}{\varepsilon_u-\varepsilon_f}E_0\varepsilon_f \tag{5.52}$$

则

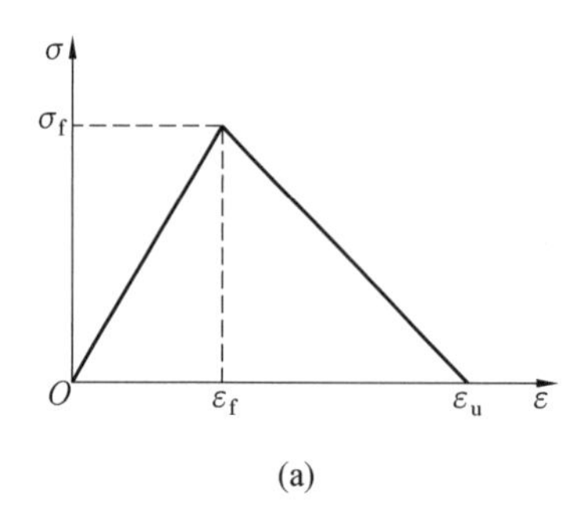

(a)

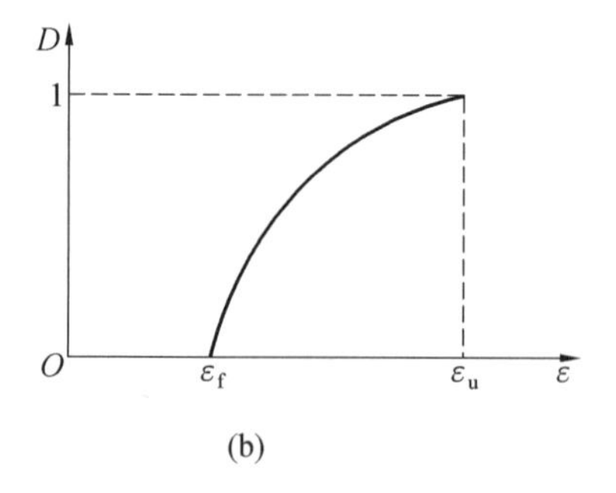

(b)

图 5.3　双直线模型

$$\sigma=(1-D)E_0\varepsilon_f=\frac{\varepsilon_u-\varepsilon}{\varepsilon_u-\varepsilon_f}E_0\varepsilon_f \tag{5.53}$$

损伤表达式为

$$D=\frac{\varepsilon_u-\varepsilon}{\varepsilon_u-\varepsilon_f}\frac{\varepsilon_u}{\varepsilon} \tag{5.54}$$

损伤方程为

$$\begin{cases} D=0, & 0\leqslant\varepsilon\leqslant\varepsilon_f \\ D=\dfrac{\varepsilon-\varepsilon_f}{\varepsilon_u-\varepsilon_f}\dfrac{\varepsilon_u}{\varepsilon}=\dfrac{\varepsilon_u}{\varepsilon_u-\varepsilon_f}\left(1-\dfrac{\varepsilon_f}{\varepsilon}\right), & \varepsilon_f<\varepsilon\leqslant\varepsilon_u \end{cases} \tag{5.55}$$

$$\begin{aligned} \sigma&=(1-D)E_0\varepsilon_f=\frac{\varepsilon_u-\varepsilon}{\varepsilon_u-\varepsilon_f}E_0\varepsilon_f \\ &\Rightarrow D=1-\frac{1}{E_0}\frac{\sigma}{\varepsilon}=1-\frac{\varepsilon_u-\varepsilon}{\varepsilon_u-\varepsilon_f}\frac{\varepsilon_f}{\varepsilon} \\ &=\frac{(\varepsilon_u-\varepsilon_f)\varepsilon-(\varepsilon_u-\varepsilon)\varepsilon_f}{(\varepsilon_u-\varepsilon_f)\varepsilon}=\frac{\varepsilon_u\varepsilon-\varepsilon_f\varepsilon-\varepsilon_u\varepsilon_f+\varepsilon_f\varepsilon}{(\varepsilon_u-\varepsilon_f)\varepsilon} \\ &=\frac{\varepsilon_u\varepsilon-\varepsilon_u\varepsilon_f}{(\varepsilon_u-\varepsilon_f)\varepsilon}=\frac{\varepsilon-\varepsilon_f}{\varepsilon_u-\varepsilon_f}\frac{\varepsilon_u}{\varepsilon}=\frac{\varepsilon_u}{\varepsilon_u-\varepsilon_f}\left(1-\frac{\varepsilon_f}{\varepsilon}\right) \end{aligned} \tag{5.56}$$

5.2.2　二维正交异性损伤的本构关系

若 A^* 为有效面积，A 为原来的总面积，则

$$A^*=(1-D)A \tag{5.57}$$

对于各向异性材料，以 $i=1,2$ 表示两个方向的下标。损伤后的有效应力为 σ_{ij}^*，有效面积为 A_i^*，按未损伤的面积计算应力为 σ_{ij}，面积为 A_i，根据两者内力应相等的原则有

$$\sigma_{ij}\delta_{ik}A_k=\sigma_{ij}^*\delta_{ik}A_k^* \tag{5.58}$$

有效应力可表示为

$$\begin{bmatrix}\sigma_{11}^* & \sigma_{12}^* \\ \sigma_{21}^* & \sigma_{22}^*\end{bmatrix}=\begin{bmatrix}\dfrac{\sigma_{11}}{1-D_1} & \dfrac{\sigma_{12}}{1-D_1} \\ \dfrac{\sigma_{21}}{1-D_2} & \dfrac{\sigma_{22}}{1-D_2}\end{bmatrix} \tag{5.59}$$

$$\begin{bmatrix} \sigma_{11}^* & \sigma_{12}^* \\ \sigma_{21}^* & \sigma_{22}^* \end{bmatrix} = \begin{bmatrix} \dfrac{\sigma_{11}}{1-D_1} & \dfrac{\sigma_{12}}{1-D_1} \\ \dfrac{\sigma_{21}}{1-D_2} & \dfrac{\sigma_{22}}{1-D_2} \end{bmatrix} \Rightarrow \frac{\sigma_{21}^*}{\sigma_{12}^*} = \frac{\dfrac{\sigma_{21}}{1-D_2}}{\dfrac{\sigma_{12}}{1-D_1}} = \frac{1-D_1}{1-D_2}$$

$$\Rightarrow \sigma_{21}^* = \frac{1-D_1}{1-D_2}\sigma_{12}^* = \frac{1-D_1}{1-D_2}\left(\frac{1}{1-D_1}\sigma_{12}\right) = \frac{1}{1-D_2}\sigma_{12} \tag{5.60}$$

显然 σ_{ij}^* 是不对称的，但按总面积计的应力 σ_{ij} 为对称的，有

$$\sigma_{21}^* = \frac{1-D_2}{1-D_1}\sigma_{12}^* \tag{5.61}$$

上式称为有效应力的相容关系，在二维问题中令

$$\{\sigma^*\} = \{\sigma_{11}^* \quad \sigma_{22}^* \quad \sigma_{12}^* \quad \sigma_{21}^*\}^{\mathrm{T}} \tag{5.62}$$

$$\{\sigma\} = \{\sigma_{11} \quad \sigma_{22} \quad \sigma_{12}\}^{\mathrm{T}} \tag{5.63}$$

$$[\psi] = \begin{bmatrix} \dfrac{1}{1-D_1} & 0 & 0 & 0 \\ 0 & \dfrac{1}{1-D_2} & 0 & 0 \\ 0 & 0 & \dfrac{1}{1-D_2} & \dfrac{1}{1-D_1} \end{bmatrix} \tag{5.64}$$

$$\{\sigma^*\} = [\psi]\{\sigma\} \tag{5.65}$$

有了$[\psi]$，即可将一般的应力张量转化为有效应力张量，即

$$[\psi]^{\mathrm{T}} = \begin{bmatrix} \dfrac{1}{1-D_1} & 0 & 0 \\ 0 & \dfrac{1}{1-D_2} & \\ & & \dfrac{1}{1-D_1} \\ & & \dfrac{1}{1-D_2} \end{bmatrix} \tag{5.66}$$

$$\{\sigma^*\} = \begin{bmatrix} \sigma_{11}^* \\ \sigma_{22}^* \\ \sigma_{12}^* \\ \sigma_{21}^* \end{bmatrix}, \quad \{\sigma\} = \begin{bmatrix} \sigma_{11} \\ \sigma_{22} \\ \sigma_{12} \end{bmatrix} \Rightarrow$$

$$\{\sigma^*\} = \begin{bmatrix} \sigma_{11}^* \\ \sigma_{22}^* \\ \sigma_{12}^* \\ \sigma_{21}^* \end{bmatrix} = \begin{bmatrix} \dfrac{1}{1-D_1} & 0 & 0 \\ 0 & \dfrac{1}{1-D_2} & \\ & & \dfrac{1}{1-D_1} \\ & & \dfrac{1}{1-D_2} \end{bmatrix} \begin{bmatrix} \sigma_{11} \\ \sigma_{22} \\ \sigma_{12} \end{bmatrix} \tag{5.67}$$

利用损伤力学弹性余能和未损伤体的状态余能应相等的条件，可得

$$\Phi_e(\{\sigma\},[D])=\Phi_e(\{\sigma^*\},0)=\frac{1}{2}\{\sigma^*\}[D_e]^{-1}\{\sigma^*\} \tag{5.68}$$

式中,$[D_e]$为未损伤体的弹性矩阵;$[D]$为损伤张量。由

$$\{\varepsilon\}=\frac{\partial\Phi_e(\{\sigma\},[D])}{\partial\{\sigma\}} \tag{5.69}$$

$$\{\varepsilon\}=[D_e^*]^{-1}\{\sigma\} \tag{5.70}$$

可得

$$[D_e^*]=[\psi][D_e]^{-1}[\psi] \tag{5.71}$$

展开可得正交异性损伤的本构关系矩阵

$$[T]=\begin{bmatrix}\cos^2\beta & \sin^2\beta & \cos\beta\sin\beta\\ \sin^2\beta & \cos^2\beta & -\cos\beta\sin\beta\\ -2\cos\beta\sin\beta & 2\cos\beta\sin\beta & \cos^2\beta-\sin^2\beta\end{bmatrix} \tag{5.72}$$

上述公式是在正交损伤体系内建立的,对于整体坐标,一般有一交角。可以利用转轴公式转换到一般坐标中,引入坐标转换矩阵

$$\{\sigma\}=[D_e^*]\{\varepsilon\} \tag{5.73}$$

可得

$$[\widetilde{D}_e]=[T]^{\mathrm{T}}[D_e^*][T] \tag{5.74}$$

$[D_e^*]$已经对称化了,上式即是二维问题正交异性的损伤本构矩阵。

在一般坐标系中,有效应力与柯西应力可按下式转换:

$$\begin{Bmatrix}\sigma_x^*\\ \sigma_y^*\\ \tau_{xy}^*\\ \tau_{yx}^*\end{Bmatrix}=[\Psi^*]\begin{Bmatrix}\sigma_x\\ \sigma_y\\ \tau_{xy}\end{Bmatrix} \tag{5.75}$$

式中

$$[\Psi^*]=\begin{bmatrix}\dfrac{\cos^2\theta}{1-D_1}+\dfrac{\sin^2\theta}{1-D_2} & 0 & \left(\dfrac{1}{1-D_2}-\dfrac{1}{1-D_1}\right)\dfrac{\sin 2\theta}{2}\\ 0 & \dfrac{\sin^2\theta}{1-D_1}+\dfrac{\cos^2\theta}{1-D_2} & \left(\dfrac{1}{1-D_2}-\dfrac{1}{1-D_1}\right)\dfrac{\sin 2\theta}{2}\\ \left(\dfrac{1}{1-D_2}-\dfrac{1}{1-D_1}\right)\dfrac{\sin 2\theta}{2} & 0 & \dfrac{\sin^2\theta}{1-D_1}+\dfrac{\cos^2\theta}{1-D_2}\\ 0 & \left(\dfrac{1}{1-D_2}-\dfrac{1}{1-D_1}\right)\dfrac{\sin 2\theta}{2} & \dfrac{\cos^2\theta}{1-D_1}+\dfrac{\sin^2\theta}{1-D_2}\end{bmatrix} \tag{5.76}$$

5.2.3 三维正交异性弹性损伤本构模型

将二维本构关系推广到三维,取

$$\{\sigma^*\}=\{\sigma_{11}^*\quad\sigma_{22}^*\quad\sigma_{33}^*\quad\sigma_{32}^*\quad\sigma_{23}^*\quad\sigma_{13}^*\quad\sigma_{31}^*\quad\sigma_{12}^*\quad\sigma_{21}^*\}^{\mathrm{T}} \tag{5.77}$$

$$\{\sigma\}=\{\sigma_{11}\quad\sigma_{22}\quad\sigma_{33}\quad\sigma_{32}\quad\sigma_{13}\quad\sigma_{12}\}^{\mathrm{T}} \tag{5.78}$$

$$\{\sigma^*\}=[\psi]\{\sigma\} \tag{5.79}$$

$$[\psi]=\begin{bmatrix} \frac{1}{1-D_1} & 0 & 0 & 0 & 0 & 0 \\ 0 & \frac{1}{1-D_2} & 0 & 0 & 0 & 0 \\ 0 & 0 & \frac{1}{1-D_3} & 0 & 0 & 0 \\ 0 & 0 & 0 & \frac{1}{1-D_3} & 0 & 0 \\ 0 & 0 & 0 & \frac{1}{1-D_2} & 0 & 0 \\ 0 & 0 & 0 & 0 & \frac{1}{1-D_1} & 0 \\ 0 & 0 & 0 & 0 & \frac{1}{1-D_3} & 0 \\ 0 & 0 & 0 & 0 & 0 & \frac{1}{1-D_2} \\ 0 & 0 & 0 & 0 & 0 & \frac{1}{1-D_1} \end{bmatrix} \tag{5.80}$$

$$[D_e^*]^{-1}=\begin{bmatrix} \frac{1}{E_1^*} & -\frac{\nu_{21}^*}{E_2^*} & -\frac{\nu_{31}^*}{E_3^*} & & & \\ -\frac{\nu_{12}^*}{E_1^*} & \frac{1}{E_2^*} & -\frac{\nu_{32}^*}{E_3^*} & & & \\ -\frac{\nu_{13}^*}{E_1^*} & -\frac{\nu_{23}^*}{E_2^*} & \frac{1}{E_3^*} & & & \\ & & & \frac{1}{G_{32}^*} & & \\ & & & & \frac{1}{G_{13}^*} & \\ & & & & & \frac{1}{G_{12}^*} \end{bmatrix} \tag{5.81}$$

$$E_i^*=(1-D_i)^2E_i \tag{5.82}$$

$$\nu_{ij}^*=\frac{1-D_i}{1-D_j}\nu_{ij} \tag{5.83}$$

$$G_{ij}^*=\frac{2(1-D_i)^2(1-D_j)^2}{(1-D_i)^2+(1-D_j)^2}G_{ij} \tag{5.84}$$

$$[D^*]=\begin{bmatrix} d_{11}^* & d_{12}^* & d_{13}^* & & & \\ d_{21}^* & d_{22}^* & d_{23}^* & & & \\ d_{31}^* & d_{32}^* & d_{33}^* & & & \\ & & & G_{32}^* & & \\ & & & & G_{13}^* & \\ & & & & & G_{12}^* \end{bmatrix} \tag{5.85}$$

$$\begin{cases} d_{ii}^* = \dfrac{E_i^*(1-\nu_{ik}^*\nu_{kj}^*)}{\Delta}, \quad j \neq k \\ d_{ij}^* = \dfrac{E_i^*(\nu_{ji}^*+\nu_{ki}^*+\nu_{jk}^*)}{\Delta}, \quad i \neq j, j \neq k, k \neq i \\ \Delta = 1-\nu_{12}^*\nu_{21}^*-\nu_{32}^*\nu_{23}^*-\nu_{13}^*\nu_{31}^*-2\nu_{21}^*\nu_{32}^*\nu_{13}^* \end{cases} \tag{5.86}$$

$[D_e^*]$是在主损伤坐标系内建立的，应将它转换到整体坐标系中。设损伤主轴方向l、m、n、$i=1$、2、3，则坐标转换矩阵为

$$[T]=\begin{bmatrix} l_1^2 & m_1^2 & n_1^2 & l_1m_1 & m_1n_1 & n_1l_1 \\ l_2^2 & m_2^2 & n_2^2 & l_2m_2 & m_2n_2 & n_2l_2 \\ l_3^2 & m_3^2 & n_3^2 & l_3m_3 & m_3n_3 & n_3l_3 \\ 2l_1l_2 & 2m_1m_2 & 2n_1n_2 & l_1m_2+l_2m_1 & m_1n_2+m_2n_1 & n_1l_2+n_2l_1 \\ 2l_2l_3 & 2m_2m_3 & 2n_2n_3 & l_2m_3+l_3m_2 & m_2n_3+m_3n_2 & n_2l_3+n_3l_2 \\ 2l_3l_1 & 2m_3m_1 & 2n_3n_1 & l_3m_1+l_1m_3 & m_3n_1+m_1n_3 & n_3l_1+n_1l_3 \end{bmatrix} \tag{5.87}$$

$$[\widetilde{D}_e]=[T]^T[D_e^*][T] \tag{5.88}$$

上述本构矩阵是对称的，有限元方程

$$[K(D)]\{\sigma\}=\{p\} \tag{5.89}$$

式中

$$[K(D)]=\int[B]^T\ [T]^T\ [\widetilde{D}_e]^T[T]\ [B]\,dV \tag{5.90}$$

5.3 混凝土弹塑性损伤本构模型

5.3.1 受压混凝土弹塑性损伤本构的基本概念

混凝土在变形过程中，除了微裂缝(损伤)不断扩展外，同时还产生塑性变形，塑性变形对应不可逆的部分。假设在卸载后，尤其是反向加载，微裂缝的闭合能够使损伤部分的刚度得以恢复。这样，将总应变分解为弹性应变和不可逆应变两部分，即

$$\varepsilon=\varepsilon_e+\varepsilon_I \tag{5.91}$$

下面，引入损伤因子D和反映塑性发展的内变量q，则体系的自由能可以写为

$$\Phi=\Phi(\varepsilon,D,q) \tag{5.92}$$

将体系的自由能分解为弹性损伤自由能和塑性变形自由能两部分，即

$$\Phi=\Phi_e(\varepsilon_e,D)+\Phi_I(\varepsilon_I,q) \tag{5.93}$$

这里,假定塑性变形部分的自由能与损伤无关。

根据等效应变假定,弹性应变可以由等效应变计算为

$$\varepsilon_e = \varepsilon = \frac{\tilde{\sigma}}{E} = \frac{\sigma}{E(1-D)} \tag{5.94}$$

这里,要注意弹性损伤和弹塑性损伤等效应力的概念及其在单轴应力－应变曲线中表述的差异性。

弹性损伤自由能可以表达为

$$\Phi_e = \frac{1}{2}\varepsilon_e\sigma = \frac{1}{2}\varepsilon_e E_0 \varepsilon_e (1-D) \tag{5.95}$$

由热力学控制方程,有

$$\sigma = \frac{\partial \Phi_e}{\partial \varepsilon_e} = E_0 \varepsilon_e (1-D) \tag{5.96}$$

这样

$$\varepsilon = \varepsilon_e + \varepsilon_I \Rightarrow \varepsilon_e = \varepsilon - \varepsilon_I \Rightarrow \sigma = E_0\varepsilon_e(1-D) = E_0(\varepsilon - \varepsilon_I)(1-D)$$

这里,$\varepsilon_I = \varepsilon_I(\varepsilon_{max})$,$D = D(\varepsilon_{max})$。

当$D=0$,ε_I服从塑性力学流动法则时,式(5.96)就变为塑性力学本构方程;当$D \neq 0$,$\varepsilon_I = 0$时,式(5.96)就还原为 Mazars 等的弹性损伤本构模型。因此式(5.96)是较一般性的本构形式。

5.3.2 ABAQUS 弹塑性损伤模型

ABAQUS 弹塑性损伤混凝土模型(CDP 模型)是以 Lubliner 等人(1989)和 Lee、Fenves(1998)的研究工作为基础的。主要改进有:① 将损伤指标引入混凝土模型,对混凝土的弹性刚度矩阵加以折减,以模拟混凝土的卸载刚度随损伤增加而降低的特点;② 将非关联硬化引入混凝土弹塑性本构模型中,以期更好地模拟混凝土的受压弹塑性行为;③ 可以人为控制裂缝闭合前后的行为,更好地模拟反复荷载下混凝土的反应。

CDP 模型主要用于分析循环加载和动态加载下的混凝土结构分析,也适用于其他准脆性材料分析,如岩石、砂浆和陶瓷等。这些混凝土行为将在本节剩余部分用到,以突出本构理论的差异性。在低约束压力下,混凝土表现为脆性行为,主要的失效机理为受拉开裂和受压压溃。当约束压力足够抑制裂缝扩展时,混凝土的这种脆性将不再存在。在这种情况下,混凝土的失效主要是由混凝土微孔组织结构的固结和崩溃主导,导致了类似于具有做功硬化特征的延性材料的宏观响应。

该模型不适用于处于大静水压力下的混凝土建模。本部分给出的本构理论用于反映的是,同相当低的约束压力下的混凝土和其他类型准脆性材料发生的失效机理相关的不可逆损伤响应,这里的相当低一般是指低于 4 ～ 5 倍的单轴受压作用下的极限压应力。这些不可逆损伤的响应表现在以下宏观性能:拉、压作用下的不同屈服强度,受压作用下的初始屈服应力可以达到 10 倍甚至更高倍的受拉作用下的初始屈服应力;受拉作用下的软化行为与受压作用下的软化前的初始硬化相反;拉压下的弹性刚度退化不同;应变率敏感性,尤其是峰值强度处应变率的增加。

1. 应力－应变关系

由标量损伤弹性控制的应力－应变关系可以写为

$$\sigma=(1-d)D_0^{el}:(\varepsilon-\varepsilon^{pl})=D^{el}:(\varepsilon-\varepsilon^{pl}) \tag{5.97}$$

式中，D_0^{el} 是材料的初始(无损状态下)弹性刚度；$D^{el}=(1-d)D_0^{el}$ 是退化的弹性刚度；d 是标量形式的刚度退化变量，取值为 0 ～ 1，取 0 对应无损材料，取 1 对应全损材料。同混凝土失效机理(开裂和压溃)相关的损伤将引起弹性刚度的折减。在标量损伤理论中，刚度退化是各向同性的，由单一退化变量 d 表征。根据连续介质力学中通常应用的形式，有效应力可以写为

$$\tilde{\sigma}=D_0^{el}:(\varepsilon-\varepsilon^{pl}) \tag{5.98}$$

利用标量退化关系，Cauchy 应力与有效应力的关系为

$$\sigma=(1-d)\tilde{\sigma} \tag{5.99}$$

对于任意材料截面，$(1-d)$ 表示有效加载面积与总截面积之比，有效加载面积即为总截面减去损伤面积。在无损情况下，$d=0$，有效应力等于 Cauchy 应力。当产生损伤后，有效应力比 Cauchy 应力更具有代表性，因为它是抵抗外载的有效应力面积。因此，可以方便地利用有效应力的形式表述塑性问题。正如后面要讨论的，退化变量的演化是由一组硬化变量 $\tilde{\varepsilon}^{pl}$ 和有效应力控制的，即

$$d=d(\tilde{\sigma},\tilde{\varepsilon}^{pl}) \tag{5.100}$$

2. 损伤和刚度退化

通过将单轴加载条件拓展至多轴条件，可以较方便地给出硬化变量 $\tilde{\varepsilon}_t^{pl}$ 和 $\tilde{\varepsilon}_c^{pl}$ 的演化方程组形式。

(1) 单轴条件。

在单轴拉伸情况下，直到失效应力 σ_{t0} 之前，应力－应变响应遵循线性弹性关系，失效应力与混凝土内微裂缝的形成相对应。超过失效应力后，微裂缝表现为宏观裂缝和软化的应力－应变响应，软化响应导致混凝土结构应变的局域化。在单轴压缩情况下，直到初始屈服应力 σ_{c0} 前，响应均是线性的。根据塑性方法，该响应是由应力硬化表征的，在最大应力 σ_{cu} 之后呈现应变软化。这种表示方法虽然相对简单，但是抓住了混凝土响应的主要特征。

假定单轴应力－应变曲线可以转换成应力与塑性应变的曲线，这种转换在 ABAQUS 中是通过用户提供“inelastic”应变数据自动进行的。这样，假设单轴应力－应变曲线转换成应力与塑性应变曲线，其形式为

$$\begin{cases}\sigma_t=\sigma_t(\tilde{\varepsilon}_t^{pl},\dot{\tilde{\varepsilon}}_t^{pl},\theta,f_i)\\ \sigma_c=\sigma_c(\tilde{\varepsilon}_c^{pl},\dot{\tilde{\varepsilon}}_c^{pl},\theta,f_i)\end{cases} \tag{5.101}$$

式中，下标 t 和 c 分别表示拉和压；$\dot{\tilde{\varepsilon}}_t^{pl}$ 和 $\dot{\tilde{\varepsilon}}_c^{pl}$ 分别是等效塑性应变率；$\tilde{\varepsilon}_t^{pl}$ 和 $\tilde{\varepsilon}_c^{pl}$ 分别是等效

塑性应变，且 $\tilde{\varepsilon}_t^{pl} = \int_0^t \dot{\tilde{\varepsilon}}_t^{pl} dt, \tilde{\varepsilon}_c^{pl} = \int_0^t \dot{\tilde{\varepsilon}}_c^{pl} dt$；$\theta$ 是温度；$f_i(i=1,2,\cdots)$ 是预先定义的场变量。

在单轴条件下，有效塑性应变率为

单轴受拉：

$$\dot{\tilde{\varepsilon}}_t^{pl} = \dot{\varepsilon}_{11}^{pl} \tag{5.102}$$

单轴受压：

$$\dot{\tilde{\varepsilon}}_c^{pl} = -\dot{\varepsilon}_{11}^{pl} \tag{5.103}$$

后面，我们用符号 σ_c 来表示单轴受压应力的大小，为一个正的量，即 $\sigma_c = -\sigma_{11}$。

如图 5.4 所示，当普通混凝土在其应力－应变曲线应变软化段上的任意点卸载时，卸载响应是减弱的：材料的弹性刚度呈现损伤或退化，且受拉和受压状态下的弹性刚度退化是明显不同的，随着塑性应变的增加，刚度退化更加明显。混凝土的退化响应是由两个独立的单轴损伤变量 d_t 和 d_c 来表示的，损伤变为塑性应变、温度和场变量的函数：

$$\begin{cases} d_t = d_t(\tilde{\varepsilon}_t^{pl}, \theta, f_i), & 0 \leqslant d_t \leqslant 1 \\ d_c = d_c(\tilde{\varepsilon}_c^{pl}, \theta, f_i), & 0 \leqslant d_c \leqslant 1 \end{cases} \tag{5.104}$$

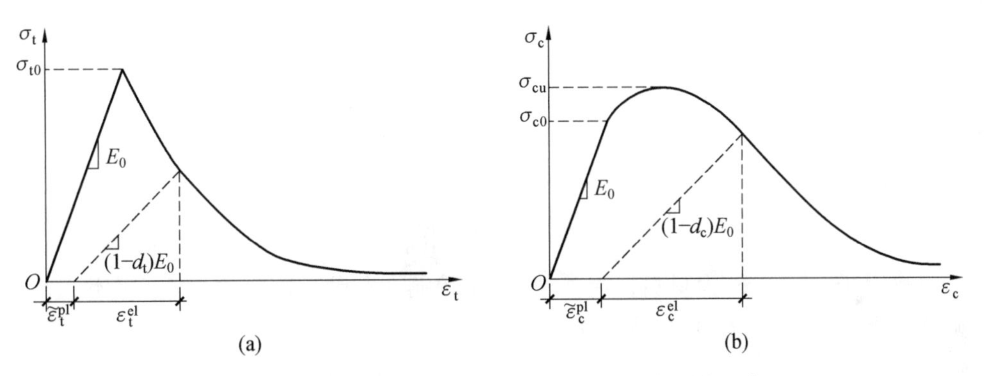

图 5.4　ABAQUS 中损伤模型受拉受压的卸载刚度退化

单轴损伤变量（或退化变量）是等效塑性应变的增函数，对于无损状态时取 0，对于全损状态时取 1。

如果材料的初始（无损）弹性刚度用 E_0 表示，单轴受拉和单轴受压下的应力－应变关系分别表达为

$$\begin{cases} \sigma_t = (1 - d_t) E_0 (\varepsilon_t - \tilde{\varepsilon}_t^{pl}) \\ \sigma_c = (1 - d_c) E_0 (\varepsilon_c - \tilde{\varepsilon}_c^{pl}) \end{cases} \tag{5.105}$$

在单轴受拉加载下，裂缝沿着应力方向的垂直方向扩展。因此，裂缝的集结与扩展将引起承载面积的减少，导致有效应力的增加。在受压加载下，这种效应显著性将降低，这是因为裂缝沿着加载方向的平行方向扩展，但是在大量的压碎量产生之后，有效承载面积也将显著降低。有效的单轴黏聚应力 $\bar{\sigma}_t$ 和 $\bar{\sigma}_c$ 为

$$\begin{cases}\bar{\sigma}_t = \dfrac{\sigma_t}{1-d_t} = E_0(\varepsilon_t - \tilde{\varepsilon}_t^{pl}) \\ \bar{\sigma}_c = \dfrac{\sigma_c}{1-d_c} = E_0(\varepsilon_c - \tilde{\varepsilon}_c^{pl})\end{cases} \tag{5.106}$$

有效单轴黏聚应力决定了屈服面或失效面的尺寸。

(2) 单轴循环条件。

在单轴循环加载条件下，退化机理十分复杂，涉及已经形成的微裂缝的张开与闭合，以及它们之间的相互作用。通过实验观察到，在单轴循环实验中，随着荷载变号，弹性刚度有部分恢复。刚度恢复效应也称之为“单侧效应”，是混凝土在循环加载下的重要性能，在荷载由拉变为压时，这一效应更加显著，这时受拉裂缝的闭合将导致受压刚度的恢复。

混凝土损伤塑性(CDP) 模型假设弹性模量的折减是标量退化变量 d 的函数，即

$$E = (1-d)E_0 \tag{5.107}$$

式中，E_0 是材料的初始(无损) 模量。

该表达式对受拉($\sigma_{11} > 0$) 和受压($\sigma_{11} < 0$) 情况均成立，刚度折减变量 d 是应力状态、单轴损伤变量 d_t 和 d_c 的函数。对单轴循环条件，ABAQUS 假设

$$1-d = (1-s_t d_c)(1-s_c d_t), \quad 0 \leqslant s_t, s_c \leqslant 1 \tag{5.108}$$

式中，s_t 和 s_c 是应力状态的函数。引入该函数用于表征与应力反向相关的刚度恢复效应，定义如下：

$$\begin{cases}s_t = 1 - w_t r^*(\bar{\sigma}_{11}), & 0 \leqslant w_t \leqslant 1 \\ s_c = 1 - w_c[1 - r^*(\bar{\sigma}_{11})], & 0 \leqslant w_c \leqslant 1\end{cases} \tag{5.109}$$

式中

$$r^*(\bar{\sigma}_{11}) = H(\bar{\sigma}_{11}) = \begin{cases}1, & \bar{\sigma}_{11} > 0 \\ 0, & \bar{\sigma}_{11} < 0\end{cases} \tag{5.110}$$

加权因子 w_t 和 w_c 为材料性能参数，用于控制在荷载反向后的拉压刚度恢复。为了说明这一点，可见图 5.5，其荷载由受拉变为受压。

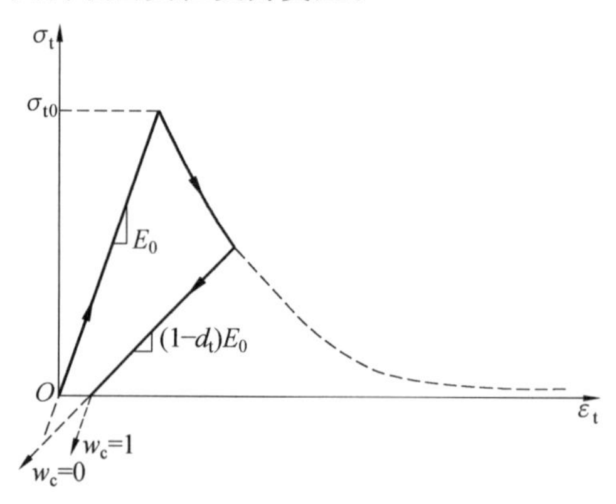

图 5.5　受压刚度恢复参数 w_c

假设在该时刻之前未曾产生受压损伤(压碎)，即 $\tilde{\varepsilon}_c^{pl} = 0$，$d_c = 0$，那么

$$1-d = 1 - s_c d_t = 1 - [1 - w_c(1 - r^*)]d_t \tag{5.111}$$

在受拉时，即 $\bar{\sigma}_{11} > 0$ 时，$r^* = 1$，这样 $d = d_t$。在受压时，即 $\bar{\sigma}_{11} < 0$ 时，$r^* = 0$，$d = (1 - w_c)d_t$，若 $w_c = 1$，则 $d = 0$，因此材料将全面恢复受压刚度，此时为初始无损刚度($E = E_0$)。若 $w_c = 0$，则 $d = d_t$，不存在恢复刚度，在此中间的值对应刚度的部分恢复。

等效塑性应变的演化方程组也可以一般化为单轴循环条件：

$$\begin{cases} \dot{\tilde{\varepsilon}}_t^{pl} = r^* \dot{\varepsilon}_{11}^{pl} \\ \dot{\tilde{\varepsilon}}_c^{pl} = -(1 - r^*)\dot{\varepsilon}_{11}^{pl} \end{cases} \tag{5.112}$$

该方程在拉压循环阶段将清晰地还原为式(5.110)。

(3) 多轴条件。

硬化变量的演化方程组必须能够扩展至广义多轴条件，根据Lee和Fenves(1998)，假设等效塑性应变率为

$$\begin{cases} \dot{\tilde{\varepsilon}}_t^{pl} = r(\hat{\bar{\varepsilon}})\hat{\dot{\varepsilon}}_{max}^{pl} \\ \dot{\tilde{\varepsilon}}_c^{pl} = -[1 - r(\hat{\bar{\varepsilon}})]\hat{\dot{\varepsilon}}_{min}^{pl} \end{cases} \tag{5.113}$$

式中，$\hat{\dot{\varepsilon}}_{max}^{pl}$ 和 $\hat{\dot{\varepsilon}}_{min}^{pl}$ 分别是塑性应变率张量 $\dot{\boldsymbol{\varepsilon}}^{pl}$ 的最大和最小特征值。

$$r(\hat{\bar{\varepsilon}}) = \frac{\sum_{i=1}^{3}\langle \hat{\bar{\varepsilon}}_i \rangle}{\sum_{i=1}^{3}|\hat{\bar{\varepsilon}}_i|};\quad 0 \leqslant r(\hat{\bar{\varepsilon}}) \leqslant 1 \tag{5.114}$$

式中，r 是应力加权因子，当所有的主应力 $\hat{\bar{\varepsilon}}_i(i = 1,2,3)$ 为正时，r 等于1；当所有的主应力 $\bar{\varepsilon}_i(i = 1,2,3)$ 为负时，r 等于0。Macauley 括号〈·〉由下式定义：

$$\langle x \rangle = \frac{1}{2}(|x| + x) \tag{5.115}$$

在单轴加载条件下，因为在单拉情况下 $\hat{\dot{\varepsilon}}_{max}^{pl} = \dot{\varepsilon}_{11}^{pl}$、在单压情况下 $\hat{\dot{\varepsilon}}_{min}^{pl} = \dot{\varepsilon}_{11}^{pl}$，式(5.113)退化为单轴条件式(5.112)。如果塑性应变率张量的特征值($\hat{\dot{\varepsilon}}_i, i = 1,2,3$)重新排列顺序，使得 $\hat{\dot{\varepsilon}}_{max}^{pl} = \hat{\dot{\varepsilon}}_1 \geqslant \hat{\dot{\varepsilon}}_2 \geqslant \hat{\dot{\varepsilon}}_3 = \hat{\dot{\varepsilon}}_{min}^{pl}$，一般多轴应力情况下的演化方程可以表示为下列矩阵形式：

$$\dot{\tilde{\boldsymbol{\varepsilon}}}^{pl} = \begin{bmatrix} \dot{\tilde{\varepsilon}}_t^{pl} \\ \dot{\tilde{\varepsilon}}_c^{pl} \end{bmatrix} = \hat{\boldsymbol{h}}(\hat{\bar{\varepsilon}}, \tilde{\boldsymbol{\varepsilon}}^{pl}) \cdot \hat{\dot{\boldsymbol{\varepsilon}}}^{pl} \tag{5.116}$$

式中

$$\hat{\boldsymbol{h}}(\hat{\bar{\varepsilon}}, \tilde{\varepsilon}^{pl}) = \begin{bmatrix} r(\hat{\bar{\varepsilon}}) & 0 & 0 \\ 0 & 0 & -(1 - r(\hat{\bar{\varepsilon}})) \end{bmatrix};\quad \hat{\dot{\boldsymbol{\varepsilon}}}^{pl} = \begin{bmatrix} \hat{\dot{\varepsilon}}_1 \\ \hat{\dot{\varepsilon}}_2 \\ \hat{\dot{\varepsilon}}_3 \end{bmatrix} \tag{5.117}$$

(4) 弹性刚度退化。

塑性损伤混凝土模型(CDP 模型)假设弹性刚度退化是各向同性的,由一个单独的标量变量 d 来表征:

$$D^{el}=(1-d)D_0^{el},\quad 0\leqslant d\leqslant 1 \tag{5.118}$$

标量退化变量 d 的定义必须与单轴单调响应(d_t 和 d_c)具有一致性,同时也应该附有循环加载下退化机理的复杂性,对于一般多轴应力条件,ABAQUS 假设

$$1-d=(1-s_t d_c)(1-s_c d_t),\quad 0\leqslant s_t,s_c\leqslant 1 \tag{5.119}$$

类似于单轴循环情况,只是将 s_t 和 s_c 表示成 $r(\hat{\bar{\varepsilon}})$ 的函数形式:

$$\begin{cases}s_t=1-w_t r(\hat{\bar{\sigma}}), & 0\leqslant w_t\leqslant 1\\ s_c=1-w_c(1-r(\hat{\bar{\sigma}})), & 0\leqslant w_c\leqslant 1\end{cases} \tag{5.120}$$

根据包括混凝土在内的多数准脆性材料的实验观察,当荷载由拉变为压后,裂缝的闭合作用使抗压刚度得到恢复。另外,一旦形成压碎微裂缝后,当荷载由压变为拉时,抗拉刚度不能得到恢复。这种性质分别对应 $w_t=0$ 和 $w_c=1$ 的情况,在 ABAQUS 中是默认的。图 5.6 所示为假设默认性质的单轴循环加载情况。

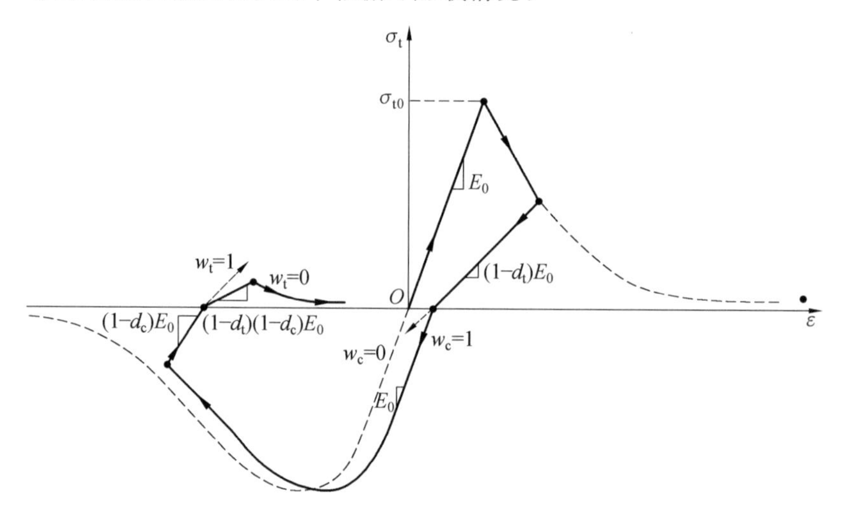

图 5.6　单轴循环加载(拉－压－拉),假设刚度恢复因子为默认值,$w_t=0$ 和 $w_c=1$

3. 屈服条件

CDP 模型采用的屈服条件是以 Lubliner 等人(1989) 提出的屈服函数为基础的,引入了由 Lee 和 Fenves(1998) 提出的用于说明拉和压下强度不同演化的修正。屈服函数以有效应力的形式表达为

$$F(\bar{\boldsymbol{\sigma}},\tilde{\varepsilon}^{pl})=\frac{1}{1-\alpha}(\bar{q}-3\alpha\bar{p}+\beta(\tilde{\varepsilon}^{pl})\langle\hat{\bar{\sigma}}_{\max}\rangle-\gamma\langle-\hat{\bar{\varepsilon}}_{\max}\rangle)-\bar{\sigma}_c(\tilde{\varepsilon}_c^{pl})\leqslant 0 \tag{5.121a}$$

式中,α 和 γ 是无量纲材料常数;$\bar{p}$ 是有效静水压力,$\bar{p}=-\frac{1}{3}\bar{\boldsymbol{\sigma}}:\boldsymbol{I}$;$\bar{q}$ 是 von Mises 等效有

效应力，$\bar{q}=\sqrt{\frac{3}{2}\bar{\boldsymbol{S}}:\bar{\boldsymbol{S}}}$；$\bar{\boldsymbol{S}}$是有效应力张量$\bar{\boldsymbol{\sigma}}$的偏量部分，$\bar{\boldsymbol{S}}=\bar{p}\boldsymbol{I}+\bar{\boldsymbol{\sigma}}$；$\hat{\bar{\sigma}}_{\max}$是$\bar{\boldsymbol{\sigma}}$的代数最大特征值；函数$\beta(\tilde{\varepsilon}^{\mathrm{pl}})$由下式给出：

$$\beta(\tilde{\varepsilon}^{\mathrm{pl}})=\frac{\bar{\sigma}_{\mathrm{c}}(\tilde{\varepsilon}_{\mathrm{c}}^{\mathrm{pl}})}{\bar{\sigma}_{\mathrm{t}}(\tilde{\varepsilon}_{\mathrm{t}}^{\mathrm{pl}})}(1-\alpha)-(1+\alpha) \tag{5.121b}$$

其中，$\bar{\sigma}_{\mathrm{t}}$ 和 $\bar{\sigma}_{\mathrm{c}}$ 是有效拉、压黏聚应力。

在双轴受压情况下，$\hat{\bar{\sigma}}_{\max}=0$，方程(5.121b)退化为熟知的 Drucker-Prager 屈服条件。可以利用初始等双轴抗压屈服应力 σ_{b0} 和单轴抗压屈服应力确定系数 α，即

$$\alpha=\frac{\sigma_{\mathrm{b0}}-\sigma_{\mathrm{c0}}}{2\sigma_{\mathrm{b0}}-\sigma_{\mathrm{c0}}}=\frac{\sigma_{\mathrm{b0}}/\sigma_{\mathrm{c0}}-1}{2\sigma_{\mathrm{b0}}/\sigma_{\mathrm{c0}}-1} \tag{5.122}$$

对于普通混凝土，比值 $\sigma_{\mathrm{b0}}/\sigma_{\mathrm{c0}}$ 的典型实验值分布在 1.10 ~ 1.16 范围内，因此 α 的屈服值介于 0.08 ~ 0.12。

仅在三轴受压应力状态下，即 $\hat{\bar{\varepsilon}}_{\max}<0$，系数 γ 才位于屈服面，通过沿着拉压子午线屈服条件的比较可以确定该系数。拉子午线(T. M.)是指满足 $\hat{\bar{\sigma}}_{\max}=\hat{\bar{\sigma}}_1>\hat{\bar{\sigma}}_2=\hat{\bar{\sigma}}_3$ 条件的应力状态的迹线，而压子午线(C. M.)是指满足 $\hat{\bar{\sigma}}_{\max}=\hat{\bar{\sigma}}_1=\hat{\bar{\sigma}}_2>\hat{\bar{\sigma}}_3$ 条件的应力状态的迹线，其中 $\hat{\bar{\sigma}}_1$、$\hat{\bar{\sigma}}_2$、$\hat{\bar{\sigma}}_3$ 是有效应力张量的特征值。不难确定，沿着拉、压子午线，有 $(\hat{\bar{\sigma}}_{\max})_{\mathrm{T.M.}}=\frac{2}{3}\bar{q}-\bar{p}$ 和 $(\hat{\bar{\sigma}}_{\max})_{\mathrm{C.M.}}=\frac{1}{3}\bar{q}-\bar{p}$。当 $\hat{\bar{\sigma}}_{\max}<0$ 时，相应的屈服条件为

$$\left(\frac{2}{3}\gamma+1\right)\bar{q}-(\gamma+3\alpha)\bar{p}=(1-\alpha)\bar{\sigma}_{\mathrm{c}}\quad(\mathrm{T.M.}) \tag{5.123}$$

$$\left(\frac{1}{3}\gamma+1\right)\bar{q}-(\gamma+3\alpha)\bar{p}=(1-\alpha)\bar{\sigma}_{\mathrm{c}}\quad(\mathrm{C.M.}) \tag{5.124}$$

对于任意给定的静水压力 $\bar{p}$，如 $\hat{\bar{\sigma}}_{\max}<0$，令 $K_{\mathrm{c}}=\bar{q}_{(\mathrm{T.M.})}/\bar{q}_{(\mathrm{C.M.})}$，则

$$K_{\mathrm{c}}=\frac{\gamma+3}{2\gamma+3} \tag{5.125}$$

系数 K_{c} 是常数，而系数 γ 由下式计算：

$$\gamma=\frac{3(1-K_{\mathrm{c}})}{2K_{\mathrm{c}}-1} \tag{5.126}$$

对于普通混凝土，$K_{\mathrm{c}}=\frac{2}{3}$，有 $\gamma=3$。

如果 $\hat{\bar{\sigma}}_{\max}>0$，沿着拉压子午线的屈服条件退化为

$$\left(\frac{2}{3}\beta+1\right)\bar{q}-(\beta+3\alpha)\bar{p}=(1-\alpha)\bar{\sigma}_{\mathrm{c}}\quad(\mathrm{T.M.}) \tag{5.127}$$

$$\left(\frac{1}{3}\beta+1\right)\bar{q}-(\beta+3\alpha)\bar{p}=(1-\alpha)\bar{\sigma}_{\mathrm{c}}\quad(\mathrm{C.M.}) \tag{5.128}$$

对于任意给定的静水压力 $\bar{p}$，如 $\hat{\bar{\sigma}}_{\max}>0$，令 $K_{\mathrm{t}}=\bar{q}_{(\mathrm{T.M.})}/\bar{q}_{(\mathrm{C.M.})}$，则

$$K_t = \frac{\beta + 3}{2\beta + 3} \tag{5.129}$$

图 5.7 给出的是典型屈服面的偏平面，图 5.8 给出的是平面应力情况下的屈服面。

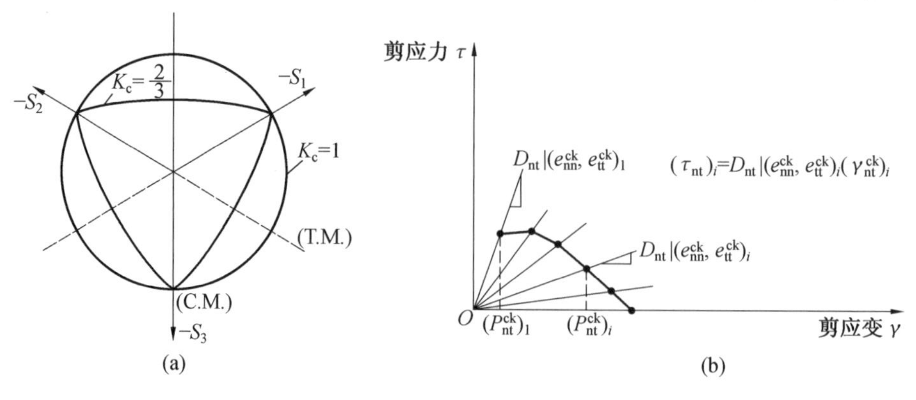

图 5.7　在偏平面上的屈服面（对应不同的 K_c 值）

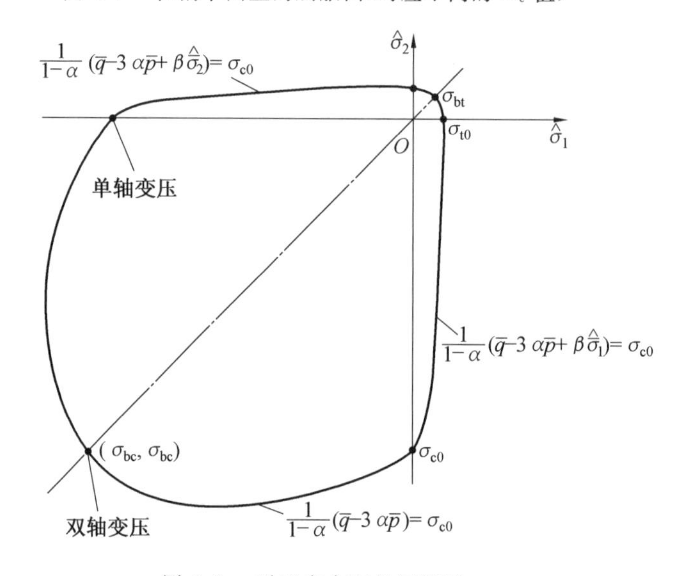

图 5.8　平面应力下的屈服面

4. 流动法则

塑性损伤模型假设遵循非相关联势能流动，即

$$\dot{\varepsilon}^{pl} = \dot{\lambda}\frac{\partial G(\bar{\sigma})}{\partial \bar{\sigma}} \tag{5.130}$$

该模型采用的流动势能面为 Drucker-Prager 的双曲函数：

$$G = \sqrt{(\varepsilon\sigma_{t0}\tan\psi)^2 + \bar{q}^2} - \bar{p}\tan\psi \tag{5.131}$$

式中，ψ 是 $p-q$ 平面内在高约束压力处测得的膨胀角；σ_{t0} 是失效时的单轴拉应力；而 ε 是参数，称之为偏心，由其定义了函数趋于渐近线处的应变率，随着偏心趋于 0，流动势趋于直线。流动势能函数是连续、光滑的，流动方向具有唯一性。在高约束压力下，流动势能函数逐渐趋于线性的 Drucker-Prager 流动势能面，并与静水压力轴在90°处相交。由于塑性流动是非相关联的，应用 CDP 模型时需要进行非对称方程求解。

5. 混凝土损伤塑性模型参数输入

(1) 定义混凝土的 CDP 模型。

混凝土受损塑性模型基于各向同性损伤的假设，并且被用于混凝土的任意加载条件(包括循环加载)。该模型考虑了塑性拉伸和压缩引起的弹性刚度的降低，它也解释了循环荷载下的刚度恢复效应。

定义混凝土塑性损伤模型，如图 5.9 所示。

① 在编辑材料对话框的菜单栏中，选择 Mechanical → Plasticity → Concrete Damaged Plasticity。

② 单击 Plasticity 选项卡，若必要可显示 Plasticity 标签页面。

③ 开启使用温度相关数据来定义取决于温度的数据。

数据表中出现一个标记为 Temp 的列。

④ 单击“字段变量数量”字段右侧的箭头以增加或减少数据所依据的局域变量的数量。

⑤ 在数据表(图 5.9) 中输入以下数据：

• Dilation Angle

在 $p-q$ 平面的膨胀角，ψ。输入度数值。

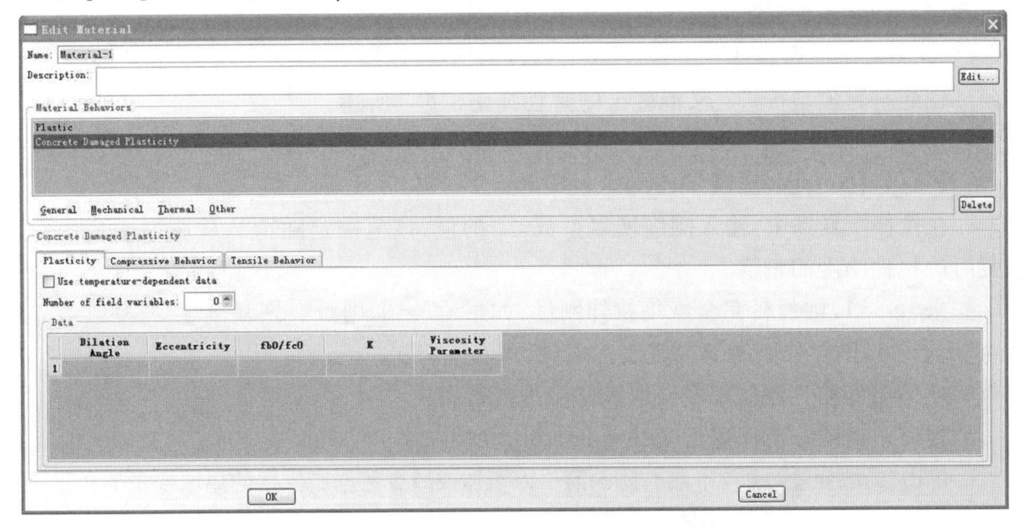

图 5.9　混凝土塑性损伤模型参数输入框

• Eccentricity

偏心率 ε。偏心率是一个很小的正数，它定义了双曲线流动势接近其渐近线的速率。默认值是 $\varepsilon=0.1$。

• f_{b0}/f_{c0}

σ_{b0}/σ_{c0}，初始等轴压缩屈服应力与初始单轴压缩屈服应力之比。默认值是 1.16。

• K

K_c，对于给定的压力不变量 p，拉子午线上其第二应力不变量 q(T.M.) 与压子午线上的第二应力不变量 $\hat{q}$(C.M.) 的比值，初始屈服时其最大主应力为负，$\sigma_{\max}<0$。K_c 必

须满足条件 $0.5 < K_c \leqslant 1.0$，默认值为 2/3。

• Viscosity Parameter

在 Abaqus/Standard 分析中，黏性参数 μ 用于混凝土本构方程的黏塑性正则化表示。这个参数在 Abaqus/Explicit 中被忽略，默认值是 0.0。（单位：T）

(2) 受压性能。

① 如图 5.10 所示，在数据表中输入以下数据：

• Yield Stress

屈服压应力 σ_0。（量纲：FL^{-2}）

• Inelastic Strain

非弹性(压碎) 应变 $\tilde{\varepsilon}_c^{in}$。

• Rate

非弹性(压碎) 应变率 $\dot{\tilde{\varepsilon}}_c^{in}$。（量纲：$T^{-1}$）

• Temp

温度。

• Field n

预定义的字段变量。

② 定义受压损伤。

a. 创建材料模型按“定义混凝土的塑性损伤模型”所述。

b. 从 Compressive Behavior 选项卡页面上的 Suboptions 选项菜单中，选择 Compression Damage，出现 Suboption Editor。

c. 在拉伸恢复场中，输入刚度恢复系数 w_t 的值，该值决定随荷载从压缩变为拉伸而恢复时的拉伸刚度的量值。

如果 $w_t = 1$，则材料完全恢复拉伸刚度；如果 $w_t = 0$，则没有恢复刚度。w_t 取中间值 $(0 \leqslant w_t \leqslant 1)$，则拉伸刚度部分恢复。$w_t$ 默认值是 0.0。

d. 使用温度相关数据来定义取决于温度的数据。

数据表中出现一个标记为 Temp 的列。

e. 单击“局域变量数量”字段右侧的箭头以增加或减少数据所依据的局域变量的数量。

f. 在数据表(图 5.10) 中输入以下数据：

• Damage Parameter

压缩损伤变量 d_c。

• Inelastic Strain

非弹性(压碎) 应变。

非弹性(压碎) 应变可以定义在单轴压缩下的弹性范围之外普通混凝土的应力应变行为。压缩应力数据是作为非弹性(或压碎) 应变 $\tilde{\varepsilon}_c^{in}$ 的表格函数提供的，并且如果需要的话可提供应变率、温度和场变量。压应力应变应当输入正(绝对) 值。

硬化数据不是由弹性应变 $\tilde{\varepsilon}_{0c}^{el}$ 给出的，而是由非弹性应变 $\tilde{\varepsilon}_c^{in}$ 给出的。

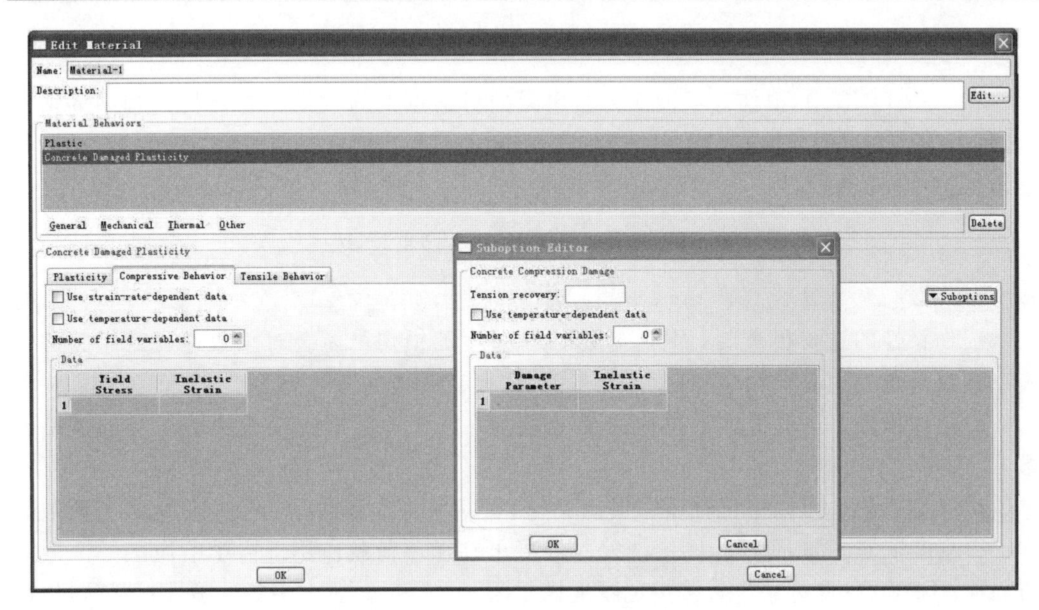

图 5.10　受压性能参数输入框

压缩非弹性应变定义为总应变减去对应于未受损材料的弹性应变，即 $\tilde{\varepsilon}_{\mathrm{c}}^{\mathrm{in}}=\varepsilon_{\mathrm{c}}-\varepsilon_{0\mathrm{c}}^{\mathrm{el}}$，其中 $\varepsilon_{0\mathrm{c}}^{\mathrm{el}}=\sigma_{\mathrm{c}}/E_0$，如图 5.11 所示。

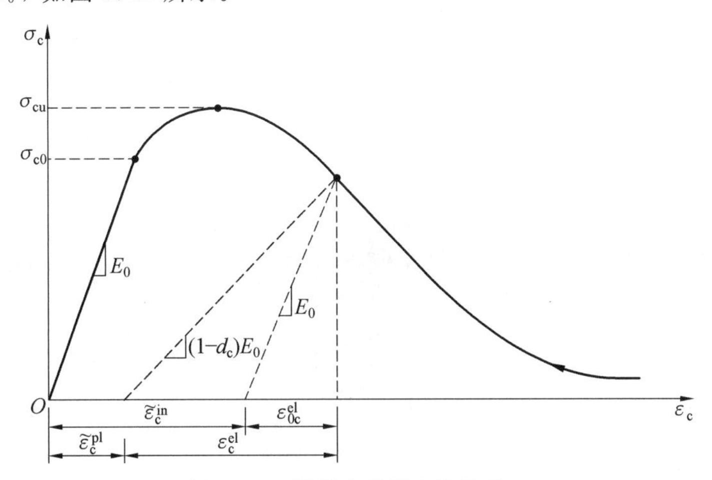

图 5.11　混凝土受压本构关系

卸载数据以压缩损伤曲线 $d_{\mathrm{c}}-\tilde{\varepsilon}_{\mathrm{c}}^{\mathrm{in}}$ 的形式提供给 ABAQUS，ABAQUS 按照下式自动将非弹性应变值转换为塑性应变值：

$$\tilde{\varepsilon}_{\mathrm{c}}^{\mathrm{pl}}=\tilde{\varepsilon}_{\mathrm{c}}^{\mathrm{in}}-\frac{d_{\mathrm{c}}}{(1-d_{\mathrm{c}})}\frac{\sigma_{\mathrm{c}}}{E_0} \tag{5.132}$$

如果计算的塑性应变值为负值或随着非弹性应变增加而减少，ABAQUS 将发出错误信息，这通常表明压缩损伤曲线不正确。在没有压缩损伤的情况下，$\tilde{\varepsilon}_{\mathrm{c}}^{\mathrm{pl}}=\tilde{\varepsilon}_{\mathrm{c}}^{\mathrm{in}}$。

③ 定义损伤及刚度恢复。

损伤 d_{t} 或 d_{c} 可以用表格形式指定。如果未指定损伤，模型则表现为塑性模型，即 $\tilde{\varepsilon}_{\mathrm{t}}^{\mathrm{pl}}=$

$\tilde{\varepsilon}_{t}^{ck}$，$\tilde{\varepsilon}_{c}^{pl}=\tilde{\varepsilon}_{c}^{in}$。

在 ABAQUS 中，损伤变量被视为非递减的材料点上的数量。在分析过程中的增量处，每个损伤变量的新值都是上一个增量结束时的值与当前状态值(用户指定的表格数据插值)之间的最大值，即

$$d_{t}\mid_{t+\Delta t}=\max\{d_{t}\mid_{t},d_{t}(\tilde{\varepsilon}_{t}^{pl}\mid_{t+\Delta t},\theta\mid_{t+\Delta t},f_{i}\mid_{t+\Delta t})\}\tag{5.133}$$

$$d_{c}\mid_{t+\Delta t}=\max\{d_{c}\mid_{t},d_{c}(\tilde{\varepsilon}_{c}^{pl}\mid_{t+\Delta t},\theta\mid_{t+\Delta t},f_{i}\mid_{t+\Delta t})\}\tag{5.134}$$

损伤特性的选择很重要，因为一般来说，过度的损伤可能会对收敛速度产生关键影响。建议避免使用高于 0.99 的损伤变量值，这相当于刚度降低 99%。

a. 拉伸损伤。可以将单轴拉伸损伤变量 DT 定义为裂缝应变或裂缝位移的表格函数。

b. 压缩损伤。可以将单轴压缩损伤变量 DC 定义为非弹性(压碎)应变的表格函数。

c. 刚度恢复。如上所述，刚度恢复是混凝土在循环荷载作用下力学响应的一个重要方面。ABAQUS 允许用户直接指定刚度恢复因子 w_{t} 和 w_{c}。大多数准脆性材料(包括混凝土)的实验观察结果表明，随着荷载从拉伸变为压缩，裂缝闭合时压缩刚度得到恢复。另一方面，一旦受压微裂缝发生，荷载从压缩变为拉伸时，拉伸刚度不恢复。这种情况对应于$w_{t}=0$ 和 $w_{c}=1$，是 ABAQUS 使用的默认设定。

图 5.6 为默认设定行为下材料的单轴荷载循环。

图 5.12 刚度恢复因子为默认值 $w_{t}=0$ 和 $w_{c}=1$ 时的单轴荷载循环(拉伸－压缩－拉伸)。

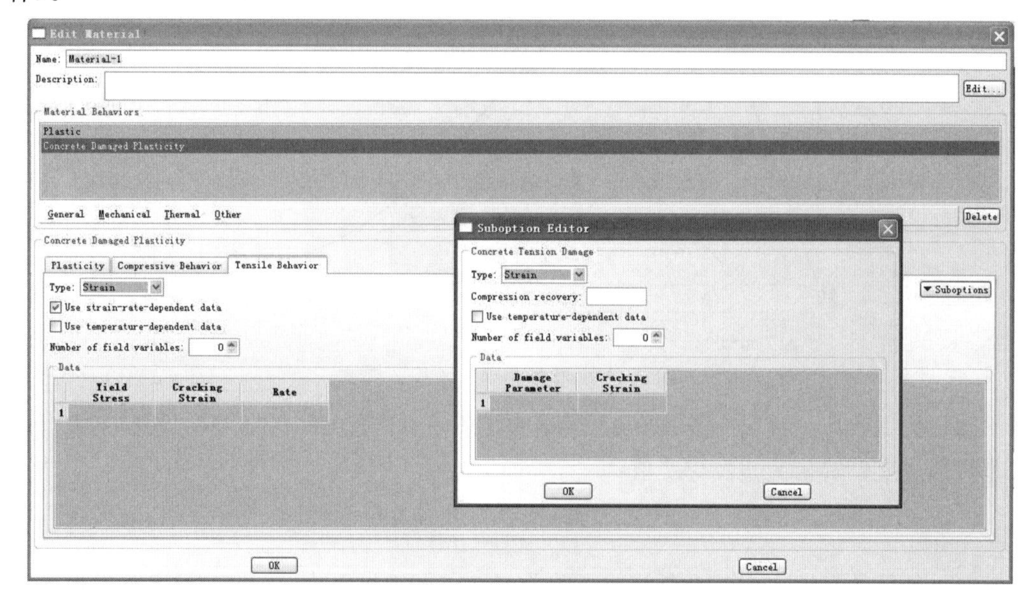

图 5.12　混凝土受拉性能参数输入框

(3) 受拉性能。

① 应变或位移输入。

a. Yield Stress

如果从 Type 选项列表中选择应变或位移，请输入在裂缝后剩余的直接应力 σ_t。（量纲：FL^{-2}）

如果从 Type 选项列表中选 GFI，请输入失效应力 σ_{t0}。（量纲：FL^{-2}）

• Direct Cracking Strain

直接开裂应变 $\tilde{\varepsilon}_t^{ck}$。

• Displacement

直接开裂位移 u_t^{ck}。（量纲：L）

• Fracture Energy

断裂能量 G_f。（量纲：FL^{-1}）

• Rate

如果从 Type 选项列表中选择应变，请输入直接开裂应变率 $\dot{\tilde{\varepsilon}}_t^{ck}$。（量纲：$T^{-1}$）

如果从 Type 选项列表中选择位移，请输入直接开裂位移速率 $\dot{u}_t^{ck}$。（量纲：LT^{-1}）

b. 如果需要，从 Suboptions 菜单中选择 Tension Damage 以表格形式指定损坏。（如果忽略了损坏数据，则该模型表现为塑性模型）

② 定义拉伸损伤。

a. 按照“定义混凝土塑性损伤模型”中所述的步骤创建材料。

b. 从“Tensile Behavior”选项卡页面的“Suboptions”菜单中选择“Tension Damage.”，会有一个子选项编辑器出现。

c. 单击“Type”字段右侧的箭头，然后选择一种用于定义拉伸损伤变量的方法：

• 选择应变以指定作为裂缝应变函数的拉伸损伤变量。

• 选择位移以指定作为裂缝位移函数的拉伸损伤变量。

d. 在压缩恢复场中，输入刚度恢复系数 w_c 的值，该值决定随着荷载从拉伸变为压缩时而恢复的压缩刚度的量值。

如果 $w_c=1$，则材料完全恢复压缩刚度；如果 $w_c=0$，则没有恢复刚度。w_t 取中间值（$0\leqslant w_t\leqslant 1$），则压缩刚度部分恢复。$w_c$ 默认值是1.0，因为认为再次受压时裂缝会闭合，压缩刚度不受拉伸损伤的影响。

e. 使用温度相关数据来定义取决于温度的数据。

f. 数据表中出现一个标记为 Temp 的列。

g. 单击“字段变量数量”字段右侧的箭头以增加或减少数据所依据的字段变量的数量。

h. 数据表(图5.12)中，输入与步骤c中的类型选择相关的数据(并非以下所有条件都适用)：

• Damage Parameter

拉伸损伤模量 d_t。

• Cracking Strain

直接开裂应变 $\tilde{\varepsilon}_t^{ck}$。

• Displacement

直接开裂位移 u_t^{ck}。(量纲:L)

根据开裂应变 $\tilde{\varepsilon}_t^{ck}$ 给出拉力强化数据。若卸载数据可获得,数据以拉伸损伤曲线(图 5.13)的形式输入 ABAQUS。ABAQUS 按下式自动将开裂应变值转换为塑性应变值,即

$$\tilde{\varepsilon}_t^{pl} = \tilde{\varepsilon}_t^{ck} - \frac{d_t}{(1-d_t)}\frac{\sigma_t}{E_0} \quad (5.135)$$

如果计算出的塑性应变值为负值或随开裂应变增加而减少,ABAQUS 将发出错误信息,这通常表明拉伸损伤曲线不正确。在没有拉伸损伤的情况下,有 $\tilde{\varepsilon}_t^{pl} = \tilde{\varepsilon}_t^{ck}$。

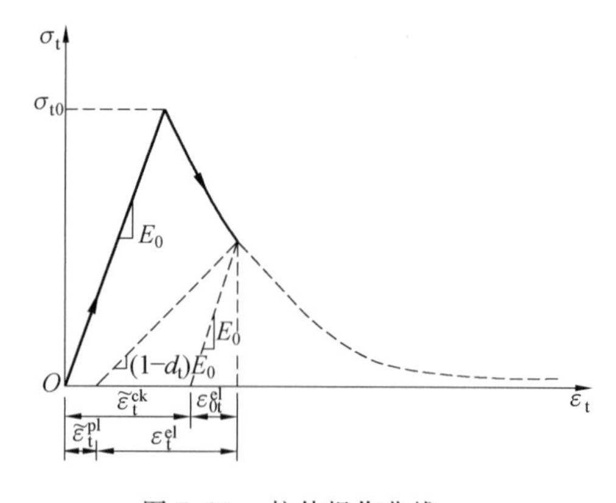

图 5.13 拉伸损伤曲线

③ 断裂能输入。

Hillerborg 使用脆性断裂概念,将开裂单位面积 G_f 所需的能量定义为材料参数,断裂能输入窗口如图 5.14 所示。采用这种方法,混凝土的脆性行为表现为应力－位移响应,而不是应力－应变响应。在拉力作用下,混凝土试件的裂缝将会经过一些截面。当试件被足够拉伸时,截面上大部分地方都没有应力(此时未损伤弹性应变很小),试件的长度就取决于裂缝,而裂缝的大小不取决于试件的长度。

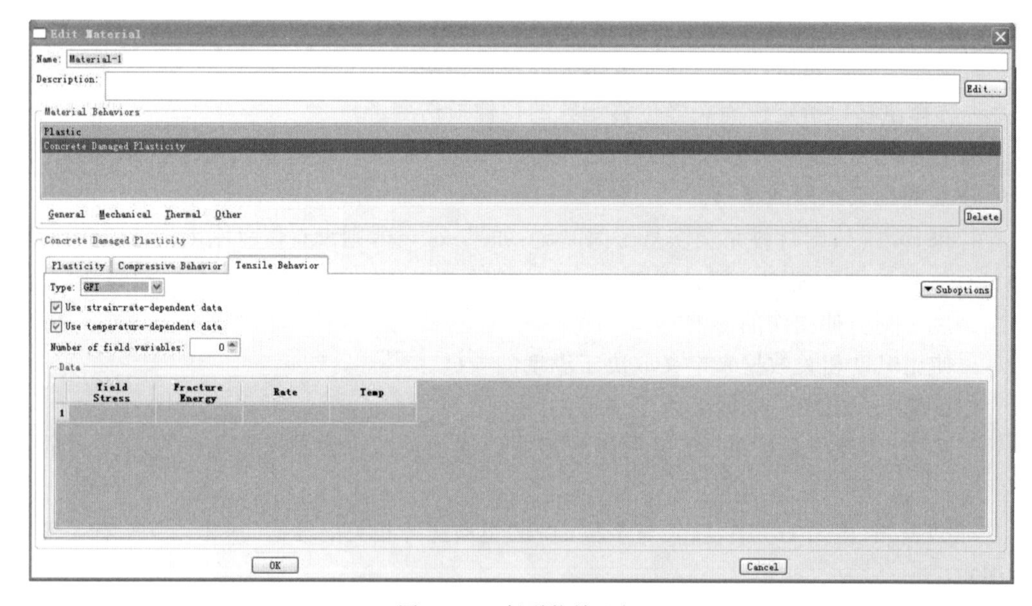

图 5.14 断裂能输入框

这种断裂能量开裂模型可以通过将失效后应力指定为裂缝位移的函数来调用,如图 5.15 所示。

或者,断裂能 G_f 可以直接指定为材料属性;在这种情况下,将失效应力 σ_{t0} 定义为相

关断裂能的表格函数。这个模型假设开裂后强度按线性损失，如图 5.16 所示。

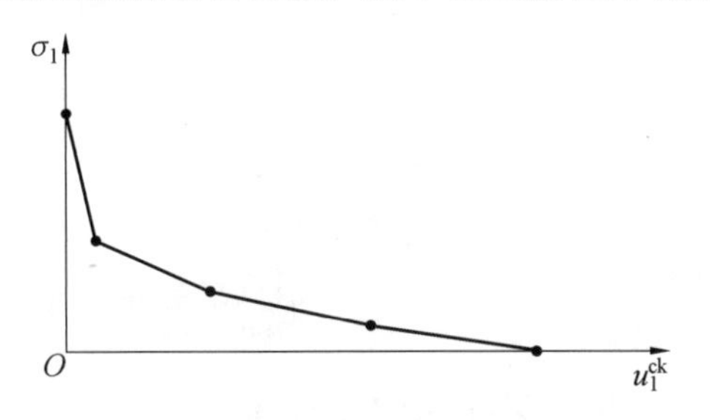

图 5.15　失效后应力－位移曲线

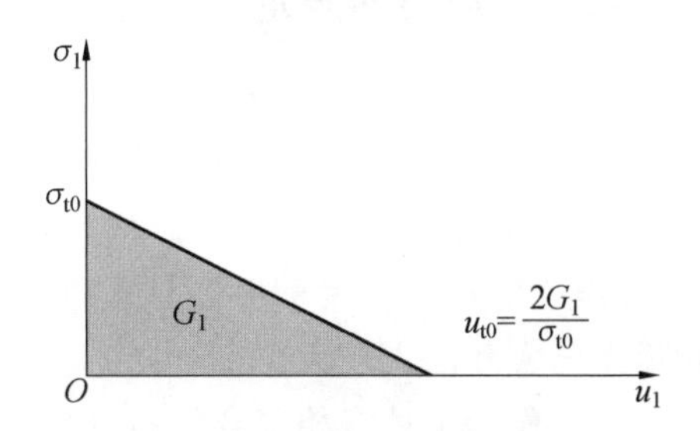

图 5.16　失效后应力－断裂能曲线

因此，完全失去强度时其裂缝位移是 $u_{t0}=2G_f/\sigma_{t0}$。G_f 的典型值从对普通混凝土（抗压强度大致为 20 MPa，2 850 lb/in²）的 40 N/m (0.22 lb/in)，提高到对高强混凝土（抗压强度接近 40 MPa，5 700 lb/in²）的 120 N/m (0.67 lb/in)。

5.4　损伤演化与测定

5.4.1　损伤的演化

混凝土是由众多骨料与水泥浆胶合而成，因而可以认为混凝土是由很多微小单元组成，这些微单元"宏观无穷小"，小到可以视为连续损伤力学的一个质点来考虑，而"微观无穷大"，大到足以包含许多微裂缝和微缺陷。由于混凝土是一种多相复合材料，在其内部存在强度不同的许多薄弱环节，因此各微单元所具有的强度也就不尽相同。考虑到混凝土在加载过程中的损伤是连续的，故假设各微单元的强度服从概率分布 $\phi(\varepsilon)$。这里 $\phi(\varepsilon)$ 是关于应变的函数，是混凝土在加载过程中各微单元损伤率的一种度量，从宏观上反映试样的损伤程度，从微观上表征微单元是破坏还是未破坏。微单元不断破坏的积累导致混凝土的宏观劣化，用来表征混凝土损伤程度的是前述的损伤因子 D，显然损伤因子与各微单元所包含缺陷的多少有关。这些缺陷直接影响着微元的强度，故损伤因子 D 与 $\phi(\varepsilon)$ 有如下关系：

$$\frac{\mathrm{d}D}{\mathrm{d}\varepsilon}=\phi(\varepsilon) \tag{5.136}$$

在研究岩石、混混凝土的损伤断裂时，有文献等表明：Weibull 分布尤适合描述该类材料的断裂过程，故将 $\phi(\varepsilon)$ 取为

$$\phi(\varepsilon)=\frac{m}{\alpha}(\varepsilon-\gamma)^{m-1}\exp\left[-\frac{(\varepsilon-\gamma)^m}{\alpha}\right] \tag{5.137}$$

式中，α、m、γ 分别为尺度参数、形状参数和位置参数。于是

$$\begin{aligned}D&=\int_\gamma^\varepsilon\phi(x)\mathrm{d}x=\frac{m}{\alpha}\int_\gamma^\varepsilon(x-\gamma)^{m-1}\exp\left[-\frac{(x-\gamma)^m}{\alpha}\right]\mathrm{d}x\\&=-\exp\left[-\frac{(x-\gamma)^m}{\alpha}\right]_\gamma^\varepsilon=1-\exp\left[-\frac{(\varepsilon-\gamma)^m}{\alpha}\right]\end{aligned} \tag{5.138}$$

这里位置参数 γ 相当于损伤的门槛值。式(5.138) 即是损伤因子 D 的演化形式。

5.4.2 损伤的测定

混凝土由于成型工艺、养护条件等因素影响，即使在加载以前，也存在许多微缺陷和微裂缝。随着外荷载的增加，这些缺陷不断发展演化，损伤越来越严重，直至这些微裂缝相互贯通，最后形成宏观裂缝。严格意义上讲，混凝土整个受力过程伴随操作的萌生和演化，是非线性的过程。关于损伤变量的定义有多种，其演化方程也多根据经验加以确定，各种模型与实际出入较大。

混凝土作为一种多相复合材料，内部存在许多界面裂缝，随着外荷载的增加，裂缝尖端的应力集中导致界面裂缝逐步扩展，并逐渐向砂浆内发展。在微裂缝发展变化的过程中，产生一种弹性波而向周围辐射，这种现象称为声发射现象。

1. 混凝土单调受压的声发射特性

根据应变与时间的关系，可以将能量率对时间的关系转换成能量率－应变的关系，即本构声发射特性。图5.17(a)和(b)即为根据典型的应变－时间线性关系，转换后的混凝土本构声发射特性与相应应力－应变全曲线关系的典型结果。

本构声发射特性基本分为两种情况：

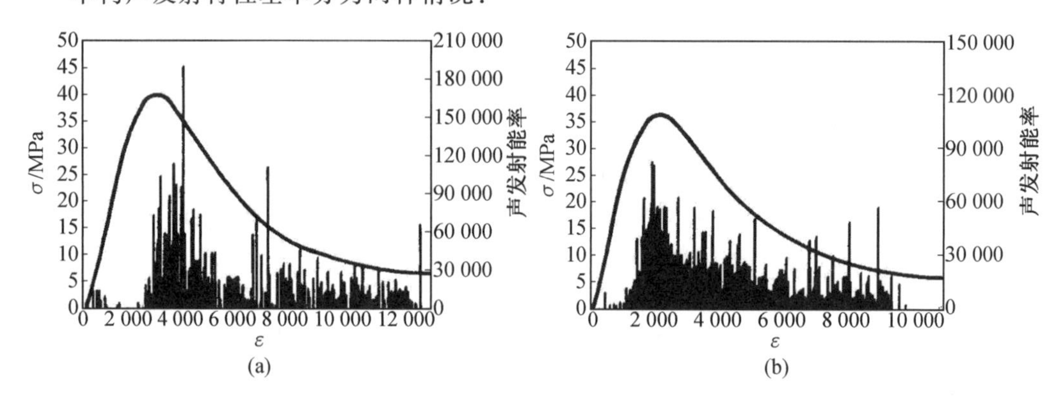

图5.17 单调受压混凝土声发射特性

(1) 当应变较小即混凝土试件刚受力时便出现声发射信号，此阶段相应于混凝土的初始压密阶段，混凝土内部原有的微孔隙、微缺陷在外载作用下逐步被压实，使其内部微结构发生变化；而后进入一平稳阶段，没有声发射信号出现。当荷载接近80％极限荷载时，声发射信号的强度和密度不断增加，峰值荷载时尤甚，说明此时混凝土内部的裂缝已由骨料与砂浆间的界面裂缝发展至砂浆内部，且由稳定发展状态过渡到非稳定发展阶段，峰值后应力－应变曲线下降段的声发射信号较峰值处的密度稍稀疏一些，但仍有相当的强度，直至残余强度阶段，此时裂缝已相互作用并彼此连通，形成贯通裂缝并导致试件破坏。

(2) 当混凝土试件刚受力时，没有声发射信号产生或者极少。当应力超过极限强度的80％以上时，声发射信号急剧增加，峰值稍后一点强度和密度最为强烈，之后便与(1)情况相同。

2. 混凝土单轴循环受压声发射特性

图 5.18 为在结构实验系统上完成的等应变速率控制的几种循环受压混凝土应力－应变全曲线实验结果，从图中可以看出：当混凝土卸载后再加载，直至公共点以前，基本为线性的，说明原已形成的裂缝在卸载时闭合，未达到历史上的最大应变以前不重新发展，即在卸载和再加载至最大应变以前没有新的裂缝产生；而过了公共点以后，应力－应变曲线刚度急剧降低，表明原有裂缝进一步发展，即产生新的损伤。

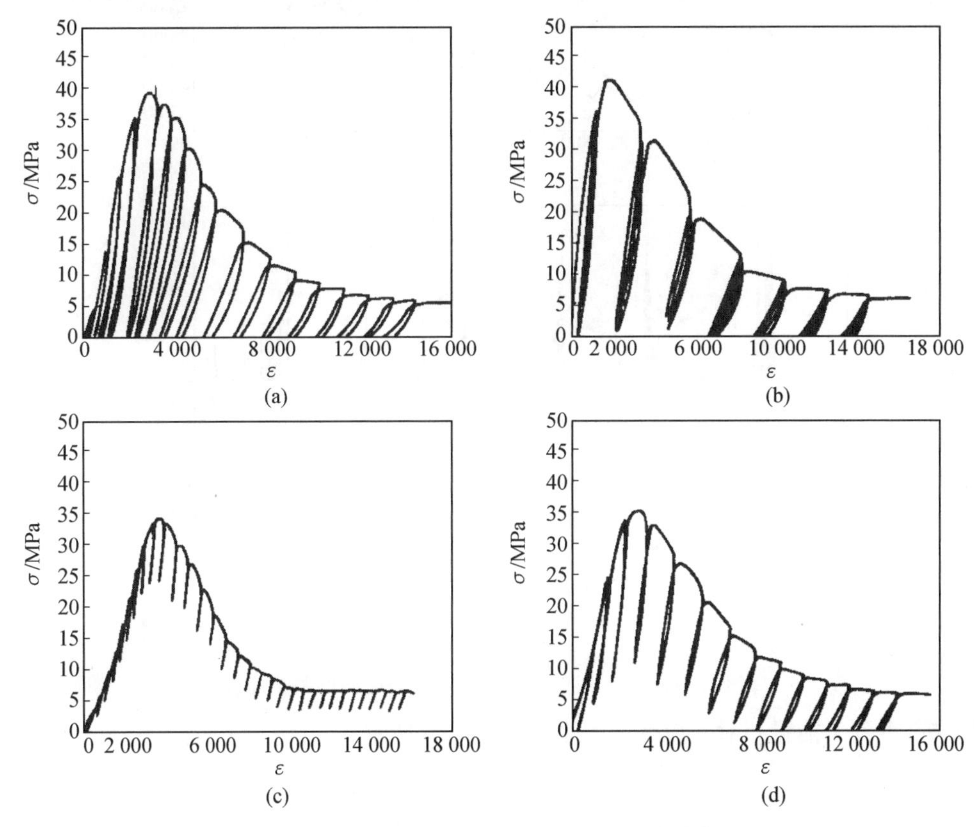

图 5.18　循环加、卸载实验应力－应变全曲线

图 5.19 是相应于图 5.18 中前两种工况的声发射特性，图 5.18 的每个图由两部分组成：上半部分为声发射与时间的关系，下半部分为加载过程中应变与时间的关系，二者时间轴具有相同的刻度值。

由图可见：第一次加载时，便有声发射信号产生，而后出现一小段平稳阶段。当超过前述单调受压平稳阶段后，在第一次应变加载时，将有声发射信号产生，其强度和密度相当于单调受压相同应变水平的声发射特性；但卸载及再加载至历史上达到的最大应变以前，基本无声发射信号产生，这与文献[44]相同，即说明卸载及再加载至历史最大应变以前，没有微裂缝产生，这在图 5.19(b) 中表现更为明显。

3. 根据声发射实验确定 D

声发射能率的大小反映了声发射源释放能量的强烈程度。经对声发射实验结果的整

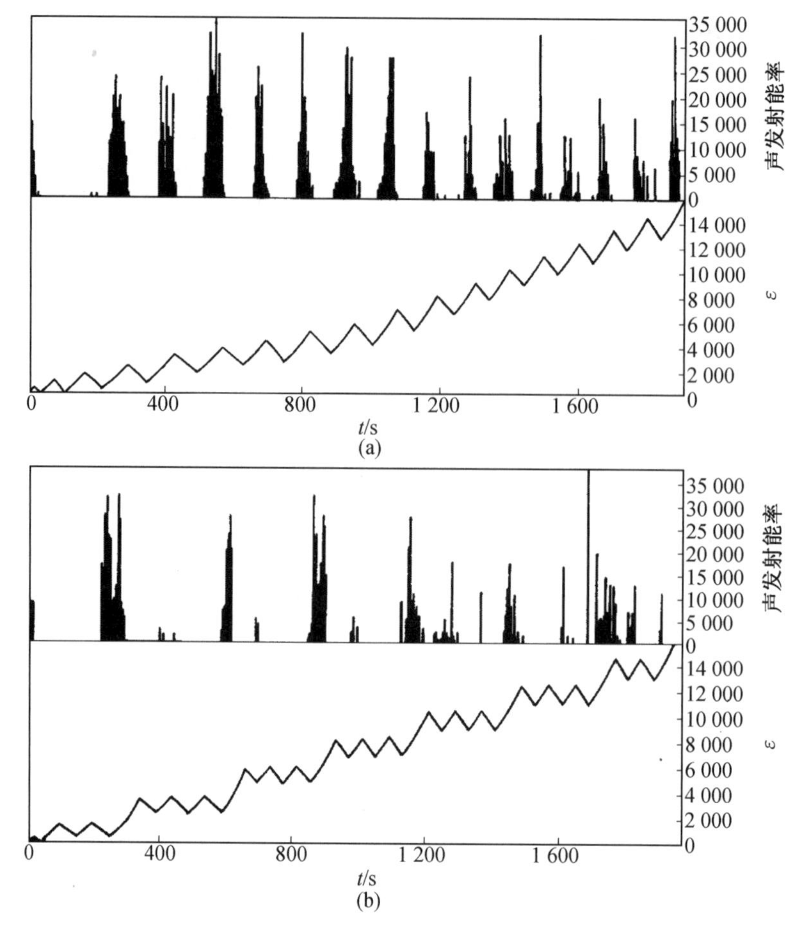

图 5.19　声发射能率和应变与加载时间的关系曲线

理分析，得到了能量相对于应变的关系，如图 5.20 所示。

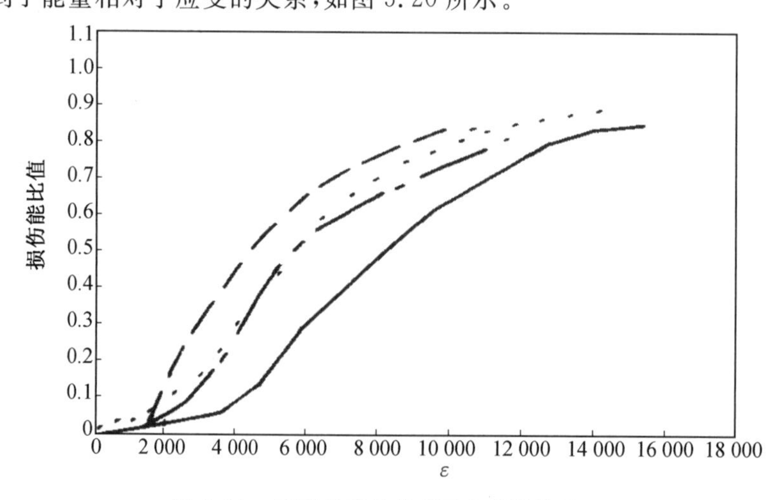

图 5.20　声发射能量相对于应变的关系

为方便，图 5.20 中对能量进行了无量纲处理，将每个测点能量均除以最大能量，该最大能量由应力－应变曲线的残余强度决定。因为声发射能是在混凝土内部裂缝开展时释放出来的弹性波的能量度量，故声发射能的大小可以用来表征在混凝土内部微裂缝的开展，上述无量纲处理后的声发射能量比值可作为衡量损伤发展的度量，应具有与损伤因子相同的意义。由图 5.20 可以发现，损伤能比值随应变增加的变化规律基本相同，且均呈非线性增长趋势。由图知，这些曲线前期增长较慢，当应变小于某个数值时，损伤能比值为 0；随后增长速度不断加快；当应变接近残余强度阶段时，增长趋势再次减缓，并逐渐趋于$(1-\alpha_R)$，此处 α_R 为残余强度与峰值强度之比。

经过对 10 个试件的测定结果回归，得到损伤能比值与应变间的关系，即

$$D_1 = 1 - 10\exp\left[-\frac{(\varepsilon-\gamma)^{0.247}}{2.5648}\right] \tag{5.139}$$

式中，D_1 为损伤能比值；ε 为应变，单位为 $\mu\varepsilon$；γ 相当于损伤阈值，一般为弹性极限应变。

4. 根据弹性模量的衰减确定 *D*

将损伤本构关系式写成

$$\sigma = E'(\varepsilon - \varepsilon_I) \tag{5.140}$$

即

$$E' = (1-D)E \tag{5.141}$$

说明刚度的衰减可以表征损伤因子 D 的变化，根据图 5.18 已给出的 4 种加载制度下的循环受压应力－应变全曲线，可知：当混凝土卸载后再加载，直至公共点以前，基本为线性的，说明原已形成的裂缝在卸载时闭合，未达到历史上的最大应变以前不重新发展，即在卸载和再加载至最大应变以前不产生新的损伤；而过了公共点以后，应力－应变曲线刚度急剧降低，表明此时原有裂缝进一步发展，即产生新的损伤。本章研究了两种模量的变化滑况，即公共点切线模量和卸载点与再加载点连线间的割线模量。图 5.21 和图 5.22 分别给出了图 5.18 中 4 种工况模量随应变的变化关系，为方便，每点的模量均除以各自的初始模量。

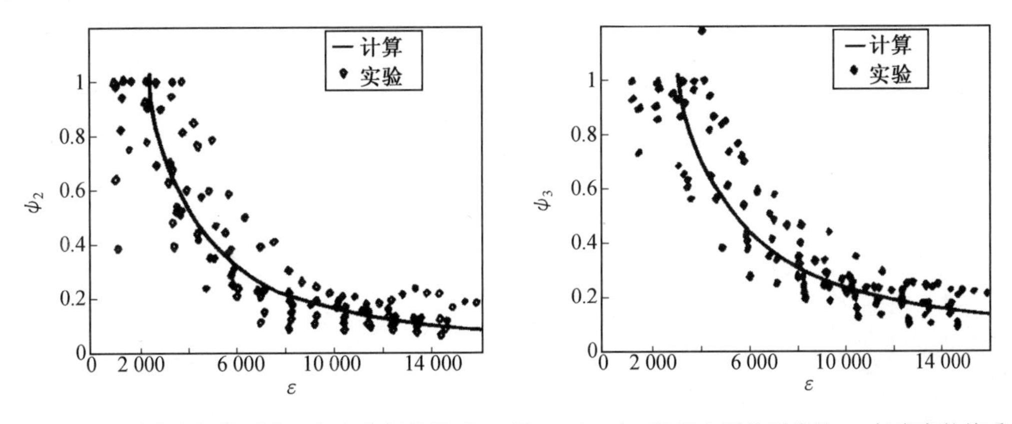

图 5.21　公共点切线刚度比与应变间的关系　　图 5.22　加、卸载点割线刚度比 ψ_3 与应变的关系

从图 5.21、图 5.22 中不难发现：尽管加载工况不同，但两种模量的变化趋势是相同的，损伤发展与达到过的最大应变有关，与加载工况关系不大，虽然各种工况之间存在一

定的离散性，但用统计方法加以研究，完全可以满足工程要求。从图可知：加载初期，模量变化较小，这主要是由于骨料与砂浆间界面裂缝发展造成的；随着应变增加，模量衰减速度加快，表明此时混凝土内部已发展的骨料砂浆界面裂缝开始向砂浆中扩展，并逐渐变成非稳定扩展；当接近残余强度阶段时，衰减趋势又趋平缓，因为此时砂浆中的裂缝已相互贯通形成宏观裂缝，将试件分为许多群柱，表明试件已破坏。

经对每种工况 5 个试件共 20 个试件的测试结果回归，得到公共点刚度比值 ϕ_2 和加、卸载割线刚度比值 ϕ_3 与应变间的变化关系为

$$\phi_2 = 10\exp\left[-\frac{(\varepsilon-\gamma)^{0.28}}{3.069\ 54}\right] \tag{5.142}$$

$$\phi_3 = 10\exp\left[-\frac{(\varepsilon-\gamma)^{0.26}}{2.786\ 4}\right] \tag{5.143}$$

式中，ε 为应变，单位为 $\mu\varepsilon$；γ 相当于阈值，与式(5.139) 相同。于是可得到损伤变量分别为

$$D_2 = 1-\phi_2 = 1-10\exp\left[-\frac{(\varepsilon-\gamma)^{0.28}}{3.069\ 54}\right] \tag{5.144}$$

$$D_3 = 1-\phi_3 = 1-10\exp\left[-\frac{(\varepsilon-\gamma)^{0.26}}{2.786\ 4}\right] \tag{5.145}$$

5. ε_1 的实验研究

根据实测结果得到回归公式：

$$\varepsilon_1 = 0.000\ 01\varepsilon^2 + 0.828\ 4\varepsilon - 1\ 208.93 \tag{5.146}$$

ε_1 为在应变 ε 处开始卸载至应力为 0 时的残余应变，单位为 $\mu\varepsilon$。根据测定结果可知：在弹性阶段卸载时残余应变 ε_1 很小，故当 $\varepsilon \leqslant \gamma$ 时，可取 $\varepsilon_1 = 0$。

第 6 章　混凝土开裂后的处理方法

6.1　概　　述

常用的混凝土裂缝模型有弥散裂缝模型(Smeared-Cracking Model)、离散裂缝模型(Discrete-Cracking Model)、断裂力学模型等。

弥散裂缝模型和离散裂缝模型各有优缺点。一般来说，离散裂缝的概念更符合混凝土断裂的概念，因为一般认为混凝土断裂是几何不连续的。而弥散裂缝是假想开裂固体为一个连续介质。该方法可以追溯到 Rashid(拉希德，1968) 最先提出的相关概念，这种数学模型的基本假设是认为开裂的混凝土还保持某种连续性，裂缝是以一种"连续的"形式分布于单元中。如果取裂缝方向作为一个局部坐标轴方向，那么可以认为沿坐标轴的两个正交方向上混凝土具有不同的物理力学性质。弥散裂缝模型中，裂缝不是离散的或单个的，而是遍布在一个单元内无穷多条互相平行的裂隙。与此同时，弥散概念也能真实地描述基材－骨料类复合材料，如混凝土中钝断裂问题中的微裂缝带的概念。微裂缝带位于可视裂缝的尖端，其宽度被认为属于材料性能参数。

6.2　开裂混凝土的本构模型

6.2.1　未开裂混凝土线弹性材料刚度矩阵

未开裂混凝土应力－应变关系可表示为

$$\{\sigma\}=[D]\{\varepsilon\} \tag{6.1}$$

式中

$$\{\sigma\}=[\sigma_x\quad\sigma_y\quad\sigma_z\quad\tau_{xy}\quad\tau_{yz}\quad\tau_{zx}]^{\mathrm{T}},\quad\{\varepsilon\}=[\varepsilon_x\quad\varepsilon_y\quad\varepsilon_z\quad\gamma_{xy}\quad\gamma_{yz}\quad\gamma_{zx}]^{\mathrm{T}} \tag{6.2}$$

刚度矩阵$[D]$用 E 和 ν 表示成

$$[D]=\frac{E}{(1+\nu)(1-2\nu)}\begin{bmatrix}1-\nu & \nu & \nu & 0 & 0 & \\ \nu & 1-\nu & \nu & 0 & 0 & \\ \nu & \nu & 1-\nu & 0 & 0 & \\ 0 & 0 & 0 & \frac{1-2\nu}{2} & 0 & \\ 0 & 0 & 0 & 0 & \frac{1-2\nu}{2} & \\ 0 & 0 & 0 & 0 & 0 & \frac{1-2\nu}{2}\end{bmatrix} \tag{6.3}$$

用 G 和 K 表示成

$$[D]=\begin{bmatrix} K+\frac{4}{3}G & K-\frac{2}{3}G & K-\frac{2}{3}G & 0 & 0 & \\ K-\frac{2}{3}G & K+\frac{4}{3}G & K-\frac{2}{3}G & 0 & 0 & \\ K-\frac{2}{3}G & K-\frac{2}{3}G & K+\frac{4}{3}G & 0 & 0 & \\ 0 & 0 & 0 & G & 0 & \\ 0 & 0 & 0 & 0 & G & \\ 0 & 0 & 0 & 0 & 0 & G \end{bmatrix} \tag{6.4}$$

对于平面应力情况($\sigma_z=\tau_{yz}=\tau_{zx}=0$):

$$\begin{bmatrix}\sigma_x\\ \sigma_y\\ \tau_{xy}\end{bmatrix}=\frac{E}{1-\nu^2}\begin{bmatrix}1 & \nu & 0\\ \nu & 1 & 0\\ 0 & 0 & \frac{1-\nu}{2}\end{bmatrix}\begin{bmatrix}\varepsilon_x\\ \varepsilon_y\\ \gamma_{xy}\end{bmatrix} \tag{6.5}$$

对于平面应变情况($\varepsilon_z=\gamma_{yz}=\gamma_{zx}=0$):

$$\begin{bmatrix}\sigma_x\\ \sigma_y\\ \tau_{xy}\end{bmatrix}=\frac{E}{(1+\nu)(1-2\nu)}\begin{bmatrix}1-\nu & \nu & 0\\ \nu & 1-\nu & 0\\ 0 & 0 & \frac{1-2\nu}{2}\end{bmatrix}\begin{bmatrix}\varepsilon_x\\ \varepsilon_y\\ \gamma_{xy}\end{bmatrix} \tag{6.6}$$

对于轴对称情况($\tau_{z\theta}=\tau_{r\theta}=\gamma_{z\theta}=\gamma_{r\theta}=0$):

$$\begin{bmatrix}\sigma_r\\ \sigma_z\\ \sigma_\theta\\ \tau_{rz}\end{bmatrix}=\frac{E}{(1+\nu)(1-2\nu)}\begin{bmatrix}1-\nu & \nu & \nu & 0\\ \nu & 1-\nu & \nu & 0\\ \nu & \nu & 1-\nu & 0\\ 0 & 0 & 0 & \frac{1-2\nu}{2}\end{bmatrix}\begin{bmatrix}\varepsilon_r\\ \varepsilon_z\\ \varepsilon_\theta\\ \gamma_{rz}\end{bmatrix} \tag{6.7}$$

6.2.2 基于弥散模型的开裂混凝土的本构模型

在早期的研究中,认为裂缝出现后,在平行拉应力方向上,混凝土的弹性模量降为零。对于平面应力问题,材料的本构关系用增量表示如下:

$$\begin{bmatrix}\mathrm{d}\sigma_n\\ \mathrm{d}\sigma_t\\ \mathrm{d}\tau\end{bmatrix}=\begin{bmatrix}0 & 0 & 0\\ 0 & E & 0\\ 0 & 0 & 0\end{bmatrix}\begin{bmatrix}\mathrm{d}\varepsilon_n\\ \mathrm{d}\varepsilon_t\\ \mathrm{d}\gamma\end{bmatrix} \tag{6.8}$$

式中,下标 t 表示沿裂缝方向;n 表示垂直裂缝方向。

因为有骨料咬合作用,应改为

$$\begin{bmatrix}\mathrm{d}\sigma_n\\ \mathrm{d}\sigma_t\\ \mathrm{d}\tau\end{bmatrix}=\begin{bmatrix}0 & 0 & 0\\ 0 & E & 0\\ 0 & 0 & \beta G\end{bmatrix}\begin{bmatrix}\mathrm{d}\varepsilon_n\\ \mathrm{d}\varepsilon_t\\ \mathrm{d}\gamma\end{bmatrix} \tag{6.9}$$

式中,β 为残留抗剪系数。同时考虑侧向应变的影响,则

$$\Delta\varepsilon_z=-\frac{\gamma}{E}\Delta\sigma_t \tag{6.10}$$

$$[D_t]=\begin{bmatrix} 0 & 0 & 0 \\ 0 & E & 0 \\ 0 & 0 & \beta G \end{bmatrix} \tag{6.11}$$

残留抗剪系数 β 的取值范围是 $0<\beta<1$。这意味着两种极端情况，一种是 $\beta=0$ 时，相当于不考虑骨料咬合效应的情况；当 $\beta=1$ 时，相当于混凝土没有开裂的情况。

β 的取值与结构类型、荷载类型及数值计算的精度有关。特别是 β 的取值与裂缝的张合有密切的联系。如果混凝土开裂后，在与裂缝垂直方向上继续加压力，裂缝会有一定程度的闭合，随之而来的结果是抗剪能力有所提高，此时 β 的取值就应偏高些。相反，如果裂缝进一步张开，β 可取为零。

对于三维问题，开裂前混凝土的应力－应变关系矩阵可以表示如下：

$$[D_t]=\begin{bmatrix} d_{11} & d_{12} & d_{13} & 0 & 0 & 0 \\ & d_{22} & d_{23} & 0 & 0 & 0 \\ & & d_{33} & 0 & 0 & 0 \\ & & & d_{44} & 0 & 0 \\ & \text{sym.} & & & d_{55} & 0 \\ & & & & & d_{66} \end{bmatrix} \tag{6.12}$$

式中

$$\begin{cases} d_{11}=d_{22}=d_{33}=\dfrac{E(1-\nu)}{(1+\nu)(1-2\nu)} \\ d_{12}=d_{13}=d_{23}=\dfrac{\nu E}{(1+\nu)(1-2\nu)} \\ d_{44}=d_{55}=d_{66}=\dfrac{E}{2(1+\nu)} \end{cases} \tag{6.13}$$

如果在单元中某点的主应力按代数值大小排列，$\sigma_1 \geqslant \sigma_2 \geqslant \sigma_3$。若其中最大主应力大于混凝土的抗拉强度，则认为裂缝产生，并且假定裂缝方向垂直于 σ_1 方向。开裂后，最大主应力 σ_1 将被释放而应力重新分布，如图 6.1 所示。在应力－应变关系矩阵中，这一方向的刚度系数等于零，此时假定混凝土受拉时为脆性开裂。其应力－应变关系矩阵修改如下：

$$[D_t]=\begin{bmatrix} 0 & 0 & 0 & 0 & 0 & 0 \\ & d_{22}-\dfrac{d_{12}^2}{d_{11}} & d_{23}-\dfrac{d_{13}^2}{d_{11}} & 0 & 0 & 0 \\ & & d_{33}-\dfrac{d_{23}^2}{d_{11}} & 0 & 0 & 0 \\ & & & \beta d_{44} & 0 & 0 \\ & \text{sym.} & & & \beta d_{55} & 0 \\ & & & & & \beta d_{66} \end{bmatrix} \tag{6.14}$$

钢筋混凝土结构在混凝土出现主裂缝后，整个混凝土沿主拉应力方向并非立即丧失承载能力，而是有一个逐渐丧失承载能力的过程，常用“受拉强化”来表示这种现象，如图 6.2 所示。

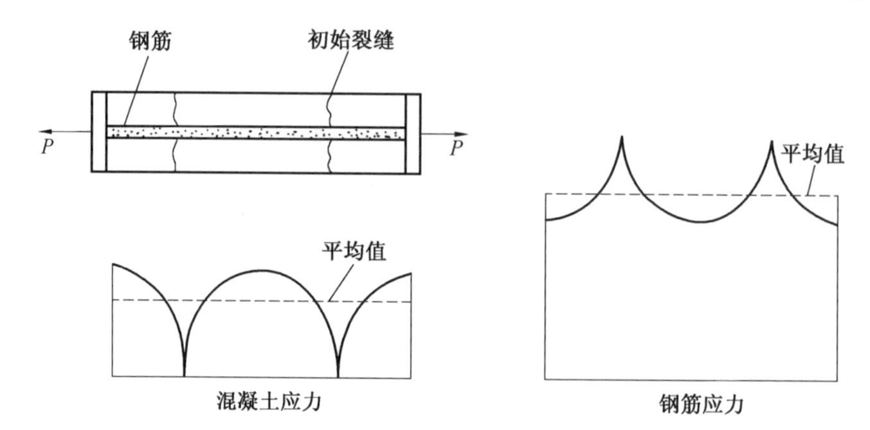

图 6.1　开裂后的钢筋混凝土构件应力分布图

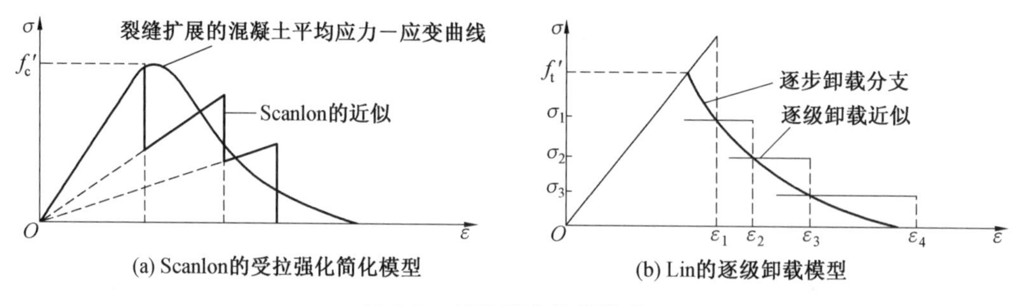

图 6.2　受拉强化数学模型

前述本构关系矩阵是在局部坐标系中建立的，其坐标方向为主应力方向。在求单元刚度矩阵时还要转到总体坐标系中。在总体坐标系中应力－应变关系矩阵$[D]$为

$$[D]=[T]^{\mathrm{T}}[D_{\mathrm{t}}][T] \tag{6.15}$$

式中，$[T]$为坐标转换矩阵；$[T]^{\mathrm{T}}$为$[T]$的转置矩阵。

对于平面问题

$$[T]=\begin{bmatrix} \cos^2\beta & \sin^2\beta & \cos\beta\sin\beta \\ \sin^2\beta & \cos^2\beta & -\cos\beta\sin\beta \\ -2\cos\beta\sin\beta & 2\cos\beta\sin\beta & \cos^2\beta-\sin^2\beta \end{bmatrix} \tag{6.16}$$

对于三维问题

$$[T]=\begin{bmatrix} l_1^2 & m_1^2 & n_1^2 & l_1m_1 & m_1n_1 & n_1l_1 \\ l_2^2 & m_2^2 & n_2^2 & l_2m_2 & m_2n_2 & n_2l_2 \\ l_3^2 & m_3^2 & n_3^2 & l_3m_3 & m_3n_3 & n_3l_3 \\ 2l_1l_2 & 2m_1m_2 & 2n_1n_2 & l_1m_2+l_2m_1 & m_1n_2+m_2n_1 & n_1l_2+n_2l_1 \\ 2l_2l_3 & 2m_2m_3 & 2n_2n_3 & l_2m_3+l_3m_2 & m_2n_3+m_3n_2 & n_2l_3+n_3l_2 \\ 2l_3l_1 & 2m_3m_1 & 2n_3n_1 & l_3m_1+l_1m_3 & m_3n_1+m_1n_3 & n_3l_1+n_1l_3 \end{bmatrix} \tag{6.17}$$

式(6.17)中的方向余弦l_i、m_i、n_i含义见表6.1。

表 6.1　方向余弦表

	x'	y'	z'
x	l_1	m_1	n_1
y	l_2	m_2	n_2
z	l_3	m_3	n_3

弥散裂缝概念可以分为固定弥散裂缝和旋转弥散裂缝两类。固定的概念是指在整个计算过程中,裂缝的朝向是固定的。而旋转裂缝允许裂缝的朝向与主应变轴共同旋转。其中间的概念为固定多朝向弥散裂缝的概念。

6.2.3　固定弥散裂缝模型

1. 标准的固定弥散裂缝概念

传统地,弥散裂缝问题的应力－应变关系是建立在固定的正交主轴 n、s、t 参考系上的,这里 n 代表裂缝面的法向(模式 Ⅰ),s 和 t 分别代表裂缝面的切向(模式 Ⅱ 和模式 Ⅲ),具有 9 个独立的刚度模量:

$$\begin{bmatrix}\sigma_{nn}\\ \sigma_{ss}\\ \sigma_{tt}\\ \sigma_{ns}\\ \sigma_{st}\\ \sigma_{tn}\end{bmatrix}=\begin{bmatrix}E_{nn} & E_{ns} & E_{nt} & 0 & 0 & 0\\ E_{ns} & E_{ss} & E_{st} & 0 & 0 & 0\\ E_{nt} & E_{st} & E_{tt} & 0 & 0 & 0\\ 0 & 0 & 0 & G_{ns} & 0 & 0\\ 0 & 0 & 0 & 0 & G_{st} & 0\\ 0 & 0 & 0 & 0 & 0 & G_{nt}\end{bmatrix}\begin{bmatrix}\varepsilon_{nn}\\ \varepsilon_{ss}\\ \varepsilon_{tt}\\ \gamma_{ns}\\ \gamma_{st}\\ \gamma_{tn}\end{bmatrix} \tag{6.18}$$

早期的研究中,E_{nn}、E_{ns}、E_{nt}、G_{ns} 和 G_{nt} 设置为 0,主要原因是涉及裂缝法向应力 σ_{nn} 和裂缝面剪应力 σ_{ns} 和 σ_{tn} 在裂缝形成时为 0,这是粗略的近似方法。在非均质材料内,裂缝能够传递 Ⅰ 型裂缝的拉应力和 Ⅱ 型裂缝的剪应力,主要是由于非平面剥离和骨料等的咬合作用。而且从开始的各向同性线弹性突然变为 0 刚度模量的正交异性,较强的不连续性将增大数值难度,基于此,研究人员重新考虑具有一定折减率的初始各向同性刚度模量。

例如,Suidan 和 Schnobrich 考虑 G_{ns} 和 G_{nt} 作为其初始线弹性剪切模量 G 的百分比,相应的折减参数称为剪切刚度折减系数 β,或者剪力保留因子(剪力传递系数)。Bazant 等人拓展了这一概念,重新插入裂缝法向的刚度 E_{nn},将其作为初始弹性模量 E 的百分比,由此,他们也引入了非零的非对角刚度模量,以考虑开裂后泊松比效应扩大的问题。20 世纪 80 年代,下列增量关系成为公认的二维正交异性的本构关系:

$$\begin{bmatrix}\Delta\sigma_{nn}\\ \Delta\sigma_{tt}\\ \Delta\sigma_{nt}\end{bmatrix}=\begin{bmatrix}\dfrac{\mu E}{1-\nu^2\mu} & \dfrac{\nu\mu E}{1-\nu^2\mu} & 0\\ \dfrac{\nu\mu E}{1-\nu^2\mu} & \dfrac{E}{1-\nu^2\mu} & 0\\ 0 & 0 & \dfrac{\beta E}{2(1+\nu)}\end{bmatrix}\begin{bmatrix}\Delta\varepsilon_{nn}\\ \Delta\varepsilon_{tt}\\ \Delta\gamma_{nt}\end{bmatrix} \tag{6.19}$$

式中,E 是弹性模量;ν 是泊松比;μ 是 Ⅰ 型裂缝刚度折减系数,在软化的情况下为负;β 为剪切保留系数。

2. 具有应变分解的固定弥散裂缝概念

式(6.18)和式(6.19)中的应变矢量代表了开裂固体的总的应变,包括由于开裂引起的应变和裂缝间固体材料的应变。所得到的应力－应变关系为开裂固体的弥散关系,没有区分裂缝和裂缝间固体材料。其缺点是裂缝定律来自于裂缝应变而不是总的应变,不能够清晰地描述这个问题。为解决这个不足,可将开裂材料的总应变分解为裂缝应变 $\Delta\boldsymbol{\varepsilon}^{cr}$ 部分和裂缝间固体材料的 $\Delta\boldsymbol{\varepsilon}^{co}$ 部分(co 表示 concrete),即

$$\Delta\boldsymbol{\varepsilon} = \Delta\boldsymbol{\varepsilon}^{cr} + \Delta\boldsymbol{\varepsilon}^{co} \tag{6.20}$$

应变分解的本质是使得弥散裂缝更接近于离散裂缝的概念,式(6.20)中的应变矢量与整体坐标轴对应,对于三维问题具有 6 个分量,整体裂缝应变矢量为

$$\Delta\boldsymbol{\varepsilon}^{cr} = \begin{bmatrix}\Delta\varepsilon_{xx}^{cr} & \Delta\varepsilon_{yy}^{cr} & \Delta\varepsilon_{zz}^{cr} & \Delta\gamma_{xy}^{cr} & \Delta\gamma_{yz}^{cr} & \Delta\gamma_{zx}^{cr}\end{bmatrix}^{T} \tag{6.21}$$

式中,x、y 和 z 代表整体坐标轴;T 表示转置。当考虑裂缝与裂缝牵引应变时,可以方便地建立沿着裂缝的局部坐标系 n、s、t 来描述,如图 6.3 所示。在局部坐标系内,定义局部裂缝应变矢量 $\Delta\boldsymbol{\varepsilon}^{cr}$

$$\Delta\boldsymbol{\varepsilon}^{cr} = \begin{bmatrix}\Delta\varepsilon_{nn}^{cr} & \Delta\gamma_{ns}^{cr} & \Delta\gamma_{nt}^{cr}\end{bmatrix}^{T} \tag{6.22}$$

式中,ε_{nn}^{cr} 为 Ⅰ 型裂缝法向应变;γ_{ns}^{cr} 和 γ_{nt}^{cr} 分别为 Ⅱ 型和 Ⅲ 型裂缝剪应变。在局部坐标系下的其余 3 个裂缝应变分量不具有物理意义,略去。

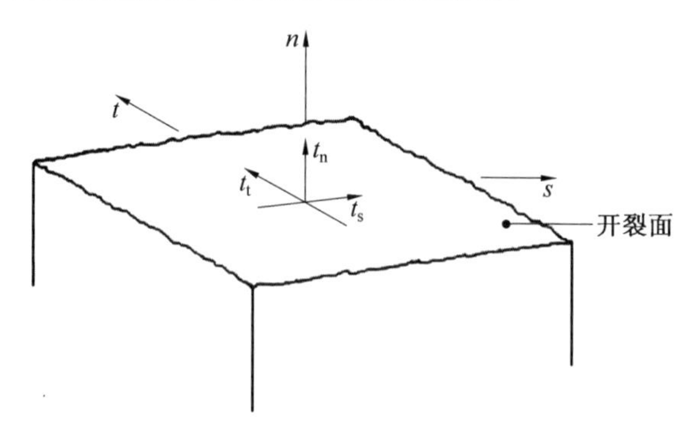

图 6.3　局部坐标系以及通过裂缝的附着摩擦力

局部与整体坐标系下的裂缝应变关系为

$$\Delta\boldsymbol{\varepsilon}^{cr} = \boldsymbol{N}\Delta\boldsymbol{e}^{cr} \tag{6.23}$$

N 为反映裂缝方向的转化矩阵,本模型中一个基本的概念为 **N** 在裂缝形成后为固定的,这个概念就是该类固定裂缝的概念,在三维问题中,**N** 为

$$\boldsymbol{N} = \begin{bmatrix} l_x^2 & l_x l_y & l_z l_x \\ m_x^2 & m_x m_y & m_z m_x \\ n_x^2 & n_x n_y & n_z n_x \\ 2l_x m_x & l_x m_y + l_y m_x & l_z m_x + l_x m_z \\ 2m_x n_x & m_x n_y + m_y n_x & m_z n_x + m_x n_z \\ 2n_x l_x & n_x l_y + n_y l_x & n_z l_x + n_x l_z \end{bmatrix} \tag{6.24}$$

在局部坐标系内，定义横跨裂缝的增量牵引力为

$$\Delta \boldsymbol{t}^{cr} = \left[\Delta t_n^{cr} \quad \Delta t_s^{cr} \quad \Delta t_t^{cr}\right]^T \tag{6.25}$$

式中，Δt_n^{cr} 为 Ⅰ 型裂缝的法向牵引力；Δt_s^{cr} 和 Δt_t^{cr} 分别为 Ⅱ 型和 Ⅲ 型裂缝的剪切牵引力增量。若整体坐标系下的应力增量为 $\Delta\boldsymbol{\sigma}$，则局部坐标系下的应力增量可以写为

$$\Delta \boldsymbol{t}^{cr} = \boldsymbol{N}^T \Delta\boldsymbol{\sigma} \tag{6.26}$$

为了完成方程组，需要完善混凝土的本构模型和弥散裂缝的牵引力应变关系。对于裂缝间的混凝土，假设具有下面的关系形式：

$$\Delta\boldsymbol{\sigma} = \boldsymbol{D}^{co} \Delta\boldsymbol{\varepsilon}^{co} \tag{6.27}$$

式中，$\boldsymbol{D}^{co}$ 为混凝土的瞬态模量，类似地对于局部裂缝，也有

$$\Delta \boldsymbol{t}^{cr} = \boldsymbol{D}^{cr} \Delta\boldsymbol{e}^{cr} \tag{6.28}$$

式中，$\boldsymbol{D}^{cr}$ 为 3×3 的矩阵，包含了 Ⅰ 型、Ⅱ 型、Ⅲ 型和混合型裂缝。

利用式(6.20)、式(6.23)、式(6.26) ~ (6.28)，可以写出在整体坐标系下的开裂混凝土的整个应力－应变关系，将式(6.23) 代入式(6.20)，式(6.20) 代入式(6.27)，得到

$$\Delta\boldsymbol{\sigma} = \boldsymbol{D}^{co}(\Delta\boldsymbol{\varepsilon} - \boldsymbol{N}\Delta\boldsymbol{e}^{cr}) \tag{6.29}$$

将式(6.29) 乘以 $\boldsymbol{N}^T$，再将式(6.28) 和式(6.26) 代入式(6.29) 左侧，得到局部系下的裂缝应变和整体系下的应变关系为

$$\Delta\boldsymbol{e}^{cr} = (\boldsymbol{D}^{cr} + \boldsymbol{N}^T\boldsymbol{D}^{co}\boldsymbol{N})^{-1}\boldsymbol{N}^T\boldsymbol{D}^{co}\Delta\boldsymbol{\varepsilon} \tag{6.30}$$

最后，将式(6.30) 代入式(6.29)，得到整体系下的应力和应变的关系

$$\Delta\boldsymbol{\sigma} = [\boldsymbol{D}^{co} - \boldsymbol{D}^{co}\boldsymbol{N}(\boldsymbol{D}^{cr} + \boldsymbol{N}^T\boldsymbol{D}^{co}\boldsymbol{N})^{-1}\boldsymbol{N}^T\boldsymbol{D}^{co}]\Delta\boldsymbol{\varepsilon} \tag{6.31}$$

中括号内可以写为 $\boldsymbol{D}^{crco}$，crco 代表开裂的混凝土。

基于上述概念的增量公式存在两个复杂问题。首先，由式(6.31) 可以看出整个变化为基于当前状态的线性变化，即仅当 $\boldsymbol{D}^{co}$ 和 $\boldsymbol{D}^{cr}$ 在当前应变增量过程中保持常量，计算的应力增量才正确。如果该矩阵为非常量，比如混凝土模型为塑性或者裂缝模型采用非线性断裂函数，则式(6.31) 仅为该情况下的一阶近似。为了避免偏离混凝土和裂缝应力－应变关系，有必要对其进行改进。在非线性断裂函数情况下，即非线性的 $\boldsymbol{D}^{cr}$，可以采用内部迭代循环，重复运算式(6.30) 和式(6.28)，开始时使用切线裂缝刚度模量，然后采用割线裂缝刚度模量进行修正。其次是增量模拟涉及固体状态的变化，即从裂缝形成到裂缝闭合，再到裂缝张开。为了处理状态的变化，可采用细分应变路径的方法。如果以裂缝形成、闭合和再张开的准则对应当前加载增量下的状态改变，那么整个应变增量 $\Delta\boldsymbol{\varepsilon}$ 可以分为转变前的部分 $\Delta\boldsymbol{\varepsilon}^a$ 和转变后的部分 $\Delta\boldsymbol{\varepsilon}^b$。

$$\Delta\boldsymbol{\varepsilon} = \Delta\boldsymbol{\varepsilon}^a + \Delta\boldsymbol{\varepsilon}^b \tag{6.32}$$

接下来可以由转变前和转变后不同的应力－应变关系计算应力增量。在这个方法中，当一个新的裂缝形成或者闭合裂缝再开裂，未裂状态将转变为开裂状态，有

$$\Delta\boldsymbol{\sigma} = \boldsymbol{D}^{co}\Delta\boldsymbol{\varepsilon}^a + \boldsymbol{D}^{crco}\Delta\boldsymbol{\varepsilon}^b \tag{6.33}$$

当裂缝闭合时，对应为由开裂状态转变为未裂状态，有

$$\Delta\boldsymbol{\sigma} = \boldsymbol{D}^{crco}\Delta\boldsymbol{\varepsilon}^a + \boldsymbol{D}^{co}\Delta\boldsymbol{\varepsilon}^b \tag{6.34}$$

当 $\boldsymbol{D}^{co}$ 和 $\boldsymbol{D}^{cr}$ 为常数时，状态定位为转变点。当不是常数时，应调用内部迭代循环缩放 $\Delta\boldsymbol{\varepsilon}^a$，使其满足初始状态。

一般以总的局部裂缝应力或者总的裂缝应变定义闭合和再张开准则。因为固定裂缝概念假设局部裂缝轴保持不变，这些量可以通过前述增量的累积形式容易地得到。损伤朝向的永久性为固定弥散裂缝概念的主要特征。

3. 多朝向固定弥散裂缝的概念

总应变分解的进一步优势在于可以对混凝土应变和裂缝应变继续进行子分解。这里，不考虑混凝土应变的子分解概念，集中考虑裂缝应变的子分解，将一点处的裂缝应变分解为一定数量的多朝向裂缝的贡献

$$\Delta\boldsymbol{\varepsilon}^{cr} = \Delta\boldsymbol{\varepsilon}_1^{cr} + \Delta\boldsymbol{\varepsilon}_2^{cr} + \cdots \tag{6.35}$$

式中，$\Delta\boldsymbol{\varepsilon}_1^{cr}$ 为由主裂缝引起的整体系下的裂缝应变增量；$\Delta\boldsymbol{\varepsilon}_2^{cr}$ 为第二裂缝引起的整体系下的裂缝。

该方法的本质是分别由式(6.22)、式(6.25)和式(6.24)，确定每个(固定)裂缝的局部系下的应变矢量 $\boldsymbol{e}_i^{cr}$、其自身的裂缝牵引力矢量 $\boldsymbol{t}_i^{cr}$，以及其自身的变换矩阵 $\boldsymbol{N}_i$，然后进行组装。

$$\Delta\hat{\boldsymbol{e}}^{cr} = \begin{bmatrix} \Delta e_1^{cr} & \Delta e_2^{cr} & \cdots \end{bmatrix}^T \tag{6.36}$$

$$\Delta\hat{\boldsymbol{t}}^{cr} = \begin{bmatrix} \Delta t_1^{cr} & \Delta t_2^{cr} & \cdots \end{bmatrix}^T \tag{6.37}$$

$$\hat{\boldsymbol{N}} = \begin{bmatrix} \boldsymbol{N}_1 & \boldsymbol{N}_2 & \cdots \end{bmatrix} \tag{6.38}$$

式中，^表示多朝向裂缝的组装。将式(6.23)重复代入式(6.35)，得到

$$\Delta\boldsymbol{\varepsilon}^{cr} = \hat{\boldsymbol{N}}\Delta\hat{\boldsymbol{e}}^{cr} \tag{6.39}$$

上式是式(6.23)的多裂缝等效形式，类似地，单裂缝的牵引力－应变关系可以扩展为多裂缝的等效形式：

$$\Delta\hat{\boldsymbol{t}}^{cr} = \hat{\boldsymbol{D}}^{cr}\Delta\hat{\boldsymbol{e}}^{cr} \tag{6.40}$$

或者

$$\begin{bmatrix} \Delta t_1^{cr} \\ \Delta t_2^{cr} \\ \vdots \end{bmatrix} = \begin{bmatrix} D_{11}^{cr} & D_{12}^{cr} & \cdots \\ D_{21}^{cr} & D_{22}^{cr} & \cdots \\ \vdots & \vdots & \end{bmatrix} \begin{bmatrix} \Delta e_1^{cr} \\ \Delta e_2^{cr} \\ \vdots \end{bmatrix} \tag{6.41}$$

上式为非常一般的关系形式，允许通过非对角子矩阵实现裂缝间的相互作用。重复进行前面的过程，得到开裂混凝土的多轴增量本构形式为

$$\Delta\boldsymbol{\sigma} = [\boldsymbol{D}^{co} - \boldsymbol{D}^{co}\hat{\boldsymbol{N}}(\hat{\boldsymbol{D}}^{cr} + \hat{\boldsymbol{N}}^T\boldsymbol{D}^{co}\hat{\boldsymbol{N}})^{-1}\hat{\boldsymbol{N}}^T\boldsymbol{D}^{co}]\Delta\boldsymbol{\varepsilon} \tag{6.42}$$

这里采用的是组装的 $\hat{\boldsymbol{N}}$ 和 $\hat{\boldsymbol{D}}_{cr}$，而不是单个裂缝矩阵 $\boldsymbol{N}$ 和 $\boldsymbol{D}_{cr}$。

6.3　离散裂缝模型

Ngo 和 Scordelis 在 1967 年首先提出了混凝土开裂对结构应力分析的影响在有限元分析中的数学模型。Ngo 等人采用线弹性理论模型用于分析预先确定裂缝位置的梁，研

究目的是为确定黏结应力、混凝土及钢筋的应力。裂缝的模拟方法是沿着预定的缝，将同一几何坐标点分为两个节点，即所谓双节点方法，如图 6.4 所示。每计算一次就只针对一种预先选定的裂缝分布图样。缺点是不能进行结构的全过程分析，裂缝的产生不是随机的。

对应这种裂缝处理方法，采用等应变三角形单元较为适合，但是这种单元对于应变变化急剧的结构物局部不能很好适应，解决问题的办法只能尽量加密网格。

Nilson 进一步改进了 Ngo 等人的方法，允许裂缝按开裂判据条件在单元界面上生成，而不是事先指定生成位置。具体方法是，如果相邻两单元的平均应力超过混凝土的抗拉强度，那么就认为在两单元的共同边界上开裂。如果是在梁的外边界上开裂，如图6.4(a) 所示，那么只有梁外边界上的节点变成双节点。如果是在梁的内部发生开裂，那么相邻边界上的各节点都要按双节点处理，如图6.4(b) 所示。这种裂缝处理方法比实际工况裂缝长度估计偏高。

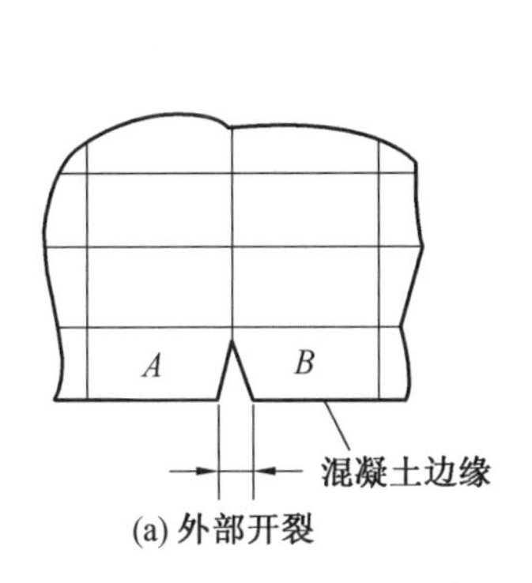

(a) 外部开裂

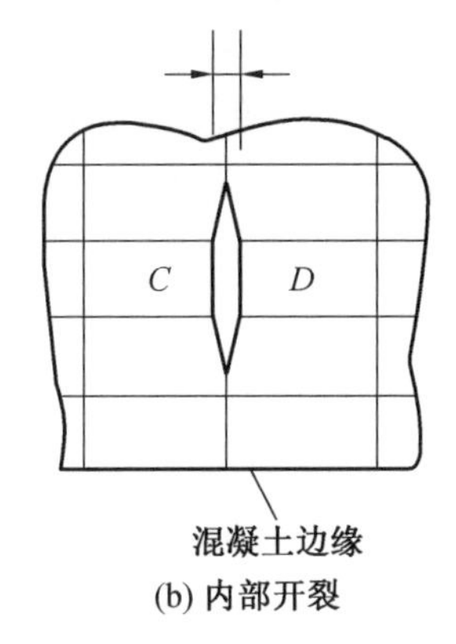

(b) 内部开裂

图 6.4　单独裂缝模型

AL-Mahaid 的工作不仅定义了同一坐标双节点，还定义了四节点。这些节点之间用特殊的联结单元连接起来，如果混凝土中的应变超过了极限受拉应变，则联结单元软化，形成裂缝。双节点允许在一个方向上开裂，如图 6.5(a) 所示，而结构内部的四节点则允许在两个方向上发生裂缝，如图 6.5(b) 所示。

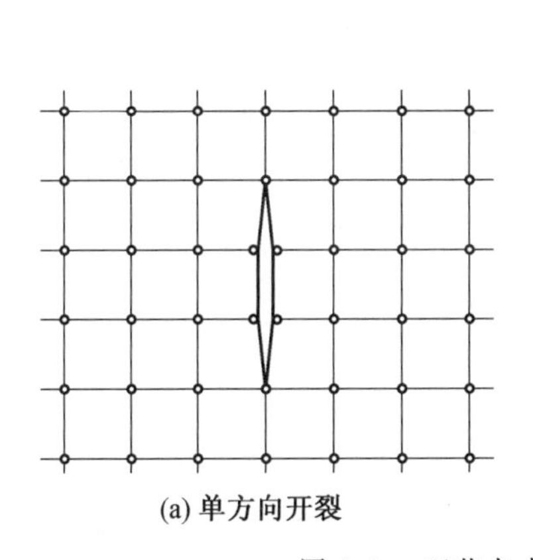

(a) 单方向开裂

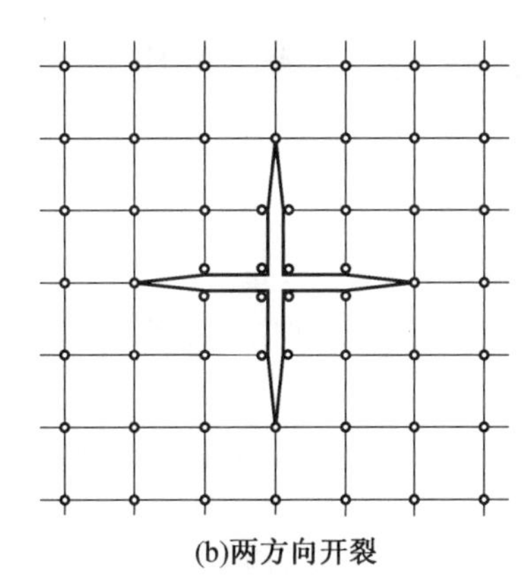

(b)两方向开裂

图 6.5　双节点或者四节点使单元开裂

沿单元边界形成的单独裂缝模型适用于:(1) 已知裂缝分布的某些构件,如钢筋混凝土梁的受拉斜裂缝,这种裂缝模型表达了应变的非连续性,可以研究混凝土的局部应力问题,使结果更接近真实情况;(2) 采用了特殊的联结单元,这种单元的刚度是可变的,用于表示混凝土开裂,也能反映骨料的咬合和暗销等作用。

缺点:(1) 由于这种模型在运算中需要不断重新划分单元,增加点号,这就使得原来总体刚度矩阵具有狭窄带宽的特性受到影响,于是导致求解位移运算中计算机效率的降低;(2) 当前实际工程应用中多采用等参单元,这种单元角点上的应力值与单元内部高斯积分点相比,其精度偏低。而单独裂缝模型的基本概念是用相邻单元的平均应力判断是否开裂,而裂缝又是发生在单元边界上,这样等参单元的形态与单独裂缝模型的概念是不太协调的。

6.4 混凝土开裂时的应力释放

受压开裂是指混凝土在受压应力状态下材料完全断裂崩解,开裂后,即时应力突然降到零,并假设混凝土完全丧失了进一步变形的抗力。

受拉开裂是指混凝土在受拉应力状态下,材料在横跨裂缝平面的局部破坏。在垂直于主拉应力(或主拉应变) 方向上,假设有若干裂缝产生。

应力状态区分:

(1) 用主应力σ_1、σ_2、σ_3表达分区。如果所有3个主应力为压应力(或为零),那么应力状态属压缩型并假设发生压碎型断裂。否则,应力状态属拉伸型并假设发生开裂型断裂。

(2) 用应力不变量I_1和J_2表达分区。当应力状态满足以下条件时,则其属于压缩型,并假设发生压碎型断裂:

$$\sqrt{J_2} \leqslant -\frac{1}{\sqrt{3}}I_1 \quad 和 \quad I_1 \leqslant 0 \tag{6.43}$$

反之,则属于拉伸型并假设发生开裂型断裂。

6.4.1 裂后混凝土的应力释放

图6.6给出了混凝土开裂后的应力－应变增量关系。从图中可以看到斜线0—1和斜线2—3的斜率分别表示开裂前后材料的刚度。线段1—2的长度表示裂缝产生瞬间的应力释放量值,用应力矢量$\{\sigma_0\}$表示。释放的应力重新分布到邻近单元中去。

裂后应力与应变的增量关系可以表示为

$$\{d\sigma\} = [D]_c\{d\varepsilon\} \tag{6.44}$$

在材料开裂过程中总的应力变化可以写成

$$\{\Delta\sigma\} = \{d\sigma\} - \{\sigma_0\} = [D]_c\{d\varepsilon\} - \{\sigma_0\} \tag{6.45}$$

式中,$[D]_c$为开裂后的材料应力－应变关系矩阵,要区分压裂和拉裂,如果是拉裂,如前述可选择弥散裂缝模型;$\{\sigma_0\}$为开裂过程中释放的应力矢量。

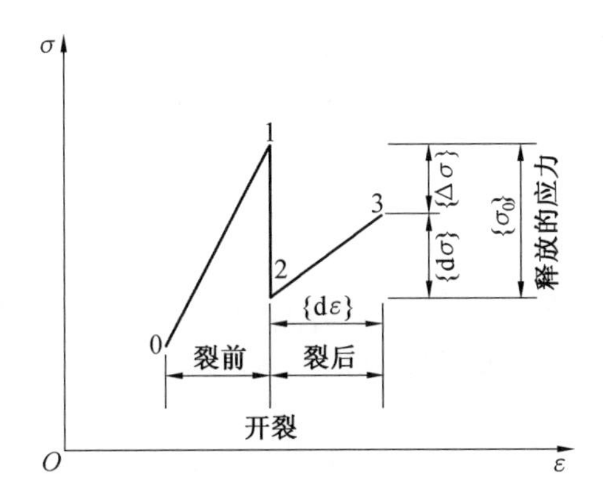

图 6.6　开裂混凝土的应力－应变模型

1. 压裂情况

混凝土受压开裂的实验指出，压裂的瞬间全部应力都被释放，并且完全丧失了对进一步变形的抗力。图 6.6 中线段 1—2 要延伸与横轴{ε}相交，表示应力下降到零，线段 2—3 的斜率变成 0，即$[D]_c=0$。

2. 拉裂情况

(1) 平面应力问题。

如图 6.7 所示，在开裂过程中释放的应力，在 $x'y'$ 坐标系中可以表示为

$$\begin{bmatrix}\sigma'_x\\ \sigma'_y\\ \tau'_{xy}\end{bmatrix}-\begin{bmatrix}\sigma'_x\\ 0\\ 0\end{bmatrix}\tag{6.46}$$

式中，σ'_x和σ'_y是主应力，所以 $\tau'_{xy}=0$。上式反映了开裂前后σ'_x并没有变化，而σ'_y则被释放掉。利用坐标转换法将公式转换到总体坐标系中去，于是变为

$$\begin{bmatrix}\sigma_x\\ \sigma_y\\ \tau_{xy}\end{bmatrix}-\begin{bmatrix}\cos^2\psi\\ \sin^2\psi\\ \sin\psi\cos\psi\end{bmatrix}\sigma'_x=\begin{bmatrix}\sigma_x\\ \sigma_y\\ \tau_{xy}\end{bmatrix}-\{b(\psi)\}\sigma'_x\tag{6.47}$$

式中，$\{b(\psi)\}=\begin{bmatrix}\cos^2\psi\\ \sin^2\psi\\ \sin\psi\cos\psi\end{bmatrix}$，$\psi$ 为开裂方向与 x 轴的夹角。

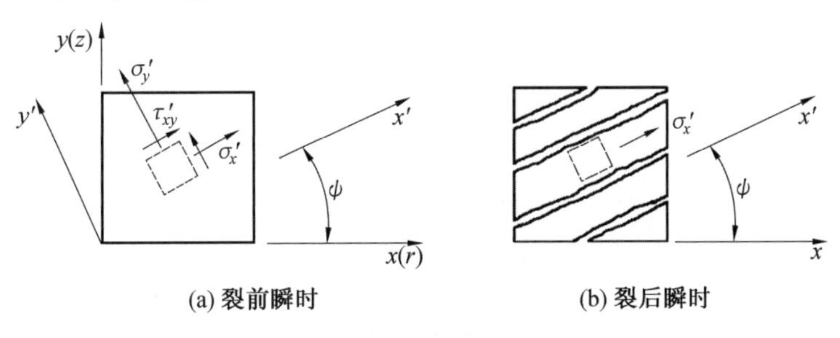

图 6.7　裂缝图形及应力分布

总体坐标系中，$\boldsymbol{\sigma}'_x$可以写成

$$\boldsymbol{\sigma}'_x=[\cos^2\psi \quad \sin^2\psi \quad 2\sin\psi\cos\psi]\begin{bmatrix}\sigma_x\\ \sigma_y\\ \tau_{xy}\end{bmatrix}=\{b'(\psi)\}^{\mathrm{T}}\begin{bmatrix}\sigma_x\\ \sigma_y\\ \tau_{xy}\end{bmatrix} \tag{6.48}$$

式中

$$\{b'(\psi)\}^{\mathrm{T}}=[\cos^2\psi \quad \sin^2\psi \quad 2\sin\psi\cos\psi] \tag{6.49}$$

总体坐标中的应力表达式可表达成

$$([I]-\{b(\psi)\}\{b'(\psi)\}^{\mathrm{T}})\begin{bmatrix}\sigma_x\\ \sigma_y\\ \tau_{xy}\end{bmatrix} \tag{6.50}$$

假定在相邻的两个裂缝之间的混凝土仍保持为线弹性，且是单向应力状态，这样开裂混凝土的增量形式的应力－应变关系可以写成

$$\mathrm{d}\boldsymbol{\sigma}'_x=E\mathrm{d}\boldsymbol{\varepsilon}'_x=E\{b(\psi)\}^{\mathrm{T}}\begin{bmatrix}\mathrm{d}\varepsilon_x\\ \mathrm{d}\varepsilon_y\\ \mathrm{d}\gamma_{xy}\end{bmatrix} \tag{6.51}$$

这样，反映材料开裂过程总的应力变化可表示为

$$\begin{bmatrix}\Delta\sigma_x\\ \Delta\sigma_y\\ \Delta\tau_{xy}\end{bmatrix}=E\{b(\psi)\}\{b(\psi)\}^{\mathrm{T}}\begin{bmatrix}\mathrm{d}\varepsilon_x\\ \mathrm{d}\varepsilon_y\\ \mathrm{d}\gamma_{xy}\end{bmatrix}-([I]-\{b(\psi)\}\{b'(\psi)\}^{\mathrm{T}})\begin{bmatrix}\sigma_x\\ \sigma_y\\ \tau_{xy}\end{bmatrix} \tag{6.52}$$

(2) 平面应变问题。

对于平面应变问题，应力释放问题与平面应力情况很相近。

$$\begin{bmatrix}\Delta\sigma_x\\ \Delta\sigma_y\\ \Delta\tau_{xy}\end{bmatrix}=\left(\frac{E}{1-\nu^2}\{b(\psi)\}\{b(\psi)\}^{\mathrm{T}}\right)\begin{bmatrix}\mathrm{d}\varepsilon_x\\ \mathrm{d}\varepsilon_y\\ \mathrm{d}\gamma_{xy}\end{bmatrix}-([I]-\{b(\psi)\}\{b'(\psi)\}^{\mathrm{T}})\begin{bmatrix}\sigma_x\\ \sigma_y\\ \tau_{xy}\end{bmatrix} \tag{6.53}$$

$$\mathrm{d}\sigma_z=\nu(\mathrm{d}\sigma_x+\mathrm{d}\sigma_y) \tag{6.54}$$

三维问题情况类似，主要是坐标变换上的转换矩阵复杂一些，但原理是一样的。

6.4.2 裂后特征(Post-Cracking Behavior)

次生裂缝的产生：如果与现存裂缝方向垂直的正应变与开裂瞬时前的正应变相比较变大了，那么就假定裂缝张开；如果变小了，则认为裂缝闭合，如图 6.8 所示。裂缝的形成及闭合的加载过程如图 6.9 所示。垂直裂缝方向的正应变用下式计算：

$$\left\{b\left(\psi+\frac{\pi}{2}\right)\right\}^{\mathrm{T}}\begin{bmatrix}\varepsilon_x\\ \varepsilon_y\\ \gamma_{xy}\end{bmatrix} \tag{6.55}$$

裂缝张开后，就会遇到裂缝宽度计算问题：

(1) 单独裂缝模型中，由于采用的是双节点技术，裂缝宽度可以用裂缝任意一侧上节

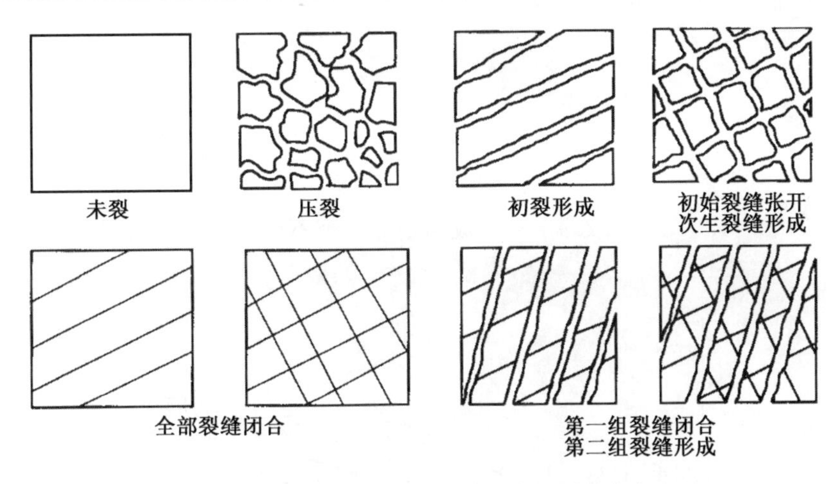

图 6.8　已有裂缝的张开、闭合及次级裂缝的产生

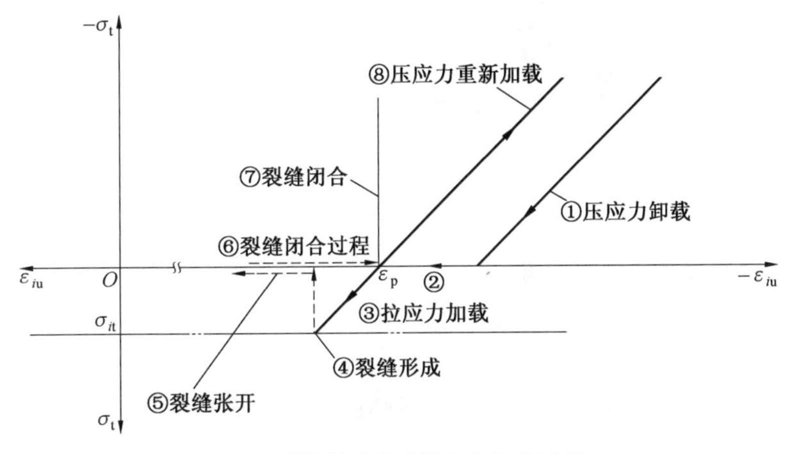

图 6.9　裂缝的形成及闭合的加载过程

点的分离来度量。

(2) 弥散裂缝模型则用垂直于裂缝方向上的应变量值作为裂缝宽度的度量。

如果所有的裂缝全部闭合，则认为此时混凝土遵从线弹性关系，并将断裂准则直接用来判断其进一步开裂。

6.4.3　裂后混凝土模拟的改进

1. 压碎系数

断裂模式一般分为 3 类：开裂型、压碎型和开裂压碎混合型。压碎系数根据纯开裂区和纯压碎区的双重准则定义(图 6.10)，即

$$\alpha = -\frac{I_1}{2\sqrt{3}\sqrt{J_2}\cos\theta} \tag{6.56}$$

纯开裂区

$$\alpha \leqslant 1 \tag{6.57}$$

纯压碎区

$$\alpha \geqslant \frac{1+\nu}{1-2\nu} \tag{6.58}$$

混合型区

$$1 < \alpha < \frac{1+\nu}{1-2\nu} \tag{6.59}$$

$\nu=0.2$，$\alpha=1.0$；$\nu=0.2$，$\alpha=2.0$ 成为划分 3 个不同破坏区的边界值。

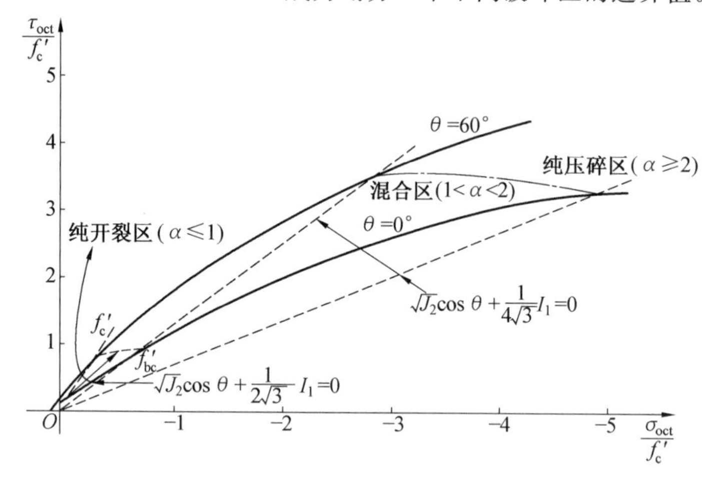

图 6.10　八面体正应力和剪应力空间中的破坏区

2. 开裂混凝土破坏后的性质

开裂后的增量应力－应变关系按下式：

$$\{d\sigma\}=[C]_c\{d\varepsilon\} \tag{6.60}$$

但其刚度矩阵应进行修正。现引入衰减因子 μ 对刚度矩阵 $[C]_c$ 进行修正以得到 $[C]_{cm}$，即

$$[C]_{cm}=(2-\mu)[C]_c \tag{6.61}$$

衰减因子 μ 与压碎系数 α 之间的关系为($\nu=0.2$)：

① 纯开裂：$\alpha\leqslant 1$ 和 $\mu=1$。

② 纯压碎：$\alpha\geqslant 2$ 和 $\mu=2$。

③ 混合断裂：$1<\alpha<2$ 和 $\mu=\alpha$。

全应力变化可写为

$$\{\Delta\sigma\}=[C]_{cm}\{d\varepsilon\}-\{\sigma_{ck}\}-\{\sigma_{ch}\} \tag{6.62}$$

$\{\sigma_{ck}\}$ 和 $\{\sigma_{ch}\}$ 分别为参照整体坐标轴因开裂和压碎而释放的应力矢量，这两个矢量的总和代表全部释放的应力矢量。如考虑一个平面应力或平面应变情况，引入衰减因子 μ，则开裂方向 x'、y' 的释放应力矢量为

$$\{\sigma'_{ck}\}=\begin{Bmatrix}0\\ \sigma'_x\\ \tau'_{xy}\end{Bmatrix} \quad 和 \quad \{\sigma'_{ch}\}=(\mu-1)\begin{Bmatrix}\sigma'_x\\ 0\\ 0\end{Bmatrix} \tag{6.63}$$

衰减因子 μ 具有纯压碎中所有应力释放的效应，而在纯开裂中只释放垂直于裂缝方向的拉应力和平行于裂缝方向的剪应力。在混合型中，正拉应力和裂缝面上的剪应力以

及叠加平行于裂缝方向一定比例的正应力值都被释放。

(1) 平面应力情况。

对于拉－拉和拉－压情况(纯开裂)

$$\begin{bmatrix}\Delta\sigma_x\\\Delta\sigma_y\\\Delta\tau_{xy}\end{bmatrix}=E\{b(\psi)\}\{b(\psi)\}^{\mathrm{T}}\begin{bmatrix}\mathrm{d}\varepsilon_x\\\mathrm{d}\varepsilon_y\\\mathrm{d}\gamma_{xy}\end{bmatrix}-([I]-\{b(\psi)\}\{b'(\psi)\}^{\mathrm{T}})\begin{bmatrix}\sigma_x\\\sigma_y\\\tau_{xy}\end{bmatrix}\tag{6.64}$$

对于压－压情况(纯压碎)

$$\begin{Bmatrix}\Delta\sigma_x\\\Delta\sigma_y\\\Delta\tau_{xy}\end{Bmatrix}=-\begin{Bmatrix}\sigma_x\\\sigma_y\\\tau_{xy}\end{Bmatrix}\tag{6.65}$$

(2) 平面应变问题。

对于平面应变问题,应力释放问题与平面应力情况很相近。

$$\begin{Bmatrix}\Delta\sigma_x\\\Delta\sigma_y\\\Delta\tau_{xy}\end{Bmatrix}=\left[\frac{(2-\mu)E}{1-\nu^2}\{b(\psi)\}\{b(\psi)\}^{\mathrm{T}}\right]\begin{Bmatrix}\mathrm{d}\varepsilon_x\\\mathrm{d}\varepsilon_y\\\mathrm{d}\gamma_{xy}\end{Bmatrix}-([I]-(2-\mu)\{b(\psi)\}\{b'(\psi)\}^{\mathrm{T}})\begin{Bmatrix}\sigma_x\\\sigma_y\\\tau_{xy}\end{Bmatrix}\tag{6.66}$$

6.4.4　应力重分布

采用弥散裂缝模型,也就是说把开裂的混凝土处理为正交异性材料,认为垂直裂缝方向的拉应力急剧降为零,另外由于骨料咬合和钢筋暗销作用,沿裂缝方向的剪应力还保留一部分。开裂后的位移与应变关系的增量形式可以表示为

$$\{\mathrm{d}\varepsilon\}=[B]\{\mathrm{d}\delta\}\tag{6.67}$$

式中,$[B]$表示单元中位移－应变关系的转换矩阵,与选用的位移函数有关。由虚功原理导出节点力增量$\{\mathrm{d}F\}$为

$$\{\mathrm{d}F\}=[K]^{\mathrm{e}}\{\mathrm{d}\delta\}-\{f_0\}\tag{6.68}$$

式中,$[K]^{\mathrm{e}}$为开裂单元刚度矩阵,可表示为

$$[K]^{\mathrm{e}}=\int_V[B]^{\mathrm{T}}[D]^{\mathrm{e}}[B]\mathrm{d}V\tag{6.69}$$

$\{f_0\}$为混凝土开裂后因释放应力转化的节点力矢量,可表示为

$$\{f_0\}=\int_V[B]^{\mathrm{T}}\{\sigma_0\}\mathrm{d}V\tag{6.70}$$

结构内开裂单元和未开裂单元的单元刚度矩阵计算完成以后,还应从局部坐标向整体坐标转换,并且拼装成结构整体刚度矩阵$[D]$,这样就可以写出整个结构的节点力与位移的关系式

$$\{\Delta R\}=[K]\{\Delta\delta\}-\{F_0\}\tag{6.71}$$

$\{R\}$为已知外荷载节点力矢量;$\{F_0\}$为已知因应力释放转化出的节点力矢量;$\{\Delta\delta\}$为未知的节点位移。

如果结构内部没有单元开裂,那么式中的$\{F_0\}$项将消失,剩下的方程式就是一般所

熟悉的材料非线性的有限元方程。只要有单元开裂,该单元所承受的应力将被释放并转化为单元节点力。移项后方程变成

$$[K]\{\Delta\delta\}=\{\Delta R\}+\{F_0\} \tag{6.72}$$

6.4.5 裂后混凝土的计算步骤

(1) 开始时,总荷载水平已达到$\{R\}=\{R\}_n$,已知相应的第 n 步的位移$\{\delta\}_n$、应力$\{\sigma\}_n$和应变$\{\varepsilon\}_n$。假设某一单元已达到开裂强度,这样就可以算出因混凝土开裂释放应力转化的节点力矢量$\{f_0\}$,再将它拼装到总体坐标上去,形成$\{F_0\}$,以在整体结构上重新分配。其基本方程为

$$[K]_n\{\Delta\delta\}_n=\{F_0\}_n \tag{6.73}$$

式中,$[K]_n$ 为第 n 步的总体刚度矩阵,因有单元开裂,所以$[K]_n$ 已被修正以反映开裂现象。

(2) 解联立方程求出$\{\delta\}_n$。

(3) 计算相应的 $\{d\varepsilon\}_n$ 和$\{d\sigma\}_n$。

(4) 对于每个未开裂单元,因$\{F_0\}$ 又添加了一个应力增量$\{d\sigma\}_n$,所以都要验算达到开裂判据的应力矢量,并把它写成 $\sigma_n+r d\sigma_n=f'_t$的形式。据此可以算出定标因数 r,$r=(f'_t-\sigma_n)/d\sigma_n$。

(5) 找出所有未开裂单元定标因数 r 中的最小值 $r_{\min}$。

(6) 如果 $r_{\min}\geqslant 1$,说明在原有应力$\{\sigma\}_n$ 的基础上添加$\{d\sigma\}_n$ 并不引起新的开裂现象发生,$\{F_0\}$ 被完全重分配,未开裂单元的应力和位移改变分别为$\{\sigma\}_n+\{d\sigma\}_n$,$\{\delta\}_n+\{d\delta\}_n$。

开裂后的单元用前述应力-应变关系。

(7) 如果 $r_{\min}<1$,说明如果将应力全部重新分配,就会引起某些原来开裂单元又发生开裂,即超过了开裂判据。这样,就需要将节点力$\{F_0\}_n$ 分成两部分。第一部分为$r_{\min}\{F_0\}_n$,按(1) 步中公式重新分配,算出相应 $r_{\min}$ 的 $\{\Delta\delta\}_n$、$\{d\sigma\}_n$ 等。

(8) 另一部分节点力$(1-r_{\min})\{F_0\}_n$ 需与下一荷载$(n+1)$ 步中新释放的节点力$\{F_0\}_{n+1}$ 加在一起,在整个结构内按下式重新分配:

$$[K]_{n+1}\{\Delta\delta\}_{n+1}=(1-r_{\min})\{F_0\}_n+\{F_0\}_{n+1} \tag{6.74}$$

(9) 以上过程一直进行到所有开裂单元所释放的应力都全部释放并重新分配,即全部定标因数 $r\geqslant 1$。

6.5 基于 ABAQUS 软件的裂缝模型界面参数输入

6.5.1 定义混凝土弥散裂缝性能

(1) 在编辑材料对话框的菜单栏中,选择 Mechanical → Plasticity → Concrete Smeared Cracking,如图 6.11 所示。

(2) 使用温度相关数据来定义取决于温度的数据。数据表中出现一个标记为 Temp

的列。

(3) 单击“字段变量数量”字段右侧的箭头以增加或减少数据所依据的字段变量的数量。

(4) 在数据表中输入以下数据：

Comp Stress

压应力的绝对值。(量纲：FL^{-2})

Plastic Strain

塑性应变的绝对值。在每个温度和场变量值处给出的第一个应力－应变点必须处于零塑性应变。同时，第一个应力－应变点将定义该温度和场变量的初始屈服点。

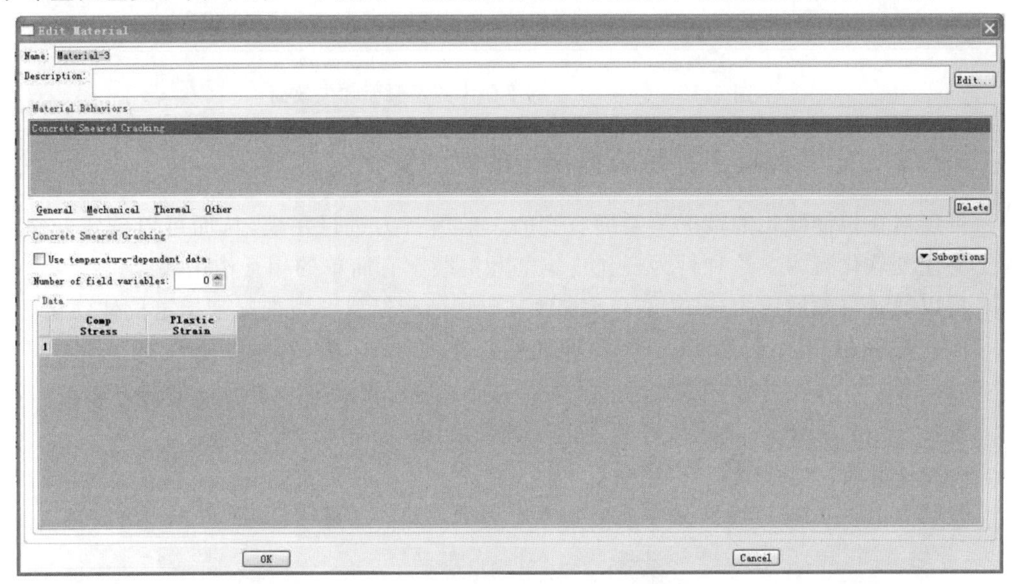

图 6.11　弥散裂缝编辑材料对话框

受压性能分析应注意以下事项。

当主应力分量为主压应力时，混凝土的反应由弹塑性理论模拟，该理论采用简单的屈服面形式，用等效压力应力 p 和 von Mises 等效偏应力 q 表示；这个屈服面如图 6.12 所示。使用相关流动和各向同性强化。该模型简化了实际行为。相关流动假设通常会过度预测非弹性体积应变。屈服面不能与三轴拉伸和三轴压缩实验中的数据精确匹配，因为没有第三应力不变量的依赖关系。当混凝土应变超过极限应力点时，假设弹性响应不受非弹性变形影响是不现实的。另外，当混凝土承受非常高的压应力时，它表现出非弹性响应，但没有将这种行为构建到模型中。为了计算效率，引入了与压缩行为相关的简化。特别地，尽管相关流量的假设并不符合实验数据，但它可以得出与测量值接近的结果，前提是问题中的压应力范围并不大。从计算的角度来看，相关的流动假设导致了集成本构模型(“材料刚度矩阵”)的雅可比矩阵中足够的对称性，从而整体平衡方程解决方法通常不需要非对称方程解。上述限制在运算成本充足时可不必全满足。

可以定义普通混凝土在弹性范围之外的单轴压缩下的应力应变行为。压应力数据作为塑性应变的表格函数提供，并且如果需要，还可提供温度和字段变量。应赋予压应力和应变正值(绝对值)。可以定义超出极限应力、进入应变软化状态的应力－应变曲线。

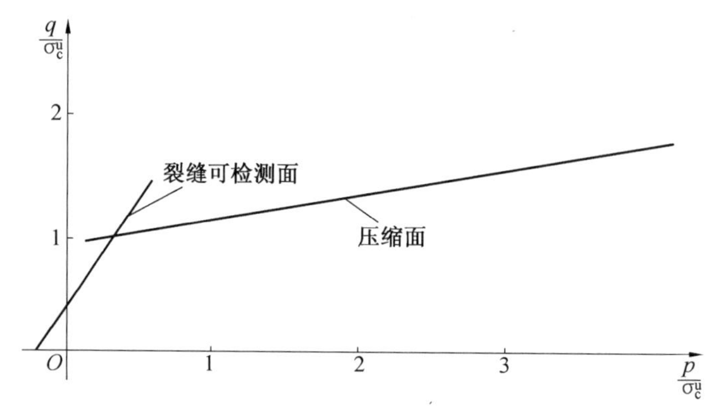

图 6.12 ($p-q$)坐标平面中的屈服面和失效面

6.5.2 定义混凝土弥散裂缝模型的拉伸硬化

可以对在拉伸硬化的情况下裂缝应变的失效后行为进行建模,从而可以确定开裂混凝土的应变软化行为。这种行为还允许钢筋和混凝土有简单的相互作用效应。

可以通过失效后应力－应变关系或通过应用断裂能量开裂准则来指定拉伸硬化。

(1) 从 Suboptions 菜单中选择拉伸硬化。出现一个子编辑栏,如图 6.13 所示。

(2) 单击"Type"字段右侧的箭头,然后选择一种用于定义开裂后行为的方法:

选择 Displacement 来输入开裂后的线性强度损失到零应力的位移。

Disp

位移。u_0 为开裂后线性强度损失到零应力的位移。(量纲:L)

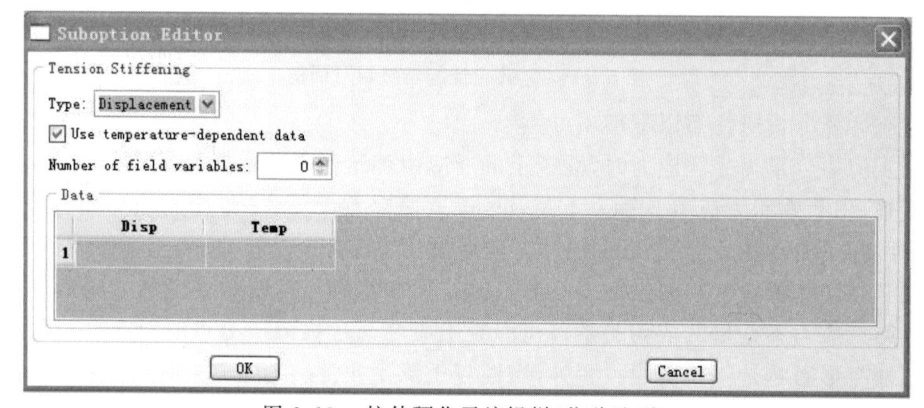

图 6.13 拉伸硬化子编辑栏(位移选项)

· 断裂能量开裂准则

如前所述,当混凝土模型的重要区域没有配筋时,用于定义拉伸硬化的应变软化方法可能会导致结果出现不合理的网格敏感性。克里斯菲尔德(Crisfield,1986)讨论了这个问题,希勒堡(Hillerborg)用了脆性断裂的思路,定义产生单位面积裂缝的能量为一个材料参数。采用这种方法,混凝土的脆性行为由应力位移响应表达而不是由应力应变响应表达。在拉伸作用下混凝土构件会开裂,裂缝会跨过一些截面。当构件被拉伸到极限时，截面上大部分应力都丧失(故弹性应变很小)，构件的长度就会由裂缝决定，如图 6.14 所示。裂缝开口不取决于构件的长度。

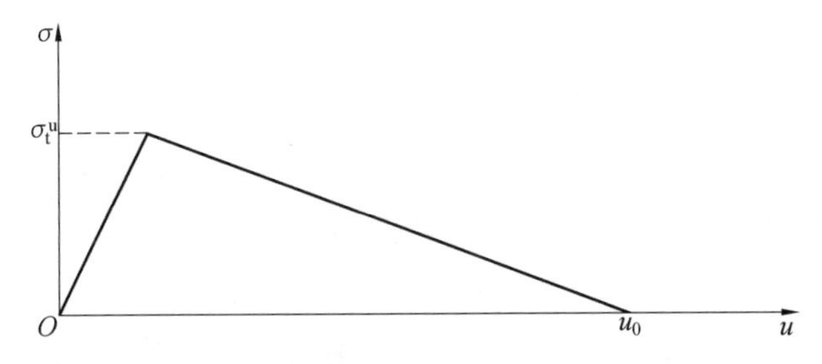

图 6.14　断裂能量开裂模型

在有限元模型中，实现应力 — 位移概念需要定义与积分点相关的特征长度。特征裂缝长度基于构件的几何形状和公式：它是纵穿一个构件的线长度，用于一阶单元；它是二阶单元的相同特征长度的一半。对于梁和桁架，它是沿着构件轴的特征长度。对于膜和壳来说，它是参考表面中的特征长度。 对于轴对称的单元，为它在$R-Z$平面上的特性长度。 对于黏性单元，它等于构成厚度。使用特征裂缝长度的这个定义是因为裂缝发生的方向是未知的。因此，具有较大纵横比的单元会根据它们的裂缝方向而具有相当不同的行为，由于这种效应仍然会留下一些网格灵敏度，所以建议尽可能采用接近正方形的单元。

这种对混凝土脆性响应进行建模的方法需要规定位移，在该位移后应变软化的线性近似应力为 0。

失效应力 σ_t^u 产生在失效应变处(由失效应力除以弹性模量定义)；然而，在与试样长度无关的极限位移 u_0 处，应力趋于零。也就是说，只有当试件足够短时，位移加载的试样才能在失效后保持静态平衡，以便失效时的应变 ε_t^u 小于位移值：$\varepsilon_t^u < u_0/L$，其中 L 为构件的长度。

• 极限位移

根据单位面积的断裂能 G_f，可以估算极限位移 u_0，$u_0 = 2G_f/\sigma_t^u$，其中 σ_t^u 是混凝土可以承受的最大拉应力。对于高强度混凝土，u_0 的特征值为 0.05 mm (2×10^{-3} in)，普通混凝土为 0.08 mm (3×10^{-3} in)。ε_t^u 的特征值约为 10^{-4}，因此要求 $L < 500$ mm (20 in)。

• 临界长度

如果试件长度大于临界长度 L，则开裂过程中试件在固定位移下开裂，更多储存在试件中的应变能被消耗。因此，一些应变能量必须转化为动能，即使在规定的位移荷载下，失效情况也一定是动态的。这意味着，当这种方法用于有限元时，特征元的尺寸必须小于这个临界长度，或者必须考虑额外的(动态的) 因素。分析输入文件处理器使用该具体模型检查每个元素的特征长度，并且不允许任何单元具有超过 u_0/ε_t^u 的特征长度。在必要时必须使用更小的元素，或使用拉伸硬化的应力 — 应变定义。由于断裂能量方法通常只用于普通混凝土，因此很少对网格进行任何限制。

选择 Strain 直接输入失效后应力 — 应变关系，如图 6.15 所示。

sigma/sigma_c

残余应力与开裂应力的比值。

epsilon－epsilon_c

直接应变的绝对值减去开裂时的直接应变。

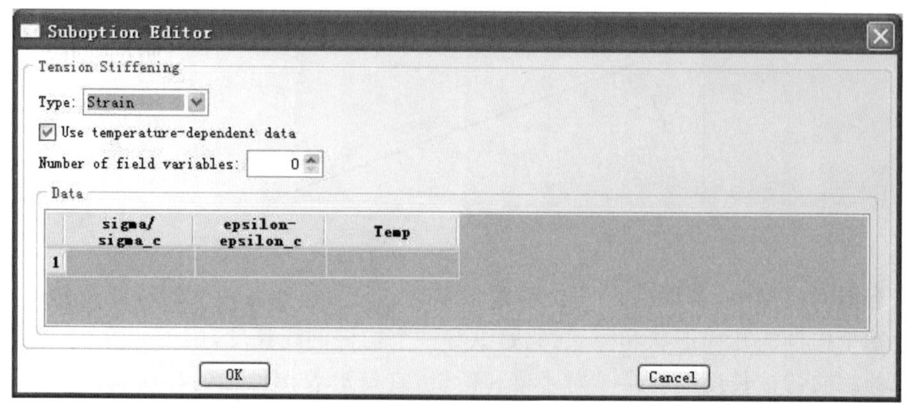

图 6.15　拉伸硬化子编辑栏(应变选项)

· 拉伸硬化

拉伸硬化过程模拟了裂缝间直接应变的失效后行为，该模式允许定义开裂混凝土的应变软化行为。这种行为还允许钢筋和混凝土有简单的相互作用效应。

混凝土弥散裂缝模型需要定义拉伸硬化，可以通过失效后应力－应变关系(图6.16)或通过应用断裂能量开裂准则来定义拉伸硬化。

· 失效后应力－应变关系

钢筋混凝土中应变软化行为的规范通常是指破坏后应力作为贯穿裂缝的应变的函数。在很少或没有配筋的情况下，该规范通常在分析结果中引入网格灵敏度，因为有限元预测不会随着网格细化而收敛到唯一的解决方案，并且网格细化会导致较窄的裂缝带。这个问题通常发生在结构中只有少量的离散裂缝，并且网格细化不会导致额外的裂缝的形成。如果裂缝均匀分布(无论是由于钢筋的影响还是由于稳定弹性材料的存在，如在平面弯曲的情况下)，网格灵敏度就不那么重要了。

在钢筋混凝土的实际计算中，网格通常是这样的，每个单元都包含钢筋。只要在混凝土模型中引入合理的张拉刚度模型(图 6.16) 来模拟钢筋和混凝土之间的相互作用，这种相互作用就倾向于降低网格灵敏度。

必须估计拉伸加固效果，这取决于诸如钢筋密度、钢筋与混凝土之间的黏结质量、混凝土骨料与钢筋直径的相对尺寸以及网孔等因素。相对较重的钢筋混凝土模型的一个合理的起点是用一个相当详细的网格来模拟，假设破坏后的应变软化在总应变约为 10 倍应变时，将应力线性减小到零。标准混凝土破坏的应变通常为 10^{-4}，这表明在总应变约为 10^{-3} 的情况下，拉伸硬化使应力减小到零是合理的。这个参数应该被校准到一个特定的情况。

拉伸刚度参数的选择在 ABAQUS/ 标准中是重要的，因为通常更多的拉伸硬化更容易获得数值解。拉伸刚度太小会导致混凝土局部开裂破坏，在模型的整体响应中引入暂时不稳定的行为。很少有实际的设计表现出这样的行为，因此这种类型的响应在分析模型中的存在通常表明张力硬化是不合理的。

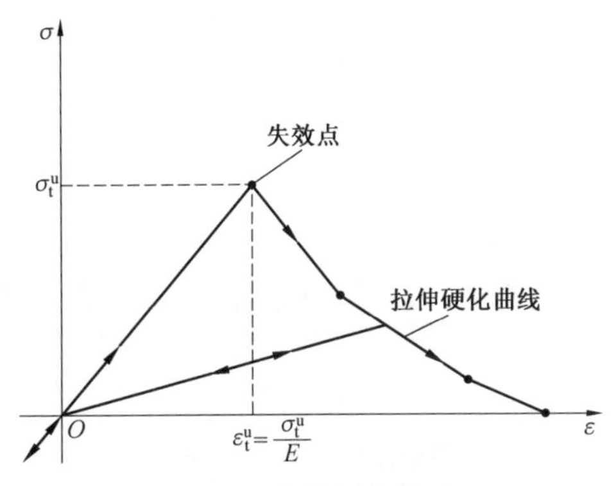

图 6.16　拉伸硬化模型

6.5.3　混凝土弥散裂缝剪切滞回的定义

1. 模型

由于混凝土存在裂缝，其抗剪刚度降低。可以通过指定剪切模量的减小作为贯穿裂缝的开口应变的函数来定义这种效应。还可以指定闭合裂缝的折减剪切模量。

如果没有定义混凝土涂抹开裂模型的剪切滞回，ABAQUS/标准自动假定剪切响应不受裂缝（全剪切滞回）的影响。这个假设通常是合理的：在许多情况下，总体响应不是强烈依赖于剪切滞回。

从子选项菜单中选择剪切滞回，出现一个子编辑栏，如图 6.17 所示。

Rho_close

乘法因子 Q^{close} 定义了闭合裂缝的剪切模量，作为未开裂混凝土的弹性剪切模量的一部分。指定值为 1.0。

Eps_max

最大应变，ε^{max}。缺省值是非常大的数量（全剪切滞回）。

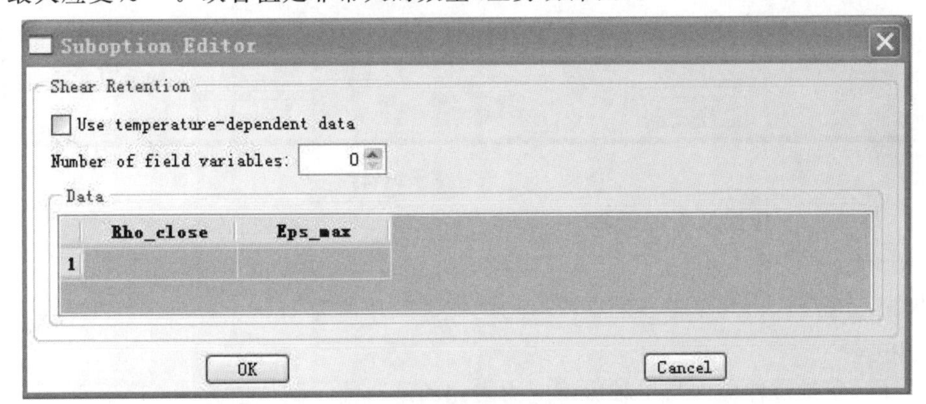

图 6.17　剪切滞回子编辑栏

2. 开裂剪切滞回

由于混凝土存在裂缝，其抗剪刚度降低。这种效应是通过指定剪切模量的折减作为贯穿裂缝的开口应变的函数来定义的。还可以指定闭合裂缝的折减剪切模量。当在裂缝上的正应力变为压缩时，这种折减剪切模量也会产生影响。新的剪切刚度会因裂缝的存在而退化。

裂缝的剪切模量定义为 Q^G，其中 G 是未开裂混凝土的弹性剪切模量，Q 是倍增系数。剪切滞回模型假定开口裂缝的剪切刚度随着裂缝开口的增加而线性减小到零：

$$Q=(1-\varepsilon/\varepsilon^{\max}),\quad \varepsilon<\varepsilon^{\max};\quad Q=0,\quad \varepsilon\geqslant\varepsilon^{\max} \tag{6.75}$$

其中，ε 是贯穿裂缝的直接应变；$\varepsilon^{\max}$ 是用户输入的值。该模型还假定随后闭合的裂缝具有减小的剪切模量：

$$Q=Q^{\text{close}},\quad \varepsilon<0 \tag{6.76}$$

Q^{close} 为输入值。可以用对温度的可选依赖性或预定义场量来定义 Q^{close} 和 $\varepsilon^{\max}$。如果剪切滞留不包括在混凝土涂抹开裂模型的材料定义中，ABAQUS/ 标准将自动调用剪切滞回的默认行为，使得剪切响应不受开裂（全剪切滞回）的影响。这个假设通常是合理的：在许多情况下，总体响应不是强烈依赖于剪切滞回。

6.5.4 混凝土弥散裂缝模型失效面形状的定义

可以指定失效率来定义失效面的形状。如果没有定义失效面的形状，则 ABAQUS 使用下面列出的默认值。

(1) 从子选项菜单中选择失效率，出现一个子编辑栏，如图 6.18 所示。

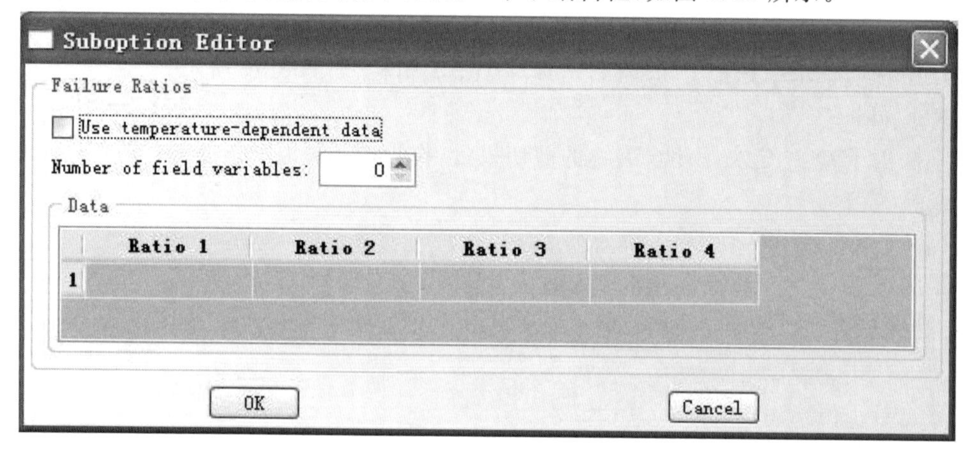

图 6.18 失效率子编辑栏

(2) 输入以下数据表中的数据：

ratio 1

极限双轴压应力与单轴压缩极限应力之比。默认值为 1.16。

ratio 2

破坏时单轴拉伸应力与单轴压缩应力之比的绝对值。默认值为 0.09。

ratio 3

双轴压缩极限应力塑性应变主分量的大小与单轴压缩极限应力塑性应变的比值。默认值为 1.28。

ratio 4

当非零主应力分量处于极限压应力值时，平面应力下的拉伸开裂主应力值与单轴拉伸下的拉伸开裂应力之比。默认值为 1/3。

(3) 失效面。

可以指定失效率来定义失效面的形状(可能是温度和预定义的场变量的函数)。可以指定 4 个失效率：

- 极限双轴压应力与极限单轴压缩应力之比。
- 单轴拉伸破坏应力与极限单轴压缩应力之比的绝对值。
- 双轴压缩极限应力塑性应变主分量的大小与单轴压缩极限应力塑性应变的比值。
- 当主应力处于极限压缩值时，在平面应力作用下的拉伸主应力与单轴拉伸下的拉伸开裂应力之比。

如果不指定这些比值，则使用(2) 中的默认值。

6.6　复合板冲切算例分析

本节在 UHPC－钢筋混凝土叠合板冲切机理研究的基础上，采用 ABAQUS6.14－1 对 UHPC 加固钢筋混凝土双向板在中心集中荷载作用下的力学性能进行非线性有限元分析，分析冲切加载过程中混凝土裂缝的发展过程，并与文献实测的裂缝发展情况进行了对比，分析了 UHPC 叠合层对裂缝发展的影响。

6.6.1　定义材料非线性本构模型

1. 材料本构关系

普通混凝土采用《混凝土结构设计规范》中的混凝土单轴应力－应变关系，混凝土下降段参数 α_c、α_t 根据过镇海混凝土本构关系取值。

受拉本构为

$$\sigma = (1 - d_t)E_c\varepsilon \tag{6.77a}$$

受压本构为

$$\sigma = (1 - d_c)E_c\varepsilon \tag{6.77b}$$

$$d_t = \begin{cases} 1 - \rho_t(1.2 - 0.2x_t^5), & x_t \leqslant 1 \\ 1 - \dfrac{\rho_t}{\alpha_t(x_t - 1)^{1.7} + x_t}, & x_t > 1 \end{cases}$$

$$d_c = \begin{cases} 1 - \dfrac{\rho_c n}{n - 1 + x_c^n}, & x_c \leqslant 1 \\ 1 - \dfrac{\rho_t}{\alpha_c(x_c - 1)^2 + x_c}, & x_c > 1 \end{cases} \tag{6.77c}$$

$$\rho_t = \frac{f_{t,r}}{E_c\varepsilon_{t,r}}, \quad \rho_c = \frac{f_{c,r}}{E_c\varepsilon_{c,r}}, \quad n = \frac{E_c\varepsilon_{c,r}}{E_c\varepsilon_{c,r} - f_{c,r}} \tag{6.77d}$$

$$x_t = \frac{\varepsilon}{\varepsilon_{t,r}}\ (\text{用于受拉}), \quad x_c = \frac{\varepsilon}{\varepsilon_{c,r}}\ (\text{用于受压}) \tag{6.77e}$$

公式(6.77b)和公式(6.77c)中的参数 α_t、α_c 根据混凝土强度取值，见表 6.2。

表 6.2　参数 α_t、α_c 根据混凝土强度取值

$f_{t,r}/(\text{N}\cdot\text{mm}^{-2})$	1.0	1.5	2.0	2.5	3.0	3.5	4.0
α_t	0.31	0.70	1.25	1.95	2.81	3.82	5.00
$f_{c,r}/(\text{N}\cdot\text{mm}^{-2})$	20	25	30	35	40	45	50
α_c	0.74	1.06	1.36	1.65	1.94	2.21	2.48

UHPC 受压本构采用 CEB－FIP(1993) 的模型：

$$\sigma_{uc}=\begin{cases} f_{uc}\dfrac{n\xi-\xi^2}{1+(n-2)\xi}, & \varepsilon\leqslant\varepsilon_0 \\ f_{uc}\dfrac{n\xi-\xi^2}{4(\xi-1)^2+\xi}, & \varepsilon>\varepsilon_0 \end{cases} \tag{6.78}$$

式中，$\varepsilon_0=3\ 000\ \mu\varepsilon$；$\xi=\varepsilon/\varepsilon_0$；$n=E_{uc}/E'_{uc}$，$E_{uc}$ 为初始弹性模量，E'_{uc} 为峰值点的割线模量，可取 $n=2$；f_{uc} 取实测强度。

UHPC 的单轴受拉定义为三折线模型，即弹性－屈服－软化三个阶段，如下式所示，$\varepsilon_{w,0.5}$ 可取 0.003。

$$\sigma(\varepsilon)=\begin{cases} f_{ct}\dfrac{\varepsilon}{\varepsilon_{cc}}, & 0\leqslant\varepsilon\leqslant\varepsilon_{cc}=0.000\ 18 \\ f_{ct}, & \varepsilon_{cc}<\varepsilon\leqslant\varepsilon_{pc}=0.001 \\ f_{ct}-\dfrac{f_{ct}}{2(\varepsilon_{w,0.5}-\varepsilon_{pc})}(\varepsilon-\varepsilon_{pc}), & \varepsilon_{pc}<\varepsilon<\varepsilon_{w,0.5} \end{cases} \tag{6.79}$$

钢筋采用双折线弹塑性模型，分为弹性和塑性两个阶段。混凝土、UHPC、钢筋应力－应变关系如图 6.19 所示。

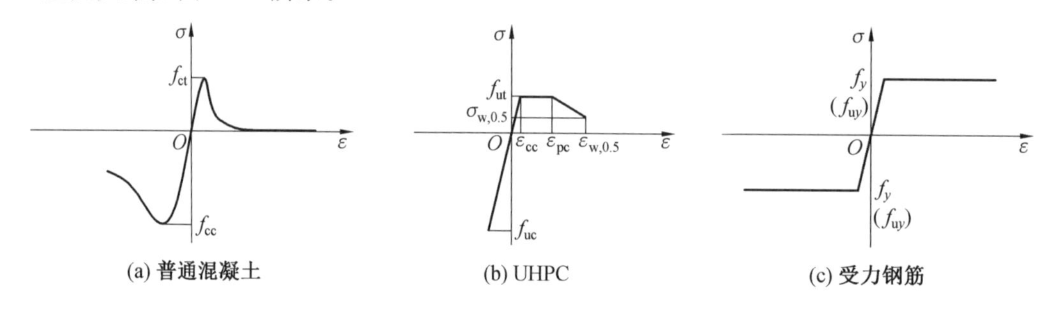

图 6.19　材料应力－应变关系

2. ABAQUS 中混凝土材料模型

ABAQUS 中自带了三种混凝土材料模型，分别是塑性损伤模型(Concrete damaged plasticity)、弥散裂缝模型(Concrete smeared cracking)和脆性断裂模型(Cracking model for concrete)。

(1) 塑性损伤模型。

在 Plasticity 菜单中定义普通混凝土及 UHPC 材料损伤参数，参数取值为 30，0.1，1.16，0.667，0.000 5，如图 6.20(a) 所示；在 Compressive Behavior 和 Tensile Behavior 对

话框中分别定义材料的压应力—塑性应变关系和拉应力—塑性应变关系，如图 6.20(b)、(c) 所示。需要注意的是，输入的是材料的塑性应变，而不是总应变，塑性应变可由总应变减去弹性应变得出。

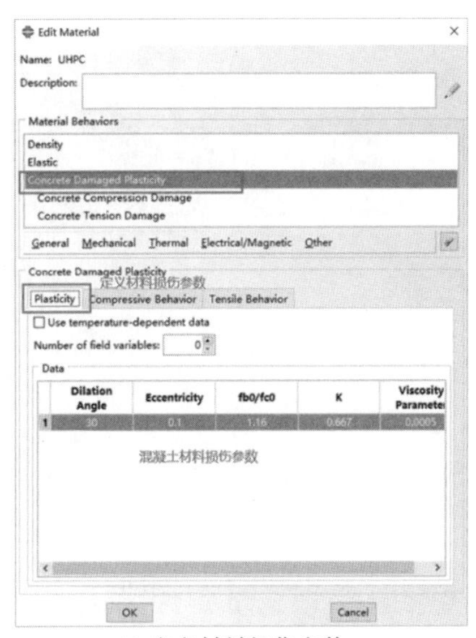

(a) 定义材料损伤参数

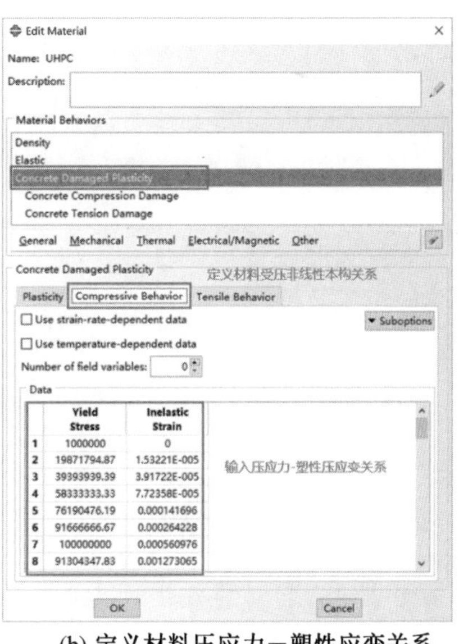

(b) 定义材料压应力—塑性应变关系

(c) 定义材料拉应力—塑性应变关系

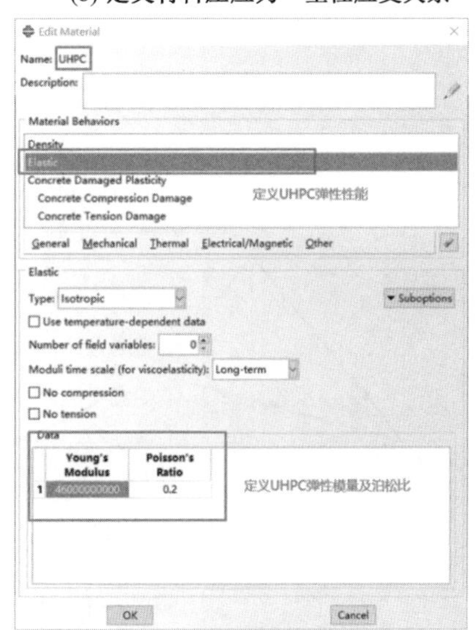

(d) 定义UHPC弹性模量及泊松比

图 6.20　塑性损伤本构的定义

普通混凝土及钢筋弹性性能的定义不再赘述，UHPC 的弹性模量可取 4.6×10^3 MPa，泊松比可取 0.2，如图 6.20(d) 所示。

(2) 弥散裂缝模型。

在 Concrete smeared cracking 对话框中定义材料压应力—塑性应变关系，如图 6.21(a) 所示。ABAQUS 中弥散裂缝的形状和方向已由 Failure Ratios 来控制，Ratio 1 为双轴极限压应力与单轴极限压应力之比，默认可以设置为 1.16；Ratio 2 为单轴拉伸破坏应力与单轴极限压应力之比的绝对值，根据实际情况确定；Ratio 3 为双轴压缩的极限主塑性应变和单轴压缩的极限主塑性应变的比值，默认可设置为 1.28；Ratio 4 为在平面应变的情况下，当其他方向的非零主应力为极限压应力时，极限主拉应力和单轴拉伸的极限应力的比值，如图 6.21(b) 所示。

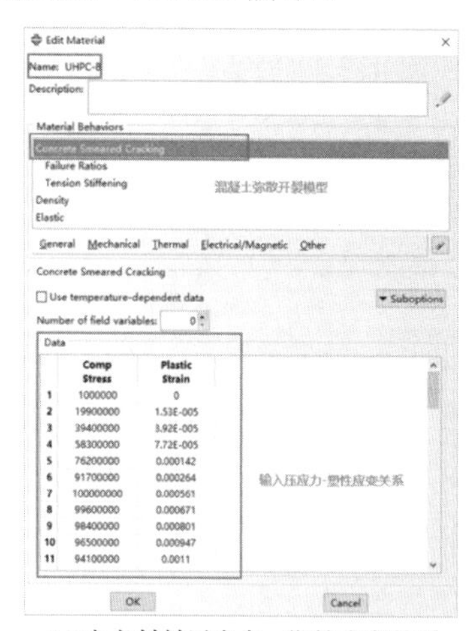

(a) 定义材料压应力－塑性应变关系

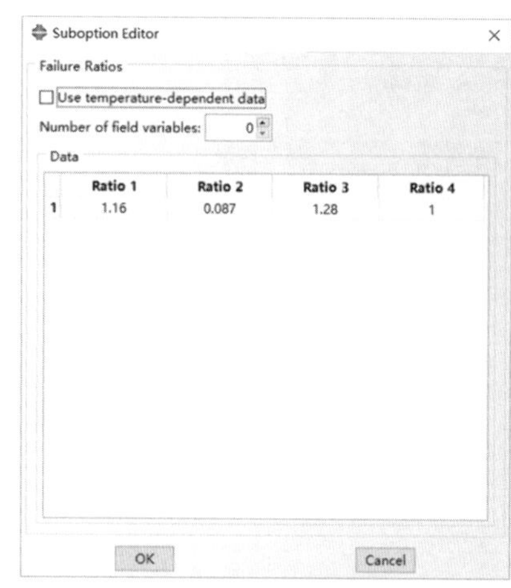

(b) 裂纹形状和方向的控制

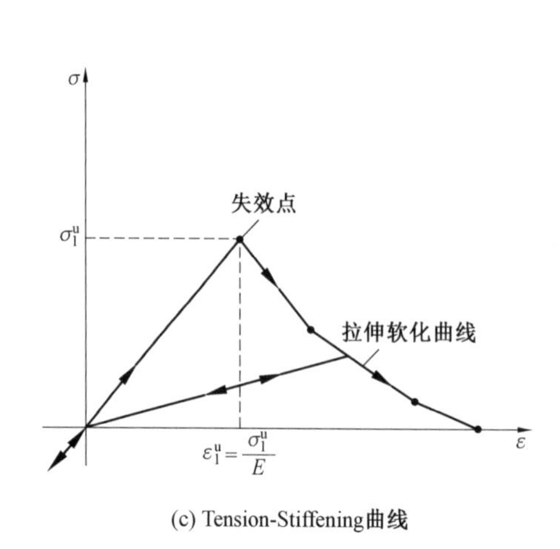

(c) Tension-Stiffening曲线

Suboption Editor

Tension Stiffening

Type: Strain

Use temperature-dependent data

Number of field variables: 0

Data

	sigma/sigma_c	epsilon-epsilon_c
1	1	0
2	1	0.00185
3	0.995	0.0019
4	0.989	0.00195
5	0.984	0.002
6	0.978	0.00205
7	0.973	0.00211
8	0.967	0.00216
9	0.962	0.00221
10	0.957	0.00226
11	0.951	0.00231
12	0.946	0.00236

OK Cancel

(d) 定义Tension Stiffening曲线

图 6.21　弥散裂缝本构的定义

开裂后的应力软化曲线如图 6.21(c) 所示，“失效点”后面应力下降的曲线就是 Tension Stiffening 曲线，定义材料属性时只需给出应力降为零时的应变即可，如图 6.21(d) 所示。

6.6.2　试件概况及有限元建模

1. 试件概况

根据系列 UHPC－钢筋混凝土叠合板在中心集中荷载下的抗冲切实验，其试件情况见表 6.3。其试件侧视图及加载方式情况如图 6.22 所示，加载采用位移控制。

表 6.3　试件分组情况

编号	板宽 /mm	柱宽 /mm	h_0 /mm	h_u /mm	普通混凝土 f_{cc} /MPa	f_{ct} /MPa	钢筋配置	f_y /MPa	UHPC f_{uc} /MPa	f_{ut} /MPa	钢筋配置	f_y /MPa
SAMD1	2 000	200	136	50	51.4	3.6	14@150	526	150	11.5	10@150	937
SAMD2	2 000	200	136	23	46.7	3.4	14@150	526	—	12.8	—	—
PBM1	3 000	260	180	50	32.6	2.8	16@150	546	—	8.7	—	—
PBM2	3 000	260	180	50	36	2.8	16@150	546	120	8.7	8@150	532
PBM3	3 000	260	180	50	32.3	2.8	16@150	546	120	8.7	8@150	772
PBM4	3 000	260	210	25	32.3	2.8	16@125	546	—	10.1	—	—
PG19	3 000	260	210	0	46.2	3.4	16@125	546	—	—	—	—
PG20	3 000	260	210	0	51.7	3.6	20@100	551	—	—	—	—

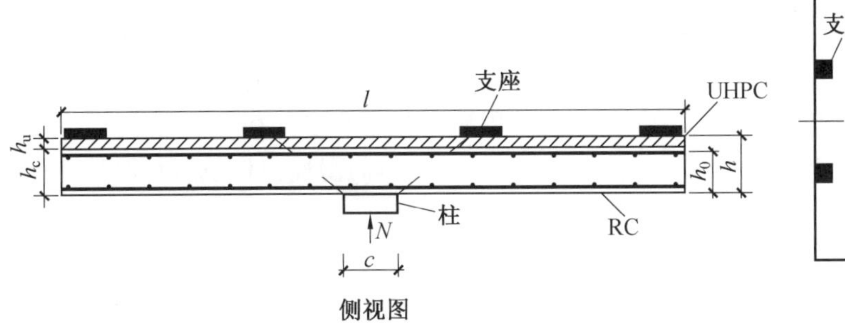

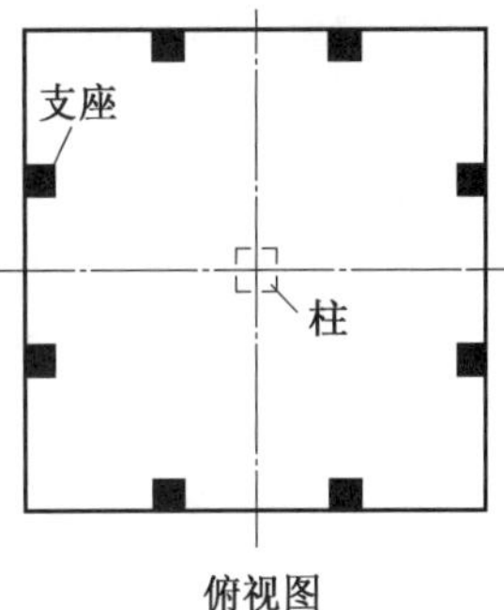

图 6.22　加载方式

2. 有限元模型

建立 UHPC－钢筋混凝土叠合板在中心集中荷载下的有限元模型，如图 6.23 所示，采用非协调模式单元(Incompatible modes)。UHPC 和混凝土采用 C3D8R 单元，钢筋采用 T3D2 单元。叠合板上部设置 8 个固定支座，支座和叠合板之间用 tie 进行绑定。在中心处放置加载块，加载块和叠合板之间也用 tie 进行绑定。认为预制层和现浇层能够协同工作，即不会发生滑移，UHPC 和钢筋混凝土之间采用 tie 进行绑定。在叠合板模型上部和下部各设置一个参考点 RP－1 和 RP－2，RP－2 和中心加载块之间用 Coupling 进行绑定，RP－1 和 8 个固定支座之间也用 Coupling 进行绑定。

3. 定义分析步

ABAQUS 分析步分为隐式算法(Abaqus/Implicit) 和显式算法(Abaqus/Explicit)，两者有不同的适用范围。

隐式算法的适用范围：

(1) 通过模拟与振型的振动频率相比，研究相应周期较长的问题。

(2) 用于有适度的非线性问题，其中非线性是平滑的。

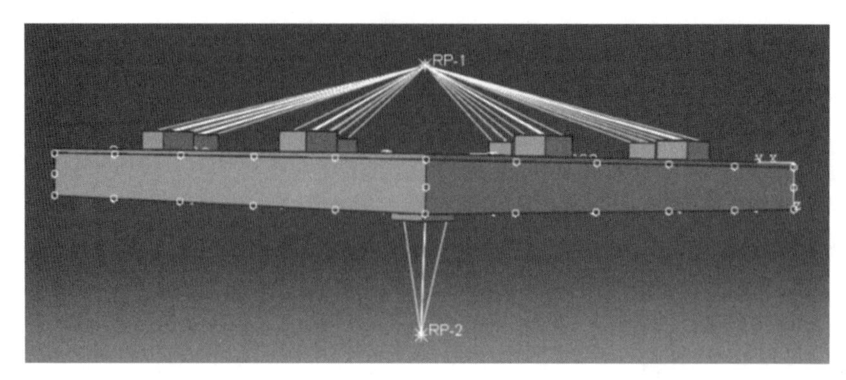

图 6.23　叠合板有限元模型

显式算法的适用范围：

(1) 模拟高速动力学问题，需要较少的时间增量。

(2) 求解冲击、穿透等高度非线性动力响应问题。

(3) 对于包含不连续的非线性问题，一般效率较高。

对于叠合板冲切这种加载时间较短、非线性较强且不平滑的问题，更适合用显式算法(Explicit)来进行模拟。且在本算例中，隐式算法计算速度远低于显式算法，这是由于隐式算法的每个增量步中必须求解一套全域的方程组，对于每一个增量步的计算成本，隐式算法远高于显式算法。所以在本算例中，主要采用显式算法来进行有限元的计算。

需要注意的是，弥散模型一般在隐式算法环境中使用，而塑性损伤模型在两种环境中一般均可使用。

新建分析步 step－1，如果采用塑性损伤模型，则分析步采用 Dynamic，Explicit 的显式算法，Time period 栏内输入 0.07，如图 6.24(a) 所示；如果采用弥散裂缝模型，则无法采用显式算法，而需采用 Dynamic，Implicit 的隐式算法，如图 6.24(b) 所示。

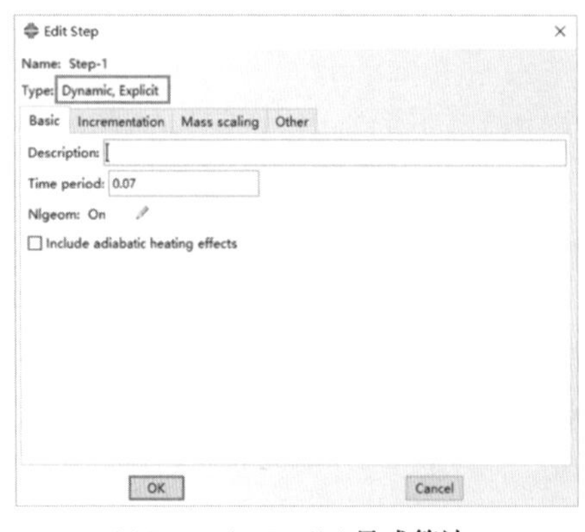

(a) Dynamic, Explicit显式算法

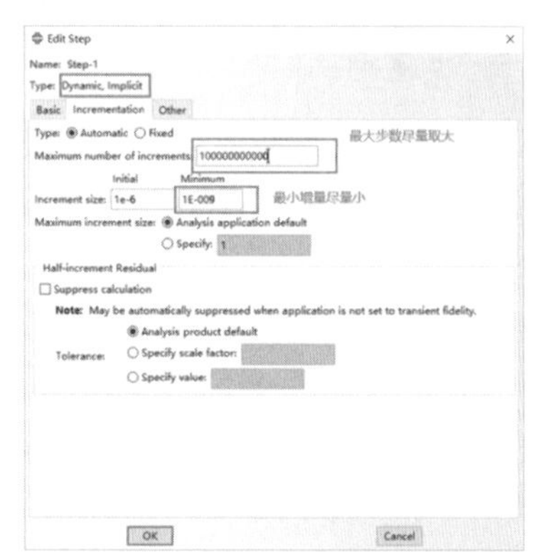

(b) Dynamic, Implicit隐式算法

图 6.24　设置分析步

4. 施加约束及荷载

在参考点 RP－2 位置处施加位移荷载，幅值为－0.005 m；在参考点 RP－1 位置处施加固定约束，约束其 3 个轴向的位移和旋转，如图 6.25 所示。

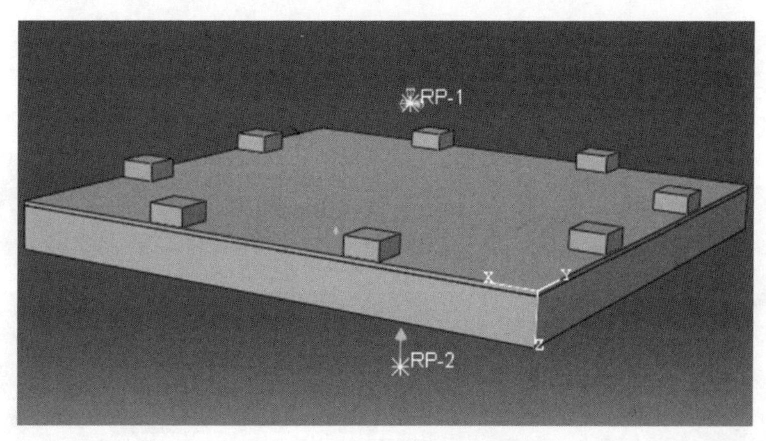

图 6.25　施加约束及位移荷载

5. 有限元网格划分及计算

划分网格时需适当缩小混凝土及 UHPC 的网格尺寸，以便观测混凝土裂缝的发展过程。随后在Job中进行有限元计算，也可以直接运行Inp文件进行计算。有限元网格划分如图 6.26 所示。

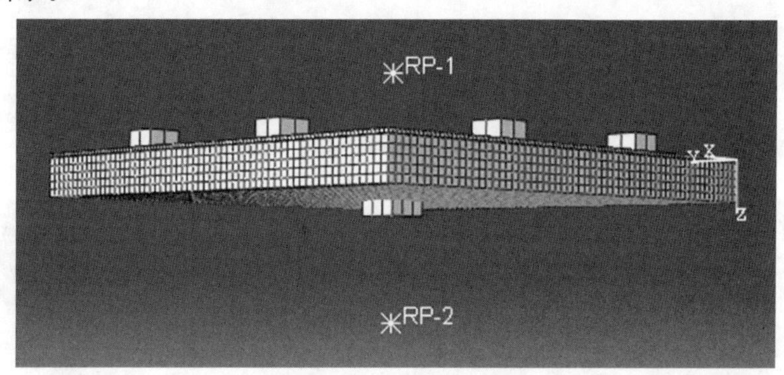

图 6.26　有限元网格划分

6.6.3　计算结果与分析

1. 塑性损伤模型和 Dynamic, Explicit 显式算法的计算结果

在 Visualization 中选择 Primary，DAMAGET 查看混凝土及 UHPC 的受拉损伤。DAMAGET 可以表示裂缝的发展情况，其数值越高，材料的受拉损伤越严重，裂缝的宽度也越大，如图 6.27(a) ～ (d) 所示。首先是板顶出现受拉损伤，标志着开始出现受弯裂缝，如图 6.27(a) 所示；接着在柱附近的板腹部中心产生斜向裂缝，并从板中心向板底延伸至柱端，向板顶发展至板面，如图 6.27(b) 所示；在峰值荷载时，形成冲切锥体，冲切裂缝上下贯通，发生冲切破坏，随后荷载开始迅速下降；在峰值荷载时 UHPC 层和普通混凝土开始出现界面的损伤，意味着 UHPC 和普通混凝土界面发生剥离或者滑移，如图 6.27(c) 所示；当加载结束时，受拉损伤的范围和 UHPC－普通混凝土界面损伤的范围进一步扩大，这说明了裂缝的进一步开展，如图 6.27(d) 所示。

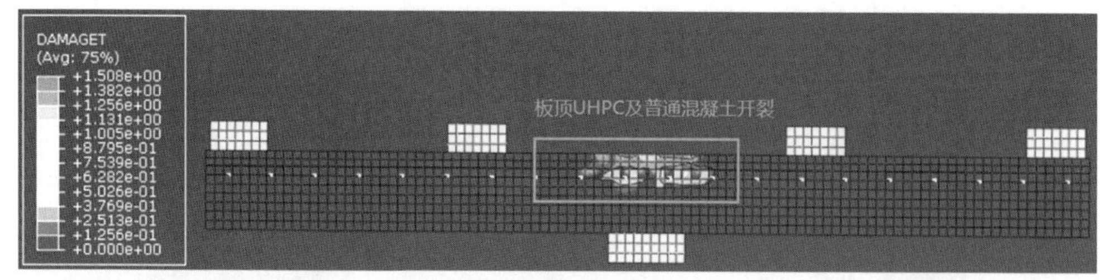

(a) 板顶出现受弯裂缝

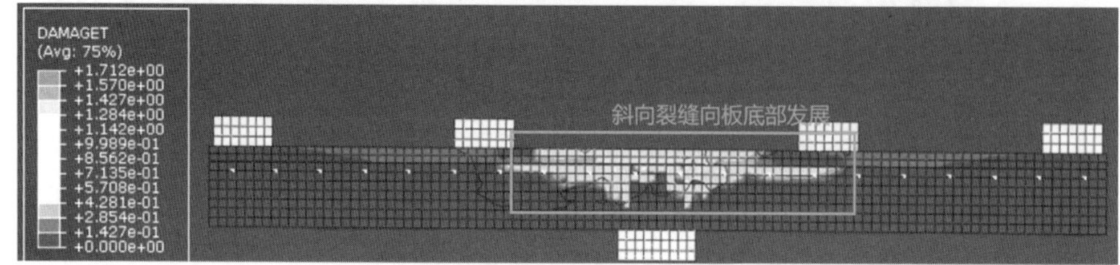

(b) 接近峰值荷载时冲切斜裂缝迅速发展

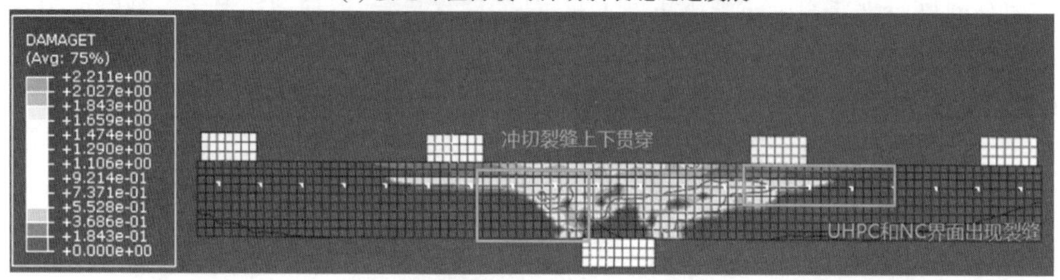

(c) 临界荷载时冲切裂缝上下贯通

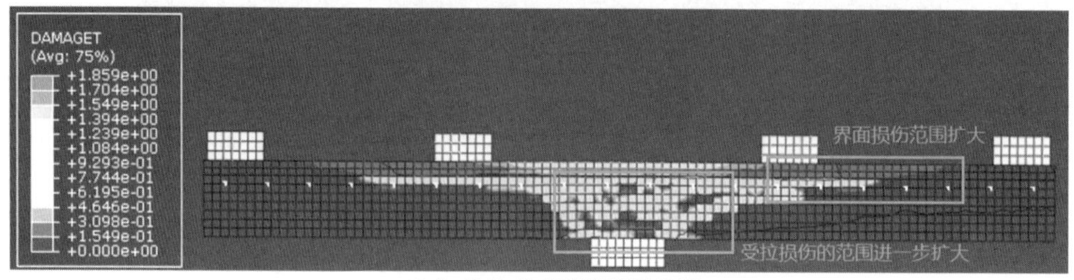

(d) 加载结束时裂缝发展情况

图 6.27　塑性损伤模型模拟裂缝的发展

2. 弥散裂缝模型和 Dynamic, Implicit 隐式算法的计算结果

在 Visualization 中选择 Primary, PE 查看混凝土及 UHPC 的受拉损伤,如图 6.28 所示。由图可见其失效模式和冲切破坏的失效模式相差较远,且很难看出裂缝的分布情况,这是由于弥散模型是将实际的混凝土裂缝"弥散"到整个单元中,将混凝土处理为各向异性材料,利用混凝土材料的本构模型来模拟裂缝而产生的结果。但由于冲切破坏是脆性破坏,将临界冲切裂缝"弥散"到整个单元中的做法不是很合理。

3. 有限元模拟结果与实验实测结果对比

由于相较于弥散裂缝模型,塑性损伤模型能更好地模拟在冲切荷载下叠合板裂缝的发展情况,故采用塑性损伤模型的计算结果和实验实测结果对比,实测 UHPC－钢筋混

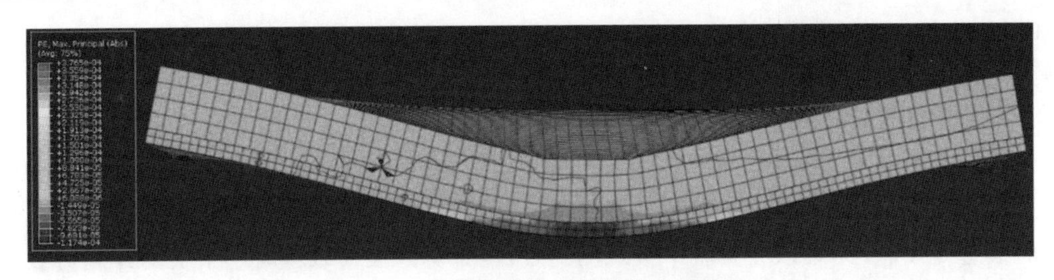

图 6.28　弥散裂缝模型模拟的裂缝发展

凝土叠合板裂缝分布如图 6.29 所示。

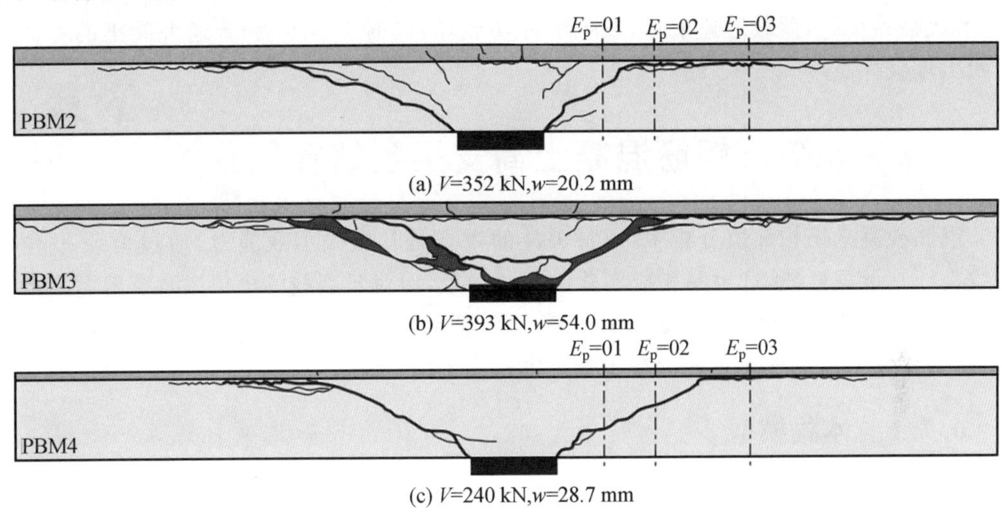

图 6.29　实测叠合板裂缝分布

(1) 裂缝形状对比。

将有限元模拟的叠合板在冲切荷载下裂缝的发展与实验实测结果相对比,发现两者的冲切锥形状均类似,以其中的 PM2、PM3、PM4 作为比较对象,结果见表 6.4。

表 6.4　实测与计算的 θ 对比结果

试件编号	h_u/mm	实测 θ/(°)	计算 θ/(°)
PBM2	50	22 ～ 38	21 ～ 40
PBM3	50	21 ～ 32	25 ～ 37
PBM4	25	26 ～ 30	21 ～ 32

由表 6.4 的数据可以看出计算和实测的 θ 大体一致,且临界冲切锥斜面与水平面之间的夹角 θ 为 20° ～ 40°,UHPC 叠合层的厚度对 θ 影响不大。计算和实测结果存在部分差异,这可能是由于定义的混凝土材料参数和实际的参数存在差异,此外混凝土开裂有较大的随机性,这也会增大计算和实测裂缝倾角之间的误差。此外,无论是实验实测还是有限元模拟,叠合板左右两边的临界冲切裂缝的倾角并不对称,而是呈现出一边倾角大、一边倾角小的破坏机制,其原因有待进一步分析。

实验实测和有限元分析的结果均显示冲切裂缝主要分布在普通混凝土层中,而在

UHPC 板中未观测到明显的冲切裂缝。在冲切破坏发生时，临界冲切裂缝会在 UHPC 和普通混凝土的界面之间开展，造成界面的剥离。

(2) 开裂荷载对比。

有限元分析结果显示，当荷载达到极限冲切荷载的 40% ～ 60% 时，叠合板的 UHPC 层开始出现受弯裂缝，略小于实验观测到的 50% ～ 70%。这可能是因为 UHPC 在刚开裂时裂缝宽度较小，难以在实验中被观测到，所以计算开裂荷载会略小于实测开裂荷载。

(3) 裂缝发展情况对比。

有限元的分析结果显示，当达到极限荷载时，冲切斜裂缝在普通混凝土层中迅速发展，形成临界裂缝，荷载迅速下降，发生了冲切破坏，同时 UHPC 和普通混凝土的界面也开始出现破坏。

6.7 钢筋混凝土简支梁裂缝算例分析

钢筋混凝土结构数值分析中，通常关注的重点是其极限承载能力，通过荷载 — 位移曲线表征其承载性能，这也是相应实验的重要结果，但对于裂缝的模拟以及裂缝宽度的预测尚缺乏较为有效的分析手段。本节基于有限元分析软件 DIANA，以某钢筋混凝土(RC) 简支梁为例来探讨不同混凝土裂缝本构模型的应用。

6.7.1 本构模型

DIANA 中包含的混凝土非线性本构模型包括塑性模型、塑性开裂模型、离散开裂模型以及弥散裂缝模型。其中，塑性模型包括摩尔 — 库仑塑性模型和德拉克 — 普拉格塑性模型；塑性开裂模型为塑性模型与开裂模型的组合；离散开裂模型实际上是一种接触关系，更多地用于潜在可能发生开裂的位置，比如钢混组合结构的界面处、新旧混凝土界面处等，当界面破坏失效时触发开裂机制，模拟界面两侧单元在法向与切向上的相互作用；弥散裂缝模型是 DIANA 中应用范围最广、功能最为完善的混凝土本构模型，本节重点讨论弥散裂缝模型。

1. 多向固定裂缝模型

弥散裂缝模型的核心思想是将混凝土中裂缝的生成表达为单元内应变的增大。由于裂缝是有方向的，且裂缝产生后对裂缝法向和切向上的刚度有显著影响，所以弥散裂缝模型允许在单元的积分点上产生裂缝，这些裂缝将体现裂缝对于单元刚度的影响。不同的裂缝产生机制将影响结构最终的宏观性能，本节最后将针对这一点进行讨论。

多向固定裂缝模型，顾名思义，多向指在一个单元内可以存在多条裂缝，而固定指裂缝的方向一旦产生便不再发生变化，即主应变方向不一定与裂缝的方向始终一致。多向固定裂缝模型如图 6.30 所示。单个积分点位置的裂缝数量并不设上限，但可以通过设置不同裂缝之间的最小允许临界角来进行控制。

用 $\boldsymbol{s}^{cr}$ 和 $\boldsymbol{e}^{cr}$ 分别代表积分点处 n 条裂缝应力和裂缝应变的向量，二者的关系可以表达为

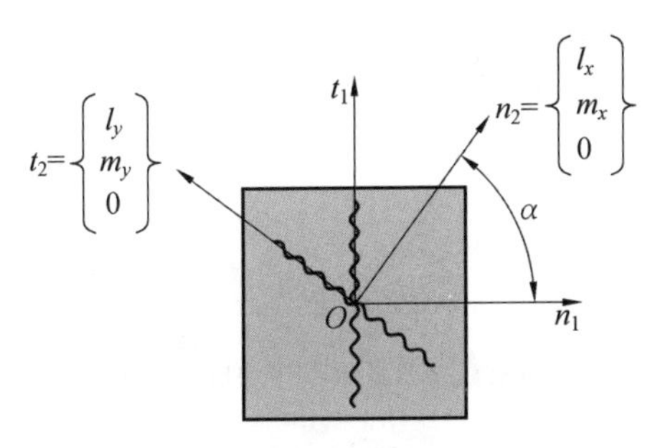

图 6.30　多向固定裂缝模型示意图

$$\boldsymbol{s}^{cr}=f(\boldsymbol{e}^{cr}) \tag{6.80}$$

不同裂缝之间的耦合关系是复杂且不必要的，所以在进行解耦后，可以将单条裂缝的应力和应变关系简单地表达出来。

多向固定裂缝模型整体上可以分为弹性段和开裂段，即常见的混凝土单轴本构曲线可以分为如图 6.31 所示的两段。在主应力达到开裂强度之前弹性模量 E 和剪切模量 G 均为常数，而开裂后，单元在裂缝的法向和切向上都将发生刚度的下降；通过定义刚度下降的方式来对单元的行为以及结构的性能进行控制。换言之，选择合适的本构曲线对于得到正确的分析结果至关重要。

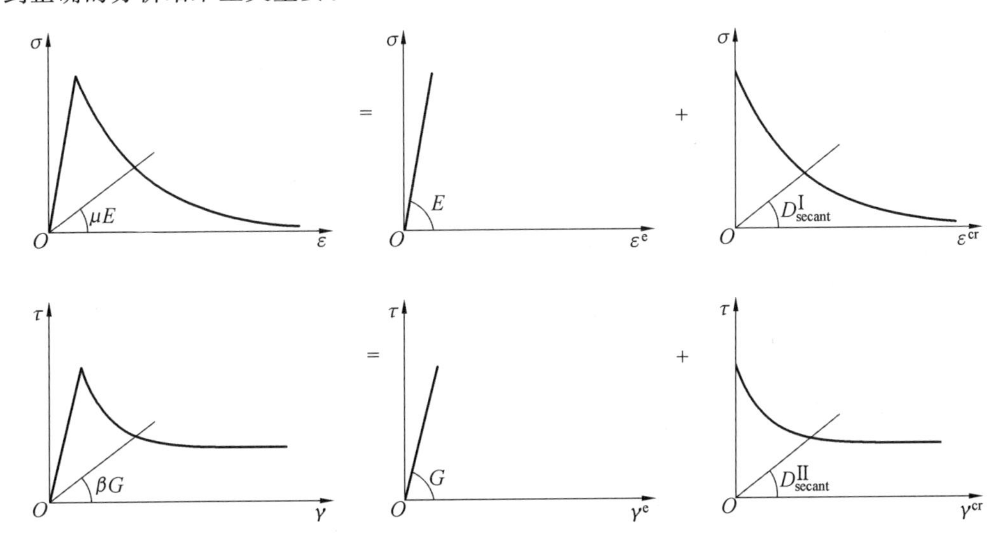

图 6.31　多向固定裂缝模型在开裂过程中的刚度变化机制

对于裂缝法向上的受拉软化关系，目前 DIANA 中多向固定裂缝模型提供的受拉软化曲线如图 6.32 所示。各本构关系可参考用户手册中的相关描述，分析时可根据模型需要进行选择，而在裂缝切向上的刚度衰减可以通过指定 β 值来进行确定。对于受弯构件，通常 β 值可以取默认值 0.01。

2. 总应变裂缝模型

总应变裂缝模型与多向固定裂缝模型不同，并不区分弹性段或者开裂段，而是使用整体的单轴应力－应变曲线来表达混凝土的本构关系，如图 6.33 所示。

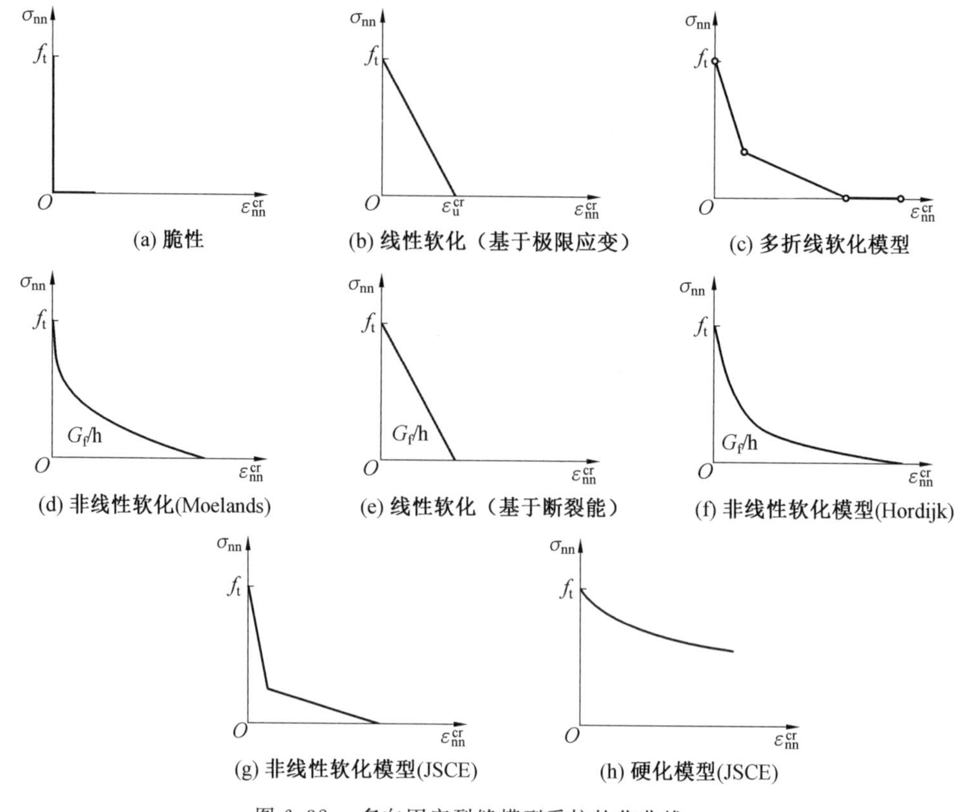

图 6.32　多向固定裂缝模型受拉软化曲线

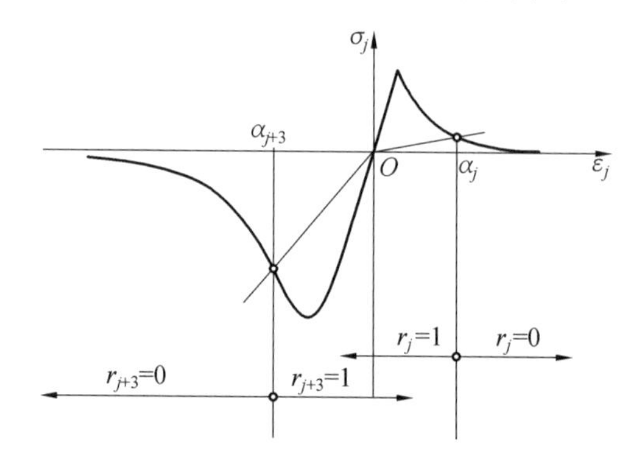

图 6.33　总应变裂缝模型本构曲线示意图

总应变裂缝模型也属于弥散裂缝模型，与固定裂缝模型不同，单元内最多存在三条裂缝，三条裂缝相互正交且与主应变方向保持重合。总应变裂缝模型分为固定和旋转两类。其中，固定裂缝模型表示裂缝一旦生成后方向便不再发生变化，而旋转裂缝模型表示裂缝方向始终与裂缝方向保持一致，如图 6.34 所示。由于这一特点，旋转裂缝模型中可以不用考虑裂缝剪切方向上的行为，而在固定裂缝模型中需要对裂缝剪切方向上的行为进行描述。

总应变裂缝模型本构曲线可以分为受拉和受压两段，其中受拉段可供选择的模型如图 6.35 所示。需要输入的参数除了基础的弹性模量、泊松比等弹性参数外，通常需要开

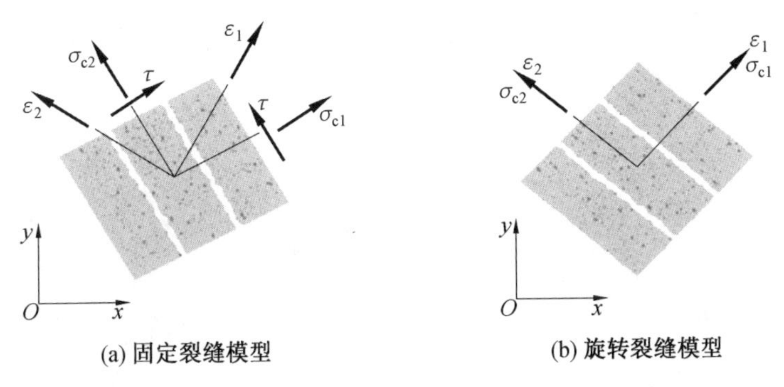

(a) 固定裂缝模型　　(b) 旋转裂缝模型

图 6.34　总应变裂缝模型固定与旋转裂缝机制示意图

裂强度、极限应变 / 断裂能两个参数以便确定唯一的一条曲线；亦可按照 JSCE、CEB－FIP 等规范要求选取曲线，或根据材性实验结果以多段线形式输入。其中，(m)、(n) 曲线为纤维混凝土专用本构，可以用于 ECC 材料特性的模拟。

总应变裂缝模型中可供选择的受压段模型如图 6.36 所示。分析时可根据需要酌情选择，这里推荐的模型为 Thorenfeldt 或者 Parabolic 模型，也可以根据材性实验数据以多段线形式输入，其中较为特殊的 Maekawa 曲线专门用于结构滞回性能的模拟。实际上，选择了 Maekawa 曲线等效于选择了 Maekawa－Fukurra(前川－福浦) 模型，这一模型对于混凝土加卸载行为提供了一个可供参考的经验模型，得到的滞回分析结果较为准确，且只需输入抗压强度即可。总应变裂缝模型通常情况下仍然属于单轴本构，DIANA 中提供了“侧限作用”这一选项，在激活后，该本构模型在受压区间由单轴模型修正为多轴模型，并提供 Selby & Vecchio 约束作用模型，可以用于模拟钢管混凝土或者其他形式对核心混凝土的约束作用。对于固定裂缝模型中裂缝在剪切方向上的刚度衰减，同样可以通过指定 b 值来进行确定，或选择其他经验模型。上述各本构模型及经验模型的理论说明，受篇幅所限，在此不再赘述，具体内容可参考 DIANA 官方提供的帮助手册。

6.7.2　试件概况及有限元建模

钢筋混凝土梁的尺寸及配筋情况如图 6.37 所示。简支梁整体上表现为三点受弯形式，在跨中位置施加荷载，以位移进行控制。

在建立有限元模型过程中，为了简化建模过程、提高分析效率，采用二维模型，使用平面应力单元并建立对称半模型来模拟，如图 6.38 所示。

建模的注意事项如下：

(1) 由于使用了二维平面应力单元，需要指定单元厚度，即梁的厚度。

(2) 在梁的荷载加载位置与支承位置添加钢板，避免直接作用于混凝土梁的约束或荷载引起局部的应力集中，导致梁的不正常局部压溃。添加垫板的方法与实际实验方法是一致的，垫板的宽度应与实验保持一致。

(3) 垫板与混凝土之间添加界面单元，以模拟垫板与混凝土梁之间的相对滑动。可使用的界面本构模型包括库仑摩擦模型和非线性弹性模型。

(4) 由于二维模型的简化，图 6.38 中所示的有限元模型中箍筋和纵筋均以一根钢筋来表示 2 ～ 3 根钢筋的情况，所以在定义钢筋的截面面积时，应换算后输入 2 ～ 3 根的钢

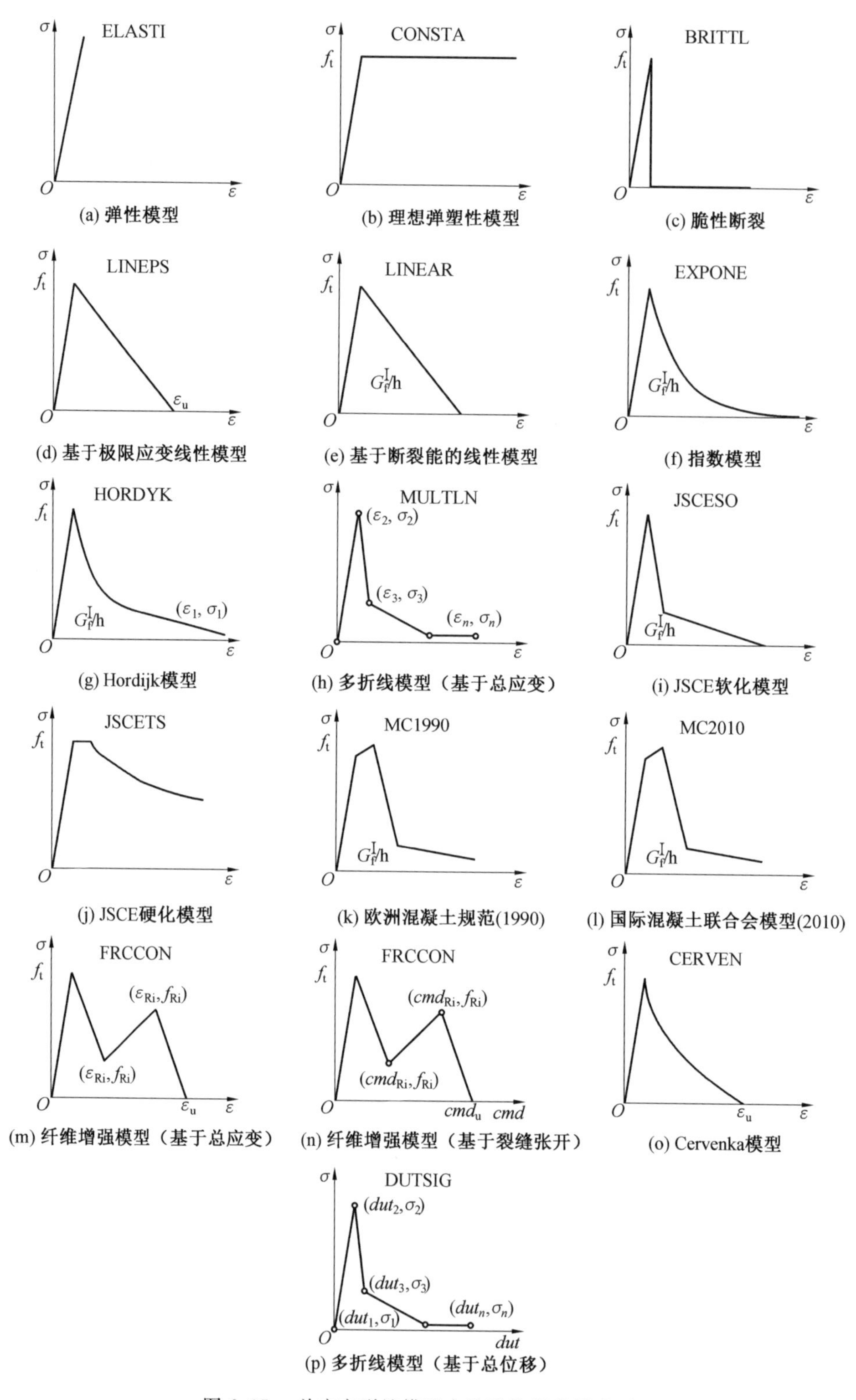

图 6.35 总应变裂缝模型中的受拉段曲线选项

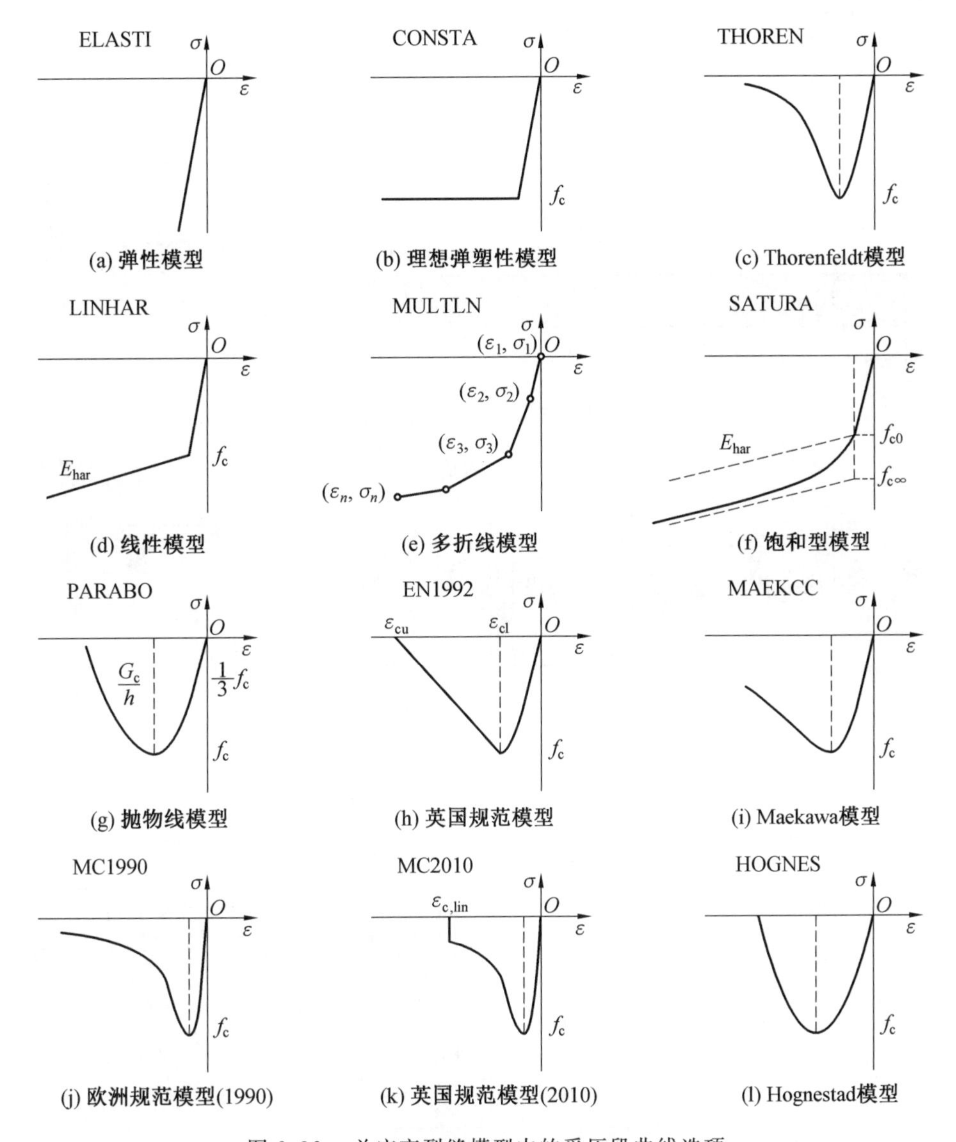

图 6.36　总应变裂缝模型中的受压段曲线选项

筋截面积之和。

(5) 适当情况下，可以选择对嵌入式钢筋单元添加黏结滑移模型。

(6) 在支承位置和加载位置均添加竖直方向的约束，对称位置处添加线对称约束。

模型中使用的材料参数如图 6.39 所示。

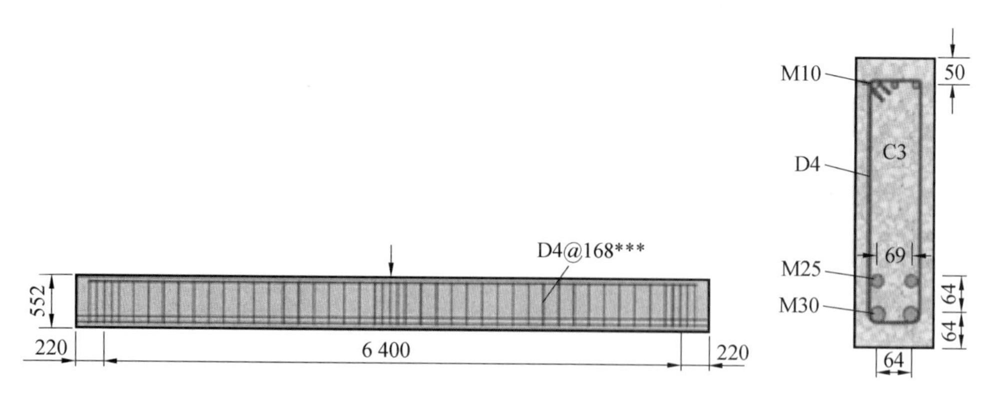

图 6.37　RC 简支梁三点受弯配置示意图

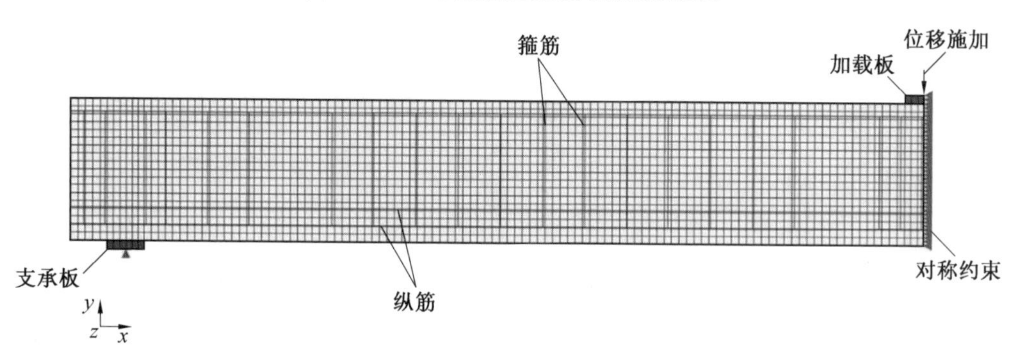

图 6.38　有限元模型示意图

Concrete		
E(弹性模量)	34 300	N/mm^2
ν(泊松比)	0.2	
f_{cm}(抗压强度)	43.5	N/mm^2
f_{tm}(抗拉强度)	3.13	N/mm^2
G_c(压缩断裂能)	35.975	N/mm
G_F(拉伸断裂能)	0.143 9	N/mm
ρ(质量密度)	2.4×10^{-9}	t/mm^3
Reinforcement steel M10		
φ(直径)	11.3	mm
E(弹性模量)	200 000	N/mm^2
f_{ym}(屈服强度)	315	N/mm^2
f_{um}(极限强度)	460	N/mm^2
ε_{su}(极限应变)	0.025	

图 6.39　RC 梁中使用的材料参数

Reinforcement steel M25		
φ(直径)	25.2	mm
E(弹性模量)	200 000	N/mm^2
f_{ym}(屈服强度)	445	N/mm^2
f_{um}(极限强度)	680	N/mm^2
ε_{su}(极限应变)	0.05	
Reinforcement steel M30		
φ(直径)	29.9	mm
E(弹性模量)	200 000	N/mm^2
f_{ym}(屈服强度)	436	N/mm^2
f_{um}(极限强度)	700	N/mm^2
ε_{su}(极限应变)	0.05	
Reinforcement steel D4		
φ(直径)	5.7	mm
E(弹性模量)	200 000	N/mm^2
f_{ym}(屈服强度)	600	N/mm^2
f_{um}(极限强度)	651	N/mm^2
ε_{su}(极限应变)	0.05	
Steel for plates		
E(弹性模量)	210 000	N/mm^2
ν(泊松比)	0.3	

续图 6.39

在 RC 梁的中性线上额外创建一条线，并对其赋予组合属性，如图 6.40 中的粗线所示。组合线本身并不参加分析，故也不影响分析结果。其作用在于后处理中可以将平面应力单元得到的应力结果向组合线进行积分，进而得到梁的内力结果（比如轴力、弯矩等）。这一结果对于理论分析和结构设计有重要意义。

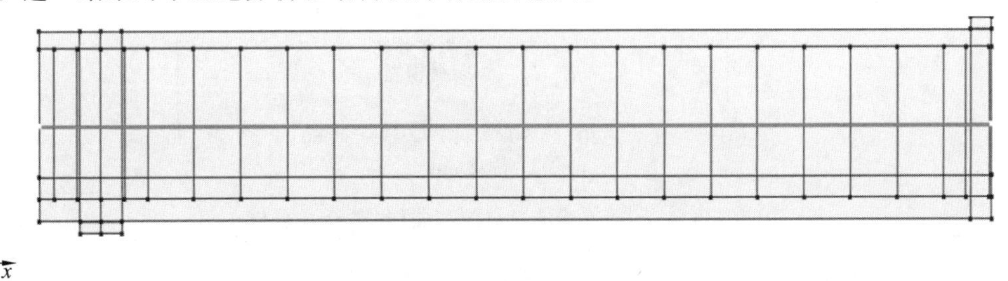

图 6.40　RC 梁中的组合线

模型建模过程在此不再赘述，读者可以在 DIANA 官方网站找到该模型详细建模过程的公开资料(https://dianafea.com/system/files/rcb.pdf)。为了对比 DIANA 中提供的不同裂缝模型及参数对于最终分析结果的影响，这里建立了 5 个不同的分析工况并对结果加以比较。5 个分析工况分别为：

(1) 总应变旋转裂缝模型。

(2) 总应变固定裂缝模型($\beta=0.01$)。

(3) 总应变固定裂缝模型($\beta=0.1$)。

(4) 多向固定裂缝模型。

(5) 总应变旋转裂缝模型 + 离散开裂模型。

其中，工况(5) 在工况(1) 的基础上在简支梁对称位置添加离散开裂界面，用于模拟该位置可能发生的大幅度开裂。

6.7.3 计算结果与分析

1. 极限承载力分析结果

简支梁在五个工况下得到的荷载 — 位移曲线与实验结果的对比如图 6.41 所示。由结果可知，多向固定裂缝模型和总应变裂缝固定模型($\beta=0.1$) 对于结构的刚度预测偏大，峰值承载能力也较大；而旋转裂缝模型和 $\beta=0.01$ 时的固定裂缝模型表现出与实验结果较为一致的特征，尤其是在曲线下降前，刚度与极限承载力基本相同。三者与实验结果的差别体现在达到峰值荷载后的下降段。在未使用离散开裂模型时，承载力下降过快，而使用离散裂缝模型后结果得到改善，与实验结果基本吻合，这是由于总应变裂缝模型用于大幅度开裂时的局限性引起的。离散开裂模型能够模拟裂缝的大程度开裂，所以在开裂程度最为严重的跨中位置添加离散开裂界面能够改善下降段开裂程度较大时的结果。

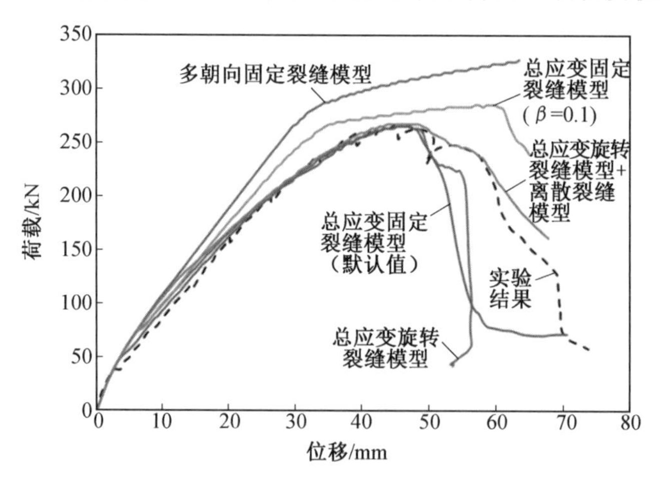

图 6.41　简支梁的荷载位移曲线(实验 — 分析)

2. 裂缝分析结果

通过图 6.42 中有关开裂形式的分析结果与实验结果的比较，不难发现，使用旋转裂缝模型能够得到与实验结果中裂缝形式最为一致的结果，能够表达出裂缝由竖直逐渐变倾斜的过程，且裂缝间距与实验结果大体一致，很好地体现出了简支梁的开裂特性。这也说明梁在真实的受力过程中，梁内部的主应力方向始终是随着加载而不断变化的，旋转裂缝模型很好地体现了这一特性，所以在分析结果上与实验结果有着最大程度的一致。除裂缝间距外，DIANA 还能够提供裂缝宽度的数据，裂缝宽度能够作为梁损伤程度评估的一个重要指标。

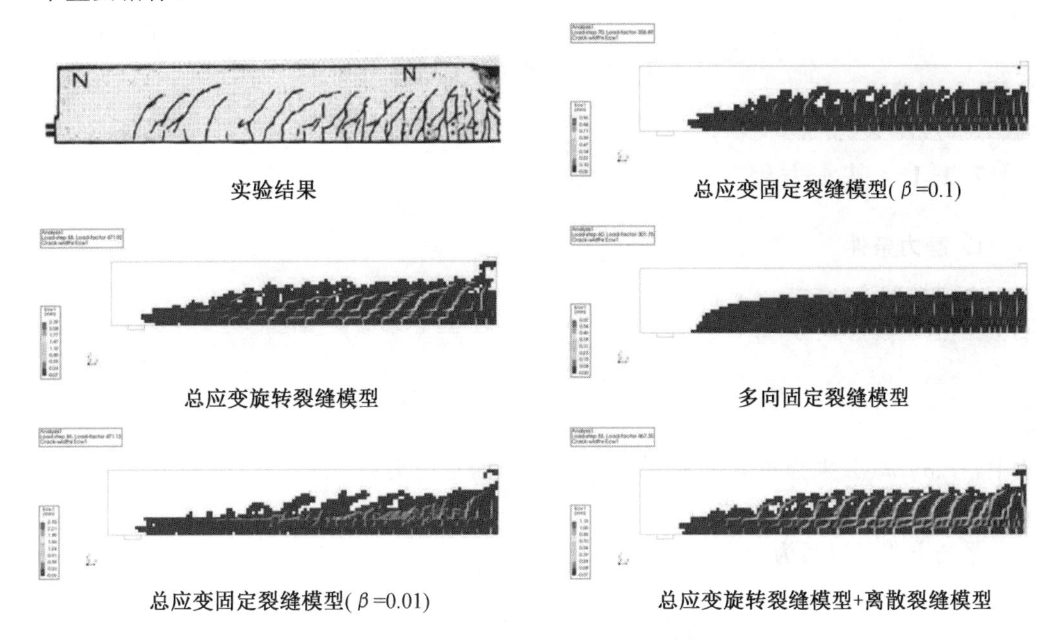

图 6.42　开裂形式比较(实验－分析)

如前文中所述，可以通过控制裂缝的产生形式来控制单元的行为，进而对结构整体特性(比如梁的承载能力)进行掌控。不同形式的构件、不同形式的受力特性都对本构模型有着不同的要求，比如往复加载适合使用前川－福浦模型等。实际上，并不能找到一个放之四海而皆准的本构模型，应当根据实际的分析对象，对模型进行选择，对材料参数进行标定，这样才能够对有限元分析不再“迷茫”，从而得到准确且可信的分析结果。

第 7 章　素混凝土库仑理论基础

7.1　预备知识

7.1.1　基本方程

1. 静力条件

由弹性理论，在 x、y、z 笛卡尔坐标系下，应力张量 $\boldsymbol{S}$ 可表示为

$$\boldsymbol{S}=\begin{bmatrix}\sigma_x & \tau_{xy} & \tau_{xz}\\ \tau_{xy} & \sigma_y & \tau_{yz}\\ \tau_{xz} & \tau_{yz} & \sigma_z\end{bmatrix} \tag{7.1}$$

式中，σ_x、σ_y、σ_z 分别为单元上沿着 x、y、z 方向的正应力；τ_{xy}、τ_{xz}、τ_{yz} 分别为 xOy、xOz、yOz 平面内单元面上的剪应力。

平衡方程可以写为

$$\begin{cases}\dfrac{\partial\sigma_x}{\partial x}+\dfrac{\partial\tau_{xy}}{\partial y}+\dfrac{\partial\tau_{xz}}{\partial z}+\rho f_x=0\\[2ex] \dfrac{\partial\tau_{xy}}{\partial x}+\dfrac{\partial\sigma_y}{\partial y}+\dfrac{\partial\tau_{yz}}{\partial z}+\rho f_y=0\\[2ex] \dfrac{\partial\tau_{xz}}{\partial x}+\dfrac{\partial\tau_{yz}}{\partial y}+\dfrac{\partial\sigma_z}{\partial z}+\rho f_z=0\end{cases} \tag{7.2}$$

式中，ρ 为质量密度；f_x、f_y、f_z 为单位质量力分量。

静力边界条件为

$$\boldsymbol{p}=\boldsymbol{Sn} \tag{7.3}$$

式中，$\boldsymbol{p}$ 为边界上的应力矢量；$\boldsymbol{n}$ 为边界单位外法向矢量。在柱坐标系 r、θ、z 下，平衡方程改写为

$$\begin{cases}\dfrac{\partial\sigma_r}{\partial r}+\dfrac{1}{r}\dfrac{\partial\tau_{r\theta}}{\partial\theta}+\dfrac{\partial\tau_{rz}}{\partial z}+\dfrac{1}{r}(\sigma_r-\sigma_\theta)+\rho f_r=0\\[2ex] \dfrac{\partial\tau_{r\theta}}{\partial r}+\dfrac{1}{r}\dfrac{\partial\sigma_\theta}{\partial\theta}+\dfrac{\partial\tau_{\theta z}}{\partial z}+2\dfrac{\tau_{r\theta}}{r}+\rho f_\theta=0\\[2ex] \dfrac{\partial\tau_{rz}}{\partial r}+\dfrac{1}{r}\dfrac{\partial\tau_{\theta z}}{\partial\theta}+\dfrac{\partial\sigma_z}{\partial z}+\dfrac{1}{r}\tau_{rz}+\rho f_z=0\end{cases} \tag{7.4}$$

2. 几何条件

在笛卡尔坐标 x、y、z 下，应变张量可表示为

$$\boldsymbol{\varepsilon}=\begin{bmatrix}\varepsilon_x & \varepsilon_{xy} & \varepsilon_{xz}\\ \varepsilon_{xy} & \varepsilon_y & \varepsilon_{yz}\\ \varepsilon_{xz} & \varepsilon_{yz} & \varepsilon_z\end{bmatrix} \tag{7.5}$$

式中，ε_x、ε_y、ε_z 分别为单元上沿着 x、y、z 方向的正应力；ε_{xy}、ε_{xz}、ε_{yz} 分别为 xOy、xOz、yOz 平面内单元面上的剪应变。

如果位移矢量的分量为 u_x、u_y 和 u_z，几何条件可以写为

$$\varepsilon_x=\frac{\partial u_x}{\partial x},\quad \varepsilon_y=\frac{\partial u_y}{\partial y},\quad \varepsilon_z=\frac{\partial u_z}{\partial z}$$

$$\begin{cases}\gamma_{xy}=2\varepsilon_{xy}=\dfrac{\partial u_x}{\partial y}+\dfrac{\partial u_y}{\partial x}\\ \gamma_{xz}=2\varepsilon_{xz}=\dfrac{\partial u_x}{\partial z}+\dfrac{\partial u_z}{\partial x}\\ \gamma_{yz}=2\varepsilon_{yz}=\dfrac{\partial u_y}{\partial z}+\dfrac{\partial u_z}{\partial y}\end{cases} \tag{7.6}$$

式中，γ_{xy}、γ_{xz}、γ_{yz} 为单元上平行于坐标轴的线单元角度改变量。

在柱坐标系 r、θ、z 内，相应的方程改写为

$$\varepsilon_\gamma=\frac{\partial u_\theta}{\partial \gamma},\quad \varepsilon_\theta=\frac{1}{\gamma}\left(\frac{\partial u_\theta}{\partial \theta}+u_\gamma\right),\quad \varepsilon_z=\frac{\partial u_z}{\partial z}$$

$$\begin{cases}\gamma_{r\theta}=2\varepsilon_{r\theta}=\dfrac{\partial u_\theta}{\partial r}+\dfrac{1}{r}\left(\dfrac{\partial u_r}{\partial \theta}-u_\theta\right)\\ \gamma_{rz}=2\varepsilon_{rz}=\dfrac{\partial u_r}{\partial z}+\dfrac{\partial u_z}{\partial r}\\ \gamma_{\theta z}=2\varepsilon_{\theta z}=\dfrac{1}{r}\dfrac{\partial u_r}{\partial \theta}+\dfrac{\partial u_\theta}{\partial z}\end{cases} \tag{7.7}$$

3. 虚功方程

虚功方程一般表达式可写为

$$\begin{aligned}&\iiint(\sigma_x\varepsilon_x+\sigma_y\varepsilon_y+\sigma_z\varepsilon_z+\tau_{xy}\gamma_{xy}+\tau_{xz}\gamma_{xz}+\tau_{yz}\gamma_{yz})\,\mathrm{d}x\mathrm{d}y\mathrm{d}z\\ =&\iiint(\rho f_x u_x+\rho f_y u_y+\rho f_z u_z)\,\mathrm{d}x\mathrm{d}y\mathrm{d}z+\int(p_x u_x+p_y u_y+p_z u_z)\,\mathrm{d}A\end{aligned} \tag{7.8}$$

式中，p_x、p_y、p_z 为边界 A 上应力矢量的分量。左侧积分项和右侧第一个积分项是以全体积 V 为积分域的，右侧第二积分项是以边界 A 为积分区域的。如果满足静力平衡条件，该方程便是恒等的，对任何满足几何条件的位移场都是有效的；相反，方程对任何位移场有效，静力平衡条件便能被满足。

7.1.2　库仑准则概述

Coulomb(库仑) 摩擦假说基于失效通常发生在某一滑移面或者屈服面的情况，其抗力由参数黏聚力和内摩擦参数确定，大小取决于滑移面上的法向应力，其相应公式表达是以应力为参数建立的。Mohr(莫尔) 圆反映了当前应力状态，如图 7.1(a) 所示。当发生失效时，莫尔圆刚刚达到极限曲线。

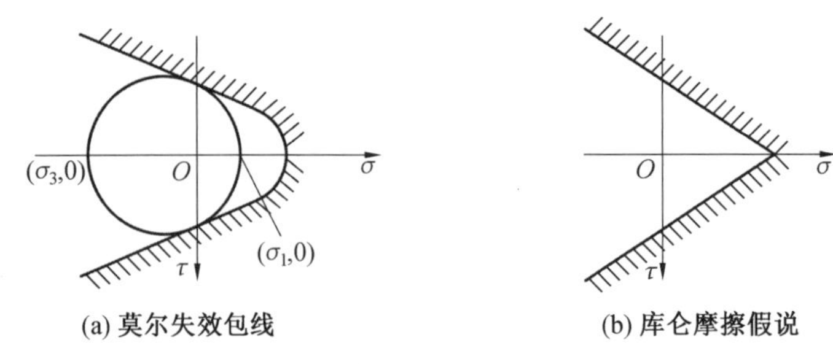

图 7.1　莫尔圆与库仑屈服准则

将库仑假设与基于最大主应力限值条件组合起来，能得到拉断强度，形成修正的库仑准则，其抗拉强度与确定滑移抗力的参数无关。库仑摩擦假设同最大拉应力准则组合，将滑移失效和分离失效两种模式分开。滑移失效是沿着失效面切向滑移运动，而分离失效是沿着失效面的法向运动。对于滑移失效，滑移面上的运动通常伴随着脱离失效面的运动。滑移失效假设截面上满足库仑摩擦假设条件(图 7.1(b))，即截面上的剪应力 $|\tau|$ 达到并超过滑移抗力，该抗力由两个条件确定，一个是内聚力，由 c 表示，另一个是内摩擦力，内摩擦力等于截面正应力乘以摩擦系数。当 σ 为压应力时，它对滑移抗力的贡献为正；当其为拉应力时，它对滑移抗力的贡献为负。滑移失效条件可以写为

$$|\tau| = c - \mu\delta \tag{7.9}$$

这里 c 和 μ 是正常数，而拉应力情况下 σ 是正值。符合条件(7.9)的材料称为库仑材料。

当截面上的拉应力超过分离抗力 f_A 时，将发生分离失效，即

$$\sigma = f_A \tag{7.10}$$

符合条件(7.9)和条件(7.10)的材料称为修正的库仑材料。对于修正的库仑材料，必须知道材料的三个常数 c、μ 和 f_A。

如果在 σ、τ 坐标系下描述条件(7.9)和条件(7.10)，如图 7.2 所示，直线将平面分为两部分。当截面上的应力对应的莫尔圆位于边界线之内时，不会产生失效；当应力对应的莫尔圆与边界线相交时，将产生失效。失效模式取决于接触点的位置，当接触点位于边界线 $|\tau| = c - \mu\sigma$ 时，为滑移失效；当接触点位于 $\sigma = f_A$ 上时，对应为分离失效。角度 φ 由 $\tan\varphi = \mu$ 定义，称为摩擦角。

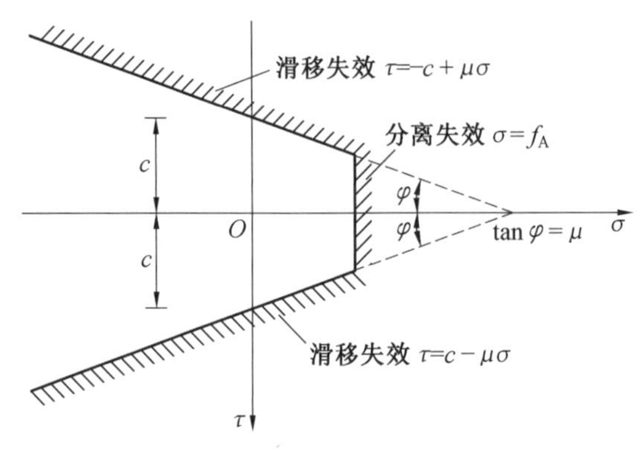

图 7.2　修正库仑材料的失效准则

对主应力 σ_1、σ_2 和 σ_3，这里由图 7.3 及 $\sigma_1 > \sigma_2 > \sigma_3$ 可确定物体内一点的应力场是否引起失效。如图 7.3 所示，通过绘制相应于该应力场的莫尔圆，可以看到最接近边界线的点是位于以 $\sigma_1 - \sigma_3$ 为直径的圆上，这就是说我们只需关注该圆上的点。这些点代表了平行于中间主应力的截面上的应力，因此通过该点的任何失效面都将平行于该中间主应力方向。可以看到，中间主应力的大小对失效没有影响。

关于莫尔圆的两点说明：(1) 单元体某一面上的应力，必对应于应力圆上某一点的坐标；(2) 圆周上任意两点所引半径的夹角等于单元体上对应两截面夹角的两倍，两者的转向一致。

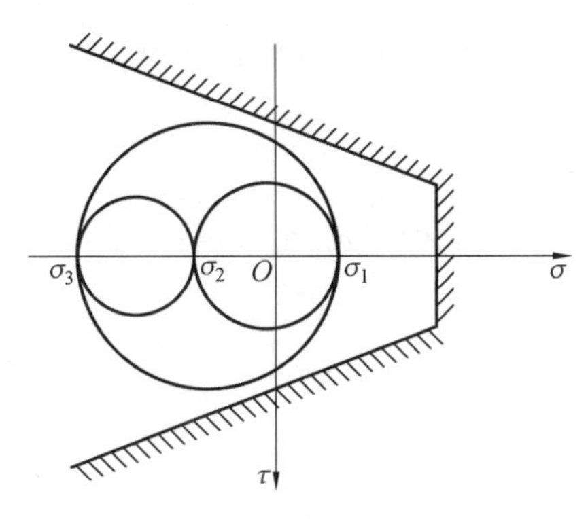

图 7.3　主应力莫尔圆

7.2　库仑模型失效机制

如果直径为 $\sigma_1 - \sigma_3$ 的圆位于边界线之内，则不产生失效；如果莫尔圆与滑移失效边界线相交，将产生滑移失效。滑移失效总是对称性地发生在两点上，如图 7.4(a) 所示。因此，在两个截面上产生滑移失效，两个截面之间的夹角为$90° - \varphi$。如果莫尔圆与分离失效边界线相交，将产生分离失效，如图 7.4(b) 所示。

7.2.1　失效机制

(1) 滑移失效。

可以将方程(7.9)和方程(7.10)变换为主应力 σ_1 和 σ_3 的形式，根据图 7.4(a) 可以看到，通过对滑移失效边界线的垂直投影，可得

$$\frac{1}{2}(\sigma_1 - \sigma_3) = c\cos\varphi - \frac{1}{2}(\sigma_1 + \sigma_3)\sin\varphi$$

引入 $u = \tan\varphi$，有

$$\left(\mu + \sqrt{1+\mu^2}\right)^2 \sigma_1 - \sigma_3 = 2c\left(\mu + \sqrt{1+\mu^2}\right)$$

如果定义参数 k 为

$$k = \left(\mu + \sqrt{1+\mu^2}\right)^2$$

则滑移失效的条件可以写为

$$k\sigma_1 - \sigma_3 = 2c\sqrt{k} \tag{7.11}$$

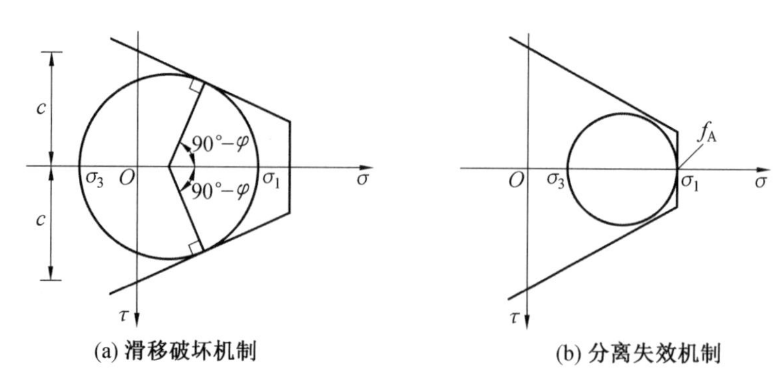

图 7.4　应力莫尔圆与失效机制

(2) 分离失效。

分离失效的条件为(图 7.4(b))

$$\sigma_1 = f_A \tag{7.12}$$

7.2.2　参数确定

下面,讨论如何确定参数 c、k、f_A。

1. 轴压实验

材料的抗压强度 f_c 由实验确定,抗压强度实验所对应的应力场为 $\sigma_1 = \sigma_2 = 0$ 和 $\sigma_3 = -f_c$,抗压实验总涉及滑移失效,如图 7.5 所示,应用式(7.11),有

$$-\sigma_3 = f_c = 2c\sqrt{k}$$

这样,方程(7.11) 可以写为

$$k\sigma_1 - \sigma_3 = f_c \tag{7.13}$$

由抗压失效,可以得到相互成$90° - \varphi$ 夹角的两组截面失效,莫尔圆$180° - 2\varphi$ 与作用力方向的夹角为$45° - \varphi/2$(注意莫尔圆确定了失效面的法向,而不是切向)。

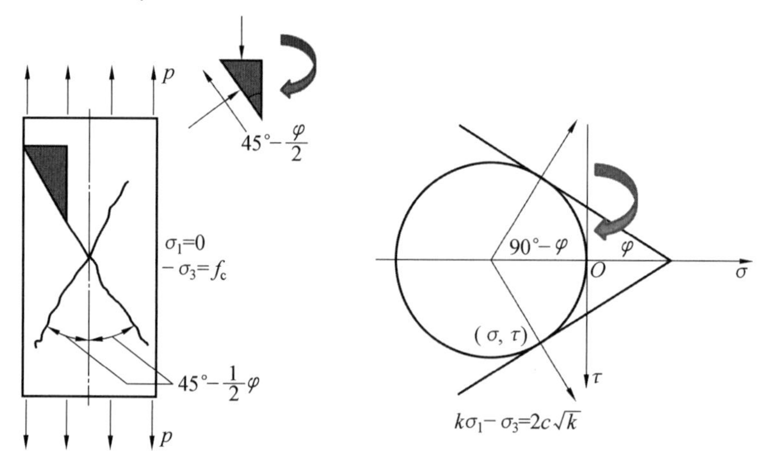

图 7.5　纯压缩下的失效截面

在所有截面上都将满足失效条件,失效面是一组与具有顶部夹角$90° - \varphi$ 的锥面的切平面,其轴平行于作用力方向。在圆柱试件实验中通常发现的就是相应的失效锥面。

确定抗拉强度 f_t 的实验，其对应的应力场为 $\sigma_1=f_t$，$\sigma_2=\sigma_3=0$，如图 7.6 所示，抗拉实验具有滑移失效和分离失效的可能性。

在滑移失效情况下，应用方程(7.13) 有 $k\sigma_1=kf_t=f_c$ 或者 $f_t=\frac{1}{k}f_c$。

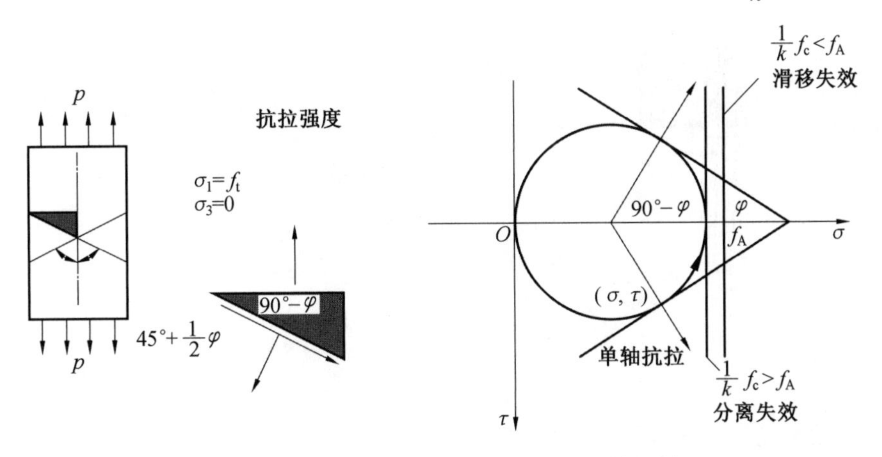

图 7.6　纯拉伸情况下的莫尔圆与失效机制

在分离失效情况下，应用方程(7.12) 有 $f_t=f_A$，即受拉失效为滑移失效模式的条件为$\frac{1}{k}f_c<f_A$，而拉伸失效为分离失效模式的条件式为 $f_A<\frac{1}{k}f_c$。对于滑移失效，可以得到两组相互间夹角为$90°-\varphi$ 的失效面，失效面与作用力方向夹角为$45°+\varphi/2$(同样注意，莫尔圆确定的是失效面的方向，而不是切向，且莫尔圆确定的角度为失效面法向与对应主应力方向夹角的二倍关系)。对于分离失效，失效面是垂直于作用力方向的，如图 7.7 所示(失效面法向与 σ_1 方向相同，因此失效面与作用面垂直)。

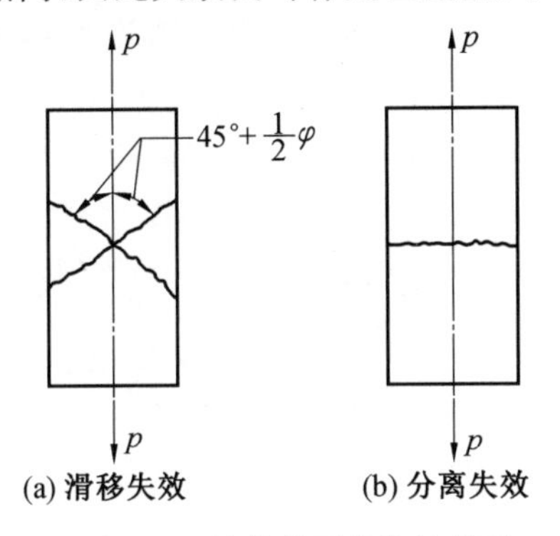

图 7.7　纯拉伸下的失效截面

2. 纯剪切实验

确定材料的剪切强度 f_v 的应力场为 $\sigma_1=-\sigma_3=f_v$，$\sigma_2=0$，$\sigma_2=0$，如图 7.8 所示。这种情况也对应着可能的滑移失效和分离失效。

在滑移失效情况下，应用方程(7.13)，有

$$k\sigma_1-\sigma_3=(k+1)f_v=f_c$$

或者

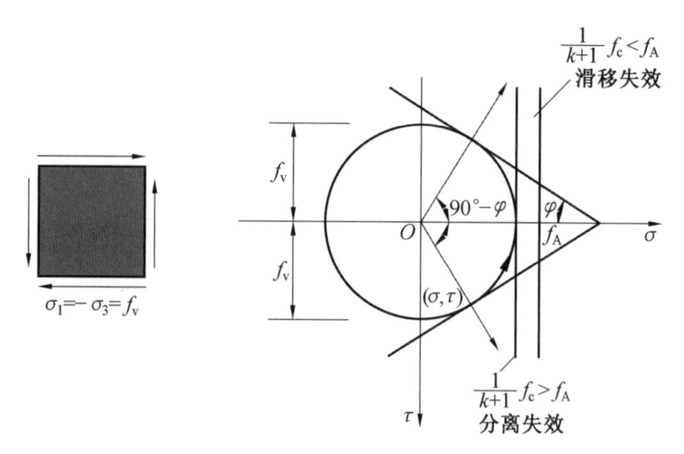

图 7.8 纯剪下的莫尔圆

$$f_v=\frac{1}{1+k}f_c \tag{7.14}$$

对于分离失效情况 $\sigma_1=f_A$，有

$$f_v=f_A \tag{7.15}$$

这样，剪切失效为滑移失效的条件为

$$\frac{1}{1+k}f_c<f_A \tag{7.16}$$

剪切失效为分离失效的条件为

$$f_A<\frac{1}{1+k}f_c \tag{7.17}$$

在剪切实验中，描述最大剪应力所在截面的法向为 x 和 y，如图 7.9 所示，第一主应力方向与这些方向呈 45°。因此，滑移失效面同 x 和 y 轴的夹角均为 $\varphi/2$；分离失效面与 x 和 y 轴的夹角为 45°。

分离失效面法向沿着 σ_1 的方向，σ_1 与 x 向呈 45°，失效面与 x 向呈 45°。

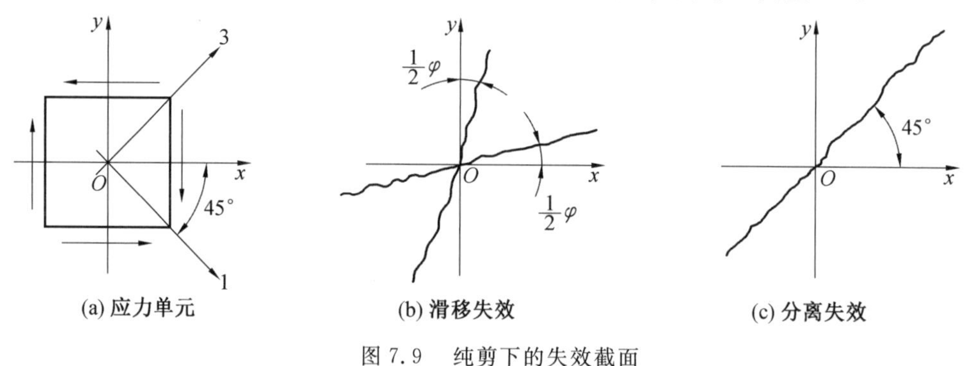

图 7.9 纯剪下的失效截面

7.2.3 修正的库仑屈服准则

下面以平面应力状态为例，讨论修正的库仑屈服准则。平面应力场定义为：若平行于某一平面的截面上的应力为 0，那么该面是一个主平面，该面的法向是主方向之一，但相

应的主应力为0。将垂直于该平面的截面上的主应力表示为σ_{I}和σ_{II}，下面可以写出失效条件。

(1) 当$\sigma_{\mathrm{I}} > \sigma_{\mathrm{II}} > 0$时，有$\sigma_1 = \sigma_{\mathrm{I}}$和$\sigma_3 = 0$，如图7.10所示。

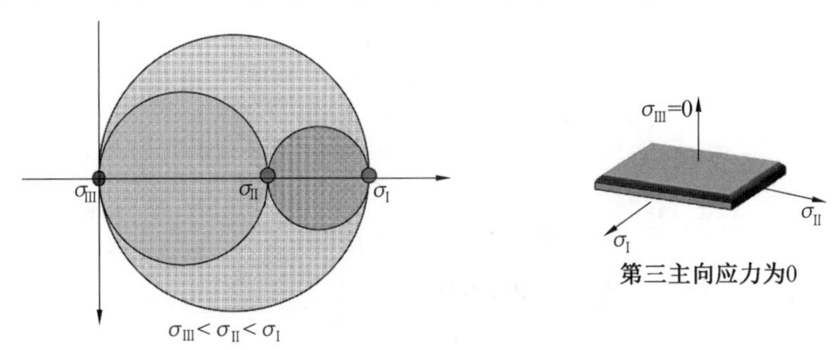

图7.10　双轴受拉问题

代入式(7.13)，得到对应的滑移失效条件为

$$k\sigma_{\mathrm{I}} = f_c \tag{7.18}$$

而对应的分离失效条件为

$$\sigma_{\mathrm{I}} = f_A \tag{7.19}$$

(2) 对于$\sigma_{\mathrm{I}} > 0 > \sigma_{\mathrm{II}}$，有$\sigma_1 = \sigma_{\mathrm{I}}$和$\sigma_3 = \sigma_{\mathrm{II}}$，如图7.11所示。

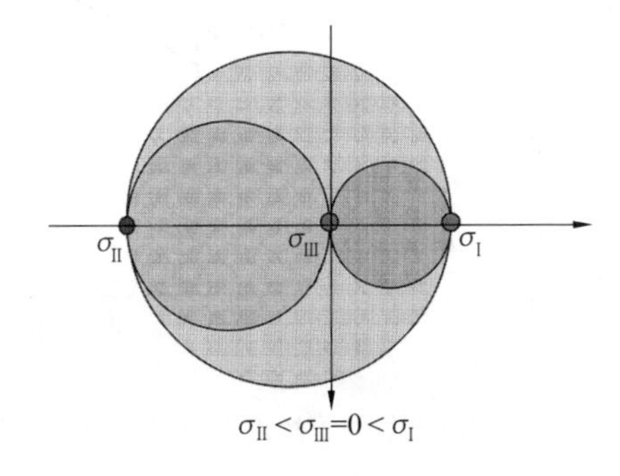

图7.11　双轴拉压问题

滑移失效条件为

$$k\sigma_{\mathrm{I}} - \sigma_{\mathrm{II}} = f_c \tag{7.20}$$

而分离失效条件与式(7.19)相同。

① 当$f_A/f_c > 1/k$时，将总是滑移失效模式；

② 当$f_A/f_c > 1/k$时，将部分是滑移失效、部分是分离失效。

$$\left.\begin{aligned} &k\sigma_{\mathrm{I}} - \sigma_{\mathrm{II}} = f_c \\ &\sigma_{\mathrm{I}} = f_A \Rightarrow k\sigma_{\mathrm{I}} = kf_A \end{aligned}\right\} \Rightarrow \begin{cases} f_c < kf_A \Leftrightarrow \dfrac{f_A}{f_c} > \dfrac{1}{k}\text{:滑移失效} \\ f_c > kf_A \Leftrightarrow \dfrac{f_A}{f_c} > \dfrac{1}{k}\text{:分离失效与滑移失效} \end{cases}$$

两种失效模式对应的界点为$\left(\dfrac{f_A}{f_c}, \left(k\dfrac{f_A}{f_c} - 1\right)\right)$。

(3) 当$0 > \sigma_{\mathrm{I}} > \sigma_{\mathrm{II}}$时，有$\sigma_1 = 0$和$\sigma_3 = \sigma_{\mathrm{II}}$，如图7.12所示。

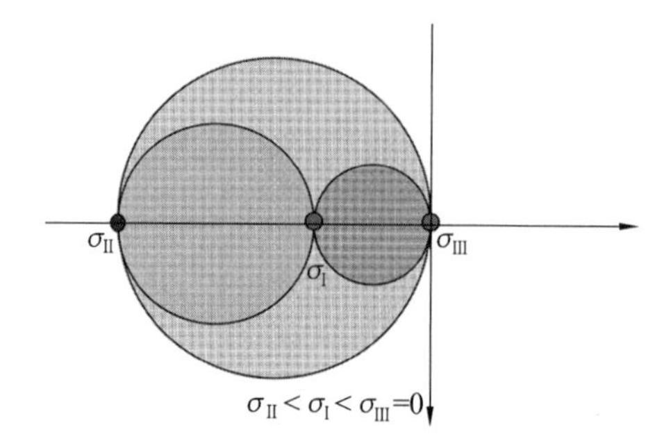

图 7.12　双轴受压问题

不存在分离失效，仅存在滑移失效，条件为

$$-\sigma_{II}=f_c \tag{7.21}$$

在图 7.13 中，在 σ_I、σ_{II} 坐标系下绘制失效条件，对应两种情况，分别是 $f_A/f_c>1/k$ 和 $f_A/f_c<1/k$。前一种情况对应的失效模式总为滑移失效；如果 σ_I 大于 σ_{II}，只是处于一三象限对角线以下的部分为失效条件。

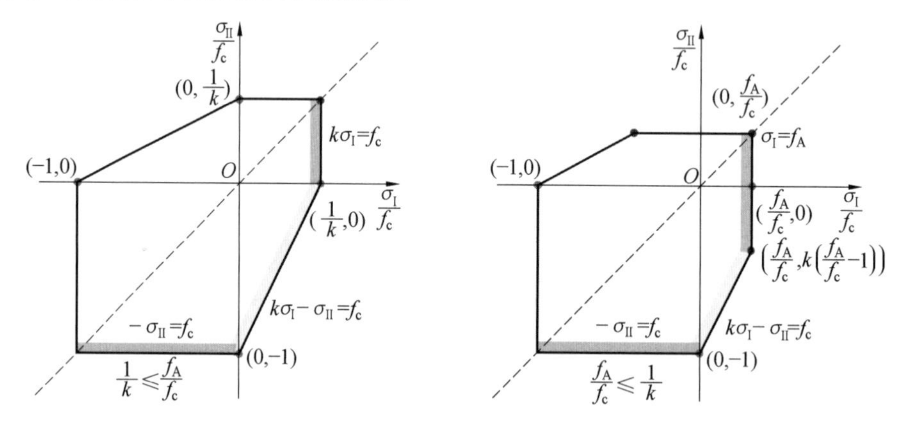

图 7.13　平面应力条件下修正库仑材料的失效准则

为了后面应用，下面给出相关引入参数的替代表达形式，方程(7.6)的替代形式为

$$k=\left(\frac{1+\sin\varphi}{\cos\varphi}\right)^2=\left(\frac{\cos\varphi}{1-\sin\varphi}\right)^2=\frac{1+\sin\varphi}{1-\sin\varphi}=\tan^2\left(\frac{\pi}{4}+\frac{\varphi}{2}\right)$$

因此，有

$$f_c=\frac{2c\cos\varphi}{1-\sin\varphi}=2c\,\frac{1+\sin\varphi}{\cos\varphi}=2c\tan\left(\frac{\pi}{4}+\frac{\varphi}{2}\right)$$

或者

$$c=\frac{1}{2}f_c\,\frac{1-\sin\varphi}{\cos\varphi}=\frac{1}{2}f_c\,\frac{\cos\varphi}{1+\sin\varphi}$$

表 7.1 列出了库仑失效条件的一些常用变换公式。

表 7.1　库仑失效条件常用变换公式

$k=\frac{1+\sin\varphi}{1-\sin\varphi}=\tan^2\left(\frac{\pi}{4}+\frac{\varphi}{2}\right)=\left(\frac{1+\sin\varphi}{\cos\varphi}\right)^2=\left(\frac{\cos\varphi}{1-\sin\varphi}\right)^2$
$\sin\varphi=\frac{k-1}{k+1},\cos\varphi=\frac{2\sqrt{k}}{k+1},\tan\varphi=\frac{k-1}{2\sqrt{k}}=\mu$
$f_c=2c\sqrt{k}=(k+1)\cos\varphi\cdot c=\frac{2\cos\varphi}{1-\sin\varphi}\cdot c$
$k-1=\frac{2\sin\varphi}{1-\sin\varphi},k=(\mu+\sqrt{1+\mu^2})^2$
$k+1=\frac{2}{1-\sin\varphi}$
$1-\sin\varphi=\frac{2}{k+1},1+\sin\varphi=\frac{2k}{k+1}$
$\tan\left(45^\circ+\frac{\varphi}{2}\right)=\frac{1+\sin\varphi}{\cos\varphi}=\sqrt{k}$
$\tan\left(45^\circ-\frac{\varphi}{2}\right)=\frac{1-\sin\varphi}{\cos\varphi}=\frac{1}{\sqrt{k}}$
$\cos\left(45^\circ+\frac{\varphi}{2}\right)=\frac{1}{\sqrt{k+1}},\cos\left(45^\circ-\frac{\varphi}{2}\right)=\frac{\sqrt{k}}{\sqrt{k+1}}$
$\sin\left(45^\circ+\frac{\varphi}{2}\right)=\frac{\sqrt{k}}{\sqrt{k+1}},\sin\left(45^\circ-\frac{\varphi}{2}\right)=\frac{1}{\sqrt{k+1}}$

修正的莫尔－库仑准则参数间的关系如下。

库仑直线方程如图 7.14 所示。库仑线性失效准则的方程为

$$|\tau|=c-\sigma\tan\varphi \tag{7.22}$$

式中，c 为材料的内聚力；φ 为材料的内摩擦角。

由于一般不去测定混凝土材料的内聚力和内摩擦角这两个参数，通常采用强度指标，如抗拉强度 f_t 和抗压强度 f_c，因此要建立它们的关系。根据图 7.14 中的几何关系，有

$$\frac{c\cos\varphi}{\frac{\sigma_1-\sigma_3}{2}}=\frac{c\cos\varphi/\sin\varphi}{\frac{c\cos\varphi}{\sin\varphi}-\frac{\sigma_1+\sigma_3}{2}}\Rightarrow\frac{1}{\frac{\sigma_1-\sigma_3}{2}}=\frac{1}{c\cos\varphi-\frac{\sigma_1+\sigma_3}{2}\sin\varphi}$$

整理为

$$\sigma_1\frac{1+\sin\varphi}{2c\cos\varphi}-\sigma_3\frac{1-\sin\varphi}{2c\cos\varphi}=1,\quad \sigma_1\geqslant\sigma_2\geqslant\sigma_3 \tag{7.23}$$

这样便可以通过简单应力实验建立参数(c,φ)同混凝土材料强度的关系，如：

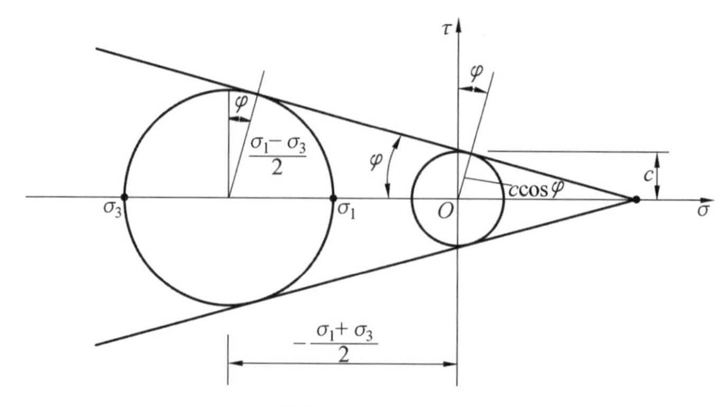

图 7.14　莫尔－库仑失效准则关系

(1) 以(f_t,f_c) 为参数的准则形式。

$$\sigma_1=f_t,\sigma_2=\sigma_3=0\Rightarrow f_t\frac{1+\sin\varphi}{2c\cos\varphi}=1\Rightarrow f_t=\frac{2c\cos\varphi}{1+\sin\varphi}\tag{7.24}$$

$$\sigma_1=\sigma_2=0,\sigma_3=-f_c\Rightarrow f_c\frac{1-\sin\varphi}{2c\cos\varphi}=1\Rightarrow f_c=\frac{2c\cos\varphi}{1-\sin\varphi}\tag{7.25}$$

将式(7.24) 和式(7.25) 代入式(7.23),整理得到

$$\frac{\sigma_1}{f_t}-\frac{\sigma_3}{f_c}=1\tag{7.26}$$

(2) 以(m, f_c) 为参数的准则形式。

如果令

$$m=\frac{1+\sin\varphi}{1-\sin\varphi}=\frac{f_c}{f_t}$$

并利用式(7.25),式(7.23) 可以改写为

$$m\sigma_1-\sigma_3=f_c,\quad \sigma_1\geqslant\sigma_2\geqslant\sigma_3\tag{7.27}$$

式(7.26) 和式(7.27) 就是修正的莫尔－库仑准则。在平面应力状态下,可以进一步简化:

① 当双向受拉时,有 $\sigma_1>\sigma_2>0=\sigma_3$,那么

$$\sigma_1=f_t\tag{7.28}$$

② 当拉、压组合时,有 $\sigma_1>0>\sigma_2$,那么

$$m\sigma_1-\sigma_2=f_c\tag{7.29}$$

注意:这种情况下,σ_2 实际上就是准则(7.27) 中的 σ_3,注意三个主应力的大小顺序是固定的。

③ 当双向受压时,有 $0>\sigma_1>\sigma_2$,那么

$$-\sigma_2=f_c\tag{7.30}$$

注意:这种情况下,式(7.27) 中的 $\sigma_1=0$,σ_3 为本应力状态中的 σ_2,而 σ_2 为本应力状态中的 σ_1。

将上述 ① ～ ③ 三种情况绘制在一个平面主应力坐标系中,得到的莫尔－库仑准则破坏包络线如图 7.15 所示。

由莫尔－库仑准则求得的强度值比实验值低,但由于其公式形式简单,设计时偏于

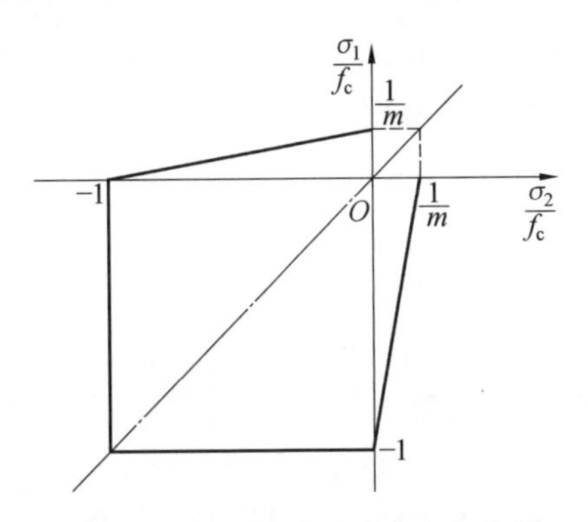

图 7.15　莫尔－库仑准则破坏包络线

保守、安全，在结构极限分析中应用广泛。

7.3　混凝土塑性极限分析原理

7.3.1　库仑材料的塑性应变

如果 σ_1、σ_2、σ_3 表示任意主应力，那么存在如下六种情况下的屈服条件：

$$\begin{cases} ①\ k\sigma_1-\sigma_3-f_c=0, & \sigma_1\geqslant\sigma_2\geqslant\sigma_3 \\ ②\ k\sigma_3-\sigma_1-f_c=0, & \sigma_3\geqslant\sigma_2\geqslant\sigma_1 \\ ③\ k\sigma_1-\sigma_2-f_c=0, & \sigma_1\geqslant\sigma_3\geqslant\sigma_2 \\ ④\ k\sigma_2-\sigma_1-f_c=0, & \sigma_2\geqslant\sigma_3\geqslant\sigma_1 \\ ⑤\ k\sigma_2-\sigma_3-f_c=0, & \sigma_2\geqslant\sigma_1\geqslant\sigma_3 \\ ⑥\ k\sigma_3-\sigma_2-f_c=0, & \sigma_3\geqslant\sigma_1\geqslant\sigma_2 \end{cases} \tag{7.31}$$

图 7.16 所示为各屈服平面与坐标面的交线，交线上标注了相关屈服平面的编号。在主应力 σ_1、σ_2、σ_3 空间中，面的轮廓外形如图 7.16 所示。

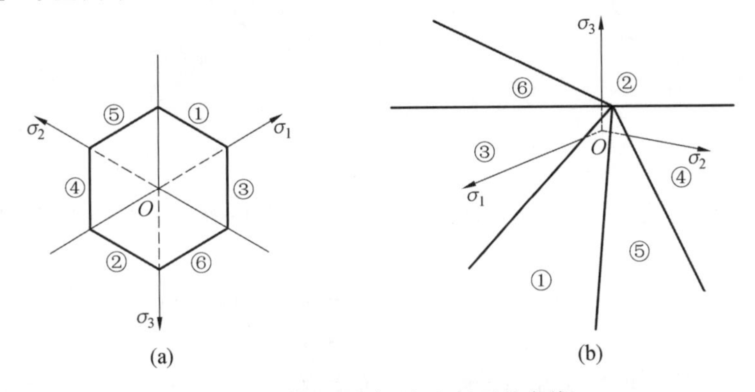

图 7.16　各屈服平面与坐标面的交线

根据流动法则，在不同平面上的塑性应变可以写为

$$\begin{cases} ① \ \varepsilon_1=\lambda k, \varepsilon_2=0, \varepsilon_3=-\lambda \\ ② \ \varepsilon_1=-\lambda, \varepsilon_2=0, \varepsilon_3=\lambda k \\ ③ \ \varepsilon_1=\lambda k, \varepsilon_2=-\lambda, \varepsilon_3=0 \quad (\lambda \geqslant 0) \\ ④ \ \varepsilon_1=-\lambda, \varepsilon_2=\lambda k, \varepsilon_3=0 \\ ⑤ \ \varepsilon_1=0, \varepsilon_2=\lambda k, \varepsilon_3=-\lambda \\ ⑥ \ \varepsilon_1=0, \varepsilon_2=-\lambda, \varepsilon_3=\lambda k \end{cases} \tag{7.32}$$

由式(7.32)可以注意到

$$\varepsilon_1+\varepsilon_2+\varepsilon_3=\lambda(k-1) \tag{7.33}$$

因为$k \geqslant 1$,由此可见,除了在$k=1$的特殊情况下,库仑材料在屈服时膨胀,屈服面的边缘对应下列屈服面的相交线:

①/⑤　④/⑤　②/④　②/⑥　③/⑥　①/③

边缘上的应变或角点上的应变为相关平面上应变的正线性组合。

例如,考虑 ①/⑤ 平面的边缘,① 平面有法线:

$$\varepsilon_1=\lambda_1 k, \varepsilon_2=0, \varepsilon_3=-\lambda_1, \lambda_1 \geqslant 0 \tag{7.34}$$

⑤ 平面有法线:

$$\varepsilon_1=0, \varepsilon_2=\lambda_2 k, \varepsilon_3=-\lambda_2, \lambda_2 \geqslant 0 \tag{7.35}$$

因此,在 ①/⑤ 边缘,有

$$\begin{cases} \varepsilon_1=\lambda_1 k \\ \varepsilon_2=\lambda_2 k \quad\quad (\lambda_1 \geqslant 0, \lambda_2 \geqslant 0) \\ \varepsilon_3=-(\lambda_1+\lambda_2) \end{cases} \tag{7.36}$$

与此类似,在其余边界上可以得到

$$\begin{cases} ④/⑤: \varepsilon_1=-\lambda_1, \varepsilon_2=(\lambda_1+\lambda_2)k, \ \varepsilon_3=-\lambda_2 \\ ②/④: \varepsilon_1=-(\lambda_1+\lambda_2), \ \varepsilon_2=\lambda_2 k, \ \varepsilon_3=\lambda_1 k \\ ②/⑥: \varepsilon_1=-\lambda_1, \ \varepsilon_2=-\lambda_2, \ \varepsilon_3=(\lambda_1+\lambda_2) \\ ③/⑥: \varepsilon_1=\lambda_1 k, \ \varepsilon_2=-(\lambda_1+\lambda_2), \ \varepsilon_3=\lambda_2 k \\ ①/③: \varepsilon_1=(\lambda_1+\lambda_2)k, \ \varepsilon_2=-\lambda_2, \ \varepsilon_3=-\lambda_1 k \end{cases} \tag{7.37}$$

屈服面角点为

$$\sigma_1=\sigma_2=\sigma_3=\frac{f_c}{k-1}=c\cot\varphi \tag{7.38}$$

对于滑移失效,有$f_c=2c\sqrt{k}$。此处,应变矢量应为所有相关方程的正线性组合,有

$$\begin{cases} \varepsilon_1=(\lambda_1+\lambda_3)k-(\lambda_2+\lambda_4) \\ \varepsilon_2=(\lambda_4+\lambda_5)k-(\lambda_3+\lambda_6) \quad (\lambda_i \geqslant 0) \\ \varepsilon_3=(\lambda_2+\lambda_6)k-(\lambda_1+\lambda_5) \end{cases} \tag{7.39}$$

通过以上公式可知,除了角点外,在屈服面上有

$$\sum \varepsilon^+=\lambda k, \quad \sum |\varepsilon^-|=\lambda \tag{7.40}$$

在屈服面边界上有

$$\sum \varepsilon^+=(\lambda_1+\lambda_2)k, \quad \sum |\varepsilon^-|=\lambda_1+\lambda_2 \tag{7.41}$$

因此,应力的容许组合满足下面的条件式

$$\frac{\sum \varepsilon^{+}}{\sum |\varepsilon^{-}|}=k \tag{7.42}$$

式中,$\sum \varepsilon^{+}$ 为正的主应变求和;$\sum |\varepsilon^{-}|$ 为负主应变绝对值求和。

在角点,有

$$\frac{\sum \varepsilon^{+}}{\sum |\varepsilon^{-}|} \geqslant k \tag{7.43}$$

而应变场 $\frac{\sum \varepsilon^{+}}{\sum |\varepsilon^{-}|}<k$ 是不存在的。由此可见,体积改变可写为

(1) 屈服面上

$$\varepsilon_1+\varepsilon_2+\varepsilon_3=\lambda(k-1) \tag{7.44}$$

(2) 屈服面边界上

$$\varepsilon_1+\varepsilon_2+\varepsilon_3=k(\lambda_1+\lambda_2)-(\lambda_1+\lambda_2) \tag{7.45}$$

由于 $k=\frac{\sum \varepsilon^{+}}{\sum |\varepsilon^{-}|}=\frac{1+\sin\varphi}{1-\sin\varphi}$,可得

$$\varepsilon_1+\varepsilon_2+\varepsilon_3=\sum |\varepsilon^{-}|(k-1)=\sum |\varepsilon^{-}|\frac{2\sin\varphi}{1-\sin\varphi}$$

$$\varepsilon_1+\varepsilon_2+\varepsilon_3=\frac{2\sin\varphi}{1-\sin\varphi}\cdot\frac{1}{k}\cdot k\cdot\sum |\varepsilon^{-}|$$

$$=\frac{2\sin\varphi}{1-\sin\varphi}\cdot\frac{1-\sin\varphi}{1+\sin\varphi}\cdot\frac{\sum \varepsilon^{+}}{\sum |\varepsilon^{-}|}\cdot\sum |\varepsilon^{-}|=\frac{2\sin\varphi}{1+\sin\varphi}\sum \varepsilon^{+}$$

如此,有

$$(\varepsilon_1+\varepsilon_2+\varepsilon_3)(1-\sin\varphi)=\sum |\varepsilon^{-}|2\sin\varphi$$

$$(\varepsilon_1+\varepsilon_2+\varepsilon_3)(1+\sin\varphi)=\sum \varepsilon^{+}(2\sin\varphi)$$

进一步

$$2(\varepsilon_1+\varepsilon_2+\varepsilon_3)=2\sin\varphi\left(\sum \varepsilon^{+}+\sum |\varepsilon^{-}|\right)$$

由下式即可计算根据应变测量结果的库仑材料摩擦角:

$$\sin\varphi=\frac{\varepsilon_1+\varepsilon_2+\varepsilon_3}{|\varepsilon_1|+|\varepsilon_2|+|\varepsilon_3|} \tag{7.46}$$

7.3.2　库仑材料耗能公式

现在,可以给出已知位移场的应力情况。由前一小节可知,位移和应力之间没有唯一的对应关系,屈服面 1 单位体积内的耗能 W 为

$$W=\sigma_1\varepsilon_1+\sigma_2\varepsilon_2+\sigma_3\varepsilon_3=\sigma_1(\lambda k)+0+\sigma_3(-\lambda)=\lambda(k\sigma_1-\sigma_3)=\lambda f_c \tag{7.47}$$

在其他屈服面内的表达式也可以通过类似的方式得到。

在 ①/⑤ 边上有：

$$k\sigma_1 - \sigma_3 - f_c = k\sigma_2 - \sigma_3 - f_c = 0$$

耗能为

$$W = \sigma_1\varepsilon_1 + \sigma_2\varepsilon_2 + \sigma_3\varepsilon_3 = \sigma_1\lambda_1 k + \sigma_1\lambda_2 k - \sigma_3(\lambda_1 + \lambda_2)$$
$$= k(\sigma_1\lambda_1 + \sigma_2\lambda_2) - (k\sigma_1 - f_c)(\lambda_1 + \lambda_2) = k\lambda_2(\sigma_2 - \sigma_1) + (\lambda_1 + \lambda_2) f_c$$

由于 $\sigma_1 = \sigma_2$，故

$$W = f_c(\lambda_1 + \lambda_2) \tag{7.48}$$

在其他边上的表达式可以用类似的方式获得。

在屈服面共同尖点处，因为 $\sigma_1 = \sigma_2 = \sigma_3 = \dfrac{f_c}{k-1} = c\cot\varphi$，所以有

$$\begin{aligned} W = & \sigma_1[(\lambda_1 + \lambda_2)k - (\lambda_2 + \lambda_4)] \cdot \\ & \sigma_2[(\lambda_4 + \lambda_5)k - (\lambda_3 + \lambda_6)] \cdot \\ & \sigma_3[(\lambda_2 + \lambda_6)k - (\lambda_1 + \lambda_5)] \\ = & (\lambda_1 + \lambda_2 + \lambda_3 + \lambda_4 + \lambda_5 + \lambda_6) f_c \end{aligned} \tag{7.49}$$

应用在尖点处的条件，当 $k > 1$ 时

$$W = \frac{1}{k+1}(\varepsilon_1 + \varepsilon_2 + \varepsilon_3) f_c = c\cot\varphi(\varepsilon_1 + \varepsilon_2 + \varepsilon_3) \tag{7.50}$$

当忽略尖点时，W 可以写为如下形式：

$$W = \lambda f_c = \frac{\sum \varepsilon^+}{k} f_c = \sum |\varepsilon^-| f_c \quad \text{(屈服面)} \tag{7.51}$$

或者

$$W = (\lambda_1 + \lambda_2) f_c = \frac{\sum \varepsilon^+}{k} f_c = \sum |\varepsilon^-| f_c \quad \text{(边界)} \tag{7.52}$$

对于平面应力场，库仑材料的屈服条件和流动准则如图 7.17 所示，不同区间内的应变向量如图中所示。

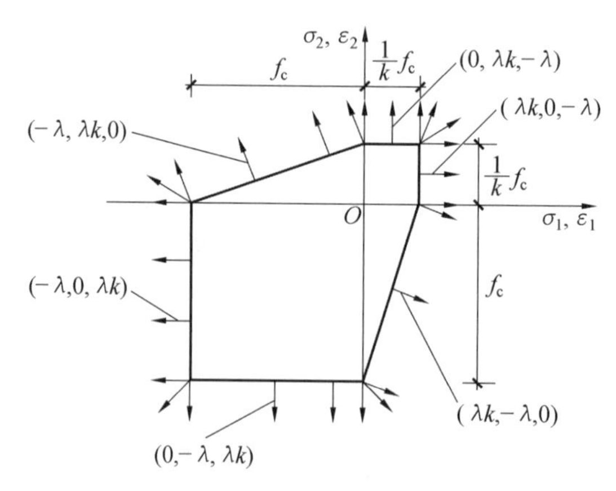

图 7.17　平面应力条件下库仑材料的屈服条件和流动准则

对于平面应变问题，比如 $\varepsilon_3 = 0$，显然位于平面 ③ 或者平面 ④，其中，最大主应变为 λk，最小主应变为 $-\lambda$。从屈服条件来看，在该平面内，σ_3 处于最大主应变和最小主应变之

间。平面应变条件下库仑材料的屈服条件和流动准则如图 7.18 所示。

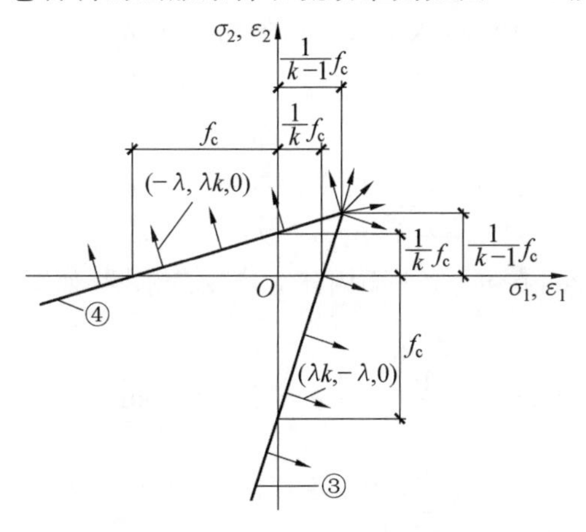

图 7.18　平面应变条件下库仑材料的屈服条件和流动准则

$$\frac{\sum \varepsilon^+}{\sum |\varepsilon^-|} = \frac{\varepsilon^+}{|\varepsilon^-|} = k \tag{7.53}$$

在尖点有 $\varepsilon^+/|\varepsilon^-| \geqslant k$，根据式(7.50)，可以得到耗能表达式

$$W = \frac{1}{k-1}(\varepsilon_1 + \varepsilon_2) f_c = c\cos\varphi(\varepsilon_1 + \varepsilon_2) \tag{7.54}$$

如果忽略尖点，由式(7.51)，耗能表达式可以改写为

$$W = \frac{f_c}{k}\varepsilon^+ \tag{7.55}$$

或者由等式(7.52)，有

$$W = f_c|\varepsilon^-| \tag{7.56}$$

根据流动法则，对于库仑材料也可以在如图 7.19(a) 所示坐标系中推导，该坐标系下的坐标平面满足库仑失效条件。将失效截面上的应力记为 σ 和 τ，假设 $\sigma_1 > \sigma_2 > \sigma_3$。坐标系 $n-t$ 如图 7.19(a) 所示，第二主方向与 $n-t$ 平面相垂直。

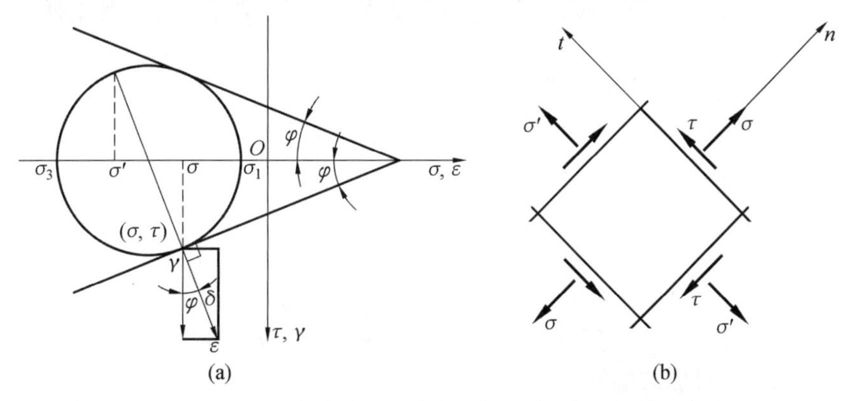

图 7.19　坐标平面与失效面平行的坐标系中，库仑材料的流动准则

在该坐标系中，单位体积内的耗能可以写为

$$W = \sigma\varepsilon + \tau\gamma + \sigma'\varepsilon' + \sigma_2\varepsilon_2 \tag{7.57}$$

这里，ε 和 γ 分别为 n 方向的纵向应变和 n 与 t 夹角的改变量。σ' 的含义以及相对应的应变 ε' 如图 7.19(b) 所示。应用 von Mises 的最大塑性功原理(当应力在屈服曲面上变化时要求 $\delta W=0$)，发现在 σ、τ 坐标系中的向量(ε, γ) 垂直于屈服曲面，如图 7.19 所示，并且 ε' 以及 ε_2 均为零。因此，该应力场是在 $n-t$ 平面内的平面应力场，适用于主应力不同的情况。如果 δ 是应变向量(ε, γ) 的长度，可以推导出

$$\varepsilon=\delta\sin\varphi,\quad \gamma=\delta\cos\varphi \tag{7.58}$$

由此得到 $\varepsilon=\gamma\tan\varphi=\gamma\mu$，在 $n-t$ 平面内建立应变莫尔圆，如图 7.20 所示。主应变可以表示为

$$\begin{cases}\varepsilon_1=\dfrac{1}{2}\varepsilon+\dfrac{1}{2}\delta=\dfrac{1}{2}\delta(1+\sin\varphi)\\[2ex]\varepsilon_2=\dfrac{1}{2}\varepsilon-\dfrac{1}{2}\delta=\dfrac{1}{2}\delta(1-\sin\varphi)\end{cases} \tag{7.59}$$

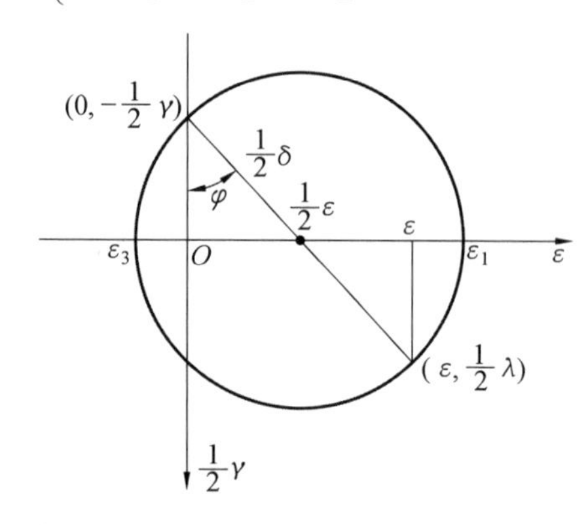

图 7.20　坐标平面与失效面平行的坐标系中，库仑材料的应变场

由此可见主应变之间的比例为 $\dfrac{\varepsilon_1}{\varepsilon_3}=-\dfrac{1+\sin\varphi}{1-\sin\varphi}=-k$，可以得到 $\sin\varphi=\dfrac{\varepsilon_1+\varepsilon_2}{\varepsilon_1-\varepsilon_3}$。

7.3.3　修正库仑材料的塑性应变

修正库仑材料要求材料不仅要满足滑移失效条件，还要满足分离失效条件：

$$\sigma_1-f_t=0 \tag{7.60}$$

其中，σ_1 是最大主应力；f_t 是抗拉强度。当然，必须假设

$$f_t=0.5\sqrt{0.1f_c} \tag{7.61}$$

如果 σ_1、σ_2 以及 σ_3 可以表示任意主应力，除了库仑材料六种屈服条件式之外，还必须满足

$$\begin{cases}⑦\sigma_1-f_t=0,\sigma_1\geqslant\sigma_2,\sigma_1\geqslant\sigma_3\\ ⑧\sigma_2-f_t=0,\sigma_2\geqslant\sigma_1,\sigma_2\geqslant\sigma_3\\ ⑨\sigma_3-f_t=0,\sigma_3\geqslant\sigma_1,\sigma_3\geqslant\sigma_2\end{cases} \tag{7.62}$$

在这些屈服平面上，对应的塑性应变为

$$\begin{cases}⑦\varepsilon_1=\lambda,\varepsilon_2=0,\varepsilon_3=0\\ ⑧\varepsilon_1=0,\varepsilon_2=\lambda,\varepsilon_3=0\\ ⑨\varepsilon_1=0,\varepsilon_2=0,\varepsilon_3=\lambda\end{cases} \tag{7.63}$$

因此，除了之前给出的边界，屈服曲面还有如下边界：

①/⑦　③/⑦　⑥/⑨　②/⑨　④/⑧　⑤/⑧　⑧/⑦　⑦/⑨　⑧/⑨

以及如下屈服平面共同尖点：

④/⑤/⑧　⑦/⑧/⑤/①　①/③/⑦　③/⑦/⑥/⑨　②/⑥/⑨　⑧/⑨/②/④　⑦/⑧/⑨

在 σ_1、σ_2、σ_3 空间内的屈服曲面绘制在图 7.21 中。

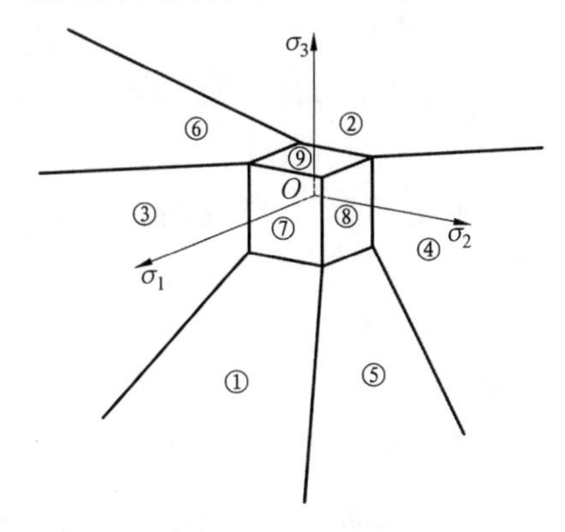

图 7.21　修正库仑材料在主应力空间下的屈服准则

在边界上的应变和在共同尖点上的应变是相邻平面内应变向量的线性叠加。如果 $\dfrac{\sum \varepsilon^+}{\sum |\varepsilon^-|}=k$，对应的点在 ①～⑥ 之中的一个平面上或者这些平面之间的边界线上；如果 $\dfrac{\sum \varepsilon^+}{\sum |\varepsilon^-|}>k$，对应的点在这一部分所对应的其中一个平面、边界或者尖点上。

在轴压情况下，无论对于库仑材料还是修正的库仑材料，横向应变增量的总和与受力方向应变（轴向应变）增量的绝对值的比值为 k。虽然库仑屈服条件得出的塑性应变增量与真实值有一定差距，但使用该简化模型得出的承载能力结果是非常有实际用途的。

7.3.4　修正库仑材料的耗能公式

在边界 ①/⑦ 上，可以得到

$$k\sigma_1-\sigma_3-f_c=\sigma_1-f_t=0 \tag{7.64}$$

耗能公式为

$$W=\sigma_1(\lambda_1 k+\lambda_2)+\sigma_2\cdot 0+\sigma_3(-\lambda_1)=\lambda_1 f_c+\lambda_2 f_t \tag{7.65}$$

在边界 ③/⑦、⑥/⑨、②/⑨、⑤/⑧ 上可以得到同样的表达式。在边界 ⑧/⑦ 上可以得到

$$\sigma_1-f_t=\sigma_2-f_t=0 \tag{7.66}$$

耗能为

$$W=\sigma_1\lambda_1+\sigma_2\lambda_2=(\lambda_1+\lambda_2)f_t \tag{7.67}$$

在边界 ⑦/⑨、⑧/⑨ 上可以得到同样的表达式。

在尖点 ④/⑤/⑧ 上可以得到

$$k\sigma_2-\sigma_1-f_c=k\sigma_2-\sigma_s-f_c=\sigma_2-f_t=0 \tag{7.68}$$

耗能为

$$W = \sigma_1(-\lambda_1) + \sigma_2[(\lambda_1 + \lambda_2)k + \lambda_3] + \sigma_3(-\lambda_2)$$
$$= (\lambda_1 + \lambda_2)f_c + \lambda_3 f_t \tag{7.69}$$

在尖点 ①/③/⑦ 和 ②/⑥/⑨ 处可以得到同样的表达式。

在尖点 ⑦/⑧/⑤/① 处有

$$k\sigma_1 - \sigma_3 - f_c = k\sigma_2 - \sigma_3 - f_c = \sigma_1 - f_1 = \sigma_2 - f_t = 0 \tag{7.70}$$

耗能为

$$W = \sigma_1(\lambda_1 k + \lambda_3) + \sigma_2(\lambda_2 k + \lambda_4) + \sigma_3[-(\lambda_1 + \lambda_2)]$$
$$= (\lambda_1 + \lambda_2)f_c + (\lambda_3 + \lambda_4)f_t \tag{7.71}$$

在尖点 ③/⑦/⑥/⑨、⑧/⑨/②/④ 处可以得到同样的表达式。

最后，在尖点 ⑦/⑧/⑨ 处有

$$\sigma_1 - f_t = \sigma_2 - f_t = \sigma_3 - f_t = 0 \tag{7.72}$$

耗能为

$$W = \sigma_1\lambda_1 + \sigma_2\lambda_2 + \sigma_3\lambda_3 = (\lambda_1 + \lambda_2 + \lambda_3)f_t \tag{7.73}$$

通过研究各种情况，可以看出修正后的库仑材料耗能由以下公式决定。当$\dfrac{\sum\varepsilon^+}{\sum|\varepsilon^-|} = k$时，可得到

$$W = f_c\sum|\varepsilon^-| \tag{7.74}$$

当$\dfrac{\sum\varepsilon^+}{\sum|\varepsilon^-|} > k$时，有

$$W = f_c\sum|\varepsilon^-| + f_t\left(\sum\varepsilon^+ - k\sum|\varepsilon^-|\right) \tag{7.75}$$

可见，式(7.75)适用于所有的情况，应变场$\dfrac{\sum\varepsilon^+}{\sum|\varepsilon^-|} < k$不可能发生。在特殊情况$f_t = 0$下，可以简单地得到

$$W = f_c\sum|\varepsilon^-| \tag{7.76}$$

平面应力状态下屈服条件和不同区间应变方向如图7.22所示。在$f_t = 0$的特殊情况下，有

$$W = \frac{1}{2}f_c[|\varepsilon_1| + |\varepsilon_2| - (\varepsilon_1 + \varepsilon_2)] \tag{7.77}$$

对于平面应变场，假设$\varepsilon_3 = 0$。可见应变矢量一定位于平面 ③、④、⑦ 或者 ⑧ 上。屈服条件如图7.23所示。

由于只有一个小于0的主应变，因此耗能W可以简化为如下形式。当

$$\frac{\sum\varepsilon^+}{|\varepsilon^-|} = k \tag{7.78}$$

时，有

$$W = f_c\sum|\varepsilon^-| \tag{7.79}$$

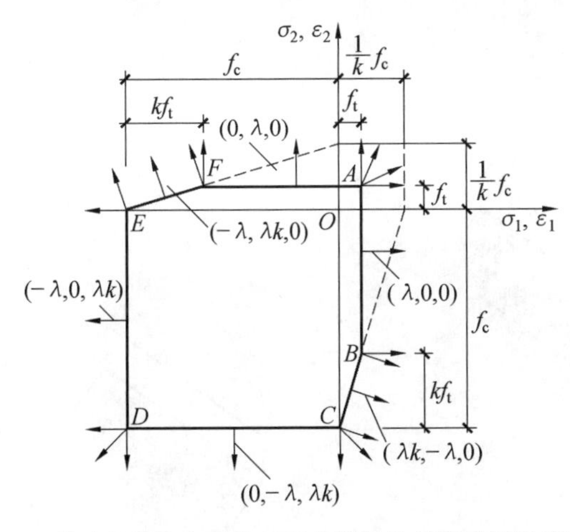

图 7.22　平面应力状态下修正库仑材料的屈服准则和流动准则

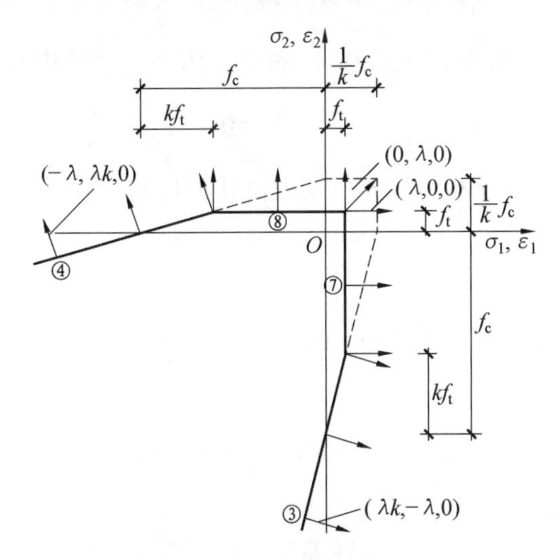

图 7.23　平面应变状态下修正库仑材料的屈服准则和流动准则

当

$$\frac{\sum \varepsilon^{+}}{|\varepsilon^{-}|} > k \tag{7.80}$$

时，有

$$W = f_c \sum |\varepsilon^{-}| + f_t\left(\sum \varepsilon^{+} - k \sum \varepsilon^{-}\right) \tag{7.81}$$

7.4　不连续面、不连续线

7.4.1　不连续面上的应变

在塑性理论中处理不连续面，即位移存在阶跃的情况是必要的。考虑一个由两个间距为δ、平行的界面分隔开的块体，Ⅰ部分和Ⅱ部分在$n-t$平面内作为刚体移动，坐标系如图 7.24 所示。

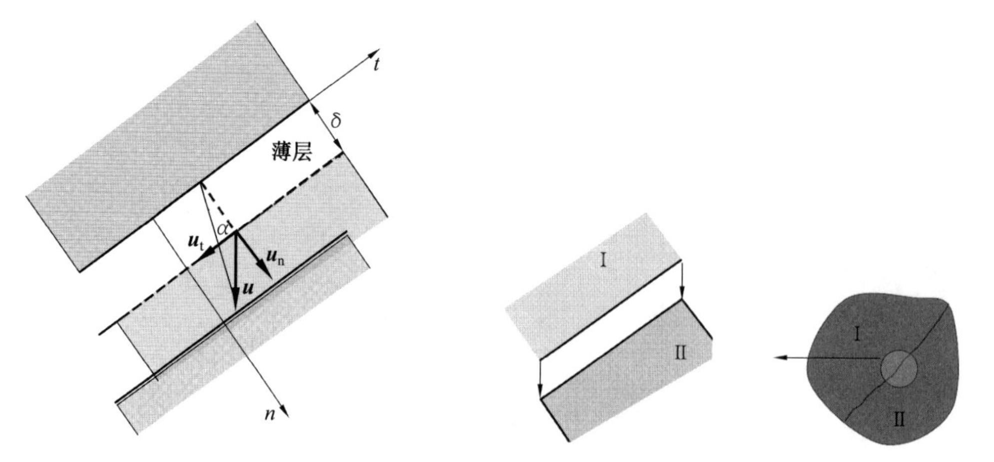

图 7.24　由应变协调窄带定义的位移不连续平面或屈服线

假设 Ⅰ 部分不动，Ⅱ 部分产生位移 u_n 和 u_t。因此在块体内相应的应变为

$$\varepsilon_{Ⅱ}=\frac{u_n}{\delta},\quad \varepsilon_t=\frac{u_t}{\infty}=0,\quad \gamma_{nt}=\frac{u_t}{\delta} \tag{7.82}$$

该应变也可以用 Ⅱ 部分的位移 u 以及由位移矢量和 t 轴构成的角 α 来表示，即

$$u_n=u\sin\alpha,\quad u_t=u\cos\alpha$$

因此

$$\varepsilon_n=\frac{u\sin\alpha}{\delta},\quad \varepsilon_t=\frac{u\cos\alpha}{\infty}=0,\quad \gamma_{nt}=\frac{u\cos\alpha}{\delta}+\frac{u\sin\alpha}{\infty}=\frac{u\cos\alpha}{\delta} \tag{7.83}$$

根据主应变关系，如图 7.25 所示，主应变可以写为

$$\varepsilon_1=\varepsilon_m+R,\quad \varepsilon_2=\varepsilon_m-R \tag{7.84}$$

其中

$$\varepsilon_m=\frac{\varepsilon_1+\varepsilon_2}{2}=\frac{\varepsilon_n+\varepsilon_t}{2}$$

$$R=\sqrt{\varepsilon_m^2+\left(\frac{\gamma_{nt}}{2}\right)^2}=\sqrt{\frac{u^2\sin^2\alpha}{4\delta^2}+\frac{u^2\cos^2\alpha}{4\delta^2}}=\frac{u}{2\delta}$$

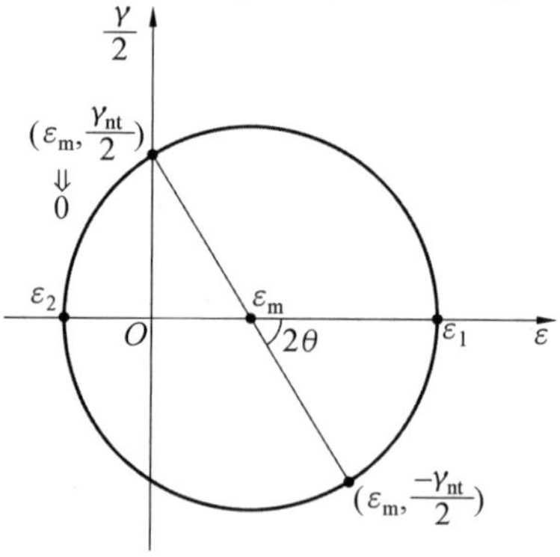

$\frac{\gamma}{2}$

$(\varepsilon_m,\frac{\gamma_{nt}}{2})$ ⇓ 0

ε_2　O　ε_m　2θ　ε_1　ε

$(\varepsilon_m,\frac{-\gamma_{nt}}{2})$

图 7.25　应变莫尔圆

所以主应变可以写为

$$\varepsilon_1=\frac{\varepsilon_n+\varepsilon_t}{2}+R=\frac{u\sin\alpha}{2\delta}+\frac{u}{2\delta}$$

$$\varepsilon_2=\frac{\varepsilon_n+\varepsilon_t}{2}-R=\frac{u\sin\alpha}{2\delta}-\frac{u}{2\delta}$$

因此，平面内的最大主应变为

$$\varepsilon_{\max}=\varepsilon^+=\frac{1}{2}\cdot\frac{u}{\delta}(\sin\alpha+1) \tag{7.85}$$

最小主应变为

$$\varepsilon_{\min}=\varepsilon^-=\frac{1}{2}\cdot\frac{u}{\delta}(\sin\alpha-1) \tag{7.86}$$

第一主应变方向平分位移矢量与 n 轴的夹角。

7.4.2　平面应变问题($\varepsilon_3=0$)

1. 库仑材料

除了尖点之外，沿着屈服面法向得到塑性应变矢量方向，如图 7.26 所示。

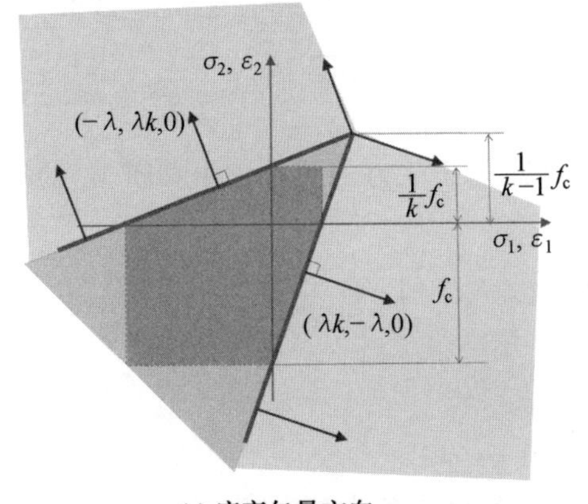

(a) 应变矢量方向

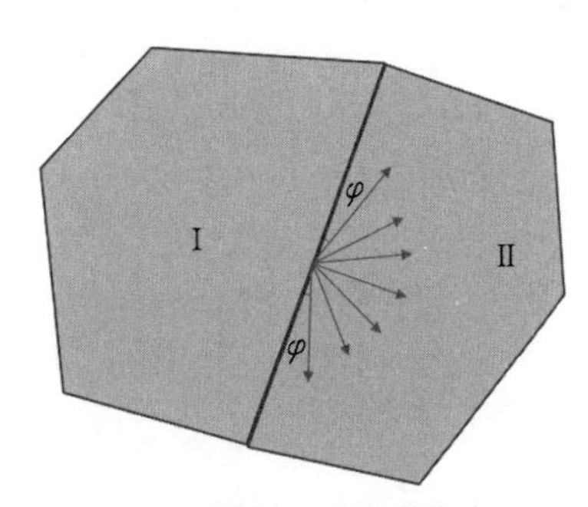

(b) 不连续面上对应位移方向

图 7.26　应变矢量与相应位移方向(平面应变问题)

在库仑材料屈服面上(忽略尖点)，由于$\dfrac{\sum\varepsilon^+}{\sum|\varepsilon^-|}=k$，有

$$\frac{\varepsilon_1}{|\varepsilon_2|}=\frac{\frac{u}{2\delta}(\sin\alpha+1)}{-\frac{u}{2\delta}(\sin\alpha-1)}$$

所以得到

$$k=\frac{1+\sin\alpha}{1-\sin\alpha}$$

对于库仑材料，根据前面的分析有 $k=(1+\sin\varphi)/(1-\sin\varphi)$，由此得到

$$\tan\alpha=\pm\tan\varphi \tag{7.87}$$

对于 $\alpha=\varphi$ 和 $\pi-\varphi$，通过等式(7.51) 以及等式(7.52)，有

$$W=f_c\sum|\varepsilon^0|=f_c\cdot\frac{1}{2}\cdot\frac{u}{\delta}(1-\sin\varphi)$$

或

$$W=\frac{f_c}{k}\sum\varepsilon^+=\frac{f_c}{k}\cdot\frac{1}{2}\cdot\frac{u}{\delta}(1+\sin\varphi) \tag{7.88}$$

在 t 轴方向上单位长度上的耗能 W_l 为

$$W_l=Wb\delta \tag{7.89}$$

其中 b 是垂直于 $n-t$ 平面方向上的尺寸。因此有

$$W_l=ub\cdot\frac{1}{2}f_c(1-\sin\varphi)=ub\cdot\frac{1}{2}\cdot\frac{f_c}{k}(1+\sin\varphi) \tag{7.90}$$

因此，耗能与 δ 无关。所以只需处理两刚体相对运动，并且对于 $\delta\rightarrow 0$ 可以得到位移不连续面或者在 $n-t$ 平面内的不连续线(后面也称不连续线为屈服线)。关于 W_l 的公式也适用于不连续曲面以及屈服曲线。

引入内聚力 $c=f_c/2\sqrt{k}$，得到

$$W_l=\frac{ub}{2}2c\sqrt{k}(1-\sin\varphi)=\frac{ub}{2}2c\sqrt{\frac{1+\sin\varphi}{1-\sin\varphi}}(1-\sin\varphi)=\frac{ub}{2}2c\sqrt{1-\sin^2\varphi}=ubc\cos\varphi$$

$$W_l=\frac{ub}{2}2c\sqrt{k}(1+\sin\varphi)=\frac{ub}{2}\frac{2c}{\sqrt{k}}(1+\sin\varphi)=\frac{ub}{2}2c\sqrt{\frac{1-\sin^2\varphi}{1+\sin^2\varphi}}(1+\sin\varphi)=ubc\cos\varphi$$

即 $W_l=ubc\cos\varphi$。当 $\varphi<\alpha<\pi-\varphi$ 时，应力状态处于尖点的位置。由关于 W 的等式(7.50) 可得

$$\begin{aligned}W_l&=c\cot\varphi(\varepsilon_1+\varepsilon_2+\varepsilon_3)=c\cot\varphi\left[\frac{u}{2\delta}(\sin\alpha+1)+\frac{u}{2\delta}(\sin\alpha-1)\right]\\&=c\cot\varphi\,\frac{u}{2\delta}2\sin\alpha=c\cot\varphi\,\frac{u}{\delta}\sin\alpha\end{aligned}$$

$$W=W_l\delta b=ubc\cot\varphi\sin\alpha \tag{7.91}$$

结果表明，当不考虑尖点时，位移矢量与不连续线间夹角为 φ(图 7.27)。

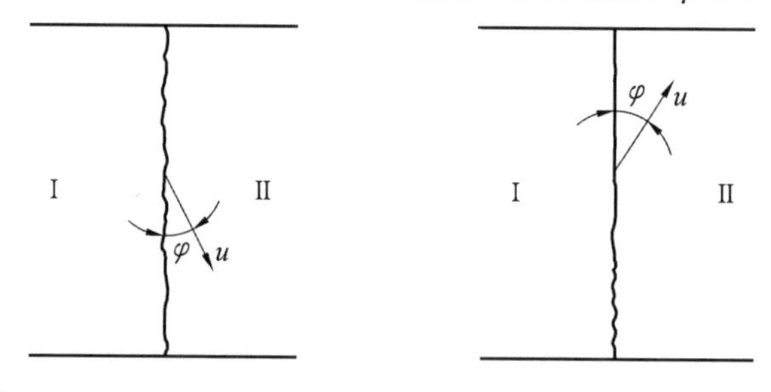

图 7.27　平面应变状态下库仑材料在屈服线上的位移方向

2. 修正的库仑材料

修正的库仑材料屈服准则如图 7.28 所示。

通过等式(7.82) 可以得到耗能

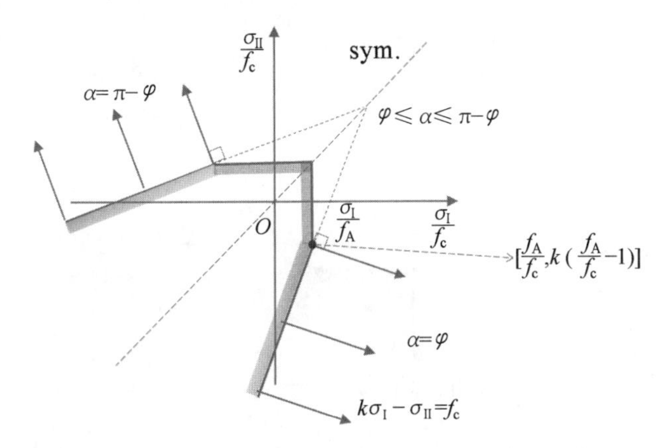

图 7.28　修正的库仑材料屈服准则(平面应变问题)

$$\begin{aligned}W&=f_c\sum|\varepsilon^-|+f_t(\sum\varepsilon^+-k\sum|\varepsilon^-|)\\&=f_c\frac{u}{2\delta}(1-\sin\alpha)+f_t\frac{u}{2\delta}[(1+\sin\alpha)-k(1-\sin\alpha)]\\&=f_c\frac{u}{2\delta}(1-\sin\alpha)+f_t\frac{u}{2\delta}[-(k-1)+\sin\alpha(k+1)]\end{aligned}$$

其中,对于混凝土材料 $k=\dfrac{1+\sin\varphi}{1-\sin\varphi}\approx4$。由此可得

$$W_l=Wb\delta=\frac{1}{2}f_cub\left\{1-\sin\alpha+\frac{f_1}{f_c}[-(k-1)+(k+1)\sin\alpha]\right\}\tag{7.92}$$

其中

$$k-1=\frac{2\sin\varphi}{1-\sin\varphi},\quad k+1=\frac{2}{1-\sin\varphi}$$

等式(7.92)可以写作

$$W_l=\frac{1}{2}f_cub\left[1-\sin\alpha+2\frac{f_t}{f_c}\frac{\sin\alpha-\sin\varphi}{1-\sin\varphi}\right]\tag{7.93}$$

定义参数

$$l=1-\frac{f_t}{f_c}(k-1)=1-2\frac{f_t}{f_c}\frac{\sin\varphi}{1-\sin\varphi}$$

$$m=1-\frac{f_t}{f_c}(k+1)=1-2\frac{f_t}{f_c}\frac{1}{1-\sin\varphi}$$

可以得到沿着屈服面的单位耗能简化表达为

$$W_l=\frac{1}{2}f_cub(1-m\sin\alpha)\tag{7.94}$$

7.4.3　平面应力问题($\sigma_3=0$)

现在考虑平面应力情况。假设平面应力单元板厚为 b。

1. 修正库仑材料

平面应力状态下修正库仑模型如图 7.29 所示。

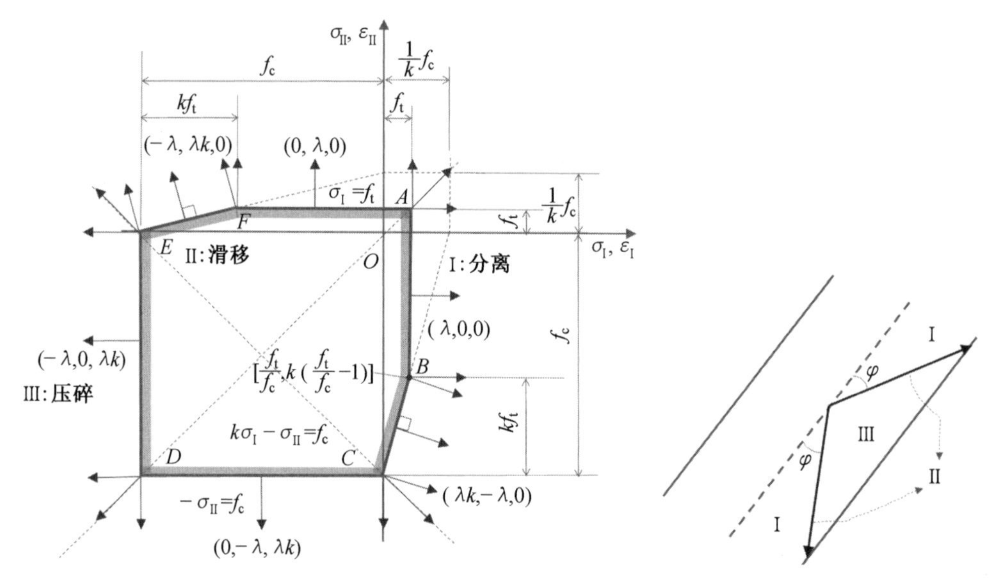

图 7.29　平面应力状态下修正库仑模型

平面应变公式中没有包含的区域是 CD 和 ED。因此,在等式(7.82)中代入

$$\sum|\varepsilon^-|=\frac{1}{2}\cdot\frac{u}{\delta}(1-\sin\alpha)\begin{cases}\alpha\leqslant\varphi\\ \alpha\geqslant\pi-\varphi\end{cases}\tag{7.95}$$

在该 α 区间内,有

$$W_l=\frac{1}{2}f_c ub(1-\sin\alpha)\tag{7.96}$$

对于修正的库仑材料,有

$$W_l=\frac{1}{2}f_c ub\left\{1-\sin\alpha+\frac{f_t}{f_c}[-(k-1)+(k+1)\sin\alpha]\right\},\quad \varphi\leqslant\alpha\leqslant\pi-\varphi\tag{7.97}$$

$$W_l=\frac{1}{2}f_c ub(1-\sin\alpha),\quad \alpha\leqslant\varphi,\alpha\geqslant\pi-\varphi\tag{7.98}$$

如果 $f_t=0$,则等式可以得到大大简化。于是,在整个 α 区间内可以得到

$$W_l=\frac{1}{2}f_c ub(1-\sin\alpha)\tag{7.99}$$

2. 库仑材料

库仑材料可以视为特殊的修正库仑材料,只需令 $f_t=(1/k)f_c$ 即可,如图 7.30 所示。于是得到

$$W_l=\frac{1}{2}\frac{f_c}{k}ub(1+\sin\alpha),\quad \varphi\leqslant\alpha\leqslant\pi-\varphi\tag{7.100}$$

$$W_l=\frac{1}{2}f_c ub(1-\sin\alpha),\quad \alpha\leqslant\varphi,\alpha\geqslant\pi-\varphi\tag{7.101}$$

上式(7.100)和(7.101)包含了 $\alpha=\varphi$ 和 $\alpha=\pi-\varphi$ 的边界情况。

库仑材料、修正的库仑材料的重要耗能公式见表 7.2。

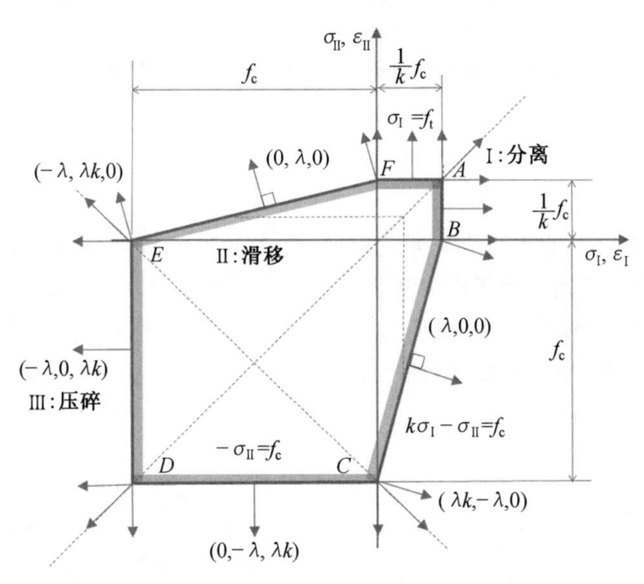

图 7.30　平面应力状态下的库仑材料模型

表 7.2　耗能公式总结

(1) 一般公式。

① 库仑材料。

$$W = f_c \sum |\varepsilon^-|$$

② 修正的库仑材料。

$$W = f_c \sum |\varepsilon^-| + \varphi_t \left(\sum \varepsilon^+ - k \sum |\varepsilon^-|\right), \left(\sum \varepsilon^+ / \sum |\varepsilon^-| \geqslant k\right)$$

(2) 屈服线。

① 平面应变问题。

a. 库仑材料。

$$W_l = ubc\cos\varphi$$

b. 修正的库仑材料。

$$W_l = \frac{1}{2} f_c ub(l - m\sin\alpha)$$

l 和 m 在等式(7.92) 以及等式(7.93) 中均有定义。

② 平面应力问题。

a. 库仑材料。

$$W_l = \frac{1}{2}\frac{f_c}{k} ub(l + \sin\alpha),\quad \varphi \leqslant \alpha \leqslant \pi - \varphi \quad \text{(对应分离失效模式)}$$

$$W_l = \frac{1}{2} f_c ub(1 - \sin\alpha),\quad \alpha \leqslant \varphi, \alpha \geqslant \pi - \varphi \quad \text{(滑移或压溃失效模式)}$$

b. 修正的库仑材料。

$$W_l = \frac{1}{2} f_c ub(l - m\sin\alpha),\quad \varphi \leqslant \alpha \leqslant \pi - \varphi$$

$$W_l = \frac{1}{2} f_c ub(l - \sin\alpha),\quad \alpha \leqslant \varphi, \alpha \leqslant \pi - \varphi$$

这里,l 和 m 在等式(7.92) 以及等式(7.93) 中均有定义,如果 $f_t = 0$,则有

$$W_l = \frac{1}{2} f_c ub(l - \sin\alpha)$$

7.5 库仑材料的平面应变理论

7.5.1 引言

下面讨论库仑材料的平面应变问题求解,这在混凝土和岩石力学的问题求解中十分有用。首先,给出任意截面上正应力和剪应力的符号约定:以绕截面逆时针旋转为正向旋转。截面上,正应力 σ 以拉为正,剪应力 τ 以绕截面的正向逆时针旋转为正,如图 7.31 所示。失效状态应力场的莫尔圆 σ 轴和 τ 轴朝向如图 7.32 所示。

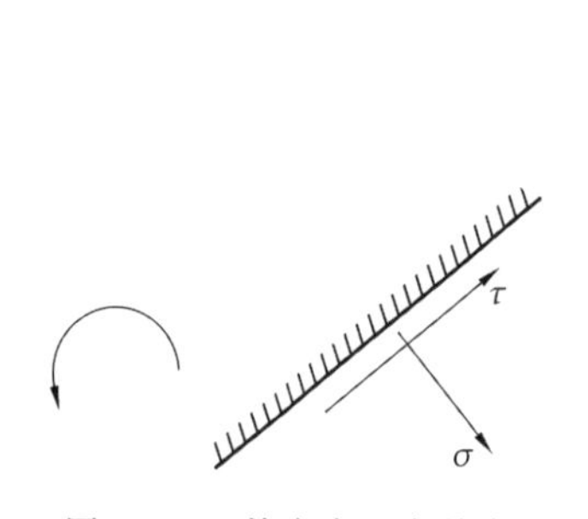

图 7.31　剪应力正向约定

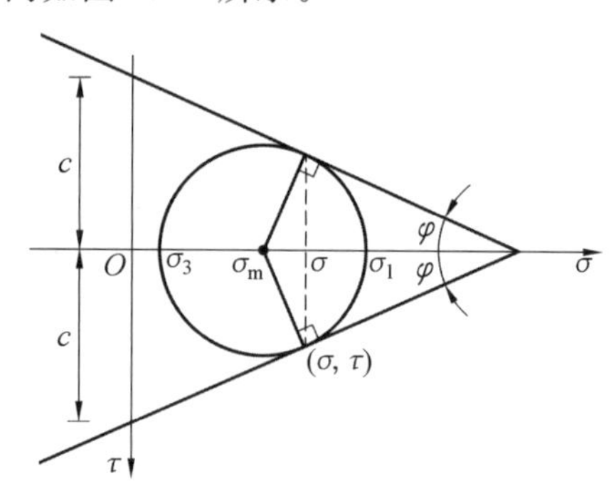

图 7.32　失效状态应力场的莫尔圆

7.5.2 应力场

库仑材料失效状态下的应力场对应的莫尔圆如图 7.32 所示,对应的剪应力和正应力满足库仑失效准则,失效面间夹角为 $90°-\varphi$,φ 为摩擦角。失效面也称为滑移线。记失效面上的正应力为 σ、剪应力的值为 $|\tau|$,大小满足库仑准则:

$$|\tau|=c-\sigma\tan\varphi \tag{7.102}$$

这里,c 为黏聚力。

如图 7.33 所示,剪应力间夹角为 $90°-\varphi$。这里选取的剪应力为正向,数值为 τ。截面正应力 σ_2 满足 $\sigma_3\leqslant\sigma_2\leqslant\sigma_1$,其中 σ_1 和 σ_2 分别为最大主应力和最小主应力。

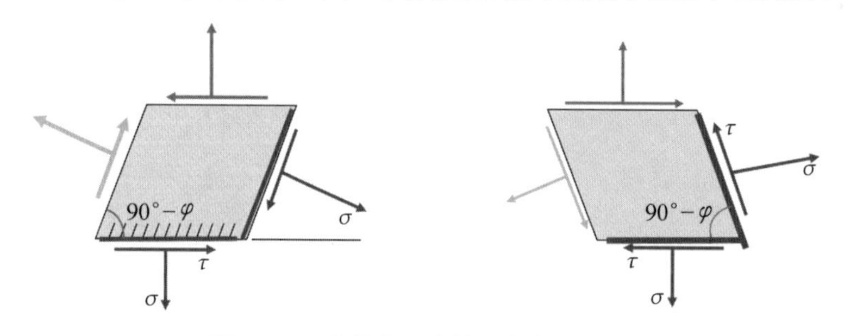

图 7.33　失效截面及其正应力、剪应力

沿着失效截面方向分解应力,如图 7.34 所示。当采用这种分量形式的时候,沿着失效截面方向的分量总等于黏聚力 c。

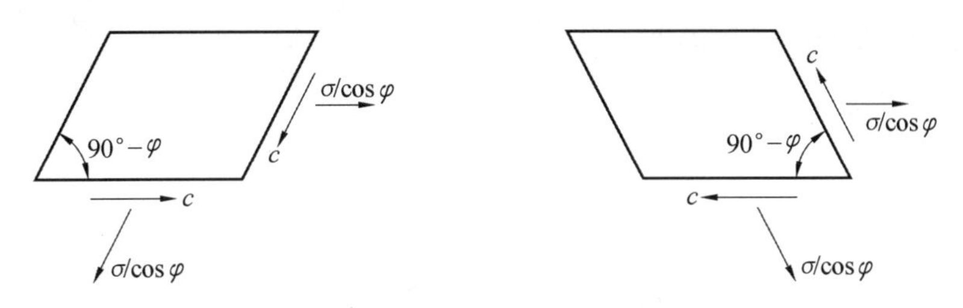

图 7.34　沿着失效截面方向分解的失效截面上应力

把应力场放在一个正交直角坐标系 $n-t$ 里，其中 t 轴方向与失效截面方向一致，如图 7.35 所示。按图 7.35(a) 的情况，有

$$\sigma_{\mathrm{n}}=\sigma \tag{7.103}$$

$$\tau_{\mathrm{nt}}=\tau=c-\sigma\tan\varphi \tag{7.104}$$

通过莫尔圆(图 7.36) 可得

$$\sigma_{\mathrm{t}}=\sigma-2\tau\tan\varphi=(1+2\tan^2\varphi)\sigma-2c\tan\varphi \tag{7.105}$$

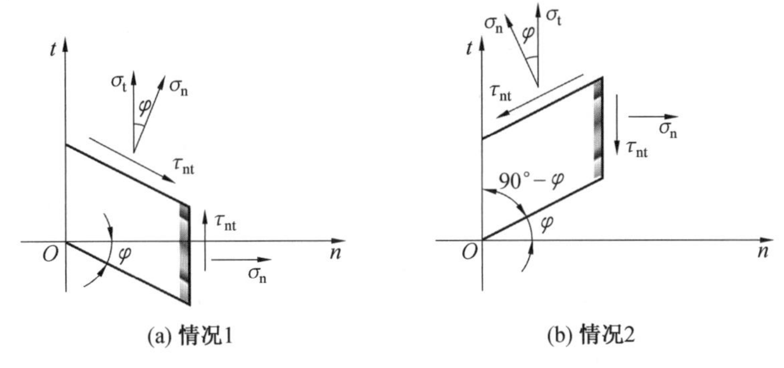

图 7.35　坐标与失效截面平行的坐标系

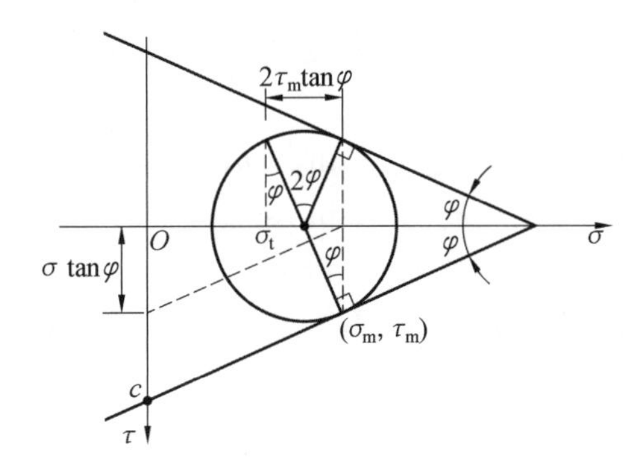

图 7.36　失效截面应力求解

因此，得到应力场：

$$\begin{cases}\sigma_{\mathrm{n}}=\sigma\\ \tau_{\mathrm{nt}}=c-\sigma\tan\varphi\\ \sigma_{\mathrm{t}}=(1+2\tan^2\varphi)\sigma-2c\tan\varphi\end{cases} \tag{7.106}$$

此处截面上正应力简化用 σ 表示。

若情况为图 7.35(b) 所示，有

$$\begin{cases}\sigma_{\mathrm{n}}=\sigma \\ \tau_{\mathrm{nt}}=-(c-\sigma\tan\varphi) \\ \sigma_{\mathrm{t}}=(1+2\tan^2\varphi)\sigma-2c\tan\varphi\end{cases} \tag{7.107}$$

主应力也可由 σ 表示为

$$\left.\begin{matrix}\sigma_1 \\ \sigma_3\end{matrix}\right\}=\sigma-\tau\tan\varphi\pm\frac{\tau}{\cos\varphi} \tag{7.108}$$

可化为

$$\left.\begin{matrix}\sigma_1 \\ \sigma_3\end{matrix}\right\}=\sigma\frac{1\mp\sin\varphi}{\cos^2\varphi}\pm c\frac{1\mp\sin\varphi}{\cos\varphi} \tag{7.109}$$

用平均应力 σ_{m} 代替正应力 σ，有

$$\sigma_{\mathrm{m}}=\frac{1}{2}(\sigma_1+\sigma_3) \tag{7.110}$$

由此可得

$$\sigma_{\mathrm{m}}=\sigma-\tau\tan\varphi=(1+\tan^2\varphi)\sigma-c\tan\varphi \tag{7.111}$$

现在，计算任意截面上的应力，失效时莫尔圆半径为 $c\cdot\cos\varphi-\sigma_{\mathrm{m}}\cdot\sin\varphi$。

记任意截面上的应力为 σ_x、τ_{xy}，截面与正剪应力所在失效面的夹角为 θ。通过莫尔圆(图 7.37) 可得

$$\sigma_x=\sigma_{\mathrm{m}}+(c\cos\varphi-\sigma_{\mathrm{m}}\sin\varphi)\cos\left(\frac{\pi}{2}-\varphi-2\theta\right) \tag{7.112}$$

相应地，应力 σ_y 所对应的截面与 σ_x、τ_{xy} 对应的截面垂直，其值为

$$\begin{cases}\sigma_x=c\cot\varphi+(\sigma_{\mathrm{m}}-c\cot\varphi)[1-\sin\varphi\sin(2\theta+\varphi)] \\ \sigma_y=c\cot\varphi+(\sigma_{\mathrm{m}}-c\cot\varphi)[1+\sin\varphi\sin(2\theta+\varphi)] \\ \tau_{xy}=-(\sigma_{\mathrm{m}}-c\cot\varphi)\sin\varphi\cos(2\theta+\varphi)\end{cases} \tag{7.113}$$

对 $c=0$，有

$$\begin{cases}\sigma_x=\sigma_{\mathrm{m}}[1-\sin\varphi\sin(2\theta+\varphi)] \\ \sigma_y=\sigma_{\mathrm{m}}[1+\sin\varphi\sin(2\theta+\varphi)] \\ \tau_{xy}=-\sigma_{\mathrm{m}}\sin\varphi\cos(2\theta+\varphi)\end{cases} \tag{7.114}$$

式(7.114) 中，$c=0$ 的情况可由式(7.113) 中 $c\neq0$ 的情况中将 $c\cot\varphi$ 去掉推导得出。$c\cot\varphi$ 的几何意义十分明显(图 7.37)。

令式(7.113) 中 $\theta=0$，可得方程(7.106)，其中(n, t) 由(x, y) 取代。令 $2\theta=90^\circ-\varphi$，可得到如下主应力的公式

$$\left.\begin{matrix}\sigma_1 \\ \sigma_3\end{matrix}\right\}=\sigma_{\mathrm{m}}(1\mp\sin\varphi)\pm c\cos\varphi \tag{7.115}$$

同方程(7.109) 一致，当给定任意截面应力 σ_x、τ_{xy} 时，求解失效面及其应力。解下列方程组

$$\sigma_x=c\cot\varphi+(\sigma_{\mathrm{m}}-c\cot\varphi)[1-\sin\varphi\sin(2\theta+\varphi)] \tag{7.116}$$

$$\tau_{xy}=-(\sigma_{\mathrm{m}}-c\cot\varphi)\sin\varphi\sin(2\theta+\varphi) \tag{7.117}$$

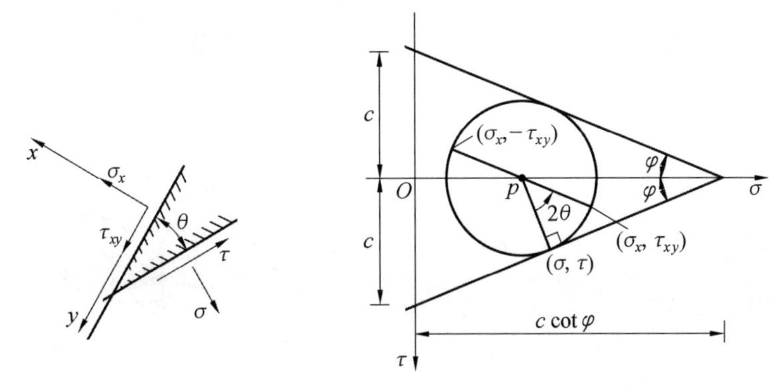

图 7.37　由莫尔圆确定的任意截面的应力

其中 θ、σ_m 为目标解。引入 β 角，其定义式为

$$\tan\beta=\frac{\tau_{xy}}{\sigma_x-c\cot\varphi} \tag{7.118}$$

得

$$\frac{\sin\varphi\sin(2\theta+\varphi)}{1-\sin\varphi\sin(2\theta+\varphi)}=\tan\beta \tag{7.119}$$

也可写为

$$\cos(2\theta+\varphi-\beta)=\frac{\sin\beta}{\sin\varphi} \tag{7.120}$$

通过式(7.120)可确定 θ。记 θ 在平面内正向为正值，如图 7.37 所示。

当求得 θ 后，有

$$\sigma_m=c\cos\varphi+\frac{\sigma_x-c\cot\varphi}{1-\sin\varphi\sin(2\theta+\varphi)} \tag{7.121}$$

求得的 θ 和 σ_m 通常有两个解。当求得 σ_m 后，失效面上的正应力由方程(7.111)求得

$$\sigma=(\sigma_m+c\tan\varphi)\cos^2\varphi \tag{7.122}$$

7.5.3　简单的静定容许失效区域

对于库仑材料，最简单的失效区域为两组互成 $90°-\varphi$ 的平行线组成的区域。y 轴与其中一组失效面平行，如图 7.38 所示。由方程(7.106)及方程(7.107)可得应力表达为

$$\begin{cases}\sigma_x=\sigma\\ \sigma_y=(1+2\tan^2\varphi)\sigma-2c\tan\varphi\\ \tau_{xy}=\pm(c-\sigma\tan\varphi)\end{cases} \tag{7.123}$$

式中，＋号对应于图 7.38(a)情况，－号对应于图 7.38(b)情况。

对于无质量材料，由弹性理论平衡条件可知

$$\begin{cases}\dfrac{\partial\sigma}{\partial x}\pm\dfrac{\partial(c-\sigma\tan\varphi)}{\partial y}=0\\[2ex] \dfrac{\partial\left[(1+2\tan^2\varphi)\sigma-2c\tan\varphi\right]}{\partial y}\pm\dfrac{\partial(c-\sigma\tan\varphi)}{\partial x}=0\end{cases} \tag{7.124}$$

由上式可得

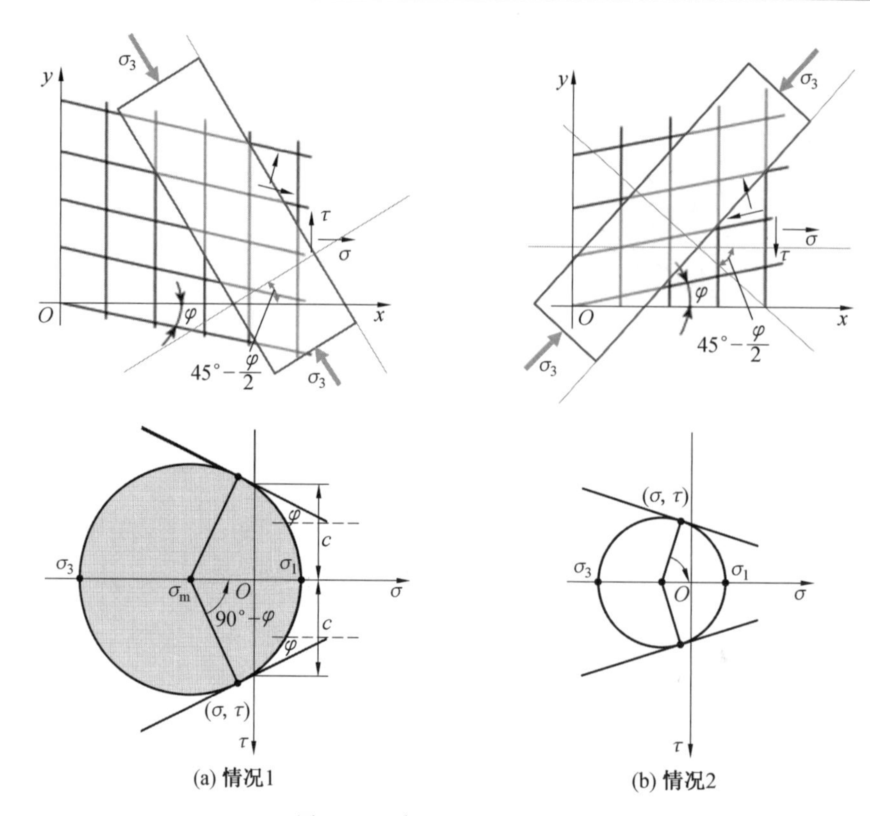

图 7.38　朗金空间的失效线

$$\frac{\partial\sigma}{\partial x}=\frac{\partial\sigma}{\partial y}=0 \tag{7.125}$$

即

$$\sigma=常数 \tag{7.126}$$

该应力场称为 Rankine 应力场或 Rankine 区域。

如果令两组曲线分别为两组对数螺旋线，并且倾角为 φ，从极点呈射线形式。由此可得夹角呈 $90°-\varphi$ 的曲线簇，如图 7.39 所示的 Prandtle(普朗特) 空间的失效线。

显然，此时应当采用极坐标。应力为

$$\begin{cases}\sigma_r=(1+2\tan^2\varphi)\sigma-2c\tan\varphi\\ \sigma_\theta=\sigma\\ \tau_{r\theta}=\pm(c-\sigma\tan\varphi)\end{cases} \tag{7.127}$$

式中，"+"号对应图 7.39(a) 情况，"−"号对应图 7.39(b) 情况。若不考虑重力，将应力分量代入平衡条件可得

$$\begin{cases}\dfrac{\partial[(1+2\tan^2\varphi)\sigma-2c\tan\varphi]}{\partial r}\pm\dfrac{1}{r}\dfrac{\partial(c-\sigma\tan\varphi)}{\partial\theta}+2\dfrac{\sigma\tan^2\varphi-c\tan\varphi}{r}=0\\ \dfrac{1}{r}\dfrac{\partial\sigma}{\partial\theta}\pm\dfrac{\partial(c-\sigma\tan\varphi)}{\partial r}\pm\dfrac{c-\sigma\tan\varphi}{r}=0\end{cases} \tag{7.128}$$

将最后一个方程乘以 $\tan\varphi$，然后相加或相减可得

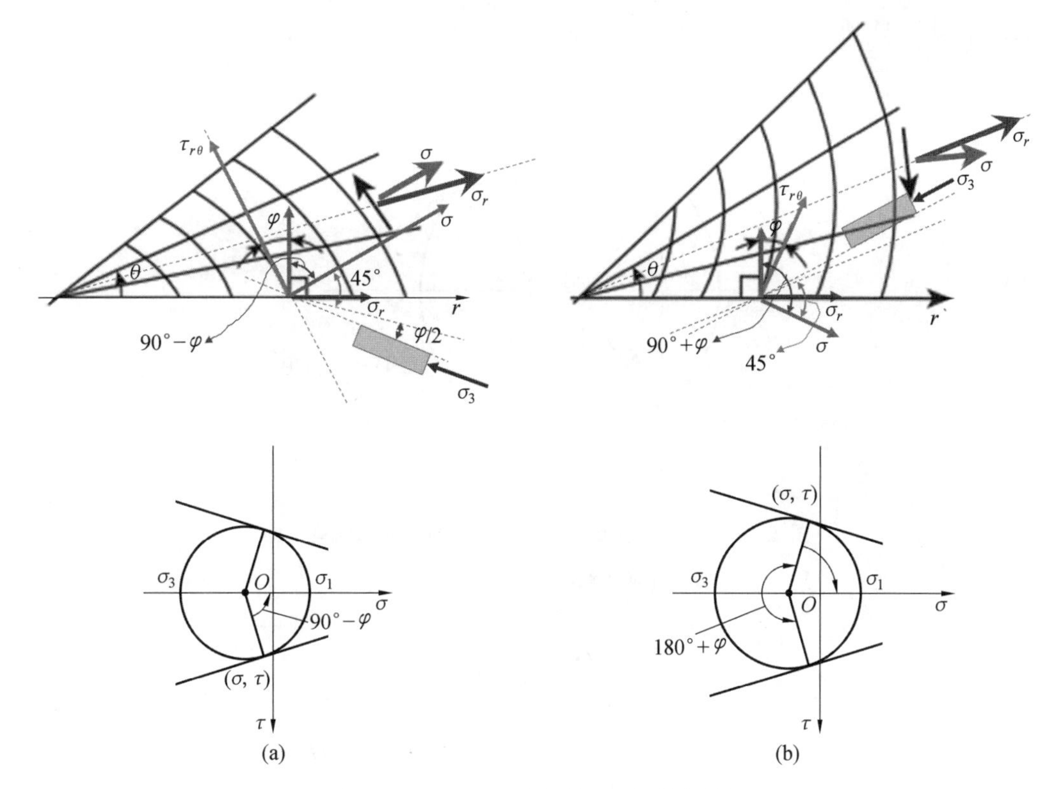

图 7.39　Prandtle(普朗特)空间的失效线

$$\frac{\partial\sigma}{\partial r}=0 \tag{7.129}$$

因此,沿着直失效线 σ 为常数。由最后一个方程可得

$$\frac{\partial\sigma}{\partial\theta}\pm 2(c-\sigma\tan\varphi)=0 \tag{7.130}$$

其解为

$$\sigma=-C\mathrm{e}^{\pm 2\theta\tan\varphi}+c\cot\varphi \tag{7.131}$$

其中 C 为常数。

由此可得剪应力为

$$\tau_{r\theta}=\pm C\tan\varphi\mathrm{e}^{\pm 2\theta\tan\varphi} \tag{7.132}$$

由于假设剪应力符号是正的,因此 C 一定大于 0。此失效区域称为 Prandtle(普朗特)场或普朗特区域。对于普朗特区域,在考虑重力的情况下无解。

7.5.4　应变场

由库仑材料的应变公式可得,对于平面应变情况,主应变间的比值满足(不考虑角点)

$$\frac{\varepsilon_1}{\varepsilon_3}=-k=-\frac{1+\sin\varphi}{1-\sin\varphi} \tag{7.133}$$

式中,ε_1 为最大主应变;ε_3 为最小主应变。因此,莫尔圆如图 7.40 所示。由图可知,$\angle ABC$ 为 φ,且图上纵向应变为 0 的两个点 A、B 对应着两个失效面,即失效面上没有纵向应变,如图 7.41 所示。

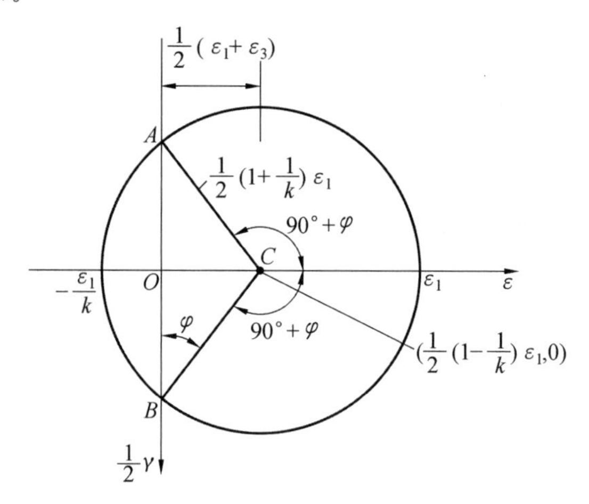

图 7.40　平面应变状态下库仑材料的应变场的莫尔圆

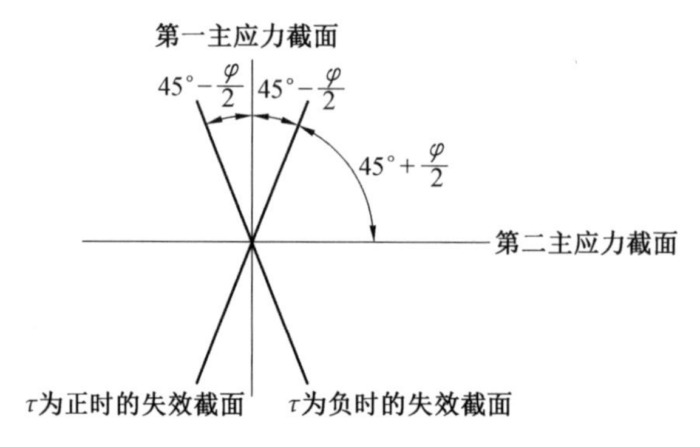

图 7.41　主应力方向及失效面

将应变场置于 n、t 直角坐标系,t 轴与其中一个失效面重合,如图 7.42 所示。从图 7.42(a) 可知

$$\begin{cases}\varepsilon_n=\gamma\tan\varphi\\\varepsilon_t=0\\\gamma_{nt}=\gamma\end{cases}\tag{7.134}$$

其中,γ 为 n、t 方向的线元夹角改变量。如图 7.42(b) 所示,有

$$\begin{cases}\varepsilon_n=\gamma\tan\varphi\\\varepsilon_t=0\\\gamma_{nt}=-\gamma\end{cases}\tag{7.135}$$

两个任意方向角度的改变量可由实际方向上的切应力确定。由于两个方向转向一致,故 γ 是失效面间夹角 $90°+\varphi$ 的减小量。由于变形,失效面间距离增加了,单位体积的体积改变量为 $\gamma\tan\varphi$。

7.5.5　简单的几何容许应变场

最简单的协调应变场如图 7.43 所示。位移场 DC 的边相对于 AB 边在平行 DC 的方

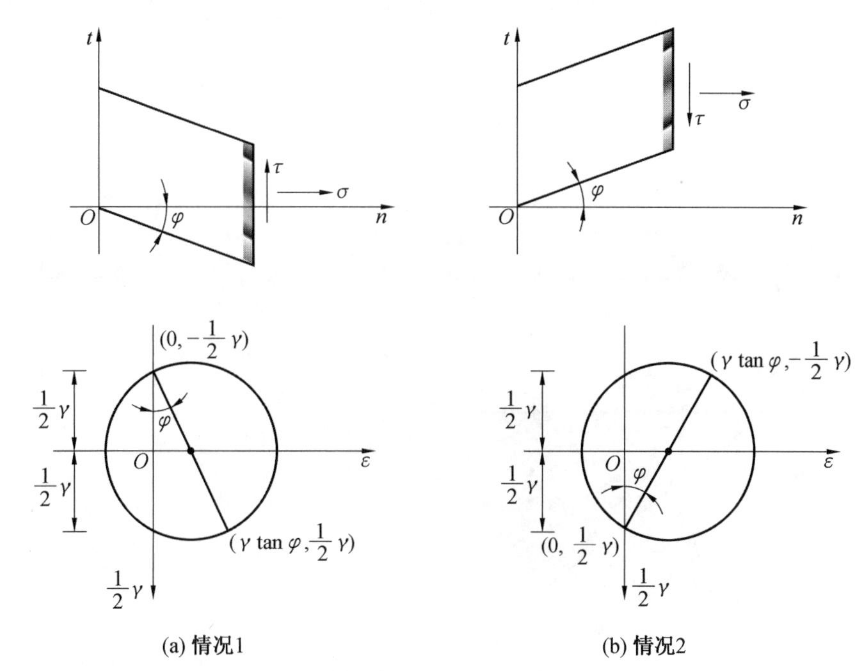

图 7.42　坐标轴与失效面平行坐标系下的应变

向产生位移 u，在垂直 DC 的方向产生远离 DC 的位移 $u\tan\varphi$。此时，如果作一条线段 BE 与边线 BC 呈 φ 角，则 BE 与其位移向量垂直。产生位移后，线段 BE、AD 和 BC 的旋转量都为 γ。将此结论用于图 7.44，变形产生在一个三角形位移场中，该变形对应着 Rankine 区域。Rankine 区域的失效线及剪应力的符号如图 7.44 所示。

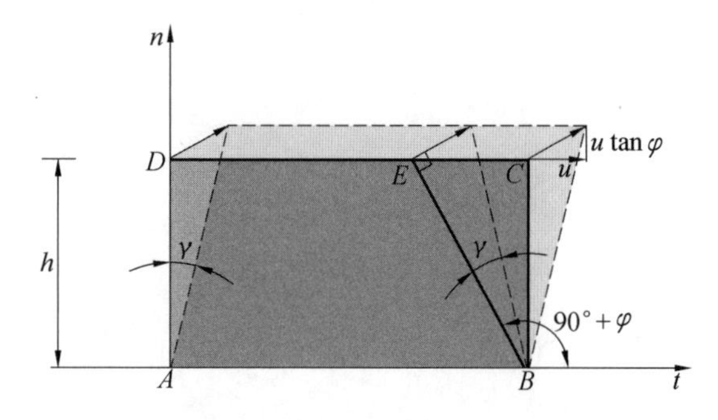

图 7.43　Rankine 区域的协调应变场(简单情况)

同不连续屈服线相比较，应变见表 7.3。

表 7.3　应变比较

参量	简单应变场 h	不连续屈服线(裂缝)δ
ε_n	$\dfrac{u\tan\varphi}{h}=r\tan\varphi$	$u\dfrac{\sin\alpha}{\delta}$
ε_t	0	0
γ_{nt}	$\gamma=\dfrac{u}{h}$	$u\dfrac{\cos\alpha}{\delta}$

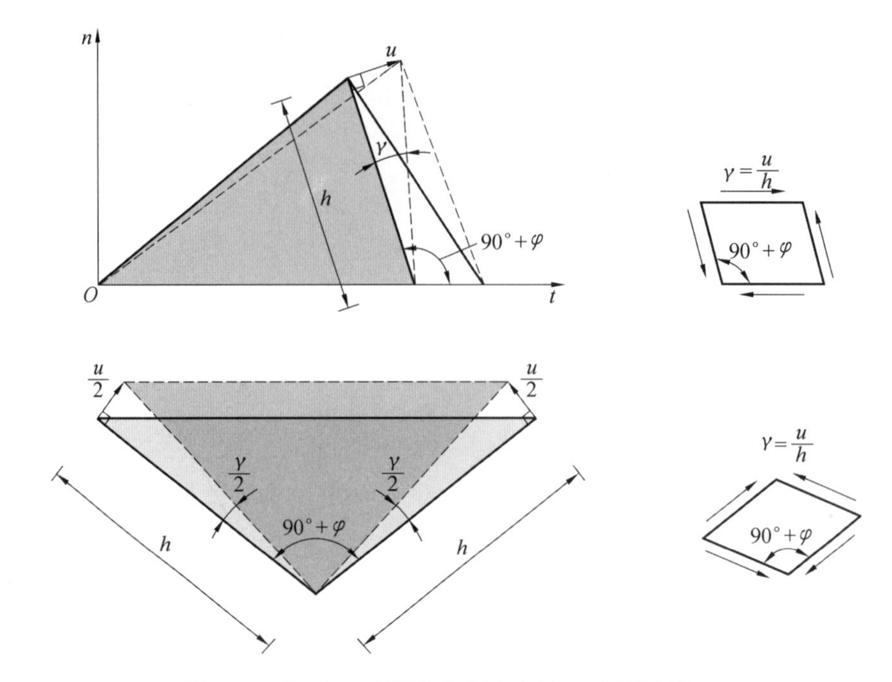

图 7.44　Rankine 区域的协调应变场(三角形区域)

Rankine 区域的消耗功可由方程(7.35)得到。由于 $\varepsilon_1+\varepsilon_3=\gamma\tan\varphi$,故有如下单位体积的消耗功:

$$W=c\cot\varphi(\varepsilon_1+\varepsilon_3)=c\gamma \tag{7.136}$$

只要在失效条件 $|\tau|=c-\sigma\tan\varphi$ 的形式下使用流动准则,就可以得到和上式(7.136)一样的结果。

1. 极限线位移均布分布

考虑极坐标下的简单位移场,令

$$\begin{aligned}u_r&=0\\u_\theta&=\mp u(\theta)\end{aligned} \tag{7.137}$$

当 $u(\theta)>0$ 时,"∓" 号上半部分对应于图 7.45(a) 情况,"∓" 号下半部分对应于图 7.45(b) 情况,由方程(7.7) 可得

$$\begin{cases}\varepsilon_r=\dfrac{\partial u_r}{\partial r}=0\\[2ex]\varepsilon_\theta=\dfrac{1}{r}\left(\dfrac{\partial u_\theta}{\partial\theta}+u_r\right)=\mp\dfrac{1}{r}\dfrac{\mathrm{d}u_\theta}{\mathrm{d}\theta}\\[2ex]\gamma_{r\theta}=\dfrac{\partial u_\theta}{\partial r}+\dfrac{1}{r}\left(\dfrac{\partial u_r}{\partial\theta}-u_\theta\right)=\pm\dfrac{u}{r}\end{cases} \tag{7.138}$$

与方程(7.134) 及方程(7.135) 一致,可令 $\varepsilon_\theta=\pm\gamma_{r\theta}\tan\varphi$,有

$$\frac{1}{r}\frac{\mathrm{d}u_\theta}{\mathrm{d}\theta}=\mp\frac{u_\theta}{r}\tan\varphi \tag{7.139}$$

可解得

$$u_\theta = u_0 e^{\mp\theta\tan\varphi} \tag{7.140}$$

此处，u_0 是 $\theta=0$ 时 u 的值。

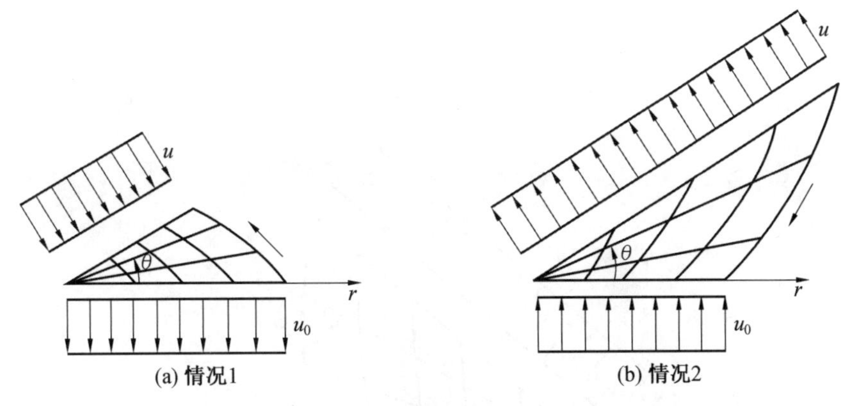

图 7.45　普朗特区域的应变场

由此，应变可表示为

$$\begin{cases} \varepsilon_r = 0 \\ \varepsilon_\theta = \dfrac{1}{r} u_0 \tan\varphi e^{\mp\theta\tan\varphi} \\ \gamma_{r\theta} = \pm\dfrac{1}{r} u_0 e^{\mp\theta\tan\varphi} \end{cases} \tag{7.141}$$

根据方程(7.136)，单位体积的消耗功 W 为

$$\begin{aligned} W &= c\cot\varphi \cdot \frac{1}{r} u_0 \tan\varphi e^{\mp\theta\tan\varphi} \\ &= \frac{c}{r} u_0 e^{\mp\theta\tan\varphi} \end{aligned} \tag{7.142}$$

该位移场与 Rankine 区域对应。

具体地，例如采用对数螺旋线，假设其方程为 $r=R_0 e^{\mp\theta\tan\varphi}$，则在 $\theta=0$ 与 $\theta=\Theta$ 范围内，总消耗功为

$$\begin{aligned} D_1 &= bc\cot\varphi \int_0^{\Theta} \int_0^{R_0 e^{\mp\theta\tan\varphi}} \frac{1}{r} u_0 \tan\varphi e^{\mp\theta\tan\varphi} r\,dr\,d\theta \\ &= \mp\frac{1}{2} bc\cot\varphi R_0 u_0 \left[e^{\mp2\theta\tan\varphi} - 1\right] \end{aligned} \tag{7.143}$$

式中，b 为厚度方向。由于位移向量与不连续线的夹角为 φ，故只要区域外的部分没有位移，对数螺旋极限线就是容许不连续线。由方程(7.85)可得单位长度不连续屈服线上的消耗功为

$$W_l = bcu\cos\varphi \tag{7.144}$$

式中，u 为位移向量值。

因此，沿不连续线上的总消耗功为

$$D_2 = bc\cos\varphi \int_L u\,ds = bc\cos\varphi \int_0^{\theta} u_0 e^{\mp\theta\tan\varphi} \frac{r\,d\theta}{\cos\varphi} \tag{7.145}$$

式中，ds 是不连续线上的线元，L 为不连续线长度。代入 $r=R_0 e^{\mp\theta\tan\varphi}$，可得

$$D_2 = D_1 \tag{7.146}$$

所以总的消耗功为

$$D = D_1 + D_2 = \mp bc\cot\varphi R_0 u_0 [e^{\mp 2\theta\tan\varphi} - 1] \tag{7.147}$$

如图 7.46 所示。

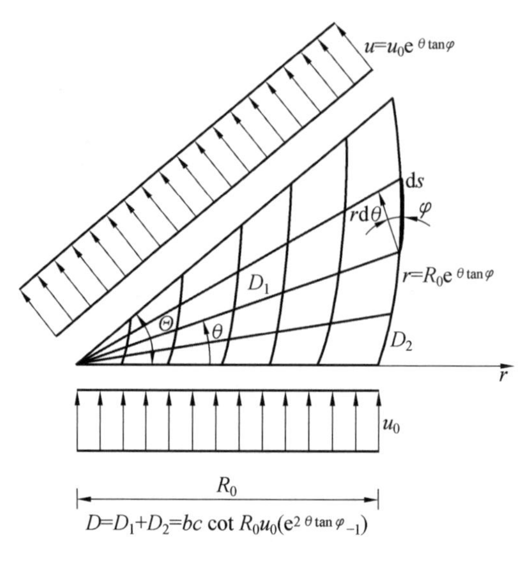

图 7.46　普朗特区域的总消耗功

2. 沿极限线线性位移分布

考虑普朗特区域的另一种简单位移场，令

$$\begin{cases} u_r = 0 \\ u_\theta = \mp u(\theta)\left(1 - e^{\mp\theta\tan\varphi}\dfrac{r}{R_0}\right) \end{cases} \tag{7.148}$$

此时若取极限线上对数螺旋线形式为 $r=R_0 e^{\mp\theta\tan\varphi}$，如图 7.47(a) 和 7.47(b) 所示，则 $u_\theta = 0$，且有

$$\begin{cases} \varepsilon_r = 0 \\ \varepsilon_\theta = \mp \dfrac{1}{r} d\dfrac{du}{\partial\theta}\left(1 - e^{\pm\theta\tan\varphi}\dfrac{r}{R_0}\right) + \dfrac{u}{r}\tan\varphi e^{\pm\theta\tan\varphi}\dfrac{r}{R_0} \\ \gamma_{r\theta} = \pm\dfrac{u}{R_0}e^{\pm\theta\tan\varphi} \pm \dfrac{u}{r}\left(1 - e^{\pm\theta\tan\varphi}\dfrac{r}{R_0}\right) \end{cases} \tag{7.149}$$

同前面一样，令 $\varepsilon_\theta = \pm\gamma_{r\theta}\tan\varphi$，可以从微分方程中解出 u，其值为

$$u = u_0 e^{\mp\theta\tan\varphi} \tag{7.150}$$

应变可表示为

$$\begin{cases} \varepsilon_r = 0 \\ \varepsilon_\theta = \dfrac{1}{r}u_0\tan\varphi e^{\mp\theta\tan\varphi} \\ \gamma_{r\theta} = \pm\dfrac{1}{r}u_0 e^{\mp\theta\tan\varphi} \end{cases} \tag{7.151}$$

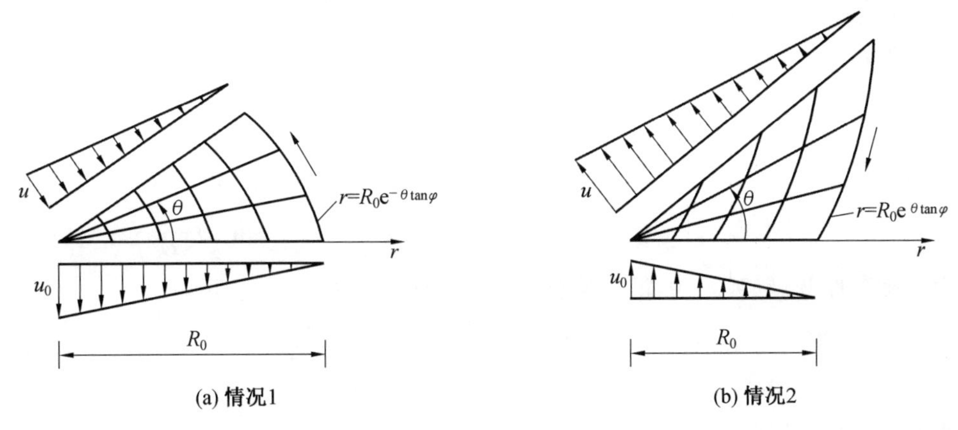

图 7.47　普朗特区域的应变场

形式和前面相同。因此，D_1 与之前相同，且由于沿不连续线上位移为 0，所以不连续边线对做功没有贡献，故总功为

$$D_1 = \mp \frac{1}{2} bc\cot \varphi R_0 u_0 \left[e^{\mp 2\theta\tan\varphi} - 1 \right] \tag{7.152}$$

对于普朗特场，以上两种位移场的任意组合都是几何可能的。

7.6　应用示例

7.6.1　纯压矩形板

考虑库仑材料矩形板或者棱柱体，其内聚力为 c，摩擦角为 φ，厚度方向尺寸为 b，端面与轴线垂直。上表面作用均布压应力 p，如图 7.48 所示。其两种失效模式及屈服平面分别如图 7.48 和图 7.49 所示。

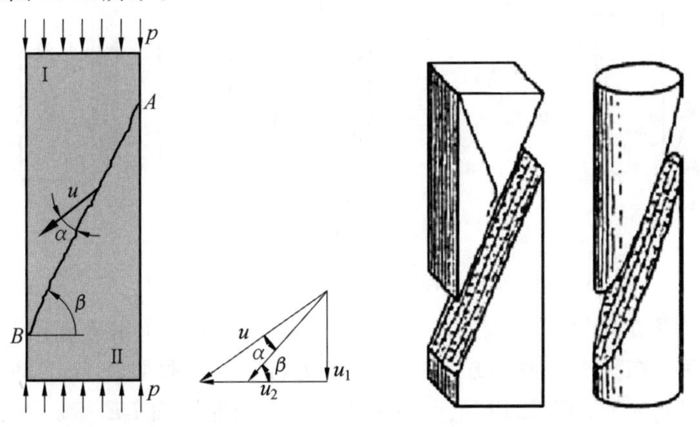

图 7.48　矩形板(棱柱体)纯压下失效机理(一)

1. 失效模式(一)

屈服面与底面成 β 角。假设 Ⅱ 部分固定、Ⅰ 部分产生相对位移 u_0，位移方向同屈服

面呈摩擦角 α。

外力做功

$$W_e = pbv = pbu\cos\left(\alpha + \frac{\pi}{2} - \beta\right) \tag{7.153}$$

内部耗能

$$W_i = \int W_l \mathrm{d}l = \int \frac{1}{2} f_c ub(1 - \sin\varphi)\mathrm{d}l = u\frac{1}{2} f_c(1 - \sin\varphi)\frac{b}{\cos\beta} \tag{7.154}$$

由平衡条件 $W_e - W_i = 0$，得出对于屈服线任意倾角 β 的一个上限解。

$$p^* = \frac{p}{f_c} = \frac{1}{2}\frac{1 - \sin\alpha}{\cos\left(\alpha + \frac{\pi}{2} - \beta\right)\cos\beta} \tag{7.155}$$

其最小值应满足条件

$$\frac{\partial p^*}{\partial\beta} = 0 \tag{7.156}$$

故得到

$$\beta = \frac{\pi}{4} + \frac{\alpha}{2} \tag{7.157}$$

对应的作用为

$$p^*_{\min} = 1 \Rightarrow p_{\min} = f_c = \frac{2c\cos\varphi}{1 - \sin\varphi} = 2c\tan\left(\frac{\pi}{4} + \frac{\varphi}{2}\right) \tag{7.158}$$

2. 失效模式(二)

考虑圆柱轴对称失效模式，如图 7.49 所示，材料为修正的库仑材料。

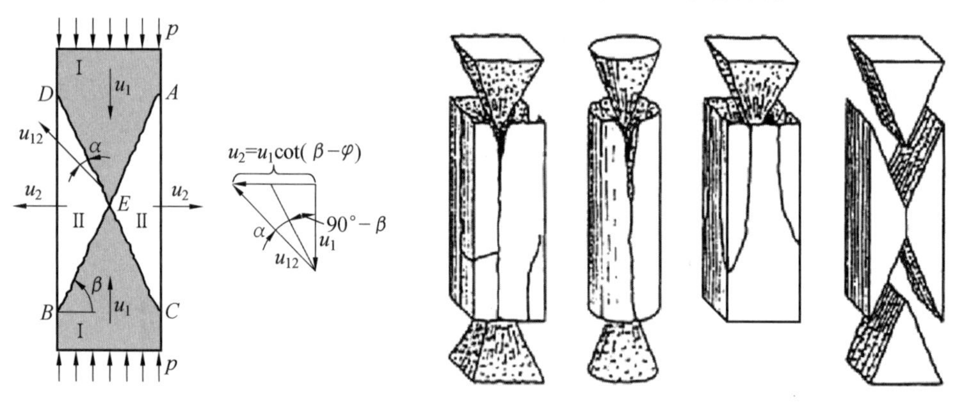

图 7.49　圆柱体(棱柱体)纯压下失效机理(二)

该失效模式存在两个屈服面 AB 和 DC。部分 Ⅰ 在力作用方向产生位移 u_1，部分 Ⅱ(AEC 和 BED)在垂直于力的方向产生位移 u_2，部分 Ⅰ 和部分 Ⅱ 之间的相对位移 u_{12} 与屈服面呈摩擦角 α。如图 7.49 所示，相对位移 u_{12} 与屈服面 DE 呈 α 角。建立上限解 p 的虚功方程，当 p 关于 β 取得最小值时，得其上限解。由于失效模式是径向裂缝，在表面上表现为与母线平行的直线状裂缝，因此承载力也取决于抗拉强度。上限解为

$$p = f_c + kf_t \tag{7.159}$$

精确解为 $p = f_c$，仅当 $f_t = 0$ 时成立。根据 $\beta = 0$、$\beta = \pi/4$ 和 $\beta = \pi/4 + \varphi/2$ 等特殊情

况(φ 为材料摩擦角),确定位移与屈服线的相对方向为 φ。

7.6.2　带状荷载

考虑一个矩形混凝土块放置于一个光滑平面上的情况,如图 7.50 所示。荷载通过一个带状大刚度的物体施加在块体上,块体上单位厚度的荷载大小为 P,材料为修正库仑材料。求解该矩形混凝土块在平面应变情况下的承载能力。

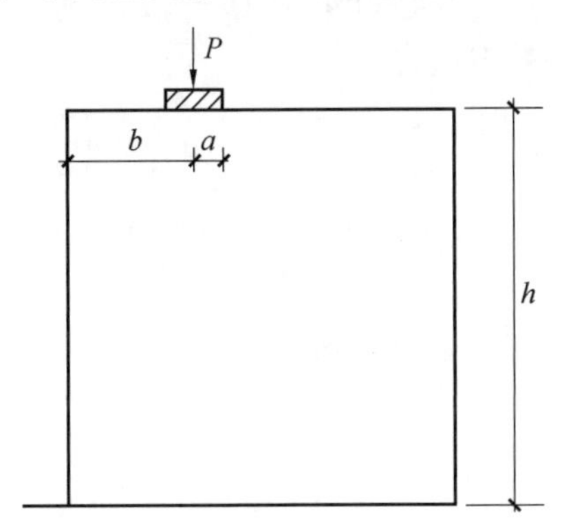

图 7.50　受集中带载作用的矩形块

1. 边缘远处的荷载

假设受远离边缘的集中带载作用下的矩形块失效模式如图 7.51 所示。物体被分为三个刚性部分。部分 Ⅰ 竖直向下移动,部分 Ⅱ 和部分 Ⅲ 水平移动。部分 Ⅰ 和部分 Ⅱ、部分 Ⅰ 和部分 Ⅲ 的相对移动为滑移,与屈服线呈 φ 角,相对位移为 u。部分 Ⅰ 的位移为 u_1,部分 Ⅱ 和部分 Ⅲ 的位移为 u_2,部分 Ⅱ 向左位移,部分 Ⅲ 向右位移。

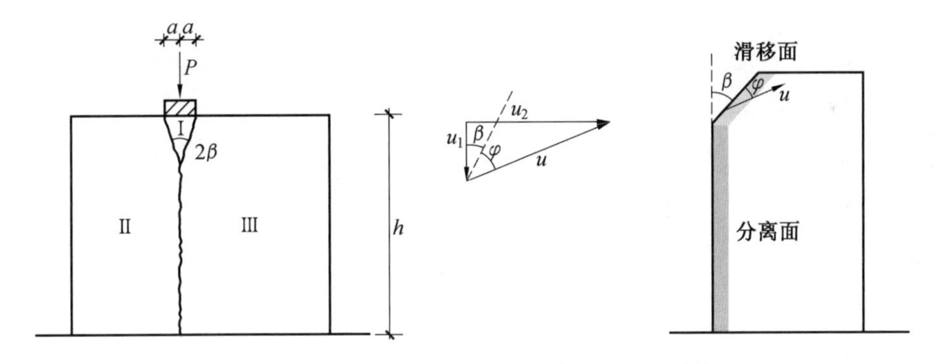

图 7.51　受远离边缘的集中带载作用下的矩形块

由位移平衡条件,得

$$u_1 = u\cos\,(\beta + \varphi),\quad u_2 = u\sin\,(\beta + \varphi) \tag{7.160}$$

根据方程(7.154)可计算得消耗功为

$$W_{\mathrm{i}} = \int \frac{1}{2} f_{\mathrm{c}} u (1 - \sin\,\varphi)\,\mathrm{d}l + \int f_{\mathrm{t}} u_2\, \frac{\sin\,\alpha - \sin\,\varphi}{1 - \sin\,\varphi}\mathrm{d}l$$

$$=\frac{1}{2}f_c u(1-\sin\varphi)2\left(\frac{a}{\sin\beta}\right)+2f_t u\sin(\beta+\varphi)\frac{\sin\frac{\pi}{2}-\sin\varphi}{1-\sin\varphi}(h-a\cot\beta)$$

$$=\frac{1-\sin\varphi}{2}f_c\left(\frac{2a}{\sin\beta}\right)u+f_t(h-a\cot\beta)2u\sin(\beta+\varphi) \tag{7.161}$$

外力功为

$$W_e=Pu\cos(\beta+\varphi) \tag{7.162}$$

令 $W_e=W_i$,得上限解一般表达式

$$P=\frac{2a}{\sin\beta\cos(\beta+\varphi)}\left[\frac{1-\sin\varphi}{2}f_c+\sin(\beta+\varphi)\left(\frac{h}{a}\sin\beta-\cos\beta\right)f_t\right] \tag{7.163}$$

对 β 取最小值,并取抗拉强度 f_t 为 0,可得

$$P=2\alpha f_c \tag{7.164}$$

对 $\beta=\pi/4-\varphi/2$,显然为精确解。一般情况,β 为

$$\cot\beta=\tan\varphi+\frac{1}{\cos\varphi}\sqrt{1+\frac{\frac{h}{a}\cos\varphi}{\frac{f_c}{f_t}\frac{1-\sin\varphi}{2}-\sin\varphi}} \tag{7.165}$$

若 $\cot\beta\leqslant h/a$,承载力可写作

$$P=2af_t\left[\frac{h}{a}\tan(2\beta+\varphi)-1\right] \tag{7.166}$$

该解包含的滑移场如图 7.52 所示。从对称线上部开始,对称线上的正应力开始是负值,向下逐渐变为正值,直到在 A 点到达 f_t;从这点开始,屈服线以正应力等于抗拉强度的方式发展。通过两个窄条作用下的混凝土圆柱的局压情况(劈裂实验),假设两个板的宽度足够小(图 7.53)。

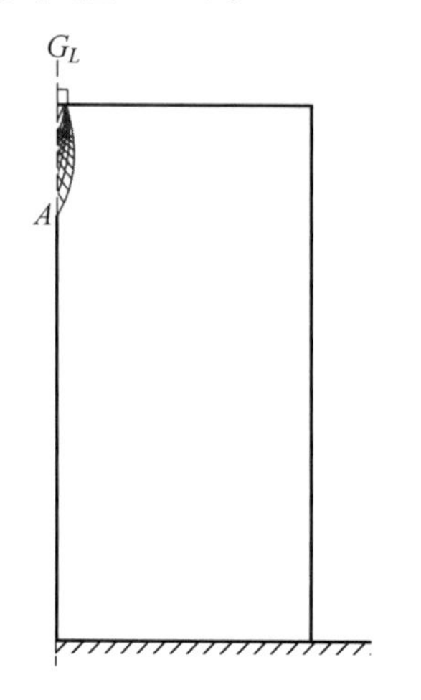

图 7.52 受远离边缘的集中带载作用下矩形块的失效区域

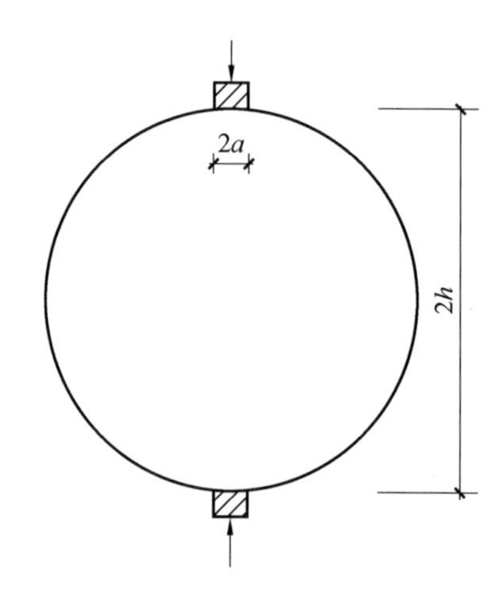

图 7.53 混凝土圆柱的劈裂实验

在加载块的宽度远小于直径的前提下,弹性解表明劈裂面的拉应力是均匀的,且值为 $P/\pi h$。

2. 边缘荷载

如果荷载位于边缘，则必须考虑其他类型的失效机制，简单的机制如图 7.54 所示。ABC 为一刚体，包含被加载表面，相对于静止部分产生相对移动。如果屈服线 AB 是直的，则该机制存在两个自由度，分别是屈服线的倾角和平移方向。最优解对应的 $\angle CAB$ 为 $\pi/4+\varphi/2$，位移矢量与 AB 的倾角为 φ（过程从略），对应的承载力上限解为

$$P=(a+b)f_c \tag{7.167}$$

沿着 CA 边的相应压应力等于单轴抗压强度。当 $b=a$ 时，该解答显然是正确的；对于 $b>a$ 的情况，有多种可能解答。

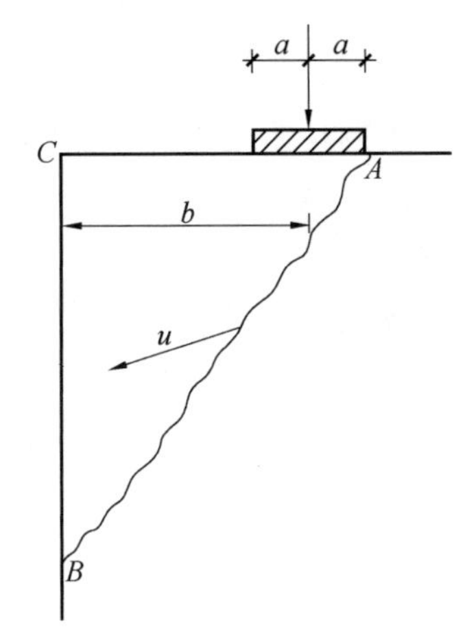

图 7.54　受靠近边缘的集中带载作用下矩形块的失效机制

在图 7.55(a) 中，失效机制 1 存在一旋转点 O 和对数螺旋线形式的屈服线 AB。该机制也有两个自由度，可取为两个角度 v_1 和 v_2。

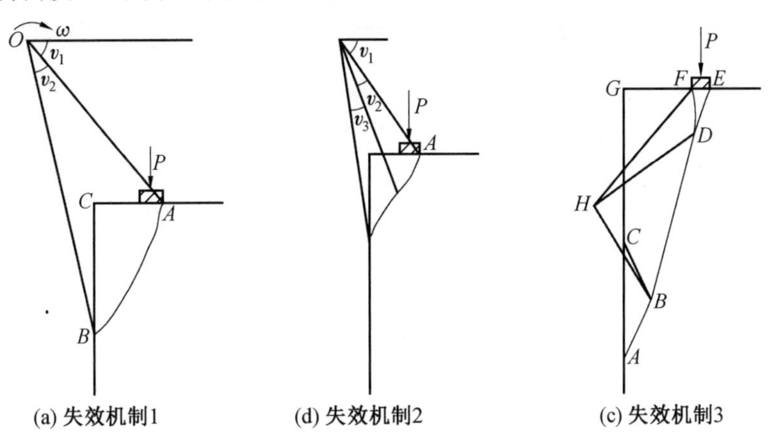

(a) 失效机制1　(d) 失效机制2　(c) 失效机制3

图 7.55　受靠近边缘的集中带载作用下矩形块的失效机理

当然，如果能验证从 A 点起始到边缘某点为止的所有可能屈服线，就可以得到更好的解答。最优屈服线将无质量刚体分离开，如前面所述，平面应变条件下的修正的库仑材料是由对数螺线或双曲线的一部分构成的。

螺杆位于相对旋转的中心，双曲线的渐近线是正交的，且相交于相对旋转中心。双螺

旋线和双曲线之间的过渡曲线是平滑的。在这种情况下，只有一条屈服线的最佳上限解机理如图7.55(b)所示。失效机制2有三个自由度，取为角度 v_1、v_2、v_3。承载能力取决于抗拉强度。

图7.55(c)所示失效机制3包含了受压区 ABC，倾角 $\angle BCA=\angle BAC=\pi/4-\varphi/2$，具有各向同性应变，$BDFGC$ 绕 B 点逆时针旋转，FDE 体绕 DE 旋转角度 φ，两个刚体的相对旋转点为 H。因此，曲线 FD 为对数螺旋线，极点为 H。HD 和 DE 之间的角度为 $\pi/2-\varphi$。该失效机理具有4个自由度。在屈服线与边缘相交的区域必然存在压应力，当然，承载能力不能大于普朗特解，$\varphi=37°$ 时普朗特解为 $P/2a=13.73f_c$。

7.6.3 作用点荷载

考虑一个半径为 b、高度为 h 的圆柱体在端面中心点加载，点荷载分布在半径为 A 的圆形区域内(图7.56)。

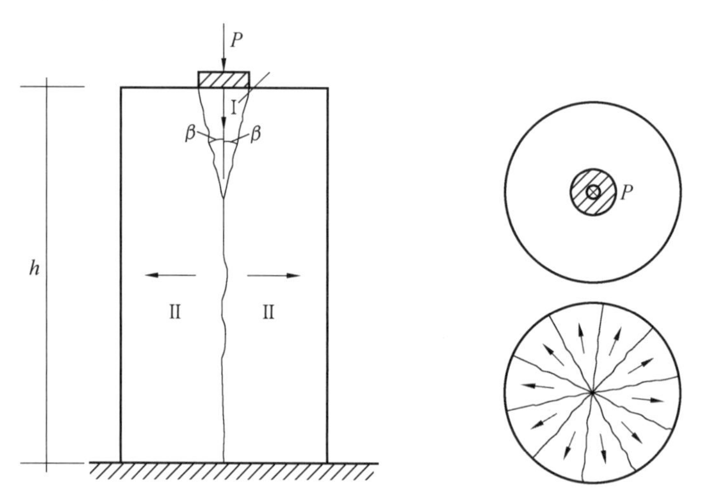

图7.56 作用在圆柱上的点荷载

失效机制的为锥体 Ⅰ 被压入圆柱，而 Ⅱ 部分产生劈裂。在这种情况下，劈裂沿着 Ⅱ 部分的径向，角度 β 为

$$\cot\beta=\tan\varphi+\frac{1}{\cos\varphi}\sqrt{1+\frac{\frac{2bh}{a^2}\cos\varphi}{\frac{f_c}{f_t}\frac{1-\sin\varphi}{2}-\sin\varphi}} \tag{7.168}$$

承载力为

$$\sigma=\frac{P}{\pi a^2}=f_t\left[\frac{2bh}{a^2}\tan(2\beta+\varphi)-1\right] \tag{7.169}$$

如果 h/a 由 $2bh/a^2$ 取代，公式类似于式(7.165)和式(7.166)。同样的方法可以应用于求解边长为 $2b$ 的方形截面棱柱，荷载位于端面中心边长为 $2a$ 的正方形区域。

如果圆柱足够高，荷载引起的劈裂不会沿整个高度发展，失效机理将是局部的。图7.57显示了两个局部失效机制。在情况1中，第 Ⅲ 部分是固定的，第 Ⅱ 部分是平动分开的，第 Ⅰ 部分沿力的作用方向向下移动。在第 Ⅱ 部分得到的是径向屈服线。在情况2

中，第 Ⅱ 部分沿着屈服线与圆柱面相交处的无限多转轴旋转，转轴与圆柱面相切，位于垂直于圆柱轴的平面内。在第 Ⅱ 部分得到的是径向屈服线。

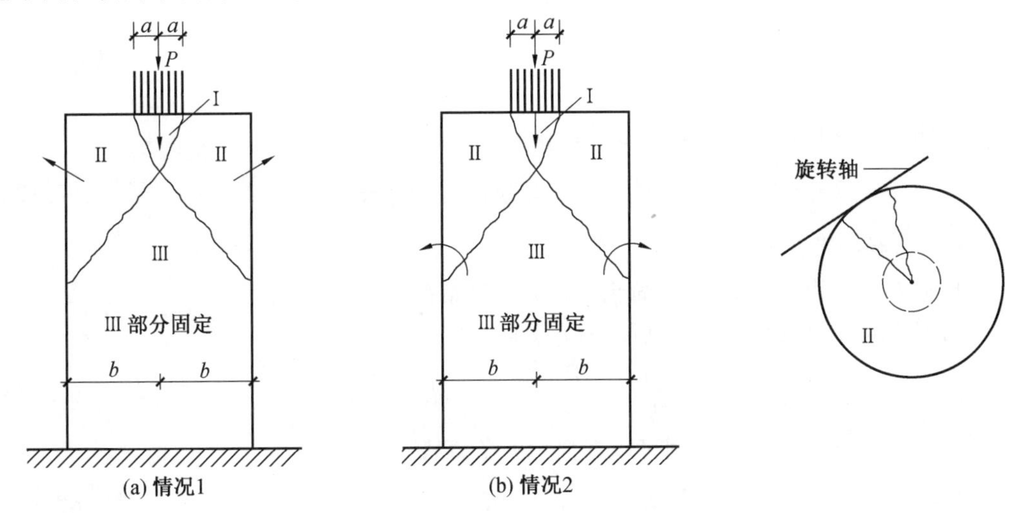

图 7.57　由点荷载产生的局部失效（Ⅲ 部分固定）

处理这些计算必须用数值计算。为了说明结果，图 7.58 将 σ/f_c 表达为 a/b 的函数（$\varphi=37°$，抗拉强度为抗压强度 f_c 的 3.2%），从中可以看到不同 a/b 取值情况下的两种失效机制的差异。

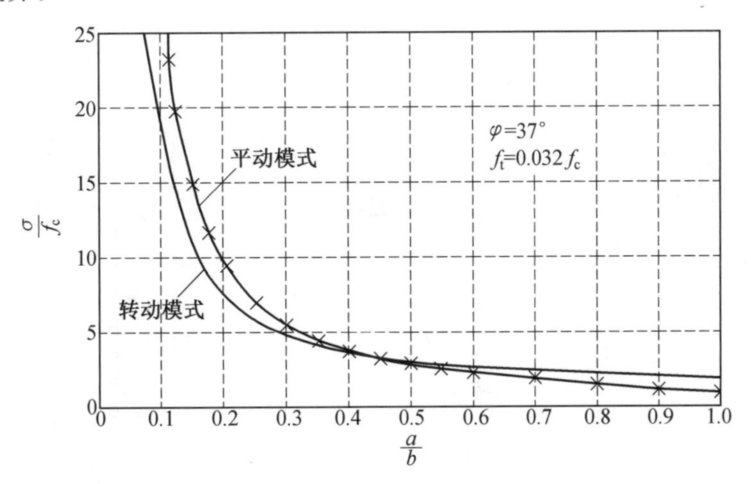

图 7.58　失效机制下的承载能力比较（点荷载）

7.6.4　集中作用下的近似设计公式

前述理论解答形式过于复杂，很难直观看到参数影响。下面讨论实用的近似表达。

1. 近似表达

(1) 对称条带荷载。

在式(7.163) 中，代入 $\beta=\pi/4-\varphi/2$，并取 $\varphi=37°$，得到

$$\sigma = \frac{P}{2a} = f_c + 4\left(\frac{h}{2a} - 1\right) f_t \tag{7.170}$$

或

$$\frac{\sigma}{f_c} = 1 + 4\left(\frac{h}{2a} - 1\right)\frac{f_t}{f_c} \tag{7.171}$$

结果表明，第二项的系数 4 偏大，通过比较分析调整为

$$\frac{\sigma}{f_c} = 1 + 2.48\left(\frac{h}{2a} - 1\right)\frac{f_t}{f_c} \tag{7.172}$$

(2) 边缘条带荷载。

根据 b/a 值相对大小，可以简化处理为 3 种情况。

情况 1：b/a 值较小时，将式(7.167) 改写为

$$\frac{\sigma}{f_c} = \left(\frac{P}{2a}\right)\frac{1}{f_c} = \frac{1}{2}\left(1 + \frac{b}{a}\right) \tag{7.173}$$

情况 2：一般 b/a 取值区间可以近似为一条直线

$$\frac{\sigma}{f_c} = 1.5 + 3.6\left(\frac{b}{a} - 1\right)\frac{f_t}{f_c} \tag{7.174}$$

情况 3：较大条带荷载作用情况，同本节情况(1)，即式(7.172)。

以上 3 种情况分别对应图 7.59 中的(a)(b)(c)，图中定义并给出了常数 K_1 和 K_2 的理论值。根据与实验结果比较，这些参数取值可以进行调整。

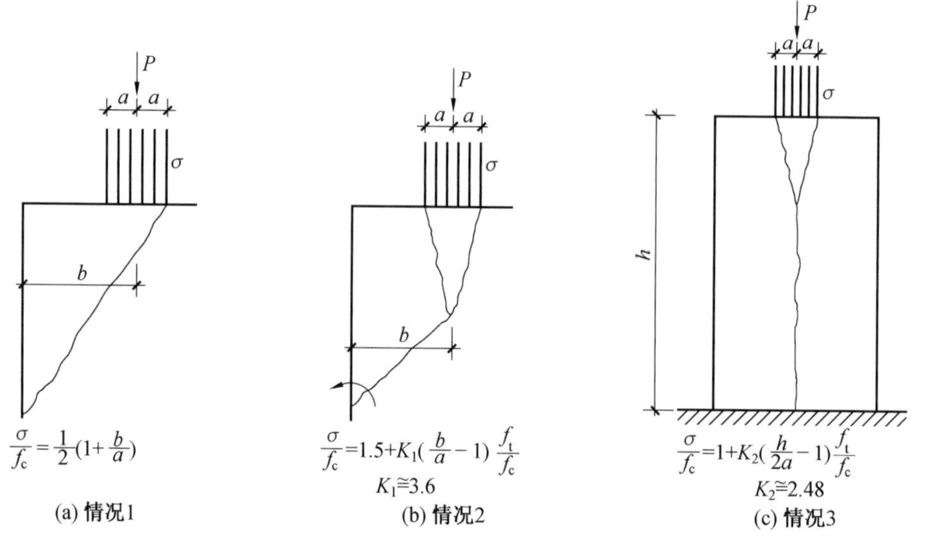

图 7.59　带载下的屈服线和近似公式

(3) 作用点荷载。

可以由条形荷载将 h/a 变换成 $2bh/a^2$，得到近似公式为

$$\frac{\sigma}{f_c} = 1 + 2.48\left(\frac{bh}{a^2} - 1\right)\frac{f_t}{f_c} \tag{7.175}$$

上式也适用于边长为 $2b$、端面中心作用方形面积边长为 $2a$ 的棱柱。在 $b=a$、$h=2a=2b$ 的情况下，对应于标准抗压实验尺寸，$\sigma/f_c=1$。公式(7.175) 值相对偏大，原因可以归

咎于径向屈服线的贡献。该公式可以通过替换 bh/a^2-1 为 bh/a^2-2 进行相应修正。

当高度 h 较大时,圆柱体或棱柱体不会沿整高劈裂,将式(7.174) 改写为

$$\frac{\sigma}{f_c}=1+K_4\left(\frac{b}{a}-1\right)\frac{f_t}{f_c} \tag{7.176}$$

根据图 7.58 中曲线的最低部分的比较分析,常数 K_4 取值为 25 ～ 30。

图 7.60 总结了点荷载情况下的近似公式。近似公式中材料强度 f_t 和 f_c 的取值考虑了有效强度因子系数,即使用公式时 f_c 必须由 νf_c、f_t 必须由有效拉伸强度 νf_t 或 ρf_c 替换;当依据其他强度取值方法时,公式中的相应系数取值可以做相应调整。而这里的有效抗压强度系数取 v_c 为 1.0,对应的有效抗拉强度取为

$$f_{tef}=0.5\sqrt{0.1f_c}\quad(f_c\text{ 单位:MPa}) \tag{7.177}$$

由于$\sqrt{0.1f_c}$ 相当于抗拉强度的较低取值,故相当于抗拉强度的有效因子 v_t 取值 0.5,低值抵消,在这种情况下也可以使 $v_t=0.5$。

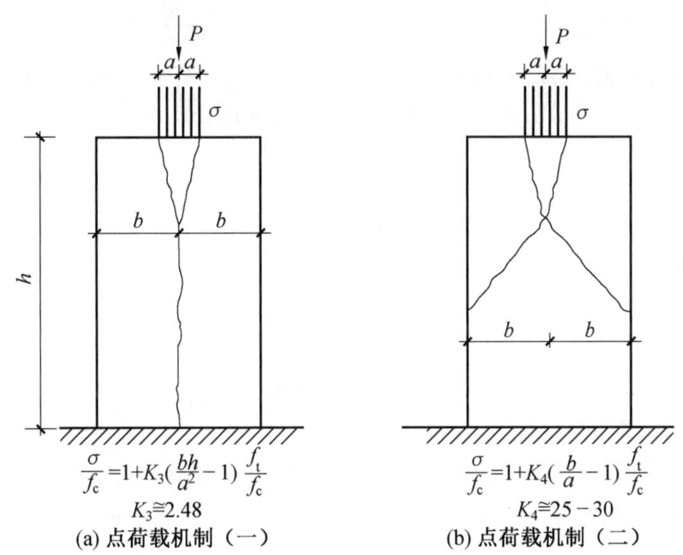

图 7.60　点荷载下的屈服线和近似公式

2. 半经验公式

首先考虑方形截面的棱柱体受到偏心作用,加载区域为边长为 $2a$ 的方形(图 7.61)。方形中心到棱柱截面边缘的距离为 b。假定加载方形的边与截面的边平行,$2b$ 范围以外的应力场近似视为 0。

现在,如果加载区域是矩形的 $2e\cdot 2f$,怎么求解？加载中心到棱柱截面边缘的距离是不同的,如图 7.62 所示,分别为 c 和 d。

假设荷载作用面积与端面方形或圆形面积和周边面积差别不大,矩形 $2c\cdot 2d$ 同方形或圆形面积差别也不大,保持负载的有效面积和周边面积不变,可以建立一个半经验公式。其变换可以写为

$$\begin{cases} 4a^2=2e\cdot 2f=A_0\Rightarrow a=\dfrac{1}{2}\sqrt{A_0} \\ 4b^2=2c\cdot 2d=A\Rightarrow b=\dfrac{1}{2}\sqrt{A} \end{cases} \tag{7.178}$$

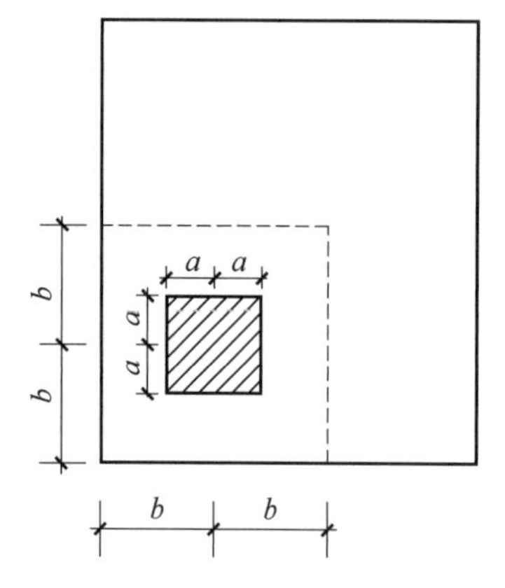

图 7.61　矩形截面上的偏心荷载(加载区域为方形)

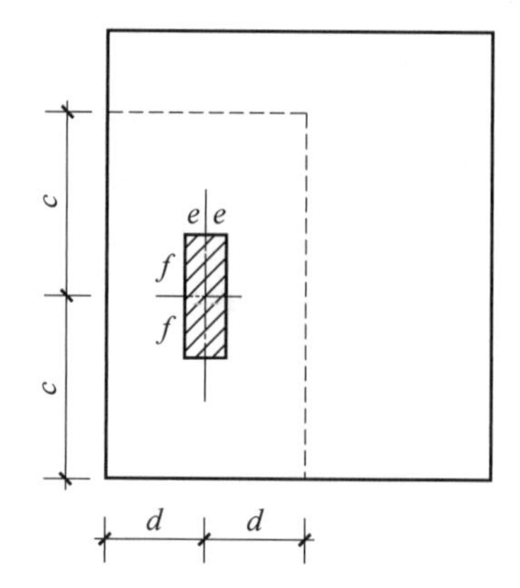

图 7.62　矩形截面上的偏心荷载(加载区域为方形)

作用面积用 A_0 表示，周围有效面积为 A，在点荷载公式中代入

$$\frac{b}{a}=\sqrt{\frac{A}{A_0}} \tag{7.179}$$

这样的变换对于深棱柱或深圆柱是可接受的，即试件不是沿着整高劈裂，而是局部失效。将方程(7.179)代入方程(7.176)，得到

$$c_{\text{local}}=\frac{\sigma}{f_c}=1+K_4\left(\sqrt{\frac{A}{A_0}}-1\right)\frac{f_t}{f_c} \tag{7.180}$$

式中，c_{local} 为作用面积上的平均强度与单轴抗压强度 f_c 之比。在实际应用中，引入的变换规则用于任意作用面积形状的情况，作用面积形状同正方形或圆形差别不是太大。有效周围面积 A 被选为截面上的可能最大面积，它同作用面积具有相同的重心。该规则如图7.63所示。在图中，具有中心荷载作用的截面被绘制为一个矩形，虽然该截面可能为任意形式。

式(7.180)在条形荷载的情况下是无效的。条形荷载情况与点荷载情况的基本情况不同，但当发生局部失效时，式(7.180)也可用于条形荷载情况。

条形荷载的局部失效由式(7.173)和式(7.174)控制，即

$$c_{\text{local}}=\frac{\sigma}{f_c}=\min\begin{cases}\dfrac{1}{2}\left(1+\dfrac{b}{a}\right) \\ 1.5+3.6\left(\dfrac{b}{a}-1\right)\dfrac{f_t}{f_c}\end{cases} \tag{7.181}$$

对于条形荷载，有

$$\sqrt{\frac{A}{A_0}}=\sqrt{\frac{2bt}{2at}}=\sqrt{\frac{b}{a}} \tag{7.182}$$

而方程(7.180)为

$$c_{\text{local}}=\frac{\sigma}{f_c}=1+K_4\left(\sqrt{\frac{A}{A_0}}-1\right)\frac{f_t}{f_c} \tag{7.183}$$

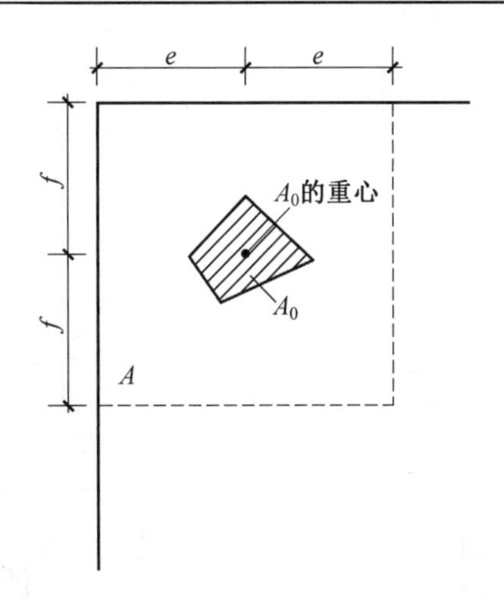

图7.63　对任意集中荷载确定有效区域 A 的规则

当取 $K_4=25$、$f_t/f_c=0.032$ 时，两个公式结果是相同的。如前所述，在条形荷载的情况下，劈裂破坏由参数 $h/2a$ 控制；在点荷载情况下，劈裂破坏由参数 bh/a^2 控制。

引入参数 $uh/2A_0$，u 为曲线的边长，h 为高度，A_0 为荷载作用面积。曲线中的参数 u 由集中荷载的加载区域到截面边缘的最短距离决定。对于荷载作用在中心的矩形横截面或是圆形横截面，u 简单地取为横截面的周长。在条形荷载情况下，加载区域离截面边缘的最短距离为0，u 为加载区域的周长。图7.64中说明了在条形荷载情况下，当条形荷载区域的宽度 $2a$ 远小于其长度 t 时，参数 $uh/2A_0$ 是正确的。

将劈裂问题简单地处理为

$$c_{\text{split}}=\frac{\sigma}{f_c}=1+K_3\left(\frac{uh}{2A_0}-1\right)\frac{f_t}{f_c} \tag{7.184}$$

根据实验去校正两个参数 K_3 与 K_4。当然在实际使用过程中，公式应当只用于与问题模型相近的情况，而由几个条形荷载组合而成的荷载区域就不包括在公式使用的情况中。

总之，钢筋混凝土上作用集中荷载的承载能力可以用两个简单的半经验公式来计算。

(1) 局部失效：

$$c_{\text{local}}=\frac{\sigma}{f_c}=1+25\left(\sqrt{\frac{A}{A_0}}-1\right)\frac{f_t}{f_c} \tag{7.185}$$

A 的定义如图7.63所示。A_0 为加载区域。应力 σ 为失效时加载区域的平均应力。

(2) 劈裂破坏：

$$c_{\text{split}}=\frac{\sigma}{f_c}=1+2.8\left(\frac{uh}{2A_0}-1\right)\frac{f_t}{f_c} \tag{7.186}$$

关于周长 u 的定义，如图7.64所示。

对于普通混凝土($f_c<50$ MPa)，使用公式时，抗压强度的有效因子可取1.0。有效抗拉强度取

$$f_t=0.5\sqrt{0.1f_c}\quad (f_c\ \text{单位:MPa}) \tag{7.187}$$

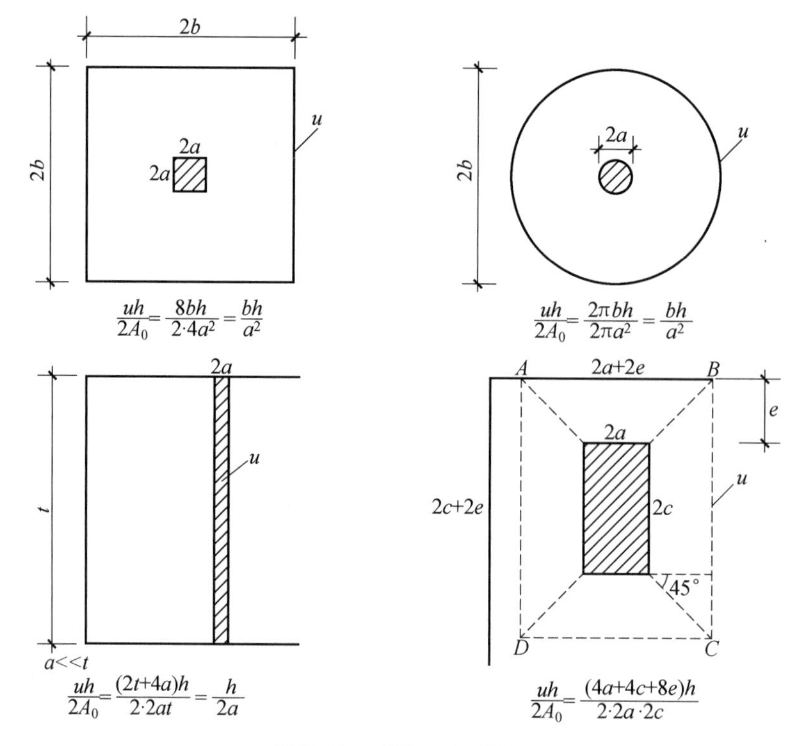

图 7.64　周长 u 的定义

7.6.5　配筋影响

将钢筋对承载能力的影响考虑到塑性极限上限解中较为容易。例如对于经过钢筋的屈服线，钢筋的贡献为：钢筋轴向的不连续位移 × 钢筋面积 × 屈服强度。

对于少筋情况，配筋混凝土强度与未配筋混凝土强度一致。钢筋会对混凝土的有效抗拉强度有些许提高，但对于集中荷载来说，实际上的贡献很小，可以忽略。对于适筋情况，钢筋屈服后达到最大荷载，不考虑混凝土抗拉强度贡献。

对于高配筋率 r 的情况，在截面上承受拉伸失效时，承载能力计算公式中的 f_t/f_c 将被 Φ 替代，其中 $\Phi=rf_Y/f_c$ 为配筋度。在多个方向发生拉伸失效的情况下，钢筋需要用到在三个方向各自的配筋率 r。一般情况下，在垂直于荷载的两个方向配筋；对于条形荷载，只需要一个方向配筋。

对于点荷载情况，这样得到的最终值将会偏保守。

关于承受集中荷载情况下的最小配筋率，由于混凝土的有效抗拉强度取为标准抗拉强度值的一半，集中荷载作用下具有延性破坏特征的配筋率建议为

$$r=0.5\,\frac{f_t}{f_Y} \tag{7.188}$$

式中，f_t 为混凝土的抗拉强度；f_Y 为钢筋屈服强度。根据以上的符号，钢筋应该布置于垂直失效面的方向。为了确保钢筋的锚固合适，应当确保间距足够，形成封闭箍筋。如果钢筋量大于等于这个值，则极限承载能力不依赖于混凝土的抗拉强度。

第8章　钢筋混凝土板库仑理论基础

钢筋混凝土平面受力单元在工程结构中具有诸多应用，如墙体结构、壳体结构、建筑表皮结构等，如图8.1所示。建立钢筋混凝土平面受力单元的屈服准则是构建其塑性极限解析、解答的理论基础。

图8.1　钢筋混凝土平面受力单元结构

8.1　基本假设

钢筋混凝土可以视为混凝土和筋材组成的复合材料，如图8.2所示。

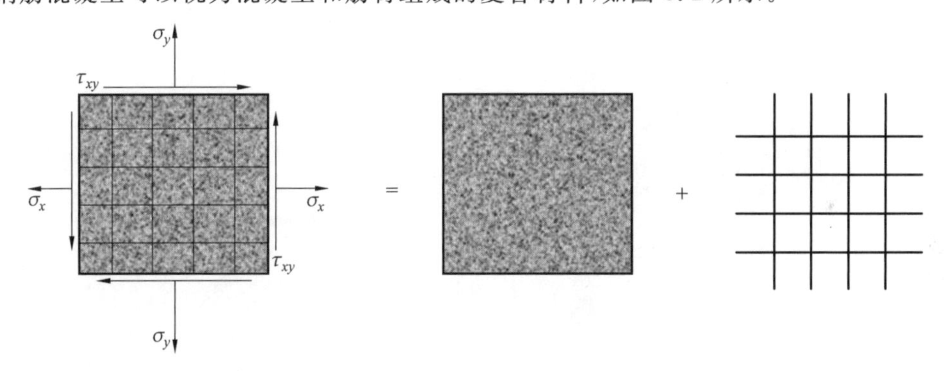

图8.2　钢筋混凝土复合材料假设

筋材一般指钢筋，采用理想刚塑性模型来构建其屈服条件。将混凝土材料视为刚塑性材料，服从修正的库仑准则(具有零拉断)，如图8.3(a)所示。

钢筋材料假设为直线形钢筋，拉、压应力－应变关系如图8.3(b)所示，f_Y为屈服强度。对于没有明显屈服点的钢筋，屈服强度f_Y通常取0.2%残余应变对应的条件屈服强度。

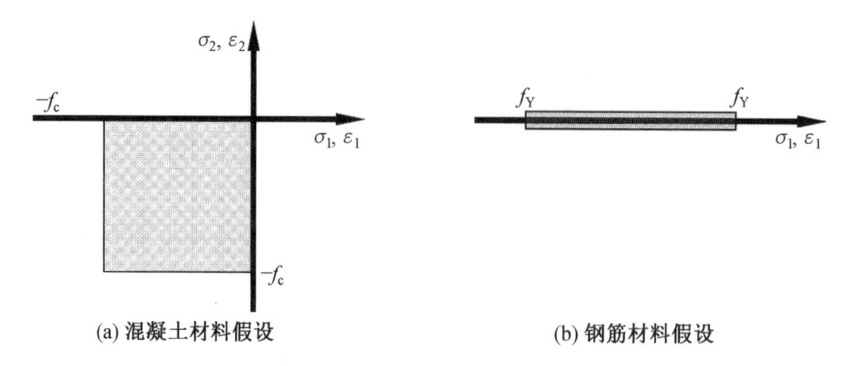

图 8.3　材料模型假设

8.2　正交配筋混凝土平面应力单元

8.2.1　配筋度

考察配筋单元 x 和 y 相互垂直的两个方向，单元单位长度上钢筋面积为 A_{sx} 和 A_{sy}，单元应力张量分量记为 σ_x、σ_y 和 τ_{xy}，钢筋应力记为 σ_{sx} 和 σ_{sy}，混凝土的应力记为 σ_{cx}、σ_{cy} 和 τ_{cxy}，混凝土内的主应力记为 σ_{c1} 和 σ_{c2}。单元应力分量及其关系如图 8.4 所示。

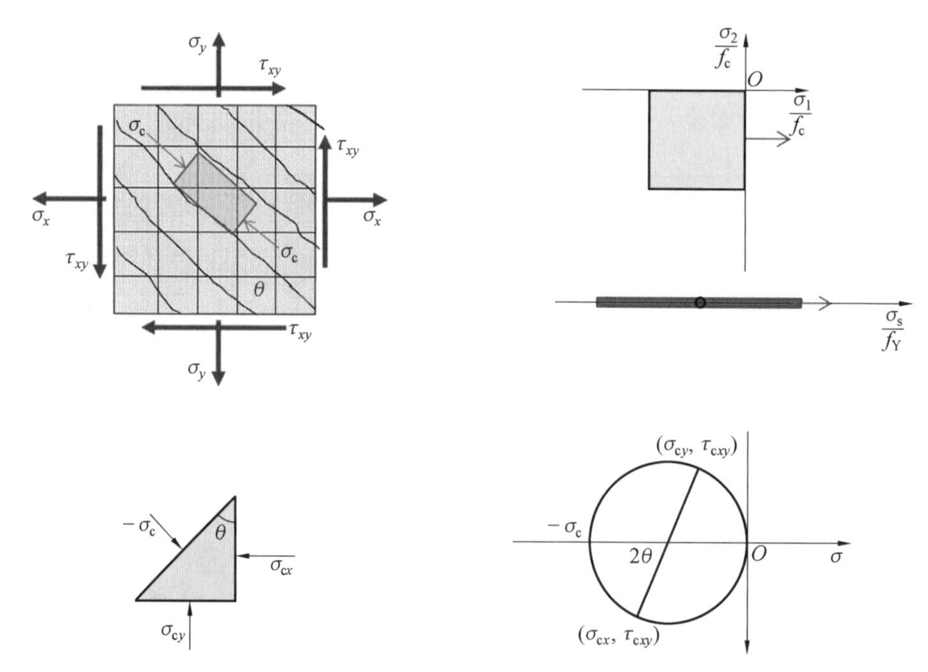

图 8.4　单元应力分量及其关系

将钢筋中的力视为均匀地作用在单元厚度上，称为钢筋等效应力或简化的等效应力(等效正应力和等效剪应力)。在同一截面内，混凝土的应力和钢筋中等效应力的和构成单元总应力。

$$\begin{cases}\sigma_x = \sigma_{cx} + \sigma_{sx} \\ \sigma_y = \sigma_{cy} + \sigma_{sy} \\ \tau_{xy} = \tau_{cxy}\end{cases} \tag{8.1}$$

下面，定义配筋度为极限状态下单位长度上钢筋承受的力与单位长度上混凝土承受压力的比值，用 Φ 表示，在 x 轴和 y 轴方向上，分别表示为

$$\Phi_x = \frac{A_{sx}}{1 \cdot t}\frac{f_Y}{f_c},\quad \Phi_y = \frac{A_{sy}}{1 \cdot t}\frac{f_Y}{f_c} \tag{8.2}$$

式中，t 为板厚。如果在 x 方向和 y 方向的钢筋强度等级不同，则分别用 $A_{sx}f_{Yx}$ 替代 $A_{sx}f_Y$、用 $A_{sy}f_{Yy}$ 替代 $A_{sy}f_Y$ 即可。

8.2.2　配筋平面受力单元的单轴抗拉与单轴抗压强度

(1) 配筋单元单轴抗拉强度。

当配筋薄板单轴受拉时，假设混凝土受拉退出工作，仅由钢筋抵抗拉力，可得配筋单元在 x 轴向的单轴抗拉强度 f_{tx} 为

$$f_{tx} = \frac{A_{sx}f_Y}{1 \cdot t} = \Phi_x f_c \tag{8.3}$$

类似地，在 y 轴向的单轴抗拉强度 f_{ty} 为

$$f_{ty} = \Phi_y f_c \tag{8.4}$$

(2) 配筋单元单轴抗压强度。

配筋单元单轴受压时，混凝土与钢筋共同抵抗荷载，钢筋先受压屈服，之后应力不变，应变继续增大，内力发生重分布，荷载继续增大直到混凝土压碎。配筋薄板在 x 和 y 方向(即配筋方向) 的单轴抗压强度 f_{cx} 和 f_{cy} 为

$$f_{cx} = \frac{A_{sx}f_Y + 1 \cdot t \cdot f_c}{1 \cdot t} = \Phi_x f_c + f_c = (\Phi_x + 1) f_c \tag{8.5}$$

$$f_{cy} = \frac{A_{sy}f_Y + 1 \cdot t \cdot f_c}{1 \cdot t} = \Phi_y f_c + f_c = (\Phi_y + 1) f_c \tag{8.6}$$

对于各向同性平面受力板元，有 $A_{sx} = A_{sy}$，因此 $\Phi_x = \Phi_y = \Phi$，这样有

$$f_{tx} = f_{ty} = \Phi f_c \tag{8.7}$$

$$f_{cx} = f_{cy} = (1 + \Phi) f_c \tag{8.8}$$

8.2.3　配筋平面受力单元的纯剪强度

纯剪状态下各向同性配筋板如图 8.5 所示，假设纯剪作用下的配筋混凝土内混凝土主应力为

$$\sigma_{c1} = 0,\quad \sigma_{c2} = -\sigma_c \tag{8.9}$$

混凝土的主应力第二主轴与 x 轴的夹角为 α。钢筋应力为

$$f_{sx} = f_Y,\quad f_{sy} = f_Y \tag{8.10}$$

这样，得到混凝土的应力分量为

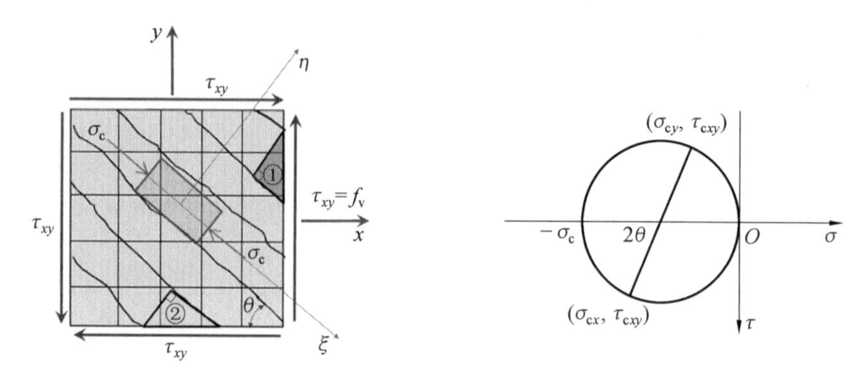

图 8.5　纯剪状态下各向同性配筋板

$$\begin{cases}\sigma_{cx}=-\dfrac{\sigma_c}{2}-\dfrac{\sigma_c}{2}\cos 2\theta=-\sigma_c\cos^2\theta\\ \sigma_{cy}=-\dfrac{\sigma_c}{2}+\dfrac{\sigma_c}{2}\cos 2\theta=-\sigma_c\sin^2\theta\\ \tau_{cxy}=\dfrac{\sigma_c}{2}\sin 2\theta=\sigma_c\sin\theta\cos\theta\end{cases} \tag{8.11}$$

由于配筋薄板单元在纯剪状态下，即其 x，y 方向应力为

$$\begin{cases}\sigma_x=0\\ \sigma_y=0\\ \tau_{xy}=\tau_{cxy}\end{cases} \tag{8.12}$$

由复合单元正应力为 0 的平衡条件，得

$$\sum F_x=0:\sigma_{cx}\cdot t\cdot 1=A_{sx}\cdot f_Y \tag{8.13a}$$

$$\sum F_y=0:\sigma_{cy}\cdot t\cdot 1=A_{sy}\cdot f_Y \tag{8.13b}$$

代入式(8.11) 可得

$$\sigma_c=\frac{A_{sx}f_Y}{t\cdot\cos^2\theta}=\frac{\Phi_x f_c}{\cos^2\theta} \tag{8.14a}$$

$$\sigma_c=\frac{A_{sy}f_Y}{t\cdot\sin^2\theta}=\frac{\Phi_y f_c}{\sin^2\theta} \tag{8.14b}$$

令式(8.14a)、式(8.14b) 两式右侧相等，可得

$$\tan^2\theta=\frac{\Phi_y}{\Phi_x}=\mu \tag{8.15}$$

代入式(8.14a) 可得

$$\sigma_c=\Phi_x f_c(1+\mu) \tag{8.16}$$

由于配筋板为适筋板，故 $\sigma_c\leqslant f_c$，得到

$$\Phi_x+\Phi_y\leqslant 1 \tag{8.17}$$

式(8.17) 相当于给出了适筋破坏的上限条件。由式(8.14a) 和式(8.15)，可得配筋板的抗剪强度为

$$f_v=\tau_{xy}=\sigma_c\sin\theta\cos\theta=\Phi_x f_c\tan\theta=f_c\sqrt{\Phi_x\Phi_y} \tag{8.18}$$

纯剪作用下的配筋混凝土平面内受力单元的抗剪强度也可以采用隔离体分析方法来求解,选取图8.5中的隔离体①和②,如图8.6(a)和(b)所示。

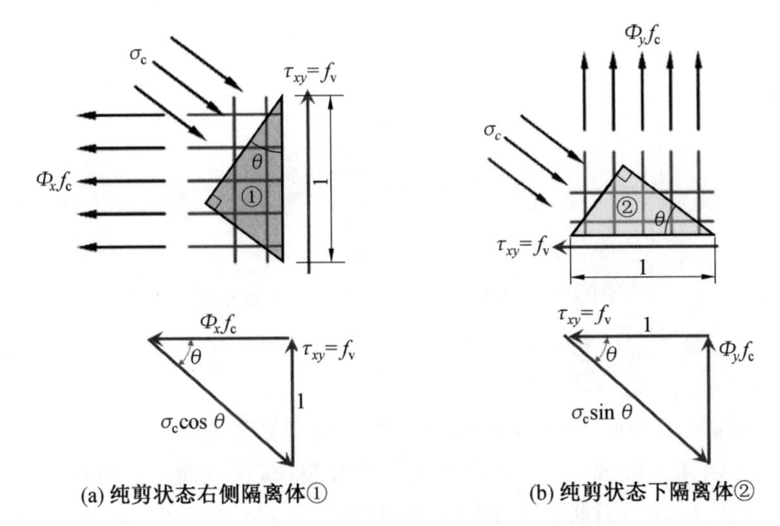

图8.6　隔离体受力分析示意图

如图8.6(a)所示单位边长的隔离体,由平衡条件可得

$$\tau_{xy}\cdot 1=\sigma_c\cdot 1\cdot\cos\theta\sin\theta\quad 即\quad f_v\cdot 1=\sigma_c\cdot 1\cdot\cos\theta\sin\theta \tag{8.19}$$

$$\tau_{xy}=\Phi_x\cdot f_c\tan\theta\quad 即\quad f_v=\Phi_x\cdot f_c\tan\theta \tag{8.20}$$

如图8.6(b)所示隔离体,由平衡条件可得

$$\tau_{xy}\cdot 1=\sigma_c\cdot 1\cdot\cos\theta\sin\theta\quad 即\quad f_v\cdot 1=\sigma_c\cdot 1\cdot\cos\theta\sin\theta \tag{8.21}$$

$$\tau_{xy}=\Phi_y\cdot f_c\cot\theta\quad 即\quad f_v=\Phi_y\cdot f_c\cot\theta \tag{8.22}$$

联立式(8.20)和式(8.22),得

$$f_v^2=\Phi_x\Phi_y\cdot f_c^2 \tag{8.23}$$

即

$$f_v=\sqrt{\Phi_x\Phi_y}\cdot f_c \tag{8.24}$$

若定义两个方向配筋面积比为

$$\frac{A_{sy}}{A_{sx}}=\mu \tag{8.25}$$

剪切强度可以写为

$$f_v=\frac{1}{2}\sigma_c\sin 2\alpha=\frac{1}{2}\frac{\Phi_x f_c}{\cos^2\alpha}\sin 2\alpha=\Phi_x f_c\tan\alpha$$

$$=\sqrt{\mu}\Phi_x f_c=\sqrt{\Phi_x\Phi_y}f_c=\frac{\sqrt{A_{sx}A_{sy}}}{t}f_Y=\sqrt{f_{tx}f_{ty}} \tag{8.26}$$

当$\mu=1$(即$\Phi_x=\Phi_y=\Phi$)时,有

$$f_v=\Phi f_c=f_{tx}=f_{ty} \tag{8.27}$$

应变莫尔圆如图8.7所示,纵向应变为ε_x和ε_y,剪切应变为$\varepsilon_{xy}=\frac{1}{2}\gamma_{xy}$,$\gamma_{xy}$为线元直角改变量,假设$\Phi_x+\Phi_y\leqslant 1$。

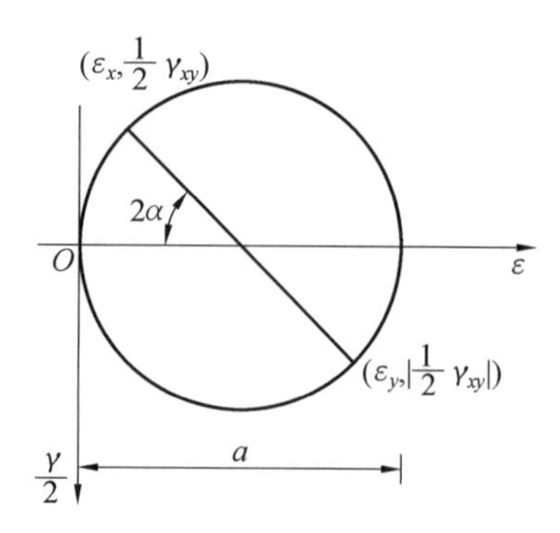

图 8.7　纯剪状态下薄板应变分布莫尔圆

根据 $\sigma_c \leqslant f_c$，最小主应变为 0。主应变的方向如图 8.5 中的 ξ 和 η 方向。根据 8.7 中的符号标记，$\varepsilon_\xi = a$，$\varepsilon_\eta = \varepsilon_{\xi\eta} = 0$。

所有平行于 η 轴的截面，混凝土的应力为 0，这与裂缝的连续分布相对应。事实上，初始裂缝产生于 x 轴和 y 轴成 45° 角的截面上。在开裂前，该截面产生拉应力，而在 x 轴和 y 轴向的伸长变形为 0(即钢筋不产生作用)。只要开裂，钢筋将产生作用，如果 $\mu \neq 1$，那么混凝土主压应力将旋转至新的朝向，形成新的裂缝。这样，在初始裂缝中可以得到滑移。

值得提出的是，事实上这些裂缝是不连续分布的，因此钢筋上的应变是不均匀的。最后，与静力纯剪对应的应变场不是几何意义上的纯剪切。

对于不限于方程(8.17)的较高配筋度的情况，如果 Φ_x 和 Φ_y 的较小值用 Φ_i 表示，对于 $\Phi_x + \Phi_y > 1$，当 $\Phi_i \leqslant 0.5$ 时，剪切强度为 $f_v = \sqrt{\Phi_i(1-\Phi_i)}\,f_c$，在与 $\Phi_i \leqslant 0.5$ 相应的钢筋方向产生屈服，而在另一个方向不产生屈服；当 $\Phi_i > 0.5$ 时，在任何方向均不产生屈服，由混凝土的抗压强度简单地确定抗剪强度，等于平面应力作用下的混凝土板内的最大剪应力 $\frac{1}{2}f_c$，即 $f_v = \frac{1}{2}f_c$。

8.2.4　各向同性情况下的屈服条件

各向同性情况对应 $\Phi_x = \Phi_y = \Phi$ 和 $A_{sx} = A_{sy} = A_s$。在 $\sigma_x = \sigma_y = \tau_{xy}$ 坐标空间下描述屈服条件(注意不是主应力空间)，是要确定在正应力组合下，屈服面上相应的剪应力 τ_{xy}。当剪应力为 0 时，对应的正应力 σ_x、σ_y 屈服条件如图 8.8 所示。

1. *BFG* 屈服面区域

首先从 B 点开始，在 B 点 $\sigma_{sx} = \sigma_{sy} = f_Y$ 和 $\sigma_{c1} = \sigma_{c2} = 0$，等效应力如图 8.9 所示(因为受拉，只有钢筋能够受力，根据假设忽略混凝土抗拉性能)。

在 B 点，有 $\sigma_{c1} = \sigma_{c2} = 0$，$\tau = 0$。截面上的等效正应力为

$$\sigma = \frac{A_s f_Y}{t}\cos^2\theta + \frac{A_s f_Y}{t}\sin^2\theta = \frac{A_s f_Y}{t} = \Phi f_c \tag{8.28}$$

保持钢筋屈服应力值，主拉应力为 $\sigma_1 = \Phi f_c$，BFG 区域应力莫尔圆变化范围如图 8.10 所示。假设主拉应力为 $\sigma_1 = \Phi f_c$，将混凝土主应力 σ_{c2} 从 0 变到 $-f_c$，复合单元的主应力变

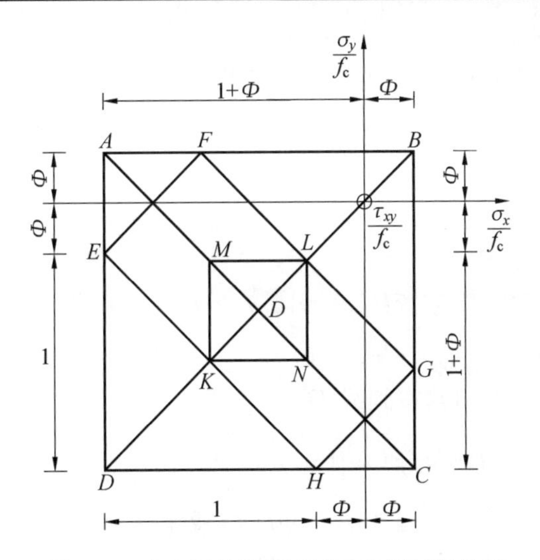

图 8.8　各向同性配筋平面受力板屈服条件

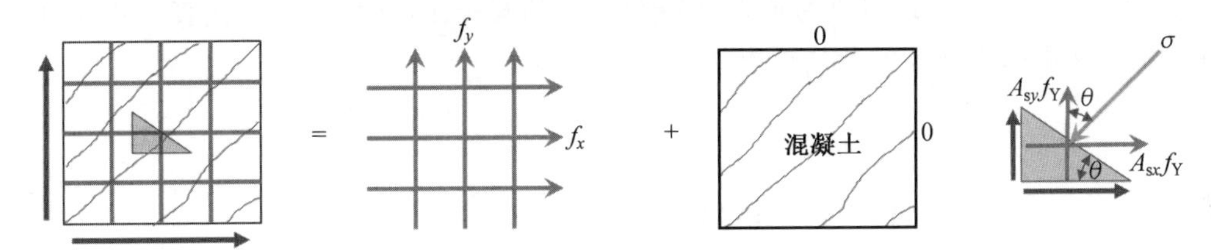

图 8.9　等效应力

化范围对应为

$$\Phi f_c \geqslant \sigma_2 \geqslant -(1-\Phi)f_c \tag{8.29}$$

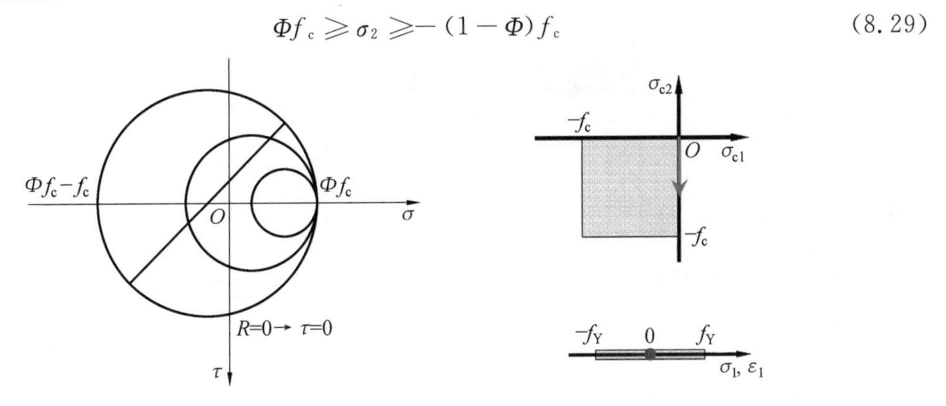

图 8.10　*BFG* 区域应力莫尔圆变化范围

由主应力公式,可得

$$\sigma_1 = \frac{1}{2}(\sigma_x + \sigma_y) + \sqrt{\frac{1}{4}(\sigma_x - \sigma_y)^2 + \tau_{xy}^2} = \Phi f_c \tag{8.30}$$

$$-(1-\Phi)f_c \leqslant \frac{1}{2}(\sigma_x + \sigma_y) - \sqrt{\frac{1}{4}(\sigma_x - \sigma_y)^2 + \tau_{xy}^2} \leqslant \Phi f_c \tag{8.31}$$

对式(8.30)进行变换,得到 *BFG* 区域对应的屈服面方程为

$$-(\Phi f_c - \sigma_x)(\Phi f_c - \sigma_y) + \tau_{xy}^2 = 0 \tag{8.32}$$

$$\frac{1}{2}(\sigma_x+\sigma_y)+\sqrt{\frac{1}{4}(\sigma_x-\sigma_y)^2+\tau_{xy}^2}=\Phi f_c$$

$$\Rightarrow\left[\Phi f_c-\frac{1}{2}(\sigma_x+\sigma_y)\right]^2=\frac{1}{4}(\sigma_x-\sigma_y)^2+\tau_{xy}^2$$

$$\Rightarrow\left[\frac{1}{2}(\sigma_x-\sigma_y)\right]^2-\left[\Phi f_c-\frac{1}{2}(\sigma_x+\sigma_y)\right]^2+\tau_{xy}^2=0$$

$$\Rightarrow\left[\frac{1}{2}(\sigma_x-\sigma_y)+\Phi f_c-\frac{1}{2}(\sigma_x+\sigma_y)\right]\left[\frac{1}{2}(\sigma_x-\sigma_y)-\Phi f_c+\frac{1}{2}(\sigma_x+\sigma_y)\right]+\tau_{xy}^2=0$$

$$\Rightarrow-(\Phi f_c-\sigma_y)(\Phi f_c-\sigma_x)+\tau_{xy}^2=0$$

将式(8.30)代入式(8.31)，得到线 FG 的方程

$$\begin{aligned}&-(1-\Phi)f_c\leqslant\frac{1}{2}(\sigma_x+\sigma_y)-\left[\Phi f_c-\frac{1}{2}(\sigma_x+\sigma_y)\right]\leqslant\Phi f_c\\&\Rightarrow-(1-\Phi)f_c\leqslant\sigma_x+\sigma_y-\Phi f_c\leqslant\Phi f_c\\&\Rightarrow-(1-2\Phi)f_c\leqslant\sigma_x+\sigma_y\leqslant2\Phi f_c\end{aligned}\tag{8.33}$$

方程(8.32)代表了以 B 点为顶点、以 BD 为轴的圆锥面，方程(8.33)代表了圆锥面的范围，BFG 屈服面区域范围及其投影如图 8.11 所示。

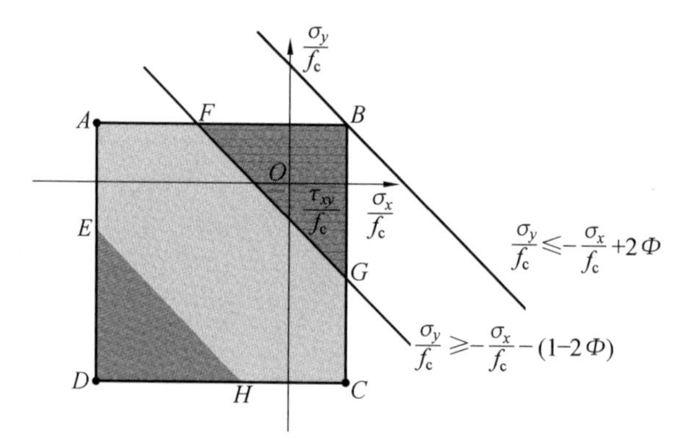

图 8.11　BFG 屈服面区域范围及其投影

2. DEH 屈服面区域

在 DEH 区域内，应力莫尔圆如图 8.12 所示。

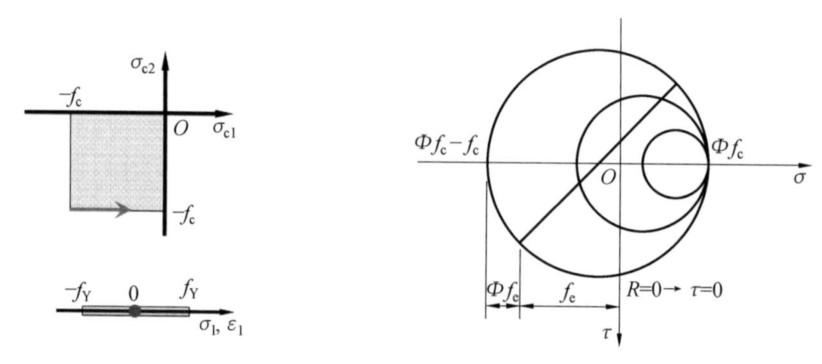

图 8.12　DEH 区域应力莫尔圆

钢筋和混凝土的应力取值范围为

$$\begin{cases} f_{sx}=f_{sy}=-f_{Y} \\ \sigma_{c2}=-f_{c} \\ -f_{c}\leqslant\sigma_{c1}\leqslant 0 \end{cases} \tag{8.34}$$

其等效应力为

$$\begin{cases} \sigma_{2}=\sigma_{c2}+\sigma_{s2}=-f_{c}-\Phi f_{c}=-(\Phi+1)f_{c} \\ \sigma_{1}=\sigma_{c1}+\sigma_{s1}\text{，其中：}-f_{c}\leqslant\sigma_{c1}\leqslant 0,\sigma_{s1}=-f_{Y} \end{cases} \tag{8.35a}$$

由于$-f_{c}-f_{Y}\leqslant\sigma_{c1}+\sigma_{s1}\leqslant-f_{Y}$，式(8.35)改写为

$$\begin{cases} \sigma_{2}=-(\Phi+1)f_{c} \\ -(1+\Phi)f_{c}\leqslant\sigma_{1}\leqslant-\Phi f_{c} \end{cases} \tag{8.35b}$$

由$\sigma_{2}=\dfrac{\sigma_{x}+\sigma_{y}}{2}-\sqrt{\dfrac{1}{4}(\sigma_{x}-\sigma_{y})^{2}+\tau_{xy}^{2}}$可得

$$-(\Phi+1)f_{c}=\frac{\sigma_{x}+\sigma_{y}}{2}-\sqrt{\frac{1}{4}(\sigma_{x}-\sigma_{y})^{2}+\tau_{xy}^{2}} \tag{8.35c}$$

即

$$-[(1+\Phi)f_{c}+\sigma_{x}][(1+\Phi)f_{c}+\sigma_{y}]+\tau_{xy}^{2}=0 \tag{8.36}$$

方程(8.36)几何形状为DEH内的锥壳曲面。

因为$\sigma_{1}+\sigma_{2}=\sigma_{x}+\sigma_{y}$，得到

$$\sigma_{1}=-\sigma_{2}+\sigma_{x}+\sigma_{y}=(\Phi+1)f_{c}+\sigma_{x}+\sigma_{y} \tag{8.37}$$

将式(8.37)代入式(8.35b)第二式，得到

$$\begin{gathered} -(1+\Phi)f_{c}\leqslant(\Phi+1)f_{c}+\sigma_{x}+\sigma_{y}\leqslant-\Phi f_{c} \\ \Rightarrow-2(1+\Phi)f_{c}\leqslant\sigma_{x}+\sigma_{y}\leqslant-(1+2\Phi)f_{c} \end{gathered} \tag{8.38}$$

相应的DEH屈服面区域范围及其投影如图8.13所示。

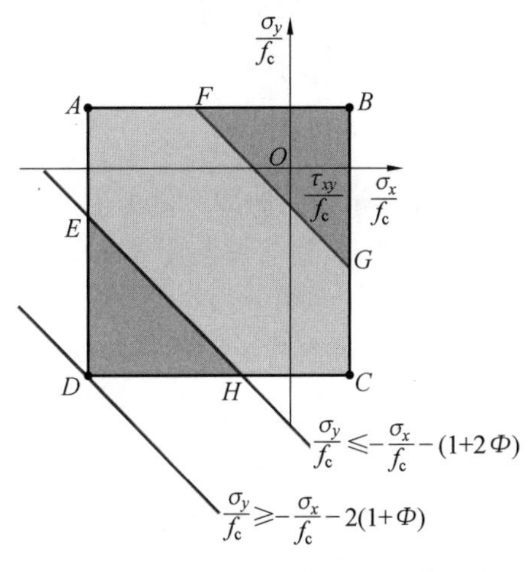

图8.13　DEH屈服面区域范围及其投影

下面确定$AFGCHE$屈服区域，由于对称性考虑$LGCHKL$屈服，特征屈服线LG、NC、KH上的应力大小关系如图8.14所示。如果只改变钢筋的应力σ_{sy}，将LG沿着竖向

向下平移，即平行于 σ_y 轴，板将承受 y 向数值上更大的应力。由 LG 到 NC，将应力由 f_Y 改变为 $-f_Y$，因为混凝土的应力不变，因此承受的剪应力是相同的，即屈服条件为圆柱面，NK 平行于 CH。$MAFL$ 区域内的 LM 也平行于 FA，$MAEK$ 中 MK 平行于 AE，处理的方法都是相同的。正方形 $LMKN$ 的 $|\tau_{xy}|$ 值是相同的。

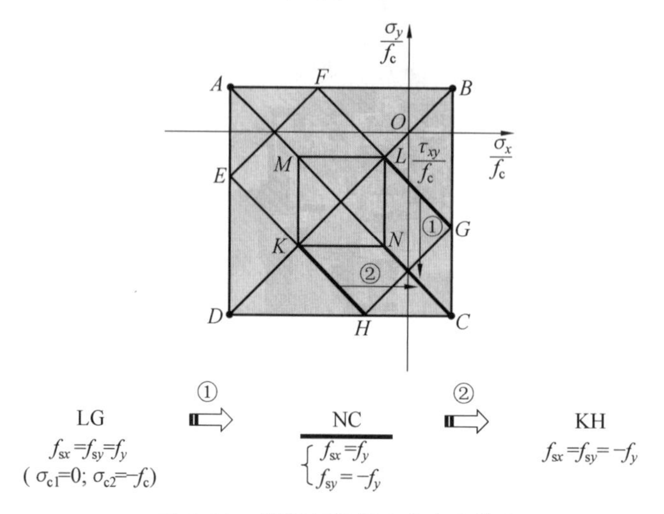

图 8.14　特征屈服线应力大小关系

为了确定 L 点的最大剪应力，发现屈服面上的 L 点正应力为 $\sigma_x=\sigma_y$，根据 LG 线所在平面的方程，有

$$\frac{\sigma_y}{f_c}=-\frac{\sigma_x}{f_c}-(1-2\Phi) \tag{8.39}$$

即

$$2\frac{\sigma_x}{f_c}=-(1-2\Phi)\Rightarrow\sigma_x=-\frac{1}{2}(1-2\Phi)f_c \tag{8.40}$$

将上式(8.40)代入 BFG 区域的屈服面方程 $-(\Phi f_c-\sigma_x)(\Phi f_c-\sigma_y)+\tau_{xy}^2=0$，得到

$$(\tau_{xy})_{\max}=\frac{1}{2}f_c \tag{8.41}$$

因此，在整个 $LMKN$ 面上能够承受的剪应力值为 $f_c/2$，屈服面为平行于 σ_x、σ_y 的平面。这样构造的屈服面如图 8.15 所示，对于配筋度 $\Phi=0.25$ 的剪应力包线如图 8.16 所示。

屈服面与 τ_{xy}、σ_x 面的交线，与屈服面与 τ_{xy}、σ_y 面的交线是一样的，如图 8.17 所示。在 $\sigma_y/f_c=0$ 的情况，将屈服面外包线划分为三个区域，分别是区域Ⅰ、区域Ⅱ和区域Ⅲ。

区域 Ⅰ：BFG 屈服面锥壳面 $-(\Phi f_c-\sigma_x)(\Phi f_c-\sigma_y)+\tau_{xy}^2=0$，因为 $\sigma_y/f_c=0$，所以有

$$\tau_{xy}^2=\Phi f_c(\Phi f_c-\sigma_x)\Rightarrow\tau_{xy}=\sqrt{\Phi f_c(\Phi f_c-\sigma_x)} \tag{8.42}$$

得到

$$\frac{\tau_{xy}}{f_c}=\sqrt{\left(\Phi-\frac{\sigma_x}{f_c}\right)\Phi} \tag{8.43}$$

区域 Ⅱ：τ_{xy} 为常数，因为 $\sigma_x+\sigma_y=-(1-2\Phi)f_c$，所以得到

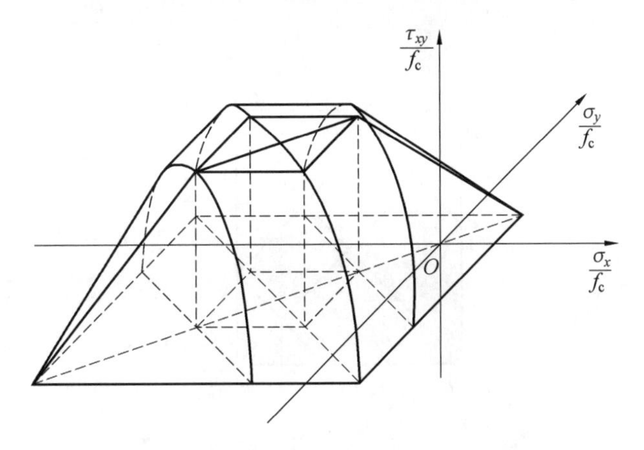

图 8.15　各向同性配筋平面内受力单元屈服准则

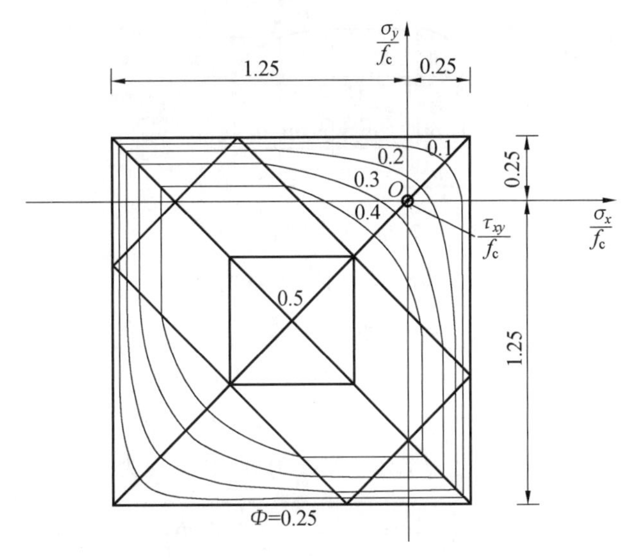

图 8.16　各向同性板在配筋度为 0.25 时剪应力包线

$$\frac{\sigma_x}{f_c}=-1+2\Phi \tag{8.44}$$

得到

$$\frac{\tau_{xy}}{f_c}=\sqrt{(1-\Phi)\Phi} \tag{8.45}$$

区域Ⅲ:屈服面方程为$-[(1+\Phi)f_c+\sigma_x][(1+\Phi)f_c+\sigma_y]+\tau_{xy}^2=0$,由$\sigma_x+\sigma_y=-(1+2\Phi)f_c$ 得到 $\sigma_y=-\sigma_x-(1+2\Phi)f_c$,得到

$$\begin{aligned}
&-[(1+\Phi)f_c+\sigma_x][(1+\Phi)f_c-\sigma_x-(1+2\Phi)f_c]+\tau_{xy}^2=0\\
&\Rightarrow-[(1+\Phi)f_c+\sigma_x][-\sigma_x-\Phi f_c]+\tau_{xy}^2=0\\
&\Rightarrow[(1+\Phi)f_c+\sigma_x][\sigma_x+\Phi f_c]+\tau_{xy}^2=0
\end{aligned} \tag{8.46}$$

得到

$$\tau_{xy}=\sqrt{[(1+\Phi)f_c+\sigma_x][\Phi f_c+\sigma_x]}=\sqrt{\frac{1}{4}f_c{}^2-\left[\sigma_x+\left(\frac{1}{2}+\Phi\right)f_c\right]^2} \tag{8.47}$$

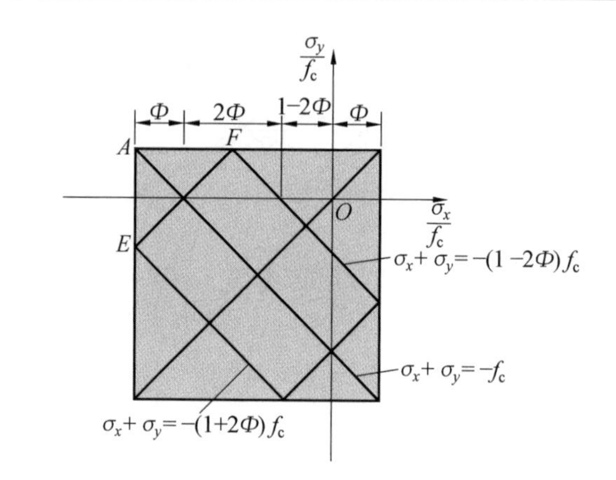

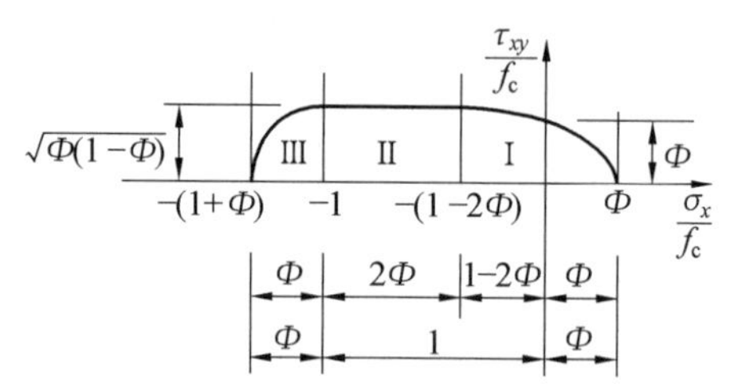

图 8.17　$\sigma_y/f_c=0$ 的情况分区

即，在区间 $-(1-2\Phi)f_c<\sigma_x\leqslant\Phi f_c$ 范围内，交线方程为

$$\tau_{xy}=\pm\sqrt{\Phi f_c-(\Phi f_c-\sigma_x)}\tag{8.48}$$

在区间 $-f_c<\sigma_x\leqslant-(1-2\Phi)f_c$ 内，剪应力为常量

$$\tau_{xy}=\pm\sqrt{\Phi(1-\Phi)}\,f_c\tag{8.49}$$

在区间 $-(1+\Phi)f_c\leqslant\sigma_x\leqslant-f_c$ 内，交线为圆，其方程为

$$\tau_{xy}=\pm\sqrt{\frac{1}{4}f_c^2-\left[\sigma_x+\left(\frac{1}{2}+\Phi\right)f_c\right]^2}\tag{8.50}$$

可以看到，在配筋度较小的情况下，屈服面中间区域 $AFGCHE$ 面域也很小。如果忽略该面域，屈服条件近似为由 BGF 和 EHD 组成的两个锥面，屈服面可以表达为简化的解析式。令 $1+\Phi\approx1$，得到

$$\sigma_x+\sigma_y\geqslant-(1-\Phi)f_c:-(\Phi f_c-\sigma_x)(\Phi f_c-\sigma_y)+\tau_{xy}^2=0\tag{8.51}$$

$$\sigma_x+\sigma_y\leqslant-(1-\Phi)f_c:-(f_c+\sigma_x)(f_c+\sigma_y)+\tau_{xy}^2=0\tag{8.52}$$

当然，式(8.47)仅适用于 $\sigma_x\leqslant\Phi f_c$ 和 $\sigma_y\leqslant\Phi f_c$ 的情况，而式(8.52)仅适用于 $\sigma_x\geqslant-f_c$ 和 $\sigma_y\geqslant-f_c$ 的情况。对于实际情况，通常 $\Phi<0.1$，简化表达式的最大误差为10%。图8.18给出的是各向同性屈服条件，两个坐标轴代表的是主应力，相应的在 $\tau_{xy}-\sigma_x$ 面的交线如图 8.19 所示。

在区间 $-(1-\Phi)f_c<\sigma_x\leqslant\Phi f_c$ 内，

$$\tau_{xy}=\pm\sqrt{\Phi f_c(\Phi f_c-\sigma_x)}\tag{8.53}$$

在区间 $-f_c\leqslant\sigma_x\leqslant-(1-\Phi)f_c$ 内，

$$\tau_{xy}=\pm\sqrt{f_c(f_c+\sigma_x)}\tag{8.54}$$

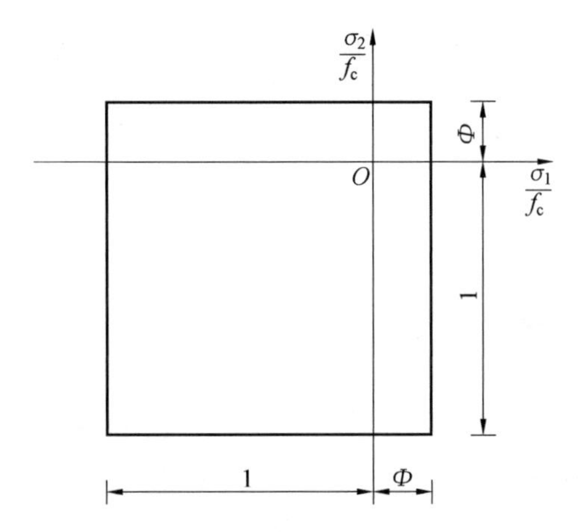

图 8.18　各向同性配筋平面内受力板近似屈服准则

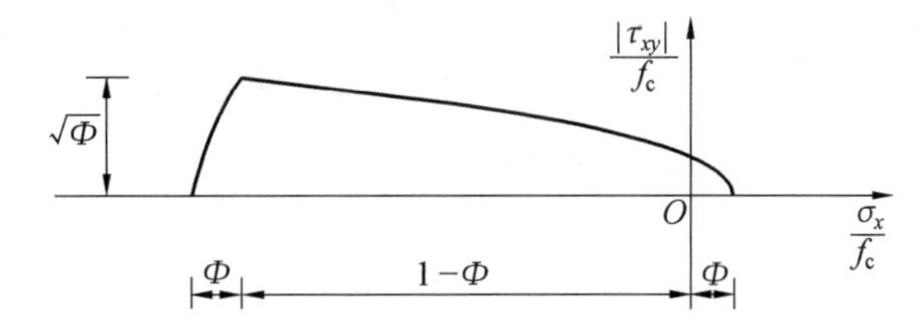

图 8.19　$\sigma_y=0$ 情况下各向同性配筋平面内受力板近似屈服准则

上述相交曲线均为抛物线。具有各向同性配筋的平面内受力板的承载能力，可以通过下面的条件进行验证：$\sigma_x\leqslant\Phi f_c$，$\sigma_y\leqslant\Phi f_c$，$\sigma_x\geqslant -f_c$，$\sigma_y\geqslant -f_c$，$-(\Phi f_c-\sigma_x)(\Phi f_c-\sigma_y)+\tau_{xy}^2\leqslant 0$，$-(f_c+\sigma_x)(f_c+\sigma_y)+\tau_{xy}^2\leqslant 0$。

8.3　正交各向异性平面内受力板

当两个相互正交配筋方向上的配筋度不同，即 $\Phi_x\neq\Phi_y$ 时，称之为正交各向异性配筋平面内受力板。求解的思路是以各向同性配筋板平面内受力的解答为基础，移除 y 方向配筋，补充 y 方向对应拉力 $\Phi_x f_c$，然后补充 y 方向配筋引起的内力 $\Phi_y f_c$，正交各向异性平面内受力板求解思路如图 8.20 所示。

根据以上叠加求解思路，得到两个正交方向应力为

$$\begin{cases}\sigma_x{}'=\sigma_x\\ \sigma_y{}'=\sigma_y-\Phi_x f_c+\Phi_y f_c=\sigma_y-(1-\mu)\Phi_x f_c\end{cases}\tag{8.55}$$

其中，μ 为两个正交方向的配筋度比

$$\mu=\frac{\Phi_y}{\Phi_x}=\frac{A_{\varepsilon y}}{A_{\varepsilon x}}=\frac{f_{ty}}{f_{tx}}\tag{8.56}$$

将式(8.55) 代入 ABD 区域屈服面方程(8.32)，得到

$$-[\Phi_x f_c-\sigma'_x][\Phi_x f_c(\sigma'_y+(1-\mu)\Phi_x f_c)]+\tau_{xy}^2=0\tag{8.57}$$

即

$$-(\Phi_x f_c-\sigma_x{}')(\mu\Phi_x f_c-\sigma_y{}')+\tau_{xy}^2=0$$

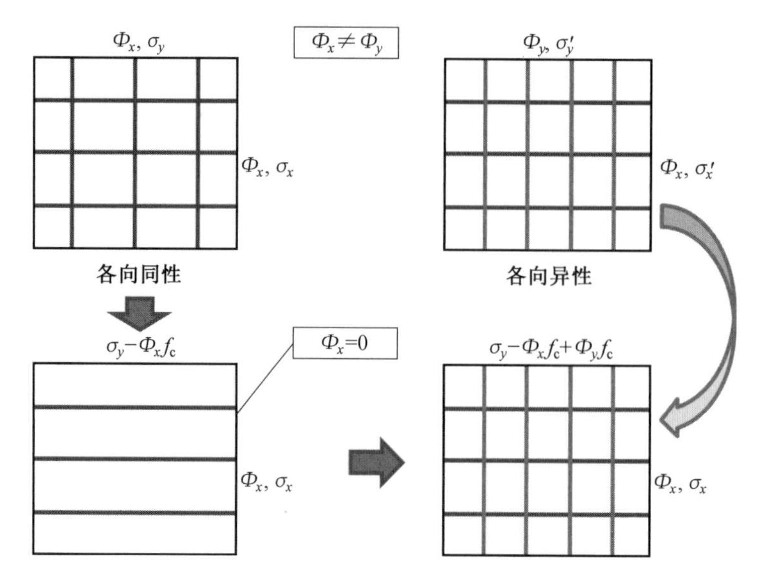

图 8.20　正交各向异性平面内受力板求解思路

改写为

$$\begin{aligned}&-(\Phi_x f_c-\sigma_x)(\Phi_y f_c-\sigma_y)+\tau_{xy}^2=0\\&\Rightarrow-(f_{tx}-\sigma_x)(f_{ty}-\sigma_y)+\tau_{xy}^2=0\end{aligned}\tag{8.58}$$

类似地，可以近似地建立与配筋度无关的 BCD 区域方程：

$$-(f_c+\sigma_x)(f_c+\sigma_y)+\tau_{xy}^2=0\tag{8.59}$$

这样，各向异性配筋板的屈服条件式可以总结为式(8.58) 和式(8.59)。其中式(8.58) 对应于区域 ①，其适用条件为

$$\sigma_y\geqslant-\eta\sigma_x+\eta f_{tx}-f_c\tag{8.60}$$

式(8.59) 对应于区域 ②，其适用条件为

$$\sigma_y\leqslant-\eta\sigma_x+\eta f_{tx}-f_c\tag{8.61}$$

其中，参数 η 为

$$\eta=\frac{f_c+f_{ty}}{f_c+f_{tx}}\tag{8.62}$$

屈服面 ABD 和屈服面 BCD 的相交面方程为

$$\sigma_y=-\frac{f_c+f_{ty}}{f_c+f_{tx}}\sigma_x+A=-\eta\sigma_x+\eta f_{tx}-f_c\tag{8.63}$$

其中，参数 A 为

$$A=\eta f_{tx}-f_c\tag{8.64}$$

8.4　斜向配筋

这里，只考虑低配筋度的情况，考察沿任意方向配置任意数量 n 钢筋的平面内受力板的屈服条件。当配筋达到屈服时，求解配筋板的主向。具有任意数量斜向配筋示意图如图 8.21 所示。

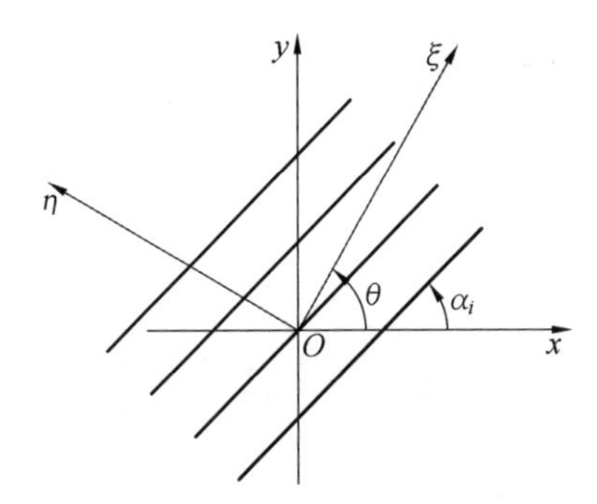

图 8.21　具有任意数量斜向配筋示意图

在 i 朝向的单位长度上的钢筋面积记为 A_{si}，钢筋朝向与 x 轴向的夹角为 α_i。如果所有钢筋的应力等于其抗拉屈服应力 f_Y，该应力传递到任意直角坐标系 ξ、η(主应力系)，则坐标变换矩阵为

$$\boldsymbol{R}^{\mathrm{T}}=\begin{bmatrix}\cos(x,x') & \cos(x,y')\\ \cos(y,x') & \cos(y,y')\end{bmatrix}=\begin{bmatrix}\cos\theta & -\sin\theta\\ \sin\theta & \cos\theta\end{bmatrix} \tag{8.65}$$

其中，ξ 朝向与横坐标的夹角为 θ。变换应力为

$$\boldsymbol{\sigma}'=\boldsymbol{R}^{\mathrm{T}}\boldsymbol{\sigma}\boldsymbol{R}=\begin{bmatrix}\sigma_\xi & \tau_{\xi\eta}\\ \tau_{\eta\xi} & \sigma_\eta\end{bmatrix}=\begin{bmatrix}\cos\theta & \sin\theta\\ -\sin\theta & \cos\theta\end{bmatrix}\begin{bmatrix}\sigma_x & \tau_{xy}\\ \tau_{yx} & \sigma_y\end{bmatrix}\begin{bmatrix}\cos\theta & -\sin\theta\\ \sin\theta & \cos\theta\end{bmatrix} \tag{8.66}$$

或者

$$\sigma_\xi=\frac{f_Y}{t}\sum A_{si}\cos^2(\theta-\alpha_i)=f_c\sum\Phi_i\cos^2(\theta-\alpha_i) \tag{8.67a}$$

$$\sigma_\eta=\frac{f_Y}{t}\sum A_{si}\sin^2(\theta-\alpha_i)=f_c\sum\Phi_i\sin^2(\theta-\alpha_i) \tag{8.67b}$$

$$\begin{aligned}\tau_{\xi\eta}&=-\frac{f_Y}{t}\sum_{i=1}^{n}A_{si}\sin(\theta-\alpha_i)\cos(\theta-\alpha_i)\\&=-\frac{1}{2}f_c\sum_{i=1}^{n}\Phi_i\sin(2\theta-2\alpha_i)\end{aligned} \tag{8.67c}$$

令 $\tau_{\xi\eta}=0$，可以确定应力主向 θ，得到

$$\cos 2\theta\sum_{i=1}^{n}\Phi_i\sin 2\alpha_i-\sin 2\theta\sum_{i=1}^{n}\Phi_i\cos 2\alpha_i=0 \tag{8.68}$$

若假设 $\sum_{i=1}^{n}\Phi_i\cos 2\alpha_i\neq 0$(否则，当 $\theta=\pm\pi/4$ 时，$\tau_{\xi\eta}$，或者对于任意 θ，$\sum_{i=1}^{n}\Phi_i\sin 2\alpha_i$ 也等于0)，得到

$$\tan 2\theta=\frac{\sum_{i=1}^{n}\Phi_i\sin 2\alpha_i}{\sum_{i=1}^{n}\Phi_i\cos 2\alpha_i} \tag{8.69}$$

在 $-\pi/4<\theta<\pi/4$ 范围内，有解 θ_1。由此可以看到，ξ 与 θ 等于 θ_1 时所对应方向上总是存在 $\tau_{\xi\eta}=0$。对应的正应力 σ_ξ 和 σ_η 可以表达为

$$\sigma_\xi=\frac{1}{2}f_c\sum_{i=1}^{n}\Phi_i(\cos 2(\theta_i-\alpha_i)+1)$$

$$=\frac{1}{2}f_c\sum_{i=1}^{n}\Phi_i(\cos 2\theta_i\cos 2\alpha_i+\sin 2\theta_i\sin 2\alpha_i+1)$$

$$=\frac{1}{2}f_c\left[\cos 2\theta_i\sum_{i=1}^{n}\Phi_i\cos 2\alpha_i+\sin 2\theta_i\sum_{i=1}^{n}\Phi_i\sin 2\alpha_i+\sum_{i=1}^{n}\Phi_i\right]$$

$$=\frac{1}{2}f_c\left[\sum_{i=1}^{n}\Phi_i+\cos 2\theta_i\left(\sum_{i=1}^{n}\Phi_i\cos 2\alpha_i+\frac{\left(\sum_{i=1}^{n}\Phi_i\sin 2\alpha_i\right)^2}{\sum_{i=1}^{n}\Phi_i\cos 2\alpha_i}\right)\right]$$

$$=\frac{1}{2}f_c\left[\sum_{i=1}^{n}\Phi_i\pm\sqrt{\left(\sum_{i=1}^{n}\Phi_i\cos 2\alpha_i\right)^2+\left(\sum_{i=1}^{n}\Phi_i\sin 2\alpha_i\right)^2}\right] \tag{8.70}$$

上式中，当$\sum_{i=1}^{n}\Phi_i\cos 2\alpha_i>0$时，取＋；当$\sum_{i=1}^{n}\Phi_i\cos 2\alpha_i<0$时，取－。相应地，有

$$\sigma_\eta=\frac{1}{2}f_c\left[\sum_{i=1}^{n}\Phi_i\mp\sqrt{\left(\sum_{i=1}^{n}\Phi_i\cos 2\alpha_i\right)^2+\left(\sum_{i=1}^{n}\Phi_i\sin 2\alpha_i\right)^2}\right] \tag{8.71}$$

上式中，当$\sum_{i=1}^{n}\Phi_i\cos 2\alpha_i>0$时，取－；当$\sum_{i=1}^{n}\Phi_i\cos 2\alpha_i<0$时，取＋。

σ_ξ和σ_η始终为正，是钢筋全面发挥作用时能够承受的主应力。较低配筋度情况下，可以利用由式(8.69)确定的配筋度Φ_ξ和Φ_η来确定正交各向异性板的屈服条件。有

$$\Phi_\xi=\frac{1}{2}\sum_{i=1}^{n}\Phi_i\pm\frac{1}{2}\sqrt{\left(\sum_{i=1}^{n}\Phi_i\cos 2\alpha_i\right)^2+\left(\sum_{i=1}^{n}\Phi_i\sin 2\alpha_i\right)^2} \tag{8.72}$$

$$\Phi_\eta=\frac{1}{2}\sum_{i=1}^{n}\Phi_i\mp\frac{1}{2}\sqrt{\left(\sum_{i=1}^{n}\Phi_i\cos 2\alpha_i\right)^2+\left(\sum_{i=1}^{n}\Phi_i\sin 2\alpha_i\right)^2} \tag{8.73}$$

这是因为，通过对斜向配筋平面内受力混凝土板的混凝土应力的微小改变，可以得到正交各向异性板屈服条件上的任意点相对应的应力，它与配筋度和混凝土强度的乘积是成比例的。这样，斜向配筋变为正交各向异性配筋的特殊情况，不需要进一步处理。

8.5 单轴应力和应变

这部分介绍正交各向异性板在单轴应力场（单轴受拉）和单轴应变场下的承载力的差异。单轴应力下的各向异性板如图8.22所示。

1. 单轴应力场

在配筋方向x和y，抗拉强度分别为$\Phi_x f_c=f_{tx}$和$\Phi_y f_c=f_{ty}$，应力场为单拉，与正应力σ相对应，应力主向（拉向）与x轴呈θ角，只需考虑$0\leqslant\theta\leqslant\pi/2$范围。

x和y方向相应的应力为

$$\begin{cases}\sigma_x=\dfrac{\sigma}{2}+\dfrac{\sigma}{2}\cos 2\theta=\dfrac{\sigma}{2}(1+\cos 2\theta)=\sigma\cos^2\theta\\ \sigma_y=\dfrac{\sigma}{2}-\dfrac{\sigma}{2}\cos 2\theta=\dfrac{\sigma}{2}(1-\cos 2\theta)=\sigma\sin^2\theta\\ \tau_{xy}=\dfrac{\sigma}{2}\sin 2\theta=\sigma\sin\theta\cos\theta\end{cases} \tag{8.74}$$

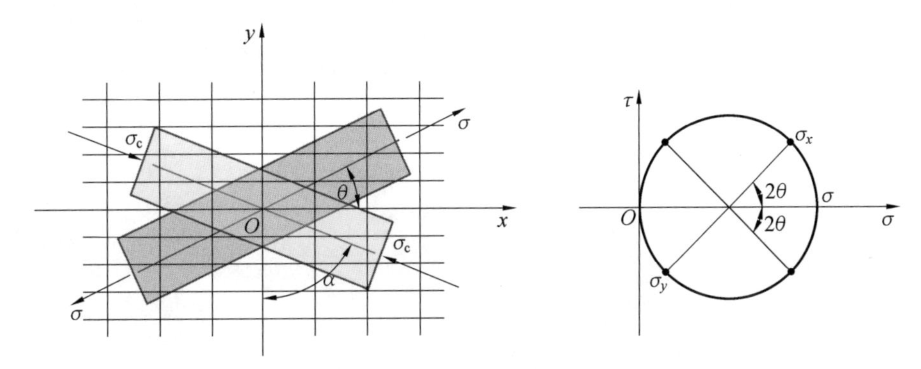

图 8.22　单轴应力下的各向异性板

将上式代入屈服条件(8.58)，求解抗拉强度 σ 关于 θ 的函数表达式。

$$-(f_{tx}-\sigma_x)(f_{ty}-\sigma_y)+\tau_{xy}^2=0 \tag{8.75}$$

$$\begin{aligned}&-(f_{tx}-\sigma\cos^2\theta)(f_{ty}-\sigma\sin^2\theta)+\sigma^2\sin^2\theta\cos^2\theta=0\\ &\Rightarrow-[f_{tx}f_{ty}-\sigma(f_{tx}\sin^2\theta+f_{ty}\cos^2\theta)+\sigma^2\sin^2\theta\cos^2\theta]+\sigma^2\sin^2\theta\cos^2\theta=0\end{aligned} \tag{8.76}$$

整理得到

$$\sigma=\frac{f_{tx}}{\cos^2\theta+(f_{tx}/f_{ty})\sin^2\theta} \tag{8.77}$$

这就是著名的 Hankinson 公式，用于木材的抗拉和抗压强度计算，其主向与纤维朝向成一定角度。该公式对钢筋混凝土板也同样适用。

如果将式(8.77) 代入后续方程(8.219)，求解关于 $\tan\alpha$ 的方程，得到混凝土的受压方向角为

$$\begin{aligned}\tan\alpha&=\frac{1}{\tau_{xy}}[-\sigma_x+f_{tx}]=\frac{1}{\tau_{xy}}\left[-\sigma\cos^2\theta+\frac{\sigma}{f_{ty}}(f_{ty}\cos^2\theta+f_{tx}\sin^2\theta)\right]\\ &=\frac{\sigma}{\tau_{xy}}\left[-\cos^2\theta+\cos^2\theta+\frac{f_{tx}}{f_{ty}}\sin^2\theta\right]=\frac{\sigma}{\tau_{xy}}\frac{f_{tx}}{f_{ty}}\sin^2\theta\end{aligned} \tag{8.78}$$

因为

$$\frac{\sigma}{\tau_{xy}}=\frac{1}{\sin\theta\cos\theta} \tag{8.79}$$

所以

$$\tan\alpha=\frac{1}{\sin\theta\cos\theta}\frac{f_{tx}}{f_{ty}}\sin^2\theta=\frac{\sin\theta}{\cos\theta}\frac{f_{tx}}{f_{ty}}=\tan\theta\frac{f_{tx}}{f_{ty}} \tag{8.80}$$

式中，α 为混凝土的压向与 y 轴的夹角，如图 8.22 所示。

$$\begin{aligned}\sigma_c&=\frac{-\tau_{xy}}{\sin\alpha\cos\alpha}=\frac{-\sigma\sin\theta\cos\theta}{\sin\alpha\cos\alpha}=-\frac{f_{tx}}{\cos^2\theta+\left(\frac{f_{tx}}{f_{ty}}\right)\sin^2\theta}\frac{\sin\theta\cos\theta}{\sin\alpha\cos\alpha}\\ &=-\frac{f_{tx}}{\cos^2\theta+\left(\frac{f_{tx}}{f_{ty}}\right)\sin^2\theta}\left(\frac{\sin\alpha}{\cos\alpha}+\frac{\cos\alpha}{\sin\alpha}\right)\sin\theta\cos\theta\\ &=-\frac{f_{tx}}{\cos^2\theta+\left(\frac{f_{tx}}{f_{ty}}\right)\sin^2\theta}\left(\tan\alpha+\frac{1}{\tan\alpha}\right)\sin\theta\cos\theta\end{aligned}$$

$$= -\frac{f_{tx}}{\cos^2\theta + \left(\frac{f_{tx}}{f_{ty}}\right)\sin^2\theta}\left(\frac{f_{tx}}{f_{ty}}\tan\theta + \frac{f_{ty}}{f_{tx}}\frac{1}{\tan\theta}\right)\sin\theta\cos\theta$$

$$= -f_{tx}\frac{\tan\theta + \left(\frac{f_{ty}}{f_{tx}}\right)^2\frac{1}{\tan\theta}}{\sin^2\theta + \left(\frac{f_{ty}}{f_{tx}}\right)\cos^2\theta}\sin\theta\cos\theta$$

$$= -f_{tx}\frac{\sin^2\theta + \left(\frac{f_{ty}}{f_{tx}}\right)^2\cos^2\theta}{\sin^2\theta + \left(\frac{f_{ty}}{f_{tx}}\right)\cos^2\theta} \tag{8.81}$$

钢筋屈服时满足 $\sigma_c < f_c$ 条件，属于延性破坏。为了达到延性破坏，要求钢筋屈服时，混凝土压应力 σ_c 的大小须满足

$$\sigma_c = f_{tx}\frac{\sin^2\theta + \left(\frac{f_{ty}}{f_{tx}}\right)^2\cos^2\theta}{\sin^2\theta + \left(\frac{f_{ty}}{f_{tx}}\right)\cos^2\theta} < f_c \tag{8.82}$$

如果板是各向同性的，即 $f_{tx} = f_{ty}$，$\sigma = f_{tx} = f_{ty}$ 与 θ 无关，则 $\tan\alpha = \tan\theta$，即混凝土的压向垂直于主拉向。而且，$\sigma_c = f_{tx} = f_{ty}$。

因为假设在两个配筋方向上均屈服，所以式(8.82) 不能用于 $\theta = 0$ 和 $\pi/2$ 的极限位置。在该极限位置，仅在一个配筋方向屈服，即 $\sigma_c = 0$。

应变场在混凝土受压方向具有第二主向(当 $\sigma_c < f_c$ 时，该方向上应变为0)，第一主向与其垂直。如果在第一主向上存在应变 $\varepsilon > 0$，则有

$$\varepsilon_x = \varepsilon\cos^2\alpha,\quad \varepsilon_y = \varepsilon\sin^2\alpha,\quad \gamma_{xy} = 2\varepsilon_{xy} = 2\varepsilon\cos\alpha\sin\alpha \tag{8.83}$$

由上式可以确定塑性应变的比值。这些表达式与正交各向异性板的流动法则相对应。使应变场沿着拉力及其垂直方向，得到拉应变为 $\varepsilon\cos^2(\alpha-\theta)$，垂直方向的应变为 $\varepsilon\sin^2(\alpha-\theta)$，垂直角的改变为 $2\varepsilon\cos(\alpha-\theta)\sin(\alpha-\theta)$。

2. 单轴应变场

考虑这样一个应力场，使其在与 x 向呈 θ 的方向产生单轴应变，应用流动法则求解其应力。假设单轴应变为 ε，单轴应变下的各向异性板如图 8.23 所示。

$$\varepsilon_x = \varepsilon\cos^2\theta,\quad \varepsilon_y = \varepsilon\sin^2\theta,\quad \gamma_{xy} = 2\varepsilon_{xy} = 2\varepsilon\cos\theta\sin\theta \tag{8.84}$$

屈服面方程为 $f = -(f_{tx} - \sigma_x)(f_{ty} - \sigma_y) + \tau_{xy}^2 = 0$，应用流动法则 $q_i = \lambda\frac{\partial f}{\partial Q_i}$，有

$$\begin{cases} \lambda\frac{\partial f}{\partial\sigma_x} = \lambda(f_{ty} - \sigma_y) = \varepsilon_x = \varepsilon\cos^2\theta \\ \lambda\frac{\partial f}{\partial\sigma_y} = \lambda(f_{tx} - \sigma_x) = \varepsilon_y = \varepsilon\sin^2\theta \\ \lambda\frac{\partial f}{\partial\tau_{xy}} = \lambda(2\tau_{xy}) = \gamma = 2\varepsilon\sin\theta\cos\theta \end{cases} \tag{8.85}$$

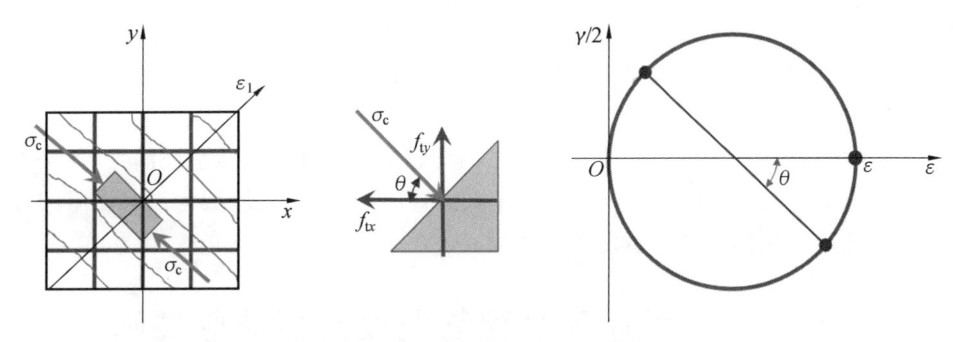

图 8.23　单轴应变下的各向异性板

$$\begin{cases}\sigma_x = f_{tx} - \dfrac{\varepsilon}{\lambda}\sin^2\theta \\ \sigma_y = f_{ty} - \dfrac{\varepsilon}{\lambda}\cos^2\theta \\ \tau_{xy} = \dfrac{\varepsilon}{\lambda}\sin\theta\cos\theta\end{cases} \tag{8.86}$$

在垂直于与 x 轴呈 θ 角方向（该方向具有单轴应变）的截面上的正应力与剪应力为

$$\begin{cases}\sigma = \sigma_x\cos^2\theta + \sigma_y\sin^2\theta + 2\tau_{xy}\sin\theta\cos\theta \\ \tau = -(\sigma_x - \sigma_y)\sin\theta\cos\theta + \tau_{xy}(\cos^2\theta - \sin^2\theta)\end{cases} \tag{8.87}$$

将式(8.86)代入式(8.87)，得到

$$\begin{cases}\sigma = f_{tx}\cos^2\theta + f_{ty}\sin^2\theta \\ \tau = -(f_{tx} - f_{ty})\sin\theta\cos\theta\end{cases} \tag{8.88}$$

假设平行于单轴应变的截面上的总应力为 0，则混凝土的压应力为

$$\sigma_c = f_{tx}\sin^2\theta + f_{ty}\cos^2\theta \tag{8.89}$$

需要指出的是，若用相同的方法来确定与单轴应变方向相平行的截面内的正应力 σ，其结果为 $\sigma' = f_{tx}\sin^2\theta + f_{ty}\cos^2\theta - \varepsilon/\lambda$。任意选择参数 $\lambda > 0$，应力 σ、σ' 和 τ 都将满足屈服条件。在某一单轴应变处，可以存在多个不同的正应力 σ'。当正应力由弯矩替代、剪应力由一对弯矩（力偶）替代时，上述结果对平面外受力板也是适用的。

前已述及，方程(8.82)和方程(8.89)不适用于极限位置。在单轴应变情况下，可以较容易地确定这些极限位置值。根据方程(8.83)，有钢筋方向的应变 $\varepsilon_x = \varepsilon\cos^2\theta$ 和 $\varepsilon_y = \varepsilon\sin^2\theta$。当 $\theta \leqslant \pi/4$ 时，有 $\varepsilon_x = \varepsilon_y$。令 $\varepsilon_x = \varepsilon_{su}$，这里 ε_{su} 是钢筋极限应变，得到

$$\varepsilon_y = \varepsilon_x\tan^2\theta = \varepsilon_{su}\tan^2\theta \tag{8.90}$$

为了保证在单轴钢筋达到极限状态前实现双轴钢筋都能达到屈服，要求 $\varepsilon_y \geqslant \varepsilon_Y$，这里 ε_Y 为起始屈服应变。这样，得到

$$\tan^2\theta \geqslant \frac{\varepsilon_Y}{\varepsilon_{su}} \tag{8.91}$$

对于 $\theta \geqslant \pi/4$，有 $\varepsilon_x < \varepsilon_y$，类似地有

$$\tan^2\theta \leqslant \frac{\varepsilon_Y}{\varepsilon_{su}} \tag{8.92}$$

比如，如果 $\varepsilon_Y = 2\%$ 和 $\varepsilon_{su} = 50\%$，得到 $\theta \geqslant 11.3°$。因此，方程(8.89)是正确的，而不

是接近极限。

在单轴应力情况，不能确定极限位置值，因为没有倒塌状态条件的分析。一般地，混凝土的受压方向不同于弹性状态和塑性状态。

应该指出的是，即使假设两个受力筋方向均屈服的条件并不能总被满足，但是承载力公式(8.77)和式(8.89)完全可以应用到极限位置$\theta=0$和$\pi/2$处，因为没有屈服的方向钢筋，仅对接近于极限值时的承载能力做贡献。

8.6 平面外受力配筋混凝土板屈服准则

平面外受力配筋混凝土板上下两侧配置受力钢筋，板截面有效高度为d。为了简化，忽略双向不同层钢筋的高度差异影响。平面外受力配筋板与平面内受力配筋板的差异如图8.24所示。弯矩和扭矩与应力的关系为

$$M_x=\int\sigma_x z\,\mathrm{d}z,\quad M_y=\int\sigma_y z\,\mathrm{d}z,\quad M_{xy}=\int\tau_{xy} z\,\mathrm{d}z \tag{8.93}$$

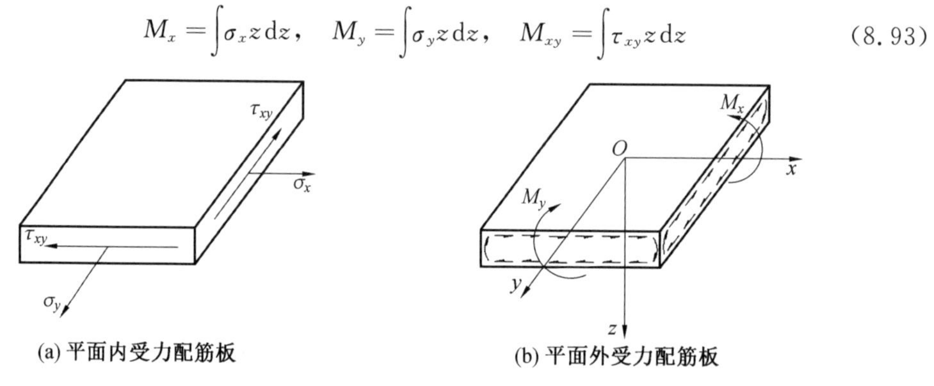

图8.24　平面内受力配筋板与平面外受力配筋板差异

对于纯弯作用下的平面外受力配筋板可以采用屈服线理论和条带方法求解。对于纯扭作用下的平面外受力配筋板的求解思路是将板视为上下两层平面内受力薄板组合而成的三明治模型求解，如图8.25所示。

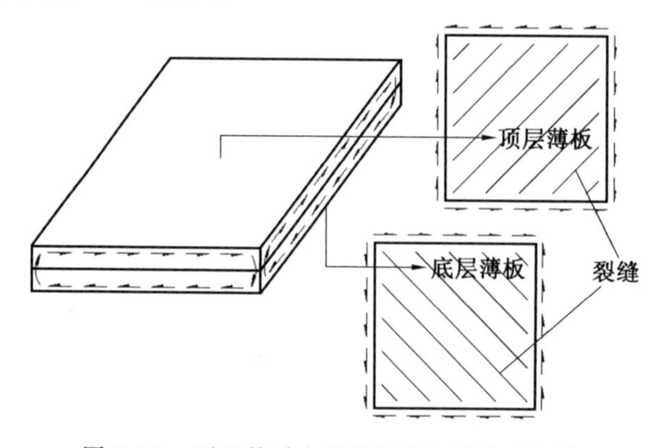

图8.25　平面外受力配筋板求解思路示意图

8.6.1　纯弯作用下的正交各向异性配筋混凝土板

1. 单筋截面板

如图 8.26 所示，截面上下两侧单位长度上的配筋面积为 A_{sx} 和 A_{sy}，板上部参量符号加一撇以示区别，比如与 x 轴正交的截面上部单位长度上的配筋为 A'_{sx}。

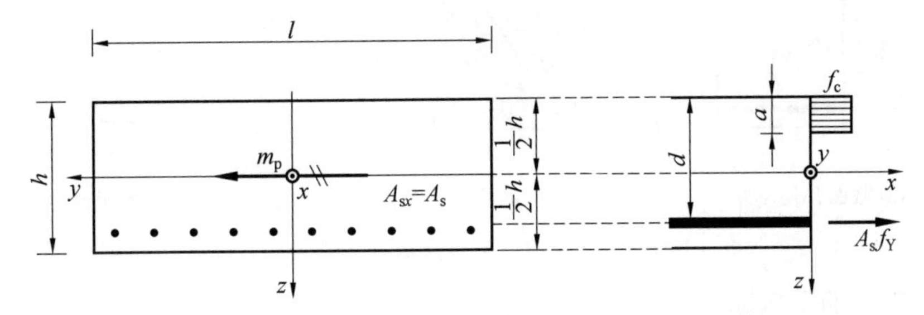

图 8.26　纯弯作用下单位长度板截面内力示意图

假设受拉纵筋平行于梁纵向轴线，并令 $A'_{sx}=A'_{sy}=A_{sy}=0$ 和 $A_{sx}=A_s$。基于上述假定，板破坏时的截面上正应力分布如图 8.26 所示，截面平衡关系为

$$A_s f_Y = a f_c \tag{8.94}$$

定义配筋度

$$\Phi=\frac{A_s}{d\cdot 1}\frac{f_Y}{f_c}=\frac{A_s f_Y}{d f_c} \tag{8.95}$$

因此

$$\xi=\frac{a}{d}=\Phi \tag{8.96}$$

纯弯板单位长度上的屈服弯矩为

$$m_p=A_s f_Y\left(d-\frac{1}{2}a\right)=\left(1-\frac{1}{2}\Phi\right)A_s f_Y d=\left(1-\frac{1}{2}\Phi\right)\Phi d^2 f_c \tag{8.97}$$

在低配筋度情况下，系数 $1-\frac{1}{2}\Phi$ 变化很小，故可认为屈服弯矩大致正比于 A_s。式(8.97)是塑性极限上限解答在 x、y 平面内对应的几何容许应变场，如图 8.27 所示。

$$\varepsilon_x=\kappa\left[z+\left(\frac{1}{2}h-a\right)\right] \tag{8.98}$$

应变张量中的其余分量为 0。极限状态下，截面弯曲曲率参数 κ 是一个大于 0 的常数。

2. 双筋截面

如果板上部配置了纵向受力筋，但配筋度较低时，承载力增大较小。假设板上下两侧离相应位置最近的钢筋距离相同，为 h_c。引入下列参数：

$$\Phi_0=\frac{A_s f_Y}{h f_c} \tag{8.99}$$

$$\mu=\frac{A_{sc}}{A_s} \tag{8.100}$$

其中，Φ_0 为配筋度，$A_s=A_{sx}$ 为受拉钢筋面积，$A_{sc}=A'_{sx}$ 为受压钢筋面积。

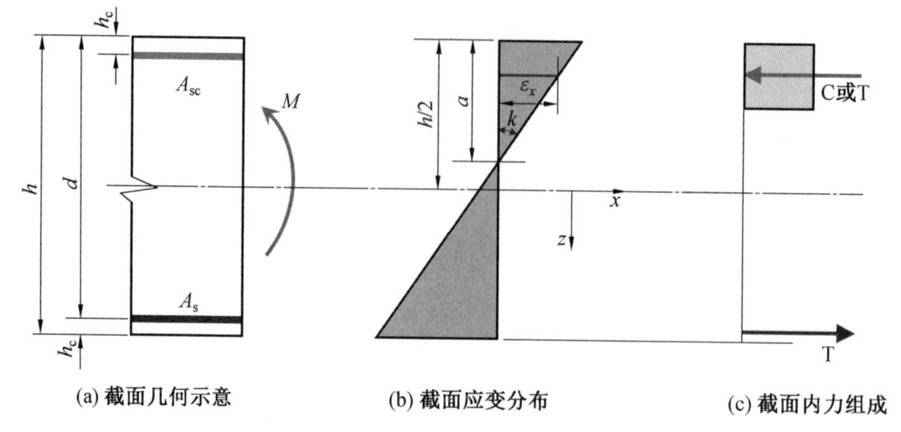

图 8.27 截面应变与应力分布示意图

(1) 上部纵筋受压。

当上部纵筋受压时，由截面平衡方程 $af_c + A_{sc}f_Y = A_s f_Y$，得到

$$a = \frac{A_s f_Y - A_{sc} f_Y}{f_c} = \frac{f_Y(1-\mu)A_s}{f_c} > h_c$$

$$a = \frac{A_s f_Y - A_{sc} f_Y}{f_c} = \frac{f_Y(1-\mu)A_s}{f_c} = (\Phi_0 - \mu\Phi_0)h = \Phi_0 h(1-\mu) \tag{8.101}$$

即

$$\Phi_0 h(1-\mu) > h_c \quad 或 \quad \mu < 1 - \frac{1}{\Phi_0}\frac{h_c}{h} \tag{8.102}$$

由弯矩平衡可得

$$\begin{aligned} M &= A_s f_Y(h - 2h_c) + af_c\left(h_c - \frac{a}{2}\right) \\ &= \left[1 - 2\frac{h_c}{h} + (1-\mu)\left(\frac{h_c}{h} - \frac{1}{2}\Phi_0(1-\mu)\right)\right]A_s f_Y h \end{aligned} \tag{8.103}$$

(2) 上部纵筋受拉。

当上部纵筋受拉时，即

$$\mu \geqslant 1 - \frac{1}{\Phi_0}\frac{h_c}{h} \tag{8.104}$$

由平衡条件 $f_c a = A_{sc} f_Y + A_s f_Y$，得到

$$a = \frac{A_{sc} f_Y}{f_c} + \frac{A_s f_Y}{f_c} = (1+\mu)\Phi_0 h \tag{8.105}$$

因为 $h_c \geqslant a$，所以 $\Phi_0 \leqslant \dfrac{1}{1+\mu}\dfrac{h_c}{h}$，由弯矩平衡，可得

$$\begin{aligned} M &= A_s f_Y(h - h_c) + af_c\left(h_c - \frac{1}{2}a\right) \\ &= f_Y A_s h\left[1 - \frac{h_c}{h} + \mu\frac{h_c}{h} - \frac{1}{2}(1+\mu)^2\Phi_0\right] \end{aligned} \tag{8.106}$$

特别地，当 $\mu = 1$、$\Phi_0 \leqslant \dfrac{1}{2}(h_c/h)$ 时，上下两层钢筋都为受拉钢筋，公式(8.106) 可写

为

$$m_p = (1-2\Phi_0)A_s f_Y h = (1-2\Phi_0)\Phi_0 h^2 f_c \tag{8.107}$$

8.6.2　纯扭作用下的配筋混凝土板

1. 正交各向同性情况

假设配筋板为各向同性，即 $A'_{sx}=A_{sx}=A'_{sy}=A_{sy}=A_s$。弯扭作用正交各向异性板一般情况如图 8.28 所示。

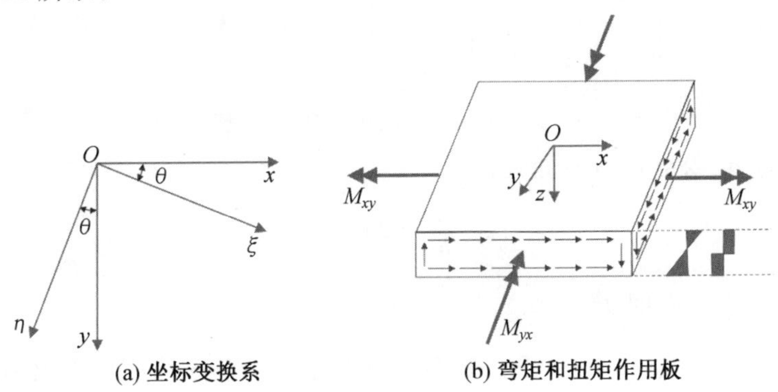

图 8.28　弯扭作用正交各向异性板

如图 8.28(a) 所示，不同坐标系下的内力变换式为

$$\begin{cases} M_\xi = M_x\cos^2\theta + 2M_{xy}\sin\theta\cos\theta + M_y\sin^2\theta \\ M_\eta = M_x\sin^2\theta - 2M_{xy}\sin\theta\cos\theta + M_y\cos^2\theta \\ M_{\xi\eta} = (M_y - M_x)\sin\theta\cos\theta + M_{xy}(\cos^2\theta - \sin^2\theta) \end{cases} \tag{8.108}$$

相应截面上的最大扭矩和主弯矩分别为

$$\text{最大扭矩} = \left\{M_{xy}^2 + \left(\frac{M_x - M_y}{2}\right)^2\right\}^{1/2} \tag{8.109}$$

$$\text{主弯矩} = \frac{1}{2}(M_x + M_y) \pm \left\{M_{xy}^2 + \left(\frac{M_x - M_y}{2}\right)^2\right\}^{1/2} \tag{8.110}$$

对于纯扭矩作用下的配筋混凝土板，其两个主弯矩在数值上是相等的，等于 x 和 y 截面上的扭矩，但符号相反。主弯矩截面与 x 轴、y 轴呈 45° 角。板承受纯扭矩作用如图 8.28(b) 所示，可以认为混凝土处于单轴受压状态。

如图 8.29 所示，在顶部混凝土第二主应力方向与 n 轴同向，在底部混凝土第二主应力与 t 轴同向。若假定在极限状态下板顶部和底部混凝土的第二主应力都等于 f_c(即 $\sigma_{c1}=0$、$\sigma_{c2}=-f_c$)，在顶部和底部混凝土受压区高度都为 a，则应力表达为

$$\sigma_{cx} = \sigma'_{cx} = \sigma_{cy} = \sigma'_{cy} = -\frac{1}{2}f_c \tag{8.111}$$

$$|\tau_{xy}| = |\tau'_{cxy}| = \frac{1}{2}f_c \tag{8.112}$$

根据沿 x 轴和 y 轴的截面平衡，得到

$$\frac{1}{2}f_c a = A_s f_Y \tag{8.113}$$

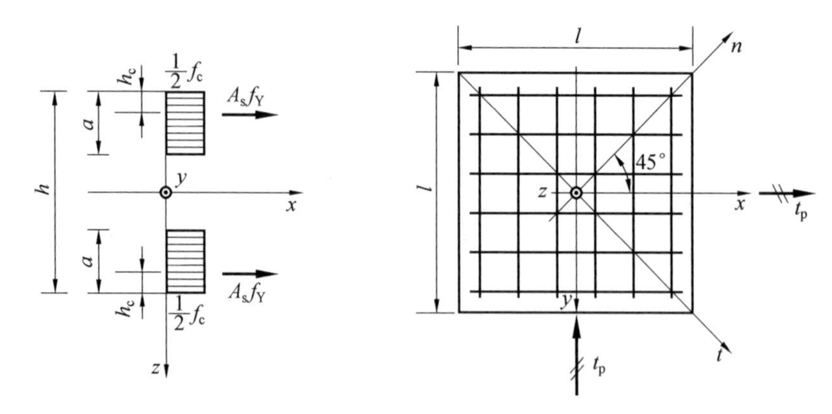

图 8.29 $x-y$ 坐标系纯扭的板元(钢筋方向)

代入配筋度 Φ_0 公式(式(8.99)),得

$$\frac{a}{h}=2\Phi_0 \tag{8.114}$$

下面假定 $a\leqslant\frac{1}{2}h$(即 $\Phi_0\leqslant 0.25$)。

比较式(8.96)与式(8.114)可发现,纯扭作用下的板受压区高度大致为纯弯板的两倍。当 a 由式(8.114)确定后,可将 x 和 y 截面上的应力等效为单位长度上的扭矩写为

$$\begin{aligned}t_p&=\tau_{cxy}a(h-a)=\frac{1}{2}f_c2\Phi_0h(h-2\Phi_0h)=(1-2\Phi_0)\Phi_0h^2f_c\\&=(1-2\Phi_0)A_sf_Yh\end{aligned} \tag{8.115}$$

在 x、y 平面内,对应于假定应力场,其几何容许应变场可以表达为

$$\begin{cases}\varepsilon_n=\kappa_1\left[z+\left(\frac{1}{2}h-a\right)\right]\\\varepsilon_t=\kappa_1\left[-z+\left(\frac{1}{2}h-a\right)\right]\end{cases} \tag{8.116}$$

应变张量的其他分量都为0;κ_1 为大于0的常数,等于板的主曲率。可以看出,主压应力与板顶部和底部混凝土的第二主应力方向相同。式(8.115)给出了纯扭状态下的承载力,即板在纯扭状态下的屈服力矩。

在实际钢筋混凝土板中,混凝土具有一定的抗拉强度。在混凝土开裂前,钢筋中的拉应力不会增大。在板顶部,裂缝沿 n 轴方向发展,在板壳底部,裂缝沿 t 轴方向发展。

对比 t_p 与纯弯作用下的屈服力矩 m_p,可以发现结果几乎相同。当 $\Phi_0\leqslant\frac{1}{2}(h_c/h)$ 时,二者表达式是一致的。而 $\Phi_0\leqslant 0.1$ 是实际中常见的情况,两者误差小于6%。因此可以近似取

$$t_p\simeq m_p \tag{8.117}$$

2. 正交各向异性情况

如果在 y 截面是在 x 截面配筋面积的 μ 倍(即 $A'_{sx}=A_{sx}=A_s,A'_{sy}=A_{sy}=\mu A_s$),且假定混凝土顶部和底部应力场第二主应力方向与 x 轴方向呈一个未知的夹角 α,其余的假设依然同上,如图8.30所示,可得如下表达:

$$\sigma'_{cx}=\sigma_{cx}=-f_c\cos^2\alpha,\quad \sigma'_{cy}=\sigma_{cy}=-f_c\sin^2\alpha,\quad |\tau'_{cxy}|=|\tau_{cxy}|=\frac{1}{2}f_c\sin 2\alpha \tag{8.118}$$

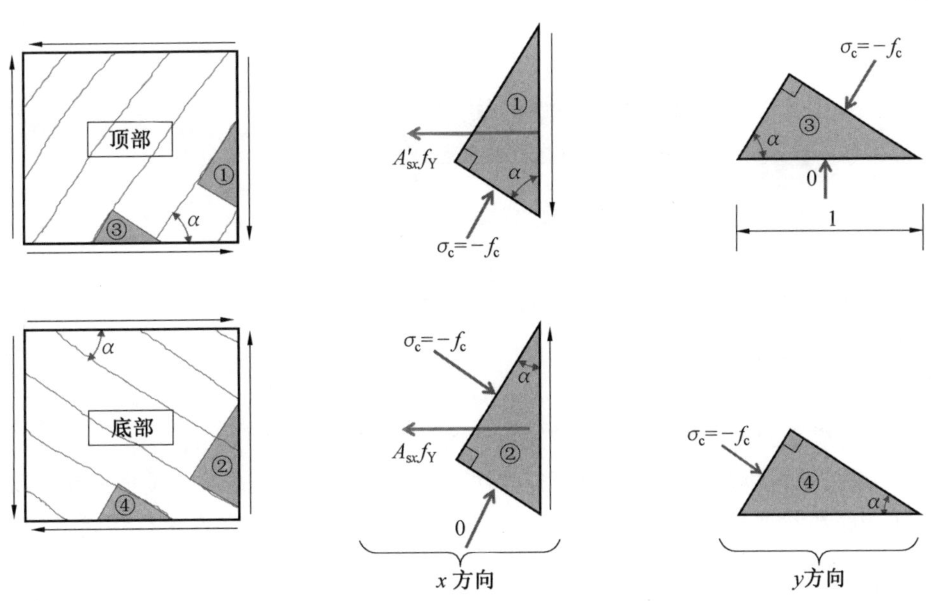

图 8.30　板顶部和底部混凝土主应力

通过代换

$$\frac{\sigma'_{cy}}{\sigma'_{cx}}=\mu \tag{8.119}$$

式中，$\tan^2\alpha=\mu$。由平衡关系得到

$$af_c\cos^2\alpha=A_sf_Y=\Phi_0hf_c \tag{8.120}$$

即

$$\frac{a}{h}=\frac{\Phi_0}{\cos^2\alpha}=\Phi_0(1+\mu) \tag{8.121}$$

由于

$$\begin{aligned}|\tau_{xy}|=|\tau_{xy}'|&=f_c\cos\alpha\sin\alpha=f_c\frac{\cos\alpha\sin\alpha}{\cos^2\alpha+\sin^2\alpha}\\&=f_c\frac{1}{\dfrac{\cos\alpha}{\sin\alpha}+\dfrac{\sin\alpha}{\cos\alpha}}=f_c\frac{1}{\dfrac{1}{\sqrt{\mu}}+\sqrt{\mu}}=f_c\frac{\sqrt{\mu}}{1+\mu}\end{aligned} \tag{8.122}$$

如图 8.31 所示，截面上的扭矩 t_p 可表达为

$$\begin{aligned}t_p&=\tau_{cxy}a(h-a)=\sqrt{\mu}(1-\Phi_0(1+\mu))\Phi_0h^2f_c\\&=\sqrt{\mu}(1-\Phi_0(1+\mu))A_sf_Yh\end{aligned} \tag{8.123}$$

该解为下限解。用式(8.116)作为几何容许应变场，可求得其上限解。其系数为 $\frac{1}{2}(1+\mu)$，代替了式(8.123)中的$\sqrt{\mu}$。由上限理论得到的系数，当$\frac{1}{4}\leqslant\mu\leqslant4$时，其最大

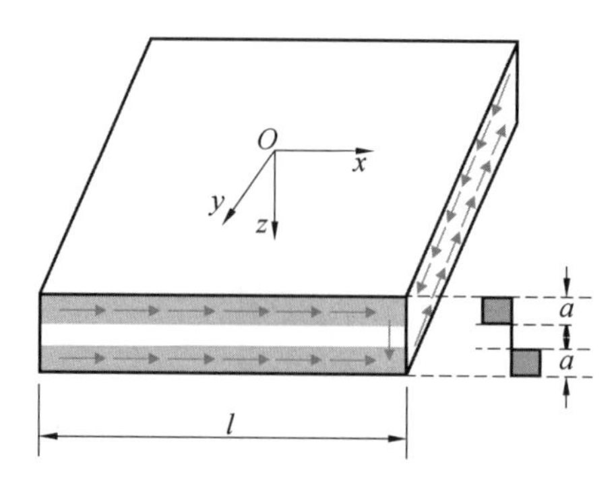

图 8.31　截面扭矩计算示意图

值比承载能力大 25%，在该区间的大部分情况都远小于这个差值。

对于低配筋度情况，t_p 近似取为

$$t_p \simeq \sqrt{\mu} m_p \tag{8.124}$$

式中，m_p 为对应于配筋面积为 A_s 的情况。此时 μ 应当取小于 1 的值。

理论上讲，板可以承受的最大扭矩仅取决于在 x 和 y 截面上单位长度上配筋面积比，而同钢筋在底部和顶部的分布形式无关，并且在这些截面上扭矩和弯矩往往是共同作用的。

类似地，当顶部和底部各方向配筋不同时，如图 8.32 所示，可以推得最大扭矩为

$$t_{max} = \frac{1}{2}\sqrt{\frac{\mu+\mu'}{1+k}}\left(1-\frac{1}{2}(1+k+\mu+\mu')\frac{A_s f_Y h}{h f_c}\right)(1+k)A_s f_Y h$$
$$\approx \frac{1}{2}\sqrt{(1+k)(\mu+\mu')}\, m_p \tag{8.125}$$

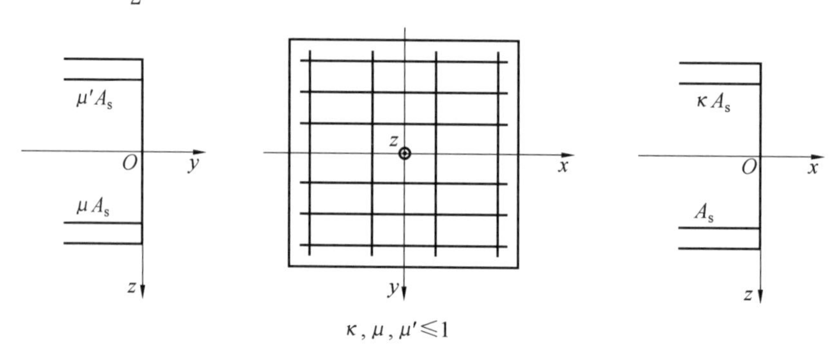

图 8.32　正交配筋板壳单元顶部和底部的钢筋面积

同时，扭矩 t_{max} 与弯矩共同作用。

$$m_x = \frac{1}{2}(1-k)(h-2h_c)A_s f_Y \approx \frac{1}{2}(1-k)m_p \tag{8.126}$$

$$m_y = \frac{1}{2}(\mu-\mu')(h-2h_c)A_s f_Y \approx \frac{1}{2}(\mu-\mu')m_p \tag{8.127}$$

因此，在 x 截面上，极限弯矩等于纯弯情况下对应于配筋面积 A_s 以及 kA_s 的屈服弯矩差值的一半；而在 y 截面上，极限弯矩等于纯弯情况下对应于配筋面积 μA_s 以及 $\mu' A_s$ 的屈服弯矩差值的一半。

8.6.3　弯扭组合

现在，讨论不同弯矩 m_x 和 m_y 以及扭矩 m_{xy} 组合方式下的钢筋混凝土板的屈服条件。

最简单的情况就是各向同性板，即板底和板顶配筋相同，$A'_{sx}=A_{sx}=A'_{sy}=A_{sy}=A_s$。因此，由一个或者两个主弯矩引起的分量 m_x、m_y 以及 m_{xy}，数值上等于正的或者负的在纯弯情况下可以承受的屈服弯矩。在由坐标轴 m_x、m_y 以及 m_{xy} 组成的柯西坐标系统中，屈服面方程可表达为

$$\frac{1}{2}(m_x+m_y)\pm\sqrt{\frac{1}{4}(m_x-m_y)^2+m_{xy}^2}=\pm m_p \tag{8.128}$$

等式左边表达了主弯矩 m_1 和 m_2。公式(8.128) 代表了两个圆锥面(图 8.33)。该屈服曲面和 m_x、m_y 平面的交线是一个边长为 $2m_p$ 的正方形，圆锥面与平面 $m_x=-m_y$ 的交线是一个主轴分别为 $2\sqrt{2}m_p$ 和 $2m_p$ 的椭圆，圆锥面与平面 $m_x=m_y$ 的交线是一个边长为 $\sqrt{3}m_p$ 的菱形。可以看出，该屈服准则让板可以承受 $m_{xy}=\pm m_p$ 的扭矩，与等式(8.117)中表达的结论相一致。

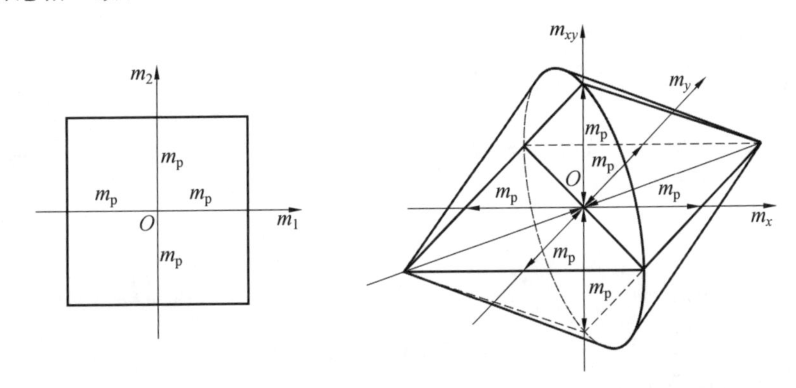

图 8.33　四个方向配筋面积相同的各向同性板壳单元的屈服准则

下面讨论 $m_x=-m_y$、$m_x=m_y$ 两种情况。

(1)$m_x=-m_y$。

对于静力容许应力场，当混凝土最小主应力为 $-f_c$、最大主应力为零时，假设第二主应力的方向与 y 负轴的夹角为 α，在板底第二主应力的方向与 x 负轴的夹角为 α(图 8.34)，混凝土应力为

$$\sigma'_{cy}=-f_c\cos^2\alpha,\quad \sigma'_{cx}=-f_c\sin^2\alpha,\quad |\tau'_{cxy}|=\frac{1}{2}f_c\sin 2\alpha \tag{8.129}$$

$$\sigma_{cy}=-f_c\sin^2\alpha,\quad \sigma_{cx}=-f_c\cos^2\alpha,\quad |\tau_{cxy}|=\frac{1}{2}f_c\sin 2\alpha \tag{8.130}$$

由于对称性，只需要考虑 $m_y\geqslant 0$ 和 $m_{xy}\geqslant 0$ 的情况，并且选取以下钢筋应力情况：

$$\sigma'_{sy}=\beta f_Y,\quad \sigma'_{sx}=f_Y\quad(-1\leqslant\beta\leqslant 1) \tag{8.131}$$

$$\sigma_{sy}=f_Y,\quad \sigma_{sx}=\beta f_Y \tag{8.132}$$

如图 8.35(a) 所示，在 x 负轴和 y 负轴上作用垂直应力，在板的顶部和底部其应力作

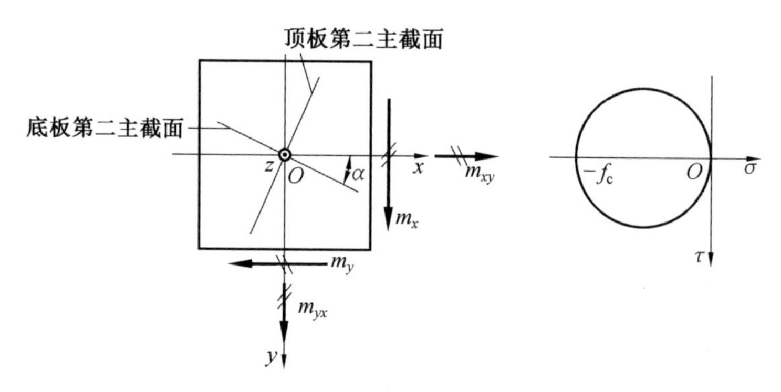

图 8.34　弯矩 $m_x = -m_y$ 和扭矩 m_{xy} 组合下的板壳单元

用范围均为 a，得到如下公式：

$$af_c\cos^2\alpha + af_c\sin^2\alpha = A_s f_Y + \beta A_s f_Y \tag{8.133}$$

由式(8.95)，得

$$\frac{a}{h} = \Phi_0(1+\beta) \tag{8.134}$$

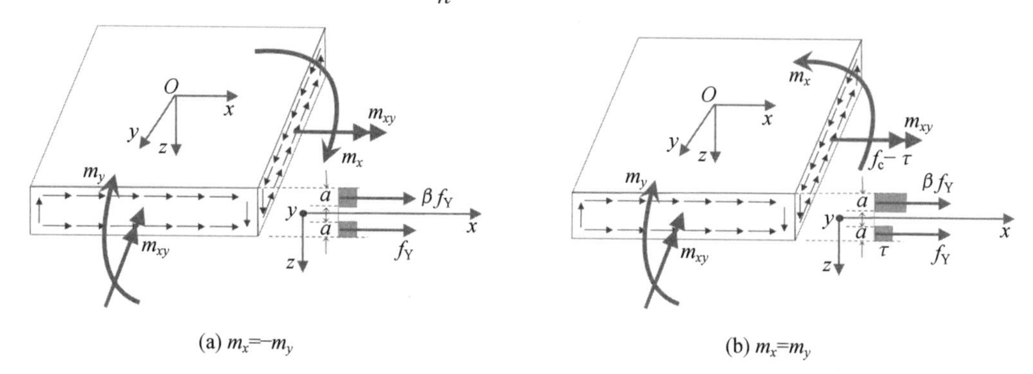

图 8.35　板受力示意图

可以看到切应力的等式是满足的。所以，弯矩 $m = m_y$ 就变为

$$m = m_y = -m_x = \frac{1}{2}(h-a)af_c\cos^2\alpha - \frac{1}{2}(h-a)af_c\sin^2\alpha + A_s f_Y\left(\frac{1}{2}h - h_c\right) - \beta A_s f_Y\left(\frac{1}{2}h - h_c\right) \tag{8.135}$$

式中，h_c 是板表面到最近一层钢筋的距离。扭矩 $t = m_{xy}$ 可通过相似方法得到

$$t = m_{xy} = \frac{1}{2}f_c a(h-a)\sin 2\alpha \tag{8.136}$$

这些表达式可以写成如下形式：

$$M = \frac{m}{\Phi_0 h^2 f_c} = \frac{m}{A_s f_Y h} = \frac{1}{2}(1+\beta)(1-\Phi_0(1+\beta))\cos 2\alpha + \omega(1-\beta) \tag{8.137}$$

$$T = \frac{t}{\Phi_0 h^2 f_c} = \frac{t}{A_s f_Y h} = \frac{1}{2}(1+\beta)(1-\Phi_0(1+\beta))\sin 2\alpha \tag{8.138}$$

令 $\eta = (1+\beta)/2$，ω 的定义如下：

$$\omega = \frac{1}{2}\left(1 - 2\frac{h_c}{h}\right) \tag{8.139}$$

有

$$\begin{cases} T = \dfrac{t}{A_s f_Y h} = \eta(1 - 2\eta\Phi_0)\sin^2\alpha \\ M = \eta(1 - 2\eta\Phi_0)\cos 2\alpha + 2\omega(1 - \eta) \end{cases} \tag{8.140}$$

根据等式(8.115)，若 $\eta = 1$ 时 $t = t_p$，对应纯扭情况，$T = (1 - 2\Phi_0)\sin 2\alpha$。若 $\eta = 0$，对应纯弯情况，$M = 2\omega$，$m = A_s f_Y h\left(1 - \dfrac{2h_c}{h}\right)$。

根据式(8.137) 和式(8.138)，得到

$$\sin 2\alpha = \frac{\eta(1 - 2\Phi_0)}{\frac{1}{2}(1+\beta)\left[1 - \Phi_0((1+\beta))\right]} \tag{8.141}$$

$$M = (1 - 2\Phi_0)\sqrt{\left[\frac{\frac{1}{2}(1+\beta)\left[1 - \Phi_0(1+\beta)\right]}{1 - 2\Phi_0}\right]^2 - \eta^2} + \omega(1 - \beta) \tag{8.142}$$

① 若 $\beta = 1$，得到

$$M = \frac{m}{A_s f_Y h} = (1 - 2\Phi_0)\sqrt{1 - \eta^2} \tag{8.143}$$

或

$$m = \sqrt{1 - \eta^2}(1 - 2\Phi_0)A_s f_Y h \tag{8.144}$$

② 若 $\eta = 0$(纯弯) 且 $\beta = 1$，即两层钢筋均达到屈服，则式(8.144) 改写为

$$m_{\eta=0} = (1 - 2\Phi_0)A_s f_Y h \tag{8.145}$$

上式有效范围为 $\Phi_0 \leqslant \dfrac{1}{2}(h_c/h)$。在这种情况下，式(8.142) 对应椭圆交界曲面。

图 8.36 描绘了式(8.142) 在不同的 Φ_0 值时的曲线。绘制这些曲线是为了给出由不同的 β 得出的 $\eta = t/t_p$ 下 m/t_p 的最大值。

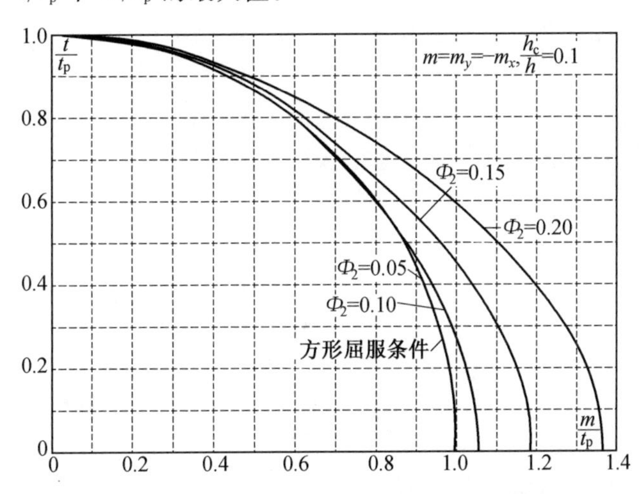

图 8.36　$m_x = -m_y$ 时矩形屈服准则与板壳单元屈服准则对比

从图 8.36 中可以看出，对于低配筋度情况($\Phi_0 \leqslant 0.1$)，式(8.128) 方形区域屈服条件和式(8.142) 之间有很好的吻合性，且式(8.142) 是下限解。

(2)$m_x = m_y$。

由于对称性,故只需要考虑$m_x \geqslant 0$和$m_{xy} \geqslant 0$的情况。在板的顶部,假设混凝土最小主应力为$\sigma_{c2} = -f_c$并且$\sigma_{cx} = \sigma_{cy}$;在板底部,混凝土最大主应力为零且$\sigma_{cx} = \sigma_{cy}$。

无论板顶部还是板底部,假设x和y截面都有相同的切应力τ,两个莫尔圆如图8.37所示。在板顶部和底部混凝土受压区域范围为深度a。钢筋应力不变,如图8.35(b)所示。

$$\sigma_{sx} = \sigma_{sy} = f_Y, \quad \sigma'_{sx} = \sigma'_{sy} = \beta f_Y \quad (-1 \leqslant \beta \leqslant 1) \tag{8.146}$$

由式(8.146)可以得到如下等式:

$$(f_c - \tau) a + \tau a = A_s f_Y (1 + \beta) \tag{8.147}$$

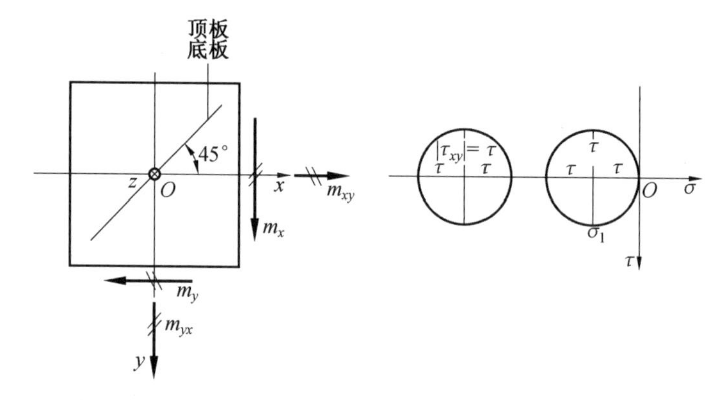

图8.37 弯矩$m_x = m_y$和扭矩m_{xy}组合下的板壳单元

由式(8.97),得到

$$\frac{a}{h} = \Phi_0 (1 + \beta) \tag{8.148}$$

应用情况(1)所给出的符号,对于x轴,有

$$M = \frac{m_x}{A_s f_Y h} = \frac{m}{A_s f_Y h} = \frac{1}{2}(1 + \beta)\left[1 - \Phi_0 (1 + \beta)\right]\left(1 - 2\frac{\tau}{f_c}\right) + \omega(1 - \beta) \tag{8.149}$$

$$T = \frac{m_{xy}}{A_s f_Y h_c} = \frac{t}{A_s f_Y h} = \frac{\tau}{f_c}(1 + \beta)\left[1 - \Phi_0 (1 + \beta)\right] \tag{8.150}$$

若$T = \eta(1 - 2\Phi_0)$,得到

$$\frac{\tau}{f_c} = \frac{\eta(1 - 2\Phi_0)}{(1 + \beta)\left[1 - \Phi_0 (1 + \beta)\right]} \tag{8.151}$$

将式(8.151)代入式(8.149)得到

$$M = \frac{1}{2}(1 + \beta)\left[1 - \Phi_0 (1 + \beta)\right]\left[1 - 2\frac{\eta(1 - 2\Phi_0)}{(1 + \beta)\left[1 - \Phi_0 (1 + \beta)\right]}\right]\omega(1 - \beta) \tag{8.152}$$

对于$\beta = 1$(受压区钢筋处于受拉),得到

$$M = \frac{m}{A_s f_Y h} = (1 - 2\Phi_0)(1 - \eta) \tag{8.153}$$

或者

$$m=(1-\eta)(1-2\Phi_0)A_s f_Y h \tag{8.154}$$

可见 $m_{\eta=0}=(1-2\Phi_0)A_s f_Y h$，因此对于 $\Phi_0 \leqslant \frac{1}{2}\left(\frac{h_c}{h}\right)$，圆锥面与平面 $m_x=m_y$ 的界线为直线。

(3) $A_{sx}=A_{sy}=A_s$，$A'_{sx}=A'_{sy}=A'_s$。

板各方向上有相同的配筋，但是对于板的顶部和底部单位长度上的配筋，其面积却不相同。如图 8.38 所示，板底配筋 A_s 对应屈服弯矩 m_p，板顶配筋 A'_s 对应屈服弯矩 m'_p。

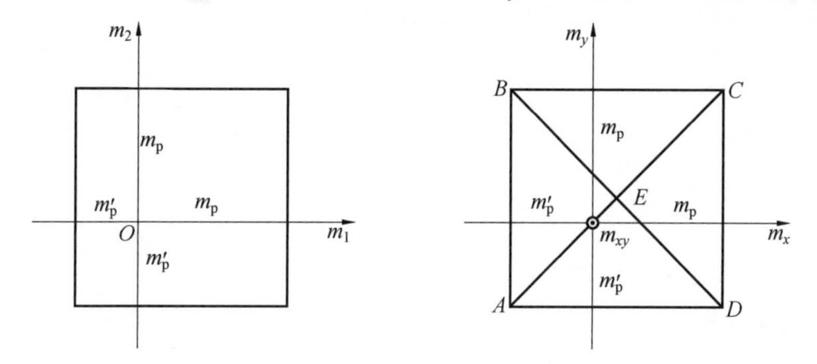

图 8.38　各向同性但顶部和底部不同配筋板壳单元的屈服条件

在 m_x、m_y、m_{xy} 的坐标系中，这种情况等效于两个以 AC 方向为轴的圆锥(图 8.38)，两个圆锥的公共基底在通过 BC 并且垂直于 m_x、m_y 平面的平面内。该屈服曲面与各向同性板的屈服曲面完全一致，并且该各向同性板的正负屈服弯矩与弯矩 m_p、m'_p 的平均值相同，但该曲面在坐标系中的位置不同。

最大扭矩增大 $\frac{1}{2}(m_p+m'_p)$，在 $m_x=m_y=\frac{1}{2}(m_p-m'_p)$ 点产生，对应于对角线 AC 和 BD 的交点 E。

由式(8.125)～(8.127)，可见最大扭矩为 $\frac{1}{2}(m_p+m'_p)$，且在 $m_x=m_y=\frac{1}{2}(m_p-m'_p)$ 点产生。令式(8.125)中 $\mu=1$，$k=\mu'\approx m'_p/m_p$，可以得到

$$t_{\max}=\frac{1}{2}\sqrt{\left(1+\frac{m'_p}{m_p}\right)\left(1+\frac{m'_p}{m_p}\right)}\,m_p=\frac{1}{2}(m_p+m'_p) \tag{8.155}$$

于是，由式(8.124)和式(8.125)可得

$$m_x=m_y\approx\frac{1}{2}(m_p-m'_p) \tag{8.156}$$

假设应力场对应于各向同性板的屈服曲面上的任意一点，对应配筋 $A'_{sx}=A_{sx}=A'_{sy}=A_{sy}=\frac{1}{2}(A_s+A'_s)$，在此基础上分别在板顶和板底叠加应力 $\frac{1}{2}(A_s=A'_s)f_Y$（图 8.39），就可以得到整个屈服曲面，弯矩为 $m_x=m_y\approx\frac{1}{2}(m_p-m'_p)$。系数 β 必须使钢筋应力不超过 f_Y，叠加得到屈服准则。

现在来处理一种更加普通的正交各向异性板情况。配筋特征如下：

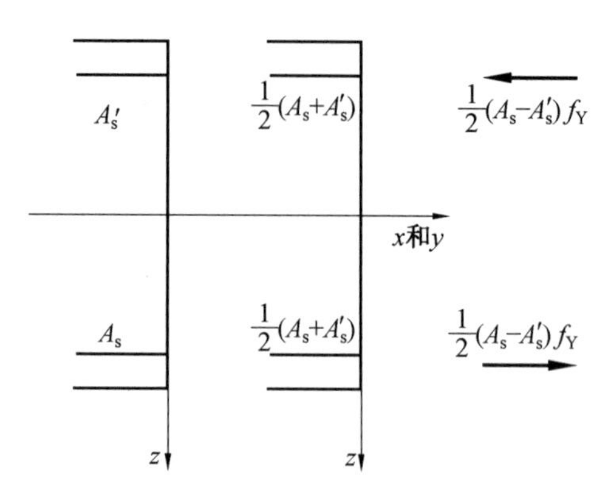

图 8.39　使用叠加法构造各向同性配筋

$$\begin{cases}A'_{sx}=A_{sx}=A_s\\ A'_{sy}=A_{sy}=\mu A_s \quad (\mu<1)\end{cases} \tag{8.157}$$

此时，$t_p=\sqrt{\mu}m_p$，其中 m_p 对应配筋面积 A_s。

如果应力情况 σ_{sx}、σ_{sy}、σ_{cx}、σ_{cy} 和 τ_{cxy} 处于安全域，且在 $\mu=1$ 的情况下满足静力平衡，则应力状态 σ_s、$\mu\sigma_{sy}$、σ_{cx}、$\mu\sigma_{sy}$ 和$\sqrt{\mu}\tau_{cxy}$ 在 $\mu\leqslant1$ 的情况下也处于安全域，后者实际上在 x 截面上引起相同的弯矩，但是在 y 截面上的弯矩变为原来的 μ 倍，扭矩变为原来的$\sqrt{\mu}$倍。

由此可知，如果弯矩 m_x、m_y 和 m_{xy} 在 $\mu=1$ 的情况下是安全的，则弯矩 m_x、μm_y 和 μm_{xy} 在 $\mu\leqslant1$ 的情况下也是安全的。这说明在 $\mu=1$ 情况下的屈服准则（下限解）的基础上，可以建立 $\mu<1$ 的情况下的屈服准则。两种准则可以建立联系：一是在 m_y 轴方向上的比例为 $1/\mu$，二是在 m_{xy} 轴方向上的比例为$\frac{1}{\sqrt{\mu}}$，形成两个圆锥（图 8.40）。

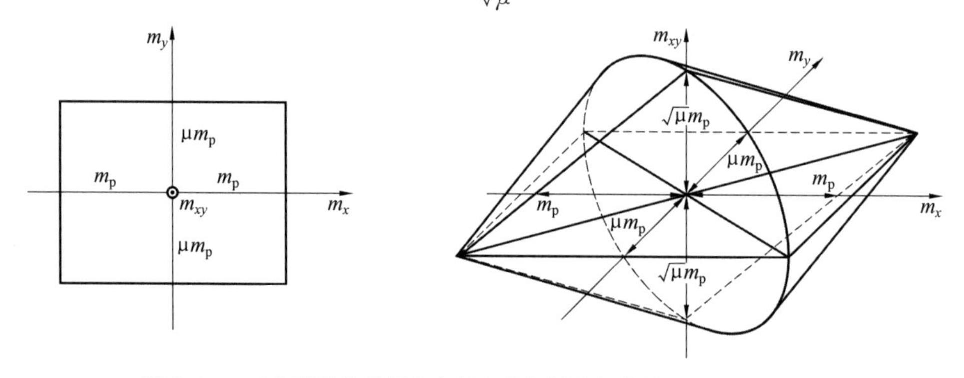

图 8.40　正交配筋但顶部和底部配筋相同的板壳单元的屈服准则

从而，可以处理最普通的正交各向异性板的情况，配筋如下：

$$\begin{cases}A_{sx}=A_s, \quad A'_{sx}=kA_s\\ A_{sy}=\mu A_s, \quad A'_{sy}=\mu' A_s\end{cases} \tag{8.158}$$

这里，假设 k、μ 和 μ' 均小于 1。

屈服准则在平面 m_x、m_y 上的形状是很明显的（图 8.41）。最大扭矩由式（8.125）确定，同时弯矩由式（8.126）和式（8.127）确定。弯矩对应对角线 AC 和 BD 的交点 E。

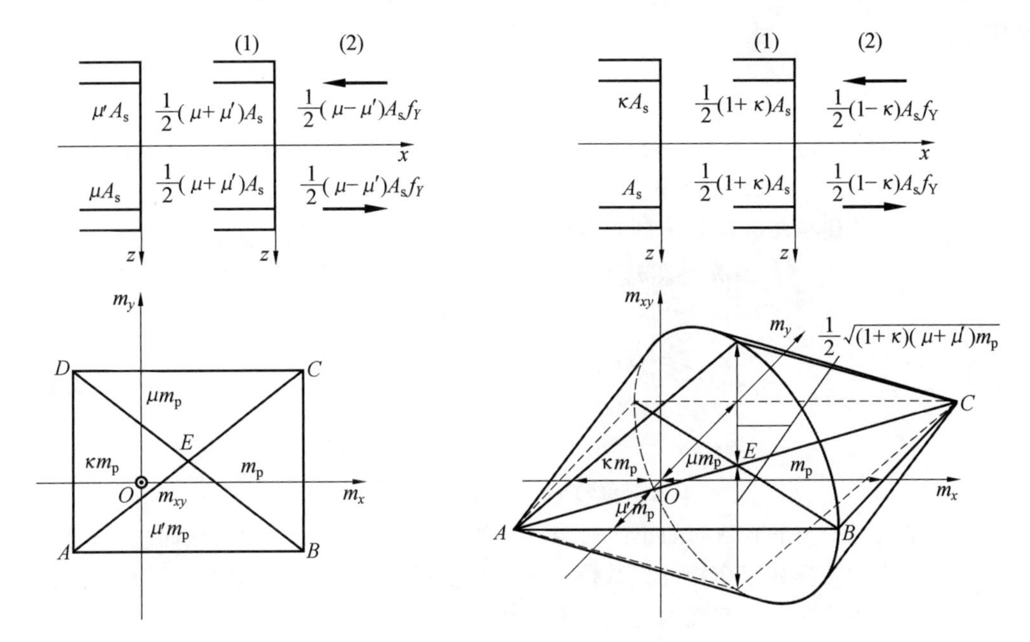

图 8.41　广义正交配筋板壳单元的屈服准则

整个屈服曲面可以由如下几种应力状态的叠加得到，应力场对应于如下配筋情况板的屈服曲面上的任意一点。

$$\begin{cases} A'_{sx}=A_{sx}=\dfrac{1}{2}(1+k)A_s \\ A'_{sy}=A_{sy}=\dfrac{1}{2}(\mu+\mu')A_s \end{cases} \tag{8.159}$$

在板的顶部和底部的 x 截面和 y 截面的单位长度上配筋相同。

如图 8.41 所示，作用在钢筋 x 截面上的力为$\frac{1}{2}(1-k)A_s f_Y$，作用在钢筋 y 截面上的力为$\frac{1}{2}(\mu-\mu')A_s f_Y$，对应弯矩为

$$\begin{cases} m_x \approx \dfrac{1}{2}(1-k)m_p \\ m_y \approx \dfrac{1}{2}(\mu-\mu')m_p \end{cases} \tag{8.160}$$

第一种应力状态对应着与图 8.40 类似的屈服曲面，而叠加上第二种应力状态后就形成了如图 8.41 所示的屈服曲面。

8.6.4　屈服条件的解析表达

综上所述，可以得到屈服条件的解析表达式。对于最普遍的正交各向异性板，$m_{px}=m_p$，$m'_{px}=km_p$，$m_{py}=\mu m_p$，$m'_{py}=\mu' m_p$，可以得到屈服弯矩如下：

$$m_y \geqslant -\eta m_x + m_{xy} - m'_{py}:-(m_{px}-m_x)(m_{py}-m_y)+m_{xy}^2=0 \tag{8.161}$$

$$m_y \leqslant -\eta m_x + m_{xy} - m'_{py}:-(m'_{px}+m_x)(m'_{py}+m_y)+m_{xy}^2=0 \tag{8.162}$$

其中

$$\eta=\frac{m_{py}+m'_{py}}{m_{px}+m'_{px}} \tag{8.163}$$

当然，式(8.157)只适用于 $m_x \leqslant m_{px}$ 和 $m_y \leqslant m_{py}$ 的情况；同理，式(8.162)只适用于 $m_x \geqslant -m'_{px}$ 和 $m_y \geqslant -m'_{py}$ 的情况。

板可以承受某一弯矩场须满足的条件式为

$$\begin{cases} m_x \leqslant m_{px} \\ m_y \leqslant m_{py} \\ m_x \geqslant -m'_{px} \\ m_y \geqslant -m'_{py} \\ -(m_{px}-m_x)(m_{py}-m_y)+m_{xy}^2 \leqslant 0 \\ -(m'_{px}+m_x)(m'_{py}+m_y)+m_{xy}^2 \leqslant 0 \end{cases} \tag{8.164}$$

其中，m_{px} 是纯弯情况下 x 截面的正向屈服弯矩的代数值(垂直于 x 轴的截面)；m'_{px} 是纯弯情况下 x 截面的负向屈服弯矩的代数值；m_{py} 是纯弯情况下 y 截面的正向屈服弯矩的代数值；m'_{py} 是纯弯情况下 y 截面的负向屈服弯矩的代数值。

8.7 截面配筋设计

8.7.1 正交各向异性配筋薄板

假定混凝土能够承受两个负主应力对应的应力状态(不需要配受力筋)，而当一个或两个主应力是拉应力时，则需要配受力钢筋。钢筋的方向沿着 x、y 方向，如图 8.42 所示。

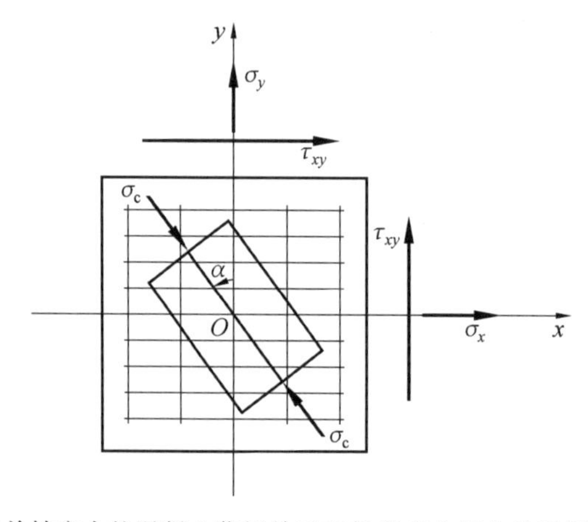

图 8.42　受单轴应力的混凝土薄板单元和任意应力组合的混凝土薄板单元

用 σ_{c2} 表示混凝土第二主应力，比如 $-\sigma_c$。记第二主应力与 y 轴夹角为 α，记两个方向单位长度的配筋面积分别为 A_{sx} 和 A_{sy}。当 $\sigma_{sx}=\sigma_{sy}=f_Y$ 且混凝土单轴受压时，应力有如下表达：

$$\sigma_x = -\sigma_c \sin^2\alpha + \frac{A_{sx} f_Y}{t} \tag{8.165}$$

$$\sigma_y = -\sigma_c \cos^2\alpha + \frac{A_{sy} f_Y}{t} \tag{8.166}$$

$$\tau_{xy} = \sigma_c \sin\alpha\cos\alpha \tag{8.167}$$

若能确定 σ_c 和 α，即能确定配筋量 A_{sx} 和 A_{sy}。为了求解最小配筋量，将式(8.167) 代入式(8.165) 和式(8.166)，得到

$$\sigma_x = -\tau_{xy} \tan\alpha + \frac{A_{sx} f_Y}{t} \tag{8.168}$$

$$\sigma_y = -\tau_{xy} \cot\alpha + \frac{A_{sy} f_Y}{t} \tag{8.169}$$

或

$$\frac{A_{sx} f_Y}{t} = \sigma_x + \tau_{xy} \tan\alpha \tag{8.170}$$

$$\frac{A_{sy} f_Y}{t} = \sigma_y + \tau_{xy} \cot\alpha \tag{8.171}$$

下面，定义单位面积的总配筋量为

$$R = |\sigma_x + \tau_{xy} \tan\alpha| + |\sigma_y + \tau_{xy} \cot\alpha| \tag{8.172}$$

式中，$0 \leqslant \alpha \leqslant \pi/2$，$\tau_{xy} \geqslant 0$。

如果 $\sigma_x > -\tau_{xy} \tan\alpha$、$\sigma_y > -\tau_{xy} \cot\alpha$，方程(8.172) 的两个绝对值内都为正，因此有

$$R = \sigma_x + \sigma_y + \tau_{xy} (\tan\alpha + \cot\alpha) \tag{8.173}$$

当 $\alpha = \pi/4$ 时，R 取得最小值。方程(8.170) 和方程(8.171) 可写为

$$\frac{A_{sx} f_Y}{t} = \sigma_x + \tau_{xy} \tag{8.174}$$

$$\frac{A_{sy} f_Y}{t} = \sigma_y + \tau_{xy} \tag{8.175}$$

如此，确定最小配筋量的基本情况可以分为以下两种：

(1)$\sigma_x > -|\tau_{xy}|$，$\sigma_x + \tau_{xy} \tan\alpha \geqslant 0$

$$f_{tx} = \frac{A_{sx} f_Y}{t} = \sigma_x + |\tau_{xy}|,\ f_{ty} = \frac{A_{sy} f_Y}{t} = \sigma_y + |\tau_{xy}| \tag{8.176}$$

$$\sigma_c = 2|\tau_{xy}| \tag{8.177}$$

(2)$\sigma_x \leqslant -|\tau_{xy}|$，$\sigma_x + \tau_{xy} \tan\alpha \leqslant 0$

如果 $\sigma_y < 0$，所需配筋量需满足

$$\sigma_x \sigma_y \leqslant \tau_{xy}^2 \tag{8.178}$$

所需配筋量可以由下列式子确定：

$$A_{sx} = 0 \tag{8.179}$$

$$f_{ty} = \frac{A_{sy} f_Y}{t} = \sigma_y + \frac{\tau_{xy}^2}{|\sigma_x|} \tag{8.180}$$

$$\sigma_c = |\sigma_x| \left[1 + \left(\frac{\tau_{xy}}{\sigma_x}\right)^2\right] \tag{8.181}$$

8.7.2 示例

1. 纯拉问题

在纯拉问题中，$\sigma_x=\sigma$、$\sigma_y=\tau_{xy}=0$ 沿 x 方向配筋为

$$f_{tx}=\frac{A_{sx}f_Y}{t}=\sigma \tag{8.182}$$

应力由配筋承担而不需要混凝土提供抗力，如果沿 ξ 和 η 方向配筋(图 8.43)，其中 ξ 方向同 x 方向夹角为 θ，则配筋所需抵抗的应力为

$$\sigma_\xi=\sigma\cos^2\theta,\quad \sigma_\eta=\sigma\sin^2\theta,\quad |\tau_{\xi\eta}|=\frac{1}{2}\sigma\sin 2\theta \tag{8.183}$$

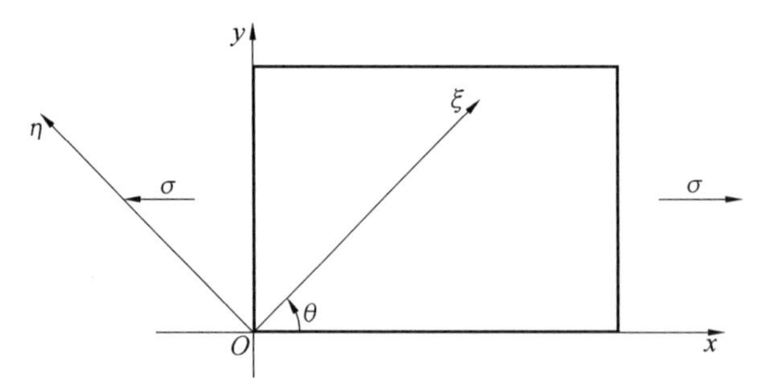

图 8.43　单轴受力 x 向、配筋为 ξ 和 η 正交方向的平面内受力板

那么，配筋量由下式确定：

$$f_{t\xi}=\frac{A_{s\xi}f_Y}{t}=\sigma\cos^2\theta+\frac{1}{2}\sigma\sin 2\theta \tag{8.184}$$

$$f_{t\eta}=\frac{A_{s\eta}f_Y}{t}=\sigma\sin^2\theta+\frac{1}{2}\sigma\sin 2\theta \tag{8.185}$$

单位面积的配筋量为

$$\frac{Vf_Y}{t}=\frac{A_{s\xi}f_Y}{t}+\frac{A_{s\eta}f_Y}{t}=\sigma(1+\sin 2\theta) \tag{8.186}$$

如图 8.44 所示，将比值 $\frac{Vf_Y}{t\sigma}$ 表达为角度 θ 的函数，在 θ 等于 45° 时达到最大配筋量，是沿着第一主应力方向配筋量的 2 倍。

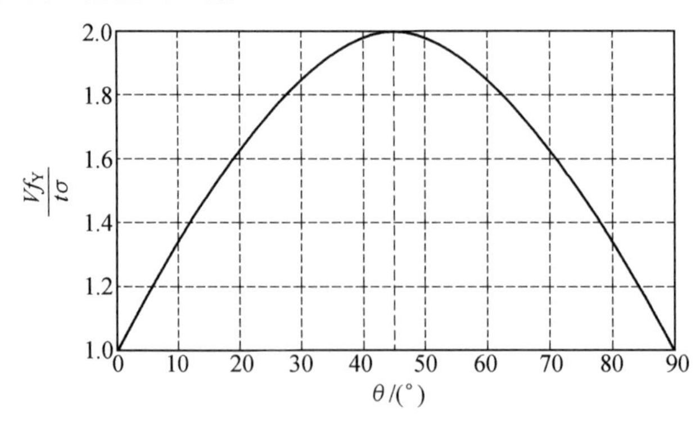

图 8.44　单轴应力下正交配筋的配筋量(配筋方向与单轴应力方向呈一角度)

进一步考察 θ 等于 $45°$ 的情况，此时应力为

$$\sigma_{\xi}=\frac{1}{2}\sigma,\quad \sigma_{\eta}=\frac{1}{2}\sigma,\quad |\tau_{\xi\eta}|=\frac{1}{2}\sigma \tag{8.187}$$

由式(8.184) 和式(8.185)，得到

$$f_{t\xi}=\frac{A_{s\xi}f_{Y}}{t}=\sigma,\quad f_{t\eta}=\frac{A_{s\eta}f_{Y}}{t}=\sigma \tag{8.188}$$

混凝土应力对应为

$$\sigma_{c}=\sigma \tag{8.189}$$

如果没有混凝土承担抗力，配筋不能承受设计应力。混凝土的单轴受压方向沿着 y 方向，即如果沿着 x 方向为自由边界，混凝土的应力边界条件不能得到满足。

2. 剪切问题

对于纯剪切应力场，即 $\sigma_x=\sigma_y=0$、$\tau_{xy}=\tau$ 方向的配筋量为

$$f_{tx}=\frac{A_{sx}f_{Y}}{t}=f_{ty}=\frac{A_{sy}f_{Y}}{t}=\tau \tag{8.190}$$

即在两个方向单位长度上必须配置等量的钢筋。混凝土应力为

$$\sigma_{c}=2\tau \tag{8.191}$$

如果沿着主应力 ξ 和 η 方向，同 x 和 y 方向成 $45°$ 夹角，得到应力为

$$\sigma_{\xi}=-\sigma_{\eta}=\tau,\quad \tau_{\xi\eta}=0 \tag{8.192}$$

即

$$f_{t\xi}=\frac{A_{s\xi}f_{Y}}{t}=\tau,\quad f_{t\eta}=\frac{A_{s\eta}f_{Y}}{t}=0 \tag{8.193}$$

得到混凝土应力为

$$\sigma_{c}=\tau \tag{8.194}$$

混凝土的单轴受压方向为 η 方向，这种情况下的混凝土应力和配筋量只有一半。

最后，如果其中一个方向单位长度上的配筋量为另一个方向上配筋量的 μ 倍，比如 y 方向，则可以表达为

$$f_{tx}=\frac{A_{sx}f_{Y}}{t}=\tau\tan\alpha \tag{8.195}$$

$$f_{ty}=\frac{A_{sy}f_{Y}}{t}=\frac{\mu A_{sx}f_{Y}}{t}=\tau\cot\alpha \tag{8.196}$$

由此得到

$$\tan^{2}\alpha=\frac{1}{\mu} \tag{8.197}$$

进一步有

$$\frac{A_{sx}f_{Y}}{t}=\frac{\tau}{\sqrt{\mu}},\quad A_{sy}=\mu A_{sx} \tag{8.198}$$

混凝土的应力为

$$\sigma_{c}=\tau\left(\sqrt{\mu}+\frac{1}{\sqrt{\mu}}\right) \tag{8.199}$$

8.8 R－UHPC 组合耗能区剪力墙抗剪承载力分析

超高性能混凝土具有高强、可设计的韧性等优异性能，将配筋 UHPC(R－UHPC) 板作为剪力墙结构塑性耗能区域，形成组合耗能区截面设计，可以改善剪力墙承载性能。本节基于软化拉压杆模型给出 R－UHPC 组合耗能区剪力墙受剪承载性能，并进行参数分析。

8.8.1 理论公式

1. 软化拉压杆模型的基本公式

R－UHPC 组合耗能区预制剪力墙的软化拉压杆模型示意图如图 8.45 所示，荷载作用位置距离基础底面高度为 L，两侧边缘构件中点之间的距离为 h_m。

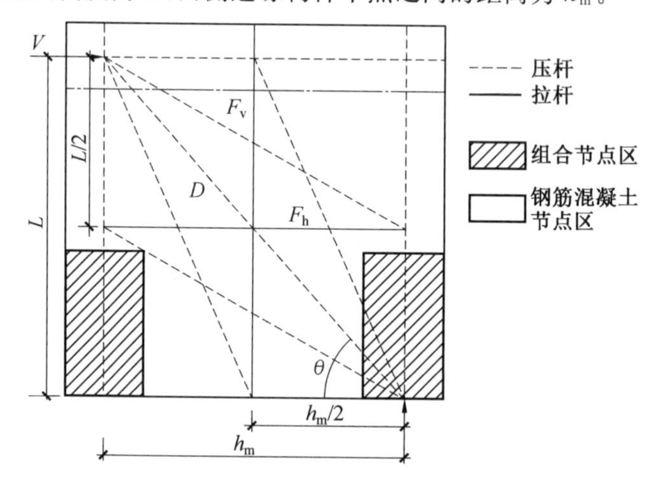

图 8.45 组合耗能区预制剪力墙的软化拉压杆模型示意图

由平衡方程可得

$$V = -D\cos\theta + F_h + F_v\cot\theta \tag{8.200}$$

$$\theta = \arctan\left(\frac{L}{h_m}\right) \tag{8.201}$$

式中，V 为施加于剪力墙上的水平荷载值；D 为主斜压杆的轴力；F_h 为水平拉杆的轴力；F_v 为竖直拉杆的轴力。

拉杆与压杆 D、F_h 和 F_v 之间的关系定义为

$$-D\cos\theta : F_h : F_v\cot\theta = R_d : R_h : R_v \tag{8.202}$$

式中，R_d、R_h 与 R_v 分别为 $-D\cos\theta$、F_h 和 $F_v\cot\theta$ 间的比值。

考虑到 RUHPC 板厚与钢筋混凝土部分相比较薄，且仅在组合耗能区域存在，对整体构件抗剪刚度的影响并不大。方便起见，使用软化拉压杆模型中对钢筋混凝土剪力墙的比值计算方法。该计算方法是基于刚度的分配原则，由于组合 R－UHPC 板对整体的刚

度影响并不大，因此可认为使用该计算方法是合理的。

因此，R_d、R_h 与 R_v 可按下式计算：

$$R_d = \frac{(1-\gamma_h)(1-\gamma_v)}{1-\gamma_h\gamma_v} \tag{8.203a}$$

$$R_h = \frac{\gamma_h(1-\gamma_v)}{1-\gamma_h\gamma_v} \tag{8.203b}$$

$$R_v = \frac{\gamma_v(1-\gamma_h)}{1-\gamma_h\gamma_v} \tag{8.203c}$$

结合式(8.200) 与式(8.203a) ～ (8.203c) 可得

$$D = -R_d \frac{V}{\cos\theta} \tag{8.204a}$$

$$F_h = R_h V \tag{8.204b}$$

$$F_v = R_v \frac{V}{\cot\theta} \tag{8.204c}$$

由于 F_h 与 F_v 为水平拉杆与竖直拉杆的拉力，因此有

$$F_h = A_{th} E_s \varepsilon_h \leqslant F_{yh} = A_{th} f_{yh} \tag{8.205a}$$

$$F_v = A_{tv} E_s \varepsilon_v \leqslant F_{yv} = A_{tv} f_{yv} \tag{8.205b}$$

其中，当计算水平拉杆面积时，通常假定距离墙体中心上下 $L/4$ 范围内的钢筋完全屈服，范围外的钢筋应力达到屈服时的 50%。因此，A_{th} 取 $0.75A_{sx}$。A_{tv} 取剪力墙腹板部分的竖向分布钢筋面积，即 $A_{th} = A_{sy}$。A_{sx} 与 A_{sy} 分别为剪力墙水平与竖直分布钢筋的配筋面积。

2. 组合耗能区破坏模式下的基本公式

墙体底部受压区域的压杆相交节点如图 8.46 所示。由图 8.46 可知，三根压杆汇集于节点处；由平衡方程可知，节点处所受压应力为

$$\sigma_{d,\max} = \frac{1}{A_{str}}\left[D - \frac{\cos(\alpha_2-\theta)}{\sin\alpha_2}F_v - \frac{\cos(\theta-\alpha_1)}{\cos\alpha_1}F_h\right] \tag{8.206}$$

由几何关系可知

$$\alpha_1 = \arctan\left(\frac{L}{2h_m}\right) \tag{8.207a}$$

$$\alpha_2 = \arctan\left(\frac{2L}{h_m}\right) \tag{8.207b}$$

其中，$A_{str} = a_w \times b_s$，a_w 为斜压杆的宽度，取最边缘钢筋屈服时剪力墙受压区高度，b_s 为墙体宽度。

由于剪力墙组合耗能区受力响应最大，破坏状态对应为组合耗能区 RUHPC 与 RC 达到材料抗压峰值承载力的状态。组合耗能区压应力由 UHPC 与 RC 共同承担。假定 UHPC 与 RC 截面上设置了足够的连接键，认为 UHPC 与 RC 平面内在同一个点上的应变一致。

为了计算简便，假定组合耗能区处的压应力按下式计算：

$$\sigma_{nc} = \lambda_{Uc}\sigma_{Uc} + \lambda_c\sigma_c \tag{8.208}$$

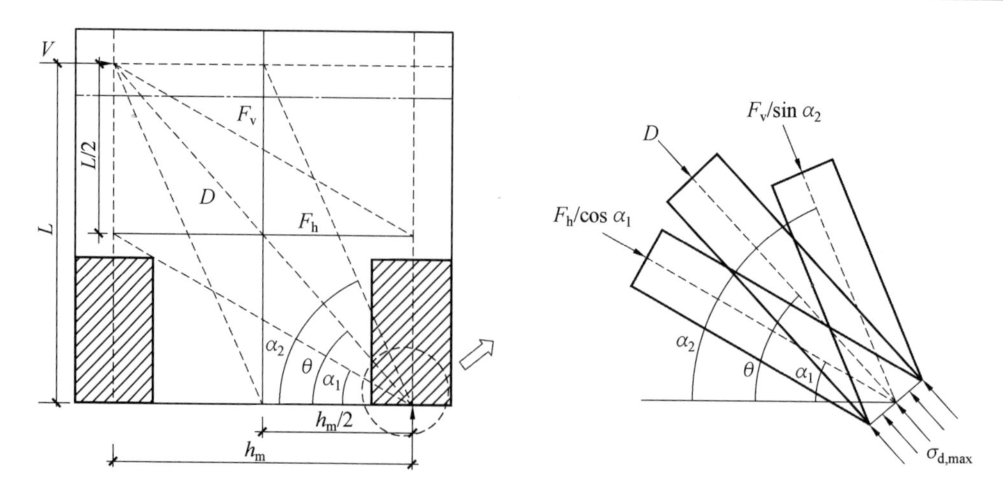

图 8.46　组合耗能区压杆交汇示意图

$$\sigma_{\mathrm{Uc}}=\begin{cases}\zeta_n f_{\mathrm{Uc}}\left[2\left(\dfrac{\varepsilon_d}{\zeta_n\varepsilon_{\mathrm{Uc0}}}\right)-\left(\dfrac{\varepsilon_d}{\zeta_n\varepsilon_{\mathrm{Uc0}}}\right)^2\right], & \dfrac{\varepsilon_d}{\zeta_n\varepsilon_{\mathrm{Uc0}}}\leqslant 1\\ \zeta_n f_{\mathrm{Uc}}\left[1-\left(\dfrac{(\varepsilon_d/\zeta_n\varepsilon_{\mathrm{Uc0}})-1}{(2/\zeta_n)-1}\right)^2\right], & \dfrac{\varepsilon_d}{\zeta_n\varepsilon_{\mathrm{Uc0}}}>1\end{cases}\tag{8.209}$$

$$\sigma_c=\begin{cases}\zeta_n f_c\left[2\left(\dfrac{\varepsilon_d}{\zeta_n\varepsilon_{c0}}\right)-\left(\dfrac{\varepsilon_d}{\zeta_n\varepsilon_{c0}}\right)^2\right], & \dfrac{\varepsilon_d}{\zeta_n\varepsilon_{c0}}\leqslant 1\\ \zeta_n f_c\left[1-\left(\dfrac{(\varepsilon_d/\zeta_n\varepsilon_{c0})-1}{(2/\zeta_n)-1}\right)^2\right], & \dfrac{\varepsilon_d}{\zeta_n\varepsilon_{c0}}>1\end{cases}\tag{8.210}$$

$$\zeta_n=\lambda_{\mathrm{Uc}}\frac{1}{\sqrt{1+250\varepsilon_r}}+\lambda_c\frac{1}{\sqrt{1+400\varepsilon_r}}\tag{8.211}$$

其中，$\varepsilon_{\mathrm{Uc0}}$ 为 UHPC 材料的峰值压应变；ε_{c0} 为混凝土材料的峰值压应变；ζ_n 为组合节点处的综合软化系数；λ_{Uc} 与 λ_c 为组合节点处截面上 UHPC 材料与混凝土材料占全截面的厚度比。

考虑到 f_{uc} 远大于 f_c 的值，假定 $\varepsilon_d=\zeta\varepsilon_{\mathrm{Uc0}}$ 时，σ_{nc} 取最大值，即

$$f_{nc,\max}=\zeta_n f'_{\mathrm{Uc}}+\zeta_n f'_c\left\{1-\left[\frac{(\varepsilon_{\mathrm{Uc0}}/\zeta_n\varepsilon_{c0})-1}{(2/\zeta_n)-1}\right]^2\right\}\tag{8.212}$$

3. 主压杆破坏模式下的基本公式

式(8.206)中的 $\sigma_{d,\max}$ 由组合节点区域中的UHPC材料与RC材料共同承担。对于普通钢筋混凝土剪力墙，各个截面强度相同，塑性耗能区域易发生破坏。如图 8.47 所示，对于组合耗能区剪力墙来说，有 R－UHPC 板加强，塑性耗能区得到加强，破坏区可以转化为斜压杆。

如图 8.47 所示，主压杆中压应力可按下式计算：

$$\sigma_d=\frac{D}{A_{\mathrm{str}}}\tag{8.213}$$

当主压杆压应力达到材料所能够承受的压应力时，构件达到峰值荷载，即

$$\sigma_d=\zeta f_c\tag{8.214}$$

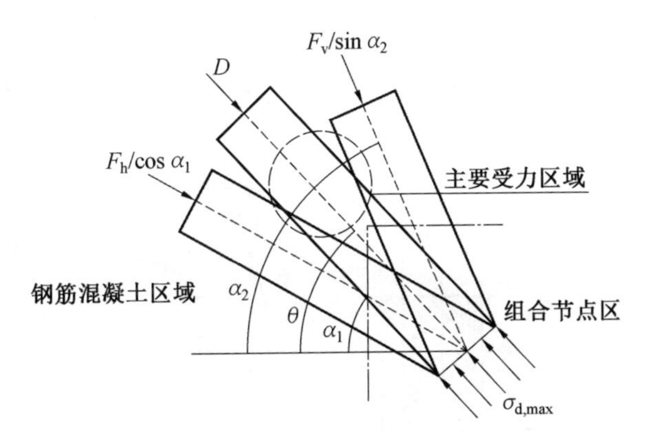

图 8.47　主压杆受力示意图

此处，压杆处的混凝土达到了峰值应变，即

$$\varepsilon_d = \zeta\varepsilon_{c0} \tag{8.215}$$

压杆内的主拉应变为

$$\varepsilon_r = \varepsilon_h + \varepsilon_v - \varepsilon_d \tag{8.216}$$

当水平拉杆屈服时，ε_h 不易求得，压杆内的主拉应变为

$$\varepsilon_r = \varepsilon_v + (\varepsilon_v - \varepsilon_d)\tan^2\theta \tag{8.217}$$

其中，ζ 为压杆的软化系数，混凝土材料的压杆软化系数为

$$\zeta = \frac{1}{\sqrt{1+400\varepsilon_r}} \tag{8.218}$$

4. 压杆宽度的计算

下面对压杆的宽度进行求解，软化拉压杆模型假定压杆的宽度为最边缘钢筋屈服时剪力墙受压区高度。绘制剪力墙底部截面的应变与应力分布如图 8.48 所示。图中，水平剪力距墙体底部高度为 L；墙底截面高度为 H；边缘构件钢筋合力点距墙体边缘距离为 h_s；边缘构件区域长度为 $2h_s$；边缘构件区域配筋为 ρ_s；组合节点区域截面材料等效弹性模量记为 E_{eq}，$E_{eq}=(\lambda_c E_c + \lambda_{Uc}E_{Uc})$，$\lambda_c$ 与 λ_{Uc} 分别为组合节点区域混凝土与 UHPC 材料占截面总厚度的比值，E_c 与 E_{Uc} 分别为混凝土与 UHPC 材料的弹性模量。边缘构件区域所配置钢筋的屈服应变为 ε_{sy}。

由几何关系可得

$$\varepsilon_{Uc} = \frac{a_w}{H-a_w}\varepsilon_{sy} \tag{8.219}$$

$$\varepsilon_{sy1} = \frac{H-a_w-2h_s}{H-a_w}\varepsilon_{sy} \tag{8.220}$$

其中，ε_{Uc} 为剪力墙受拉区边缘钢筋屈服时受压区组合节点区域边缘的压应变；ε_{sy1} 为此时受拉区距墙体边缘 $2h_s$ 处的拉应变。

对竖直方向列力的平衡方程

$$\sum F_y = 0N + f_yA_s\frac{H-a_w-h_s}{H-a_w} - \frac{1}{2}E_{eq}a_w^2b\times\frac{\varepsilon_{sy}}{H-a_w} = 0 \tag{8.221}$$

整理可得关于 a_w 的方程为

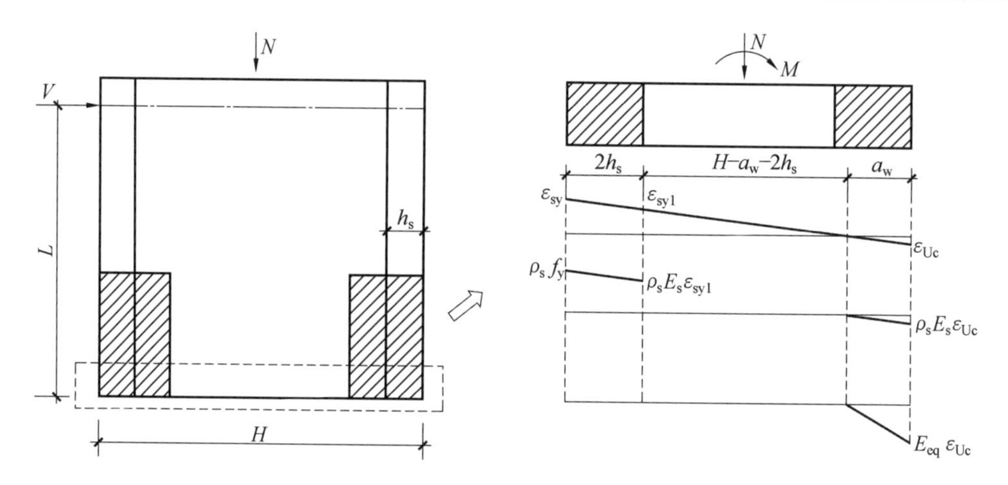

图 8.48　墙底截面应变与应力分布示意图

$$\left(\frac{1}{2}E_{eq}\varepsilon_{sy}b\right)a_w^2+(N+f_yA_s)a_w-NH-f_yA_s(H-h_s)=0 \tag{8.222}$$

求解方程可得

$$a_w=\frac{\sqrt{(N+f_yA_s)^2+2E_{eq}\varepsilon_{sy}b[NH+f_yA_s(H-h_s)]}-(N+f_yA_s)}{E_{eq}\varepsilon_{sy}b} \tag{8.223}$$

为了计算简便，不对受压区高度大于R－UHPC板宽度时的情况进行另外求解，使用上式求解略微偏向于保守。

对于普通钢筋混凝土剪力墙，软化拉压杆模型近似使用了下式来计算主压杆的宽度 $a_{w,RC}$：

$$a_{w,RC}=\left(0.25+0.85\frac{N}{Af_c}\right)H \tag{8.224}$$

由于式(8.224) 考虑了混凝土强度对主压杆宽度的影响，而式(8.223) 中没有考虑这点，所以引入折减系数 β_{fc}：

$$a_w=\frac{\beta_{fc}}{E_{eq}\varepsilon_{sy}b}\left[\sqrt{(N+f_yA_s)^2+2E_{eq}\varepsilon_{sy}b[NH+f_yA_s(H-h_s)]}-(N+f_yA_s)\right] \tag{8.225}$$

其中，β_{fc} 为考虑混凝土或者 UHPC 强度提升对主压杆宽度影响的折减系数，其取值将在后续有限元验证中详细介绍。

8.8.2　软化拉压杆模型的计算流程

上述推导已经给出了软化拉压杆模型计算所需要的公式，下面对软化拉压杆模型进行求解。如上所述，组合耗能区预制剪力墙的破坏模式有两种，分别为组合耗能区和混凝土主压杆发生破坏时，计算流程如图 8.49 所示。一般情况下，无法确定破坏模式时，可假定组合塑性铰区发生破坏，按图 8.49(a) 进行计算，然后继续按图 8.49(b) 进行验算，若后者的承载力小于前者，则说明了最终组合塑性铰区剪力墙的混凝土主压杆发生破坏，否则为组合节点破坏，最终剪力墙的承载力取两次计算的较小者。

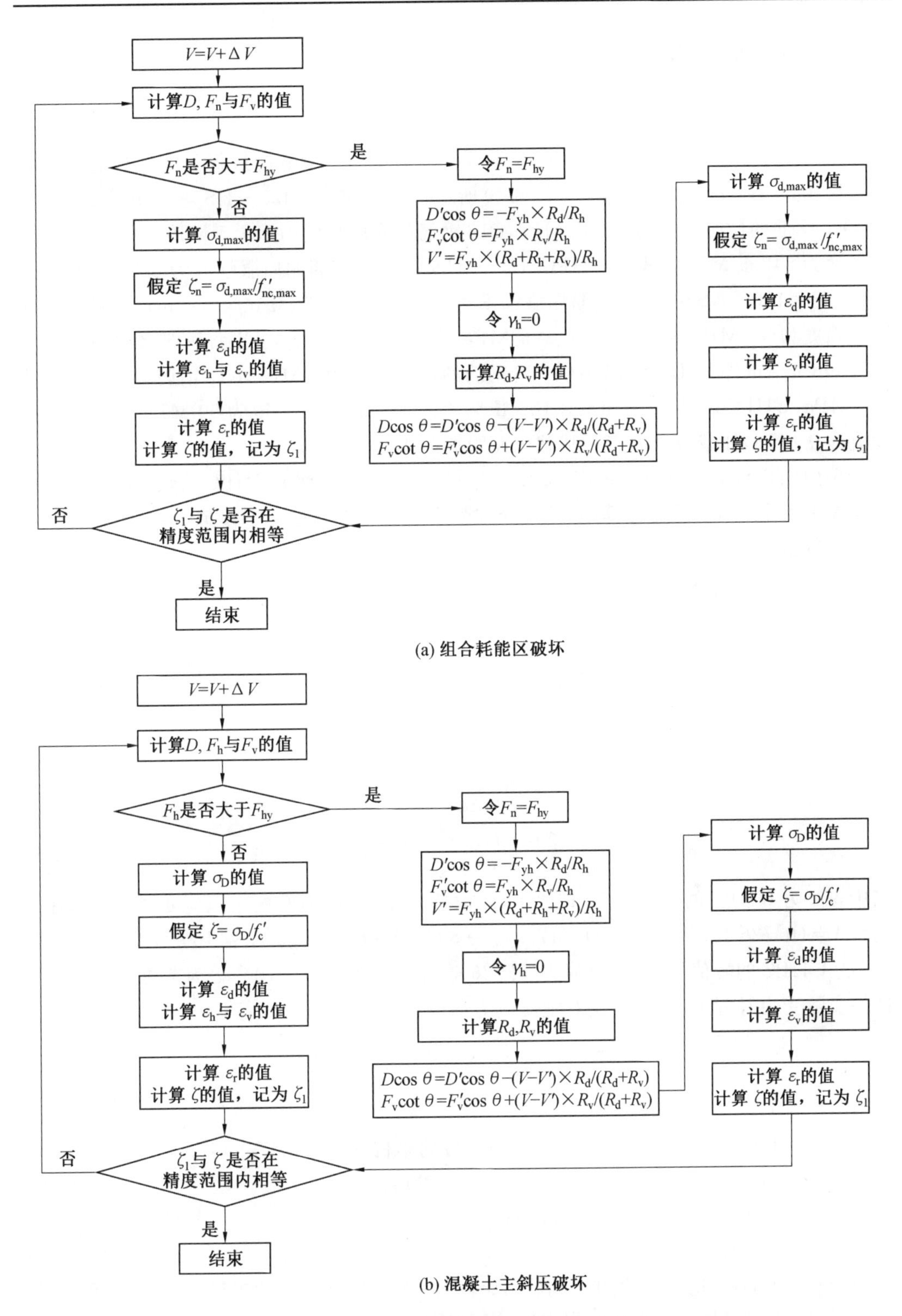

(a) 组合耗能区破坏

(b) 混凝土主斜压破坏

图 8.49　组合耗能区剪力墙承载力计算流程

8.8.3 墙体的数值计算与比较分析

1. 试件基本信息

本节基于 ABAQUS6.13－1 对 RUHPC 剪力墙的力学响应进行了非线性有限元模拟，考察的剪力墙试件的基本参数如图 8.50 所示。试件 UHPC/150－HS 与 UHPC/150－NS 中，D10 钢筋的屈服强度为 455.0 MPa，D16 钢筋的屈服强度为 438.5 MPa，D32 钢筋的屈服强度为 542.5 MPa。试件 UHPC/150－HS 中 D13 钢筋的屈服强度为 825.3 MPa，试件 UHPC/150－NS 中，D13 钢筋屈服强度为 487.9 MPa。75 mm×150 mm 圆柱体轴压实验强度为 93 MPa，抗拉强度为 5.6 MPa，两试件加载板合力点距基础顶面距离均为 1 700 mm。试件 UHPCSW1.0 中，D8 钢筋的屈服强度为 8 MPa，D12 钢筋的屈服强度为 460 MPa，UHPC 材料（100 mm×100 mm×400 mm）抗压强度为 90 MPa，劈裂抗拉强度值为 9 MPa，加载板合力点距基础顶面距离为 1 100 mm。

采用用户自定义材料子程序 UMAT 进行了二次开发，将 RUHPC 的软化桁架模型作为本构引入了 ABAQUS 计算中，并基于文献实验材料参数进行了模拟，与文献试件实验数据进行了对比，验证了模拟的准确性。

2. 材料模型与参数

(1) 材料本构关系。

考虑 UHPC 受压本构及软化系数，配筋 UHPC 试件中 UHPC 材料受压的本构可以表达为

$$\sigma_{Uc}=\frac{A(\varepsilon_{Uc}/\varepsilon_{Uc0})f_{Uc}}{1+(A-1)\left(\dfrac{\varepsilon_{Uc}}{\varepsilon_{Uc0}\zeta}\right)^{\frac{A}{A-1}}},\quad \varepsilon_{Uc}\leqslant\zeta\varepsilon_{Uc0} \tag{8.226a}$$

$$\sigma_{Uc}=\frac{\zeta^2\varepsilon_{Uc0}f_{Uc}\varepsilon_d}{B(\varepsilon_{Uc}-\zeta\varepsilon_{Uc0})^2+\zeta\varepsilon_{Uc0}\varepsilon_{Uc}},\quad \varepsilon_{Uc}>\zeta\varepsilon_{Uc0} \tag{8.226b}$$

式中，σ_{Uc} 为 UHPC 的主压应力（拉取正，压取负）；ε_{Uc} 为 UHPC 的主压应变（拉取正，压取负）；$A=(6.7264f_{uc}+2460.9)/(17.2f_{uc}+836.4)$，$80\ \text{MPa}\leqslant f_{uc}\leqslant 150\ \text{MPa}$；$B=2.41$；$\varepsilon_{Uc0}$ 为 UHPC 的峰值压应力，取值为$(6.7264f_{uc}+2460.9)\times10^{-6}$；$\zeta$ 为考虑配筋 UHPC 试件实际受力过程中，主拉应变对主压应力的影响系数

$$\zeta=\frac{1.0}{\sqrt{1+250\cdot\varepsilon_{Ut}}},\quad \varepsilon_{Ut}>0 \tag{8.227}$$

其中，ε_{Ut} 为 UHPC 的主拉应变。

配筋 UHPC 试件中 UHPC 材料单轴受拉的本构为

$$\sigma_{Ut}=E_{Uc}\varepsilon_{Ut},\quad 0\leqslant\varepsilon_{Ut}<\varepsilon_{Ut0} \tag{8.228a}$$

$$\sigma_{Ut}=\frac{f_{Ut}-\sigma_f}{1+\sqrt{1000\varepsilon_{Ut}}}+\sigma_f,\quad \varepsilon_{Ut}\geqslant\varepsilon_{Ut0} \tag{8.228b}$$

式中，σ_{Ut} 为 UHPC 的主拉应力（拉取正，压取负）；ε_{Ut} 为 UHPC 的主拉应变（拉取正，压取负）；f_{ut} 为 UHPC 材料的受拉开裂强度，当 UHPC 受拉产生应变硬化现象时，取为 UHPC 材料的受拉峰值强度；σ_f 为表征 RUHPC 试件开裂后 UHPC 中应力大小的参数；E_{Uc} 为

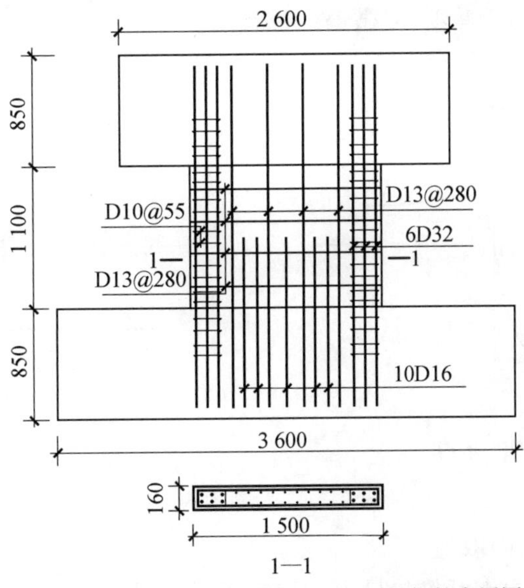

(a) 试件UHPC/150-HS与UHPC/150-NS钢筋布置图

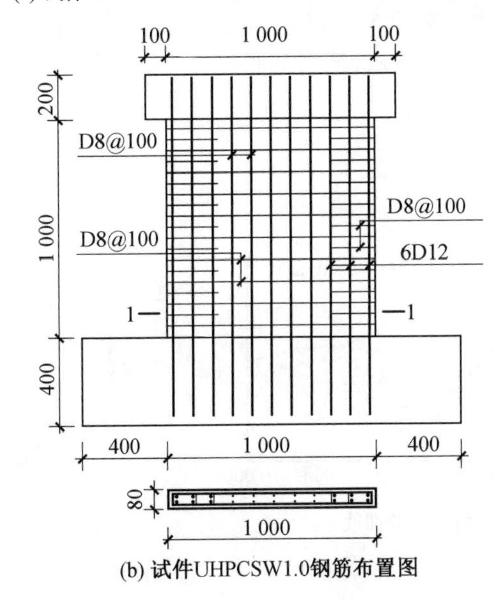

(b) 试件UHPCSW1.0钢筋布置图

图 8.50　考察的剪力墙试件的基本参数(单位:mm)

UHPC 材料的弹性模量。

配筋 UHPC 试件中,钢筋的材料本构取为

$$\sigma_s = E_s \varepsilon, \quad -\varepsilon_y \leqslant \varepsilon < \varepsilon_y \tag{8.229a}$$

$$\sigma_s = f_y^*, \quad \varepsilon \geqslant \varepsilon_y, \varepsilon < -\varepsilon_y \tag{8.229b}$$

$$f_y^* = f_y - \frac{\beta_f}{\rho}(f_{Ut} - \sigma_f) \tag{8.230}$$

其中,E_s 为钢筋的弹性模量;σ_s 为钢筋的应力;f_y^* 为考虑拉伸强化现象后钢筋的强度值。式中将钢筋的强度折减是考虑了配筋 UHPC 试件受拉发生拉伸硬化现象对钢筋受力的影响,由于配筋 UHPC 受压时以 UHPC 受力为主,因此为计算简单、表达统一,受压

时同样保留钢筋强度的折减项，略微偏向于保守。

综上所述，UHPC、钢筋应力－应变关系如图 8.51 所示。

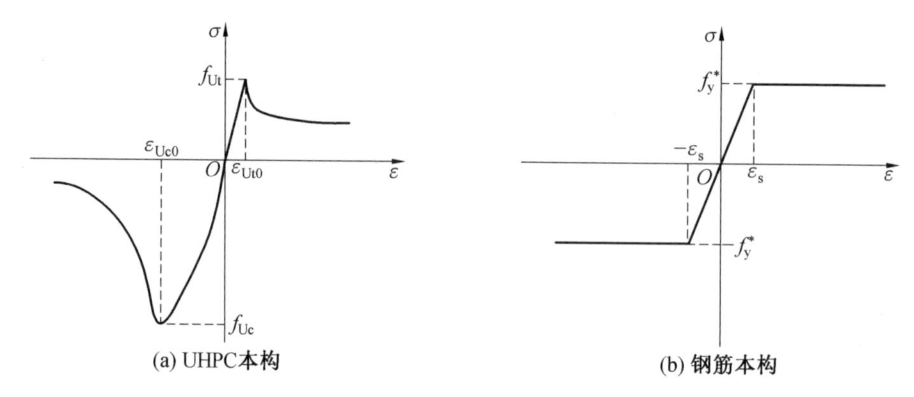

图 8.51　材料本构曲线

(2) 关键受拉参数的取值。

考察试件 UHPC 中钢纤维掺量为 1.5%，假设材料试件上仅产生了一道裂缝，认为未产生裂缝部分为刚性体。实验 Sample-1 ～ Sample-4 为四组单向拉伸材料试件，其文献材性实验曲线如图 8.52(a) 所示，将四条曲线取平均值后换算为裂缝宽度－应力曲线(平均曲线)，如图 8.52(b) 所示。

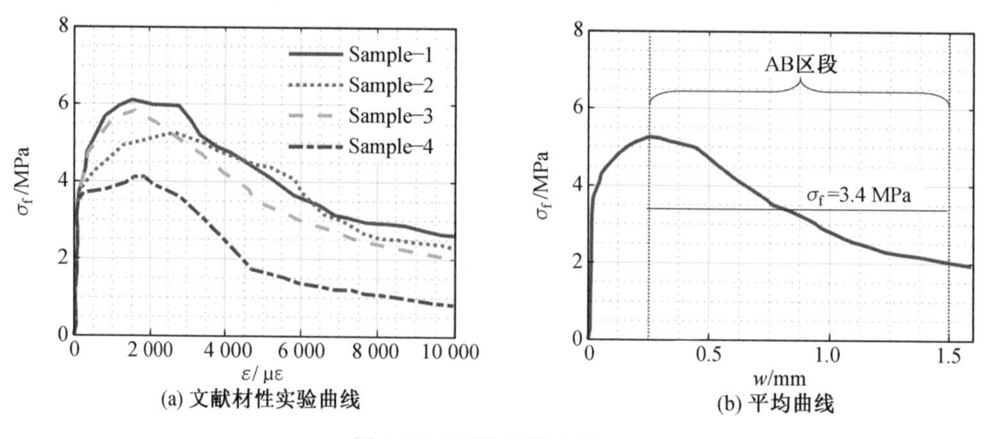

图 8.52　受拉材性曲线

图中，σ_f 为表征 RUHPC 试件开裂后 UHPC 中应力的参数。以考察的实验为参考，配筋 UHPC 受剪试件在达到峰值荷载时，截面开裂的宽度近似为 1.5 mm。取 UHPC 峰值应力对应的裂缝宽度至裂缝宽度 1.5 mm 之间(即如图 8.52 所示 *AB* 区段) 平均值为 σ_f 的值，此处取为 3.4 MPa。实验试件给出了各材性试件峰值应力的均值，为 5.6 MPa。

3. UMAT 子程序的设计

此处选择 ABAQUS 的二次开发模块用户自定义材料 UMAT 子程序，能够便捷、快速地使用用户自定义的材料本构进行有限元计算。ABAQUS 在进行有限元计算(例如使用牛顿迭代法求解非线性方程组) 时，将每个有限单元节点的应变与应变增量通过 UMAT 子接口输入到 RUHPC 软化桁架模型的自编本构程序中。

将 ABAQUS 给定的应变与应变增量相加，记为 ε_x、ε_y 和 γ_{xy}。通过下式计算出主应变为

$$\varepsilon_1 = \frac{\varepsilon_x + \varepsilon_y}{2} + \sqrt{\left(\frac{\varepsilon_x - \varepsilon_y}{2}\right)^2 + \frac{\gamma_{xy}^2}{4}} \tag{8.231a}$$

$$\varepsilon_2 = \frac{\varepsilon_x + \varepsilon_y}{2} - \sqrt{\left(\frac{\varepsilon_x - \varepsilon_y}{2}\right)^2 + \frac{\gamma_{xy}^2}{4}} \tag{8.231b}$$

将根据式(8.231) 计算得到的应变代入式(8.226) 及式(8.228) 中，求得两个主应力值。将 ε_x、ε_y 代入式(8.229) 中，求得 x 与 y 方向的钢筋应力 σ_{sx} 与 σ_{sy}。将上述求解的应力值代入下式求得应力：

$$\sigma_x = \sigma_1 \cos^2\theta + \sigma_2 \sin^2\theta + \rho_{sx}\sigma_{sx} \tag{8.232a}$$

$$\sigma_y = \sigma_1 \sin^2\theta + \sigma_2 \cos^2\theta + \rho_{sy}\sigma_{sy} \tag{8.232b}$$

$$\tau_{xy} = (\sigma_1 - \sigma_2)\sin\theta\cos\theta \tag{8.232c}$$

式中，θ 为主拉应力方向与 x 轴的夹角。软化桁架模型假设主应力方向与主应变方向一致，则根据弹性理论有

$$\theta = \frac{1}{2}\arcsin\left(\frac{\gamma_{xy}}{\varepsilon_{Ut} - \varepsilon_{Uc}}\right) \tag{8.233}$$

通过式(8.232) 的求解，能够得到该应变增量下 ABAQUS 需要更新的应力值。

此外，ABAQUS 需要得到单元节点处的单元切线刚度矩阵，最终汇总成总刚度阵，以求解节点的位移。由多元微分学理论可知

$$\begin{bmatrix} d\sigma_x \\ d\sigma_y \\ d\tau_{xy} \end{bmatrix} = E_{ij} \begin{bmatrix} d\varepsilon_x \\ d\varepsilon_y \\ d\gamma_{xy} \end{bmatrix} = \begin{bmatrix} \dfrac{\partial\sigma_x}{\partial\varepsilon_x} & \dfrac{\partial\sigma_x}{\partial\varepsilon_y} & \dfrac{\partial\sigma_x}{\partial\gamma_{xy}} \\ \dfrac{\partial\sigma_y}{\partial\varepsilon_x} & \dfrac{\partial\sigma_y}{\partial\varepsilon_y} & \dfrac{\partial\sigma_y}{\partial\gamma_{xy}} \\ \dfrac{\partial\sigma_z}{\partial\varepsilon_x} & \dfrac{\partial\sigma_z}{\partial\varepsilon_y} & \dfrac{\partial\sigma_z}{\partial\gamma_{xy}} \end{bmatrix} \begin{bmatrix} d\varepsilon_x \\ d\varepsilon_y \\ d\gamma_{xy} \end{bmatrix} \tag{8.234}$$

由式(8.234) 可知，切线刚度矩阵为应力增量向量关于应变增量向量的雅可比阵。

以 $\partial\sigma_x/\partial\varepsilon_x$ 为例，切线刚度矩阵中的元素可按下式计算：

$$\frac{\partial\sigma_x}{\partial\varepsilon_x} = \frac{\sigma_x(\varepsilon_x + d\varepsilon_x, \varepsilon_y, \gamma_{xy}) - \sigma_x(\varepsilon_x, \varepsilon_y, \gamma_{xy})}{d\varepsilon_x} \tag{8.235}$$

式(8.235) 中，分子为给 ε_x 施加扰动 $d\varepsilon_x$ 后，σ_x 的增量值；分母为扰动值 $d\varepsilon_x$。施加扰动后的 σ_x 值同样由式(8.226)、式(8.228)、式(8.231) 及式(8.232) 计算得到。同理可得到切线刚度矩阵的其余元素。最终切线矩阵将与更新后的应力向量一同返回给 ABAQUS，以供节点位移的计算。UMAT 子程序的流程图如图 8.53 所示。

由于建模使用了用户子程序，所以需要在定义材料属性时，选用用户自定义材料(User Material) 选项。考虑 RUHPC 材料的各向异性，需要勾选使用非对称的材料刚度矩阵，如图 8.54(a) 中所示。由于模型使用了用户子程序，在上传工作文件时，需要在常用(General) 选项卡中用户子程序(User subroutine file) 一栏中填写计算机中当前所需要使用的用户子程序所在位置，填写完选择“OK”即可提交模型进行运行，如图 8.54(b) 所示。

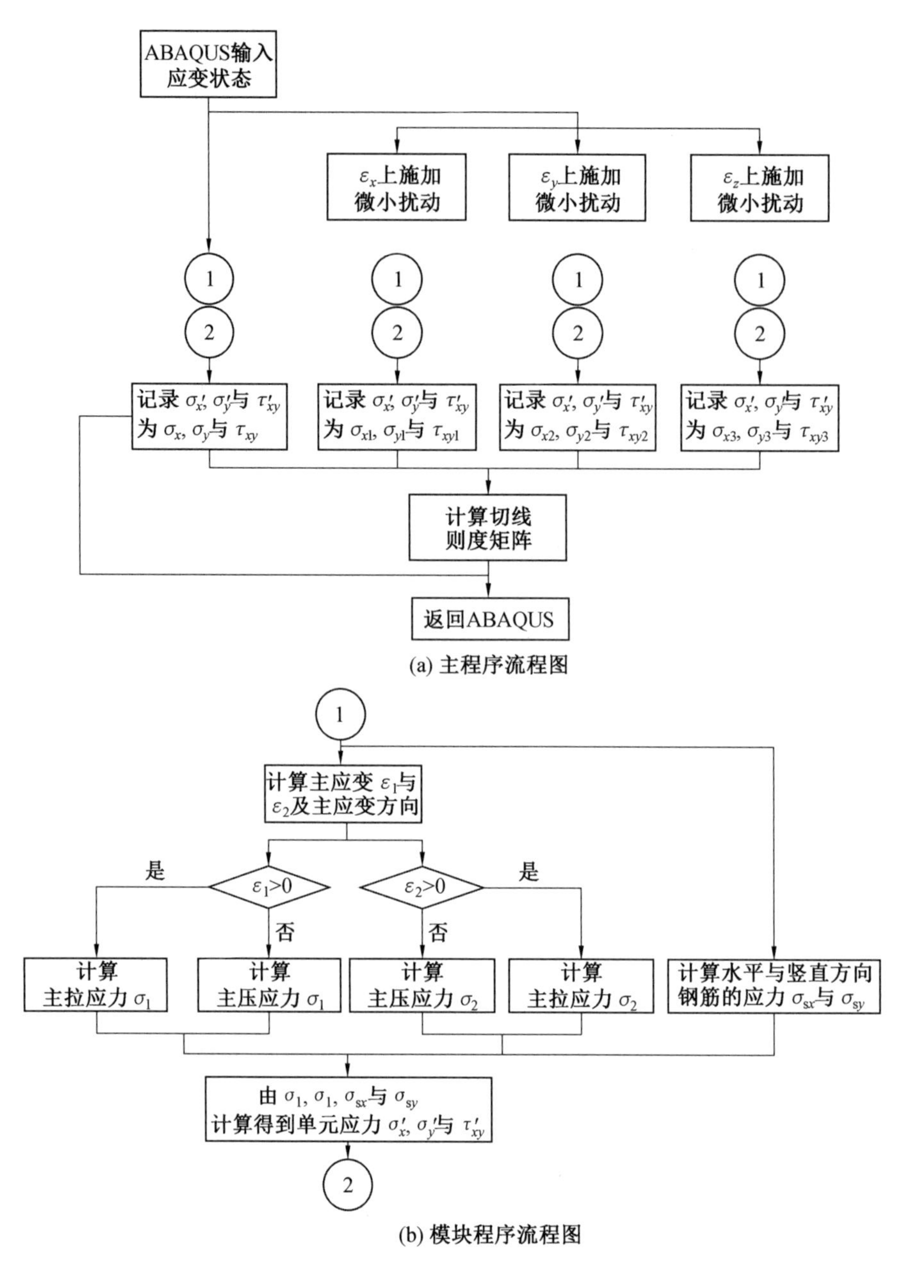

图 8.53　UMAT 子程序流程图

8.8.4　数值结果及参数分析

1. 数值结果与验证

由于国内外现有 R－UHPC 剪力墙实验较稀少，因此此处取三面 R－UHPC 剪力墙进行模拟。其中，试件 UHPC/150－HS 与 UHPC/150－NS 的高宽比为 0.73，试件 UHPCSW1.0 的高宽比约为 1.0。R－UHPC 剪力墙的荷载位移实验曲线与模拟曲线如图 8.55 所示。

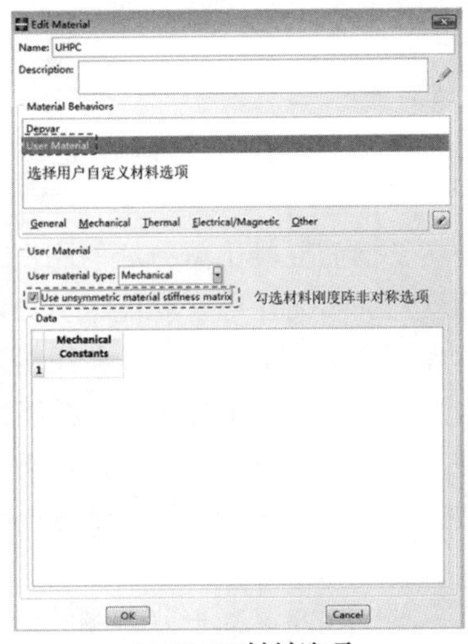

(a) UMAT材料选项

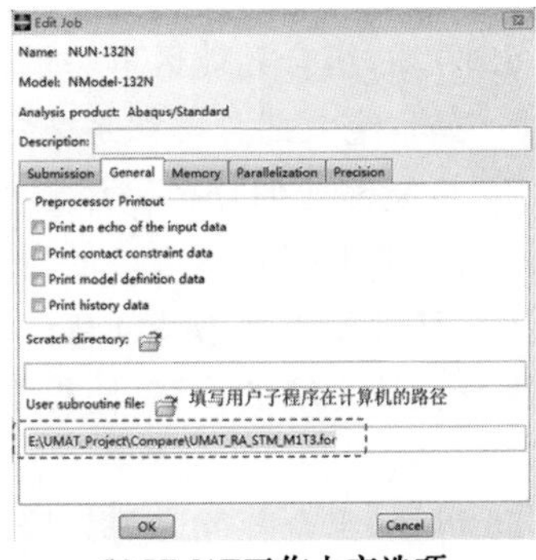

(b) UMAT工作上交选项

图 8.54　UMAT 选项的操作

由图 8.55 中实验曲线与模拟曲线的对比可知，模型的模拟结果能较为精确地模拟 R－UHPC 剪力墙的力学响应。

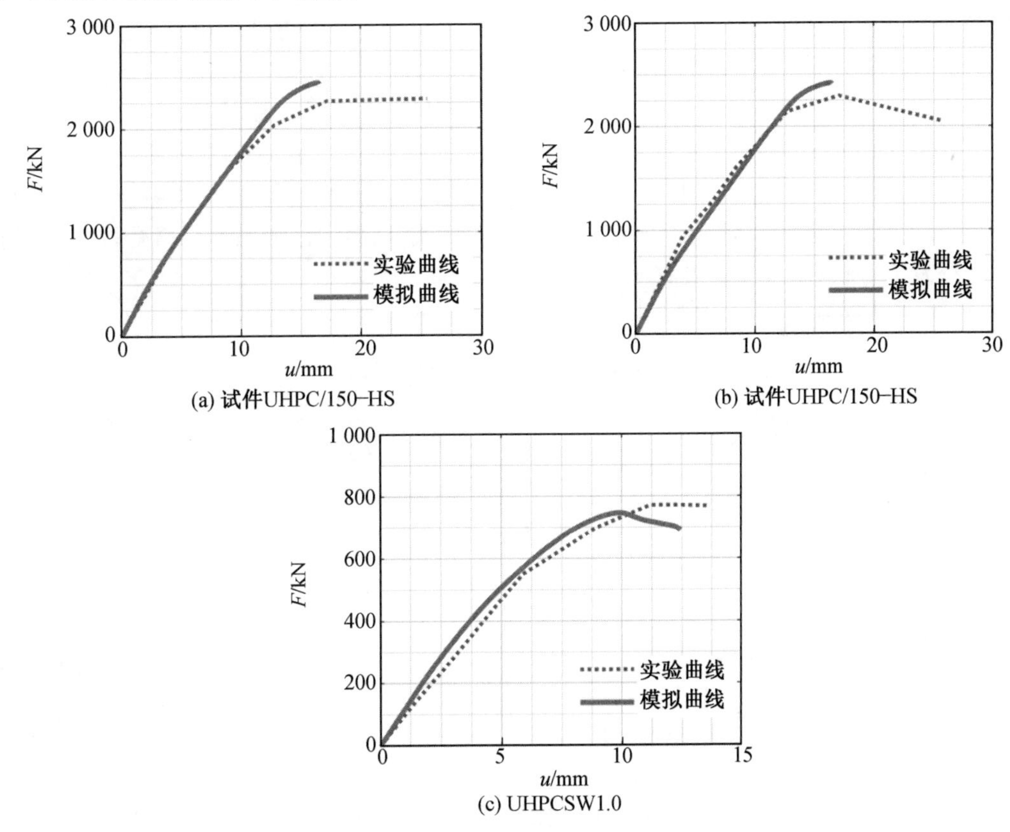

(a) 试件UHPC/150-HS

(b) 试件UHPC/150-HS

(c) UHPCSW1.0

图 8.55　R－UHPC 剪力墙实验与模拟对比

2. 组合耗能区剪力墙参数分析

(1) 组合耗能区剪力墙与钢筋混凝土剪力墙对比。

对与试件 W1 混凝土部分相同配筋率的钢筋混凝土剪力墙试件(WC) 进行有限元分析,可得图 8.56 所示荷载－位移曲线。

由图 8.56 可知,组合耗能区剪力墙的刚度高于钢筋混凝土剪力墙的刚度。对于剪跨比为 2.0 的剪力墙,绝大部分位移是由弯曲变形产生的,而在组合耗能区剪力墙的受拉区域,R－UHPC 板能够帮助分担一部分拉应力,使得在相同荷载下,组合耗能区剪力墙受拉区的变形小于钢筋混凝土剪力墙的变形。这意味着,相同荷载下组合耗能区剪力墙的弯曲变形小于钢筋混凝土剪力墙的弯曲变形,因此,相同荷载下组合耗能区剪力墙的位移也小于钢筋混凝土剪力墙的位移,使得组合耗能区剪力墙的刚度高于钢筋混凝土剪力墙的刚度。

由图 8.56 可知,组合耗能区剪力墙的承载力高于钢筋混凝土剪力墙的承载力。在钢筋混凝土剪力墙达到峰值荷载时,受压区边缘的混凝土已经进入应变软化阶段。对应相同荷载下的组合耗能区剪力墙,受压区边缘的混凝土与 UHPC 都还处于应力－应变曲线的上升段。这是因为,相同荷载下,组合耗能区剪力墙的R－UHPC板帮助受压区承担压应力,使得组合耗能区剪力墙受压区的压应变小于钢筋混凝土剪力墙的压应变。因此,在钢筋混凝土剪力墙达到峰值荷载时,组合耗能区剪力墙还能够继续承担荷载。

(2)R－UHPC 板长度的影响。

如图 8.57 所示,WNH400、WNH600 与 WNH800 分别是板长度 h_n 为 400 mm、600 mm与800 mm的组合耗能区剪力墙结果。如图 8.57 所示,随着板长度的增加,组合耗能区剪力墙试件的刚度有略微提高,这是由于板长度增加,参与受拉的组合区域增大,但由于增加的组合区域部分处于墙体的腹板部分,离墙体中性轴较近,材料受拉性能不能够充分发挥,所以刚度仅略微有所提高。

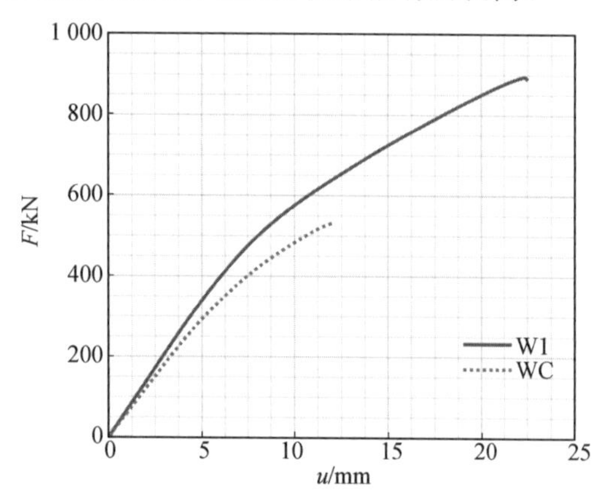

图 8.56　荷载－位移曲线对比

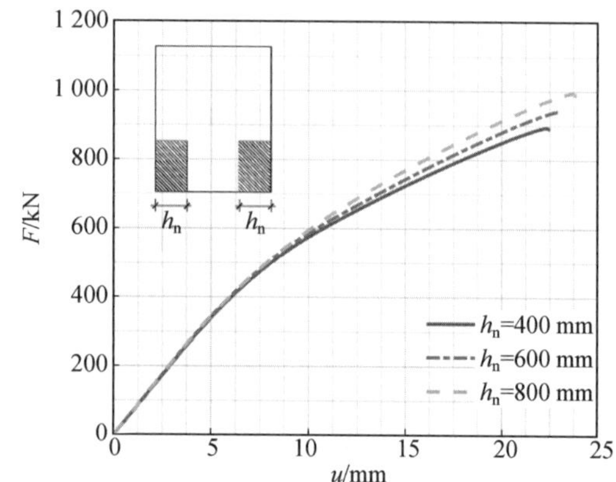

图 8.57　不同 R－UHPC 板长度情况下的力学响应

(3)R－UHPC 板高度的影响。

不同R－UHPC板高度情况下组合耗能区剪力墙的荷载－位移曲线如图 8.58 所示,随着 R－UHPC 板高度的增加,墙体的刚度与承载力仅有细微的提高。这是因为墙体底部区域处于较高的应力水平,为影响墙体强度与刚度的关键区域。R－UHPC 板高度增加仅增加了墙体关键区域上部的刚度与承载力，对墙体整体的强度与刚度影响微小。

(4) 轴压比的影响。

组合耗能区剪力墙在 0.2～0.4 轴压比范围内的荷载－位移曲线如图 8.59 所示。由图 8.59 可知，随着轴压比的增大，墙体的承载力增大。当施加的水平荷载值为 700 kN 时，从 ABAQUS 中提取试件 WU20 与 WU40 墙底截面的应变分布如图 8.60 所示。由图 8.60 可知，由于轴压力较大，WU40 试件受压区域高度 x_2 大于 WU20 试件受压高度 x_1，但 WU40 试件的边缘压应变小于 WU20 试件的边缘压应变，即 WU40 受压区应力分布更均匀，使得受压区域更多材料的性能得到发挥。因此，当轴压比增大时，峰值荷载值增大。

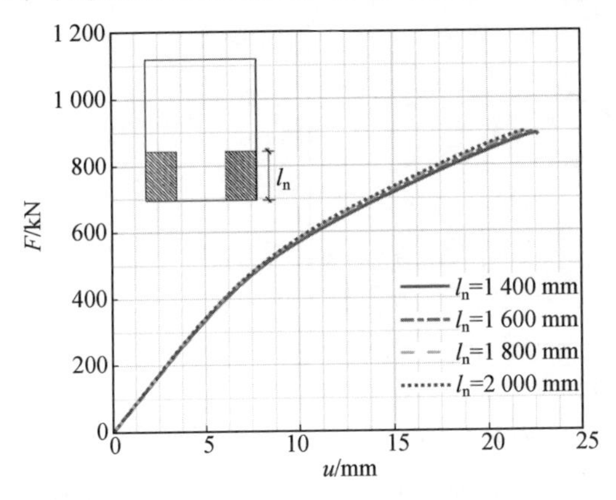

图 8.58　不同 R－UHPC 板高度情况下的力学响应

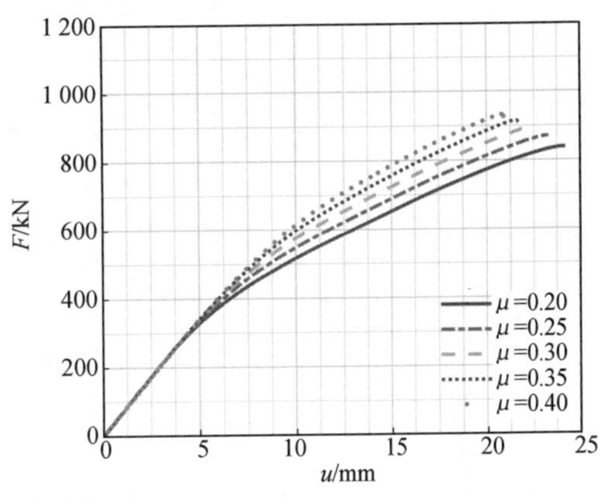

图 8.59　不同轴压比下的力学响应

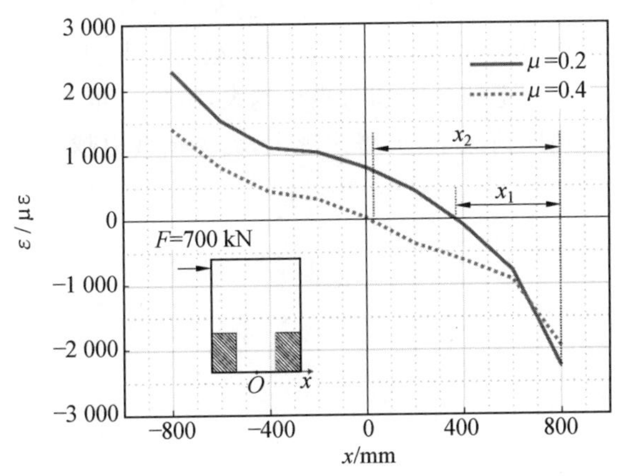

图 8.60　墙底截面应变分布图

如图 8.59 所示，随着轴压比的增大，峰值位移反而减小，墙体的刚度增大。这是因为，墙体的侧向变形主要由受拉区的拉伸变形大小决定。当轴压比增大时，墙体顶部的轴力增大，使得受压区域所受的拉应力减小，受拉区域的拉应变减小，拉伸变形减小，使得墙体在荷载相同时发生的变形更小，如图 8.59 所示，也导致峰值位移更小。在工程中，需考虑结构有一定的变形能力，所以应当合理控制轴压比。

(5) 剪跨比的影响。

组合耗能区剪力墙在1.0～3.0剪跨比范围内的荷载－位移曲线如图8.61所示。由图8.61可知,随着剪跨比的减小,组合耗能区剪力墙的刚度增大,峰值位移减小。这是因为剪跨比越小,墙体底部控制截面附件所受的弯矩值越小,产生的弯曲变形就越小,而墙体的水平侧移量主要由弯曲变形值决定。因此,相同荷载下剪跨比越小,墙体的峰值位移越小,刚度越大。

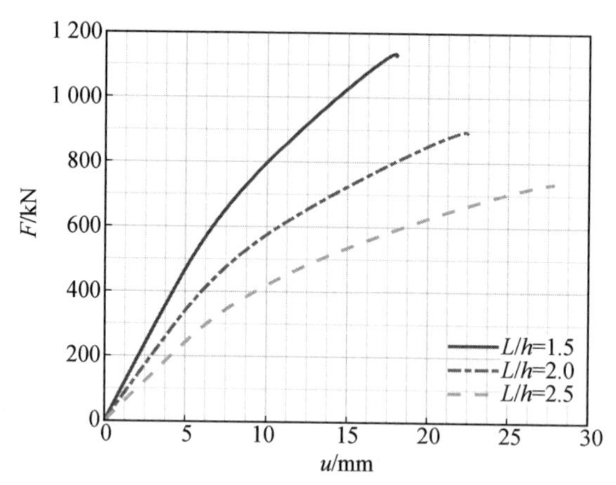

图 8.61　不同剪跨比下的力学响应

由图8.61可知,剪跨比越大,墙体的峰值荷载值越低。因为当剪跨比越大时,墙体越高越窄,墙体底部控制截面所承受的弯矩值也越大,相同荷载下受压区的压应力水平也越高,当受压区域达到其承载力时,墙体也达到峰值承载力。并且在相同水平荷载下,大剪跨比试件位移更大,二阶效应造成的附加弯矩也越大,将进一步增加底部控制截面受压区域的压应力水平。因此,相同荷载下,剪跨比越大,墙体承载力越小。

参考文献

[1] 狄生林. 钢筋混凝土梁的非线性有限元分析[J]. 南京工学院学报,1984,14(2):1-10.

[2] 朱伯龙，董振祥. 钢筋混凝土非线性分析[M]. 上海：同济大学出版社，1985.

[3] 董毓利. 混凝土非线性力学基础[M]. 北京:中国建筑工业出版社，1997.

[4] 过镇海，郭玉涛，徐焱，等. 混凝土非线弹性正交异性本构模型[J]. 清华大学学报(自然科学版)，1997(6):78-81.

[5] 过镇海. 混凝土的强度和本构关系原理与应用[M]. 北京:中国建筑工业出版社，2004.

[6] 过镇海. 混凝土的强度和变形实验基础和本构关系[M]. 北京:清华大学出版社，1997.

[7] 黄克智，黄永刚. 固体本构关系[M]. 北京:清华大学出版社，1999.

[8] 江见鲸,李杰. 高等混凝土结构理论[M]. 北京:中国建筑工业出版社，2007.

[9] 江见鲸,陆新征,叶列平. 混凝土结构有限元分析[M]. 北京:清华大学出版社，2013.

[10] NIELSEN M P,HOANG L C. Limit analysis and concrete plasticity[M]. 3rd ed. Boca Raton: CRC Press, 2010.

[11] 李杰，吴建营，陈建兵. 混凝土随机损伤力学[M]. 北京:科学出版社，2014.

[12] 宋玉普. 多种混凝土材料的本构关系和破坏准则[M]. 北京:中国水利水电出版社，2002.

[13] 余天庆. 弹性与塑性力学[M]. 北京:中国建筑工业出版社，2004.

[14] 俞茂宏. 混凝土强度理论及其应用[M]. 北京:高等教育出版社，2002.

[15] CHEN W F . Plasticity in reinforced concrete[M]. New York: McGraw-Hill, 1982.

[16] 俞茂宏. 双剪理论及其应用[M]. 北京:科学出版社，1998.

[17] 过镇海，张秀琴. 反复荷载下混凝土应力一应变全曲线实验研究[R]. 北京:清华大学科学研究报告集第三集，1981.

[18] 董毓利，谢和平，赵鹏. 混凝土受压全过程损伤的实验研究[J]. 实验力学，1995，10(2) : 95-102.

[19] 董毓利，谢和平，李玉寿. 混凝土受压全过程声发射特性及其损伤本构模型[J]. 力学与实践，1995,17(6): 25-28.

[20] 董毓利，谢和平，李世平. 混凝土受压损伤力学本构模型的研究[J]. 工程力学，1996,13(1): 44-53.

[21] 董毓利，谢和平，赵鹏. 循环受压混凝土全过程声发射实验及其本构关系[J]. 实验

力学，1996,11(2)：216-221.

[22] 谢和平，董毓利，李世平. 不同围压下混凝土受压弹塑性损伤本构模型的研究[J]. 煤炭学报，1996(3)：265-270.

[23] 吕西林. 钢筋混凝土结构非线性有限元理论与应用[M]. 上海：同济大学出版社，1996.

[24] 殷有泉. 固体力学非线性有限元引论[M]. 北京：北京大学，1987.

[25] BALAKRISHNAN S, MURRAY D W. Concrete constitutive model for NLFE analysis of structures[J]. J. Struct. Engng. ASCE, 1988, 114(7): 1446-1449.

[26] BATHE K J, RAMASWAMY S. On three-dimensional nonlinear analysis of concrete structures[J]. Nuclear Engineering and Design, 1979, 52 (3): 385-409.

[27] BAZANT Z P, TSUBAKI T. Total strain theory and path-dependence of concrete [J]. Journal of the Engineering Mechanics Division, ASCE, 1980, 106(EM6): 1151-1173.

[28] BAZANT Z P. Critique of orthotropic models andtriaxial testing of concrete and soils[R]. Evanston, Illinois: Structural Engineering Report, October, 1979, (79-10/640c): Northwestern University.

[29] BAZENT Z P. Mechanics of distributed cracking[J]. Applied Mechanics Review, 1986, 39 (5): 675-704.

[30] BRESLER B, PISTER K S. Strength of concrete under combined stress[J]. Journal of American Concrete Institute, 1958: 321-345.

[31] CEDOLIN C Y, CRUTZEN R J, DEI POLI S. Triaxial stress-strain relation relationship for concrete[J]. J. Eng. Mech. Div. ASCE, 1977, 103(EM3): 423-439.

[32] CERSTLE K H, LINSSE D H. Strength of concrete under multi-axial stressstates [J]. Proceedings of the McHenry symposium on Concrete Structures, ACI Publication SP-55, 1978: 103-131.

[33] CHEN W F, SUZUKI H. Constitutive models for concrete[J]. Comput. Struct., 1980, 12(1): 23-32.

[34] CHEN W F. Constitutive equations for concrete[C]. IABSE Colloquium on Plasticity in Reinforced Concrete, Copenhagen, 1979.

[35] CHINN J,ZIMMERMAN R M. Constitutive models of concrete[J]. Computer and Structures, 1980(12): 23-32.

[36] COLVILLE J, ABBASI J. Plane stress reinforced concrete finite elements[J]. Journal of the Structural Division, ASCE, 1974, 100(ST5): 1067-1083.

[37] COON M D, EVANS R J. Incremental constitutive law and their associated failure criteria with application to plainconcrete[J]. Incremental Journal of Solids and Structures, Pergamon Press, 1972(8): 1169-1183.

[38] COWAN H J. The strength of plain, reinforced and prestressed concrete under action of combined stresses, with particular references to the combined bending and

torsion of rectangular sections[J]. Magazine of Concrete Research，1953，5(14)：75-86.

[39] DARWIN D，PECKNOLD D A W. Inclastic model for cyclic biaxial losding of reinforced concrete[R]. Illinois：Campaign-Urbana：Civil Engineering Studies SRS 409，University of Illinois，July，1974：169.

[40] EVAN R H，MARABE M S. Microcracking and stress-strain curves of concrete in tension[J]. Materiaux et Constructions，1968(1)：61-64.

[41] 中华人民共和国住房和城乡建设部. 混凝土结构设计规范：GB 50010—2010[S]. 北京：中国建筑工业出版社，2002.

[42] FRANTZISKONIS G，DESAI C S. Analysis of a strain-softening constitutive model[J]. International Journal of Solids and Structures，1987，23 (6)，751-767.

[43] GERSTLE K H. Simple formulation of biaxial concrete behavior[J]. Journal of the American Concrete Institute，1981，78(1)：62-68.

[44] 宋启根. 钢筋混凝土计算力学[M]. 南京：东南大学出版社，1996.

[45] HAN D J，CHEN W F. A nonuniform hardening plasticity model for concrete materials[J]. Journal of Mechanics of Materials，1985，4(4)：283-302.

[46] KARSAN P，JIRSA J O. Behavior of concrete under compressive loading[J]. Journal of the Structural Division，ASCE，1969，95(ST12)：2543-2563.

[47] KOTSOVOS M D，NEWMAN J B. Behavior of concrete undertriaxial stress[J]. Journal of the American Concrete Institute，1977，74(9)：443-446.

[48] KOTSOVOS M D，NEWMAN J B. Generalized stress-strain relation for concrete [J]. Journal of the Engineering Mechanics Division，ASCE，1978，104(EM4)：845-856.

[49] KOTSOVOS M D. Effect of stress path on the behavior of concrete undertriaxial stress states[J]. Journal of the American Concrete Institute，1979，76(2)：213-223.

[50] KRAJCINOVIC D. Continuous damage mechanics[J]. Applied Mechanics Review，1984，37(1)：1-6.

[51] KUFER H，HILSDORF H K，RUSCH H. Behavior of concrete under biaxialstresses[J]. Journal of the American Concrete Institute，1969，66(8)：656-666.

[52] KUPFER H B，GERSTLE K H. Behavior of concrete under biaxial stresses[J]. Journal of the Engineering Mechanics Division，ASCE，1973，99(EM4)：852-866.

[53] LEMAITRE J. Coupled elasto-plasticity and damage constitutive equations[J]. Computer Methods in Applied Mechanics and Engineering，1985(51)：31-49.

[54] LIU T C Y，NILSON A H，SLATE F O. Biaxial stress strain relations for concrete[J]. Journal of the Structural Division，ASCE，1972，98(ST5)：1025-1034.

[55] LIU T C Y，NILSON A H，SLATE F O. Stress-strain response and fracture of concrete in uniaxial and biaxial compression[J]. Journal of the American Concrete

Institute, 1972, 69 (5): 291-295.

[56] LIU T C. Biaxial stress strain relations for concrete[J]. J. Struct. Div., ASCE, 1972, 97(5): 1025-1034.

[57] MILLS LL, ZIMMERMAN R M. Compressive strength of plain concrete under multiaxial loading conditions[J]. ACI Journal, 1970, 67(10): 802-807.

[58] MURRAY D W. Octahedral based incremental stress-strain matrices[J]. Journal of Engineering Mechanics Division, ASCE, 1979, 105(EM4): 501-513.

[59] NAM C H, SALMON C G. Finite element analysis of concretebeams[J]. Journal of the Structural Division, ASCE, 1974, 100(ST12): 2419-2432.

[60] NEWMAN K, NEWMAN J B. Failure theories and design criteria for plain concrete[R]. Southampton: Engineering Design and Civil Engineering Materials, 1969.

[61] NEWMAN K. Criteria for the behavior of plain concrete under complex states of stress[C]. Proceedings of the International Conference on the Structure of Concrete, Cement and Concrete Association, London, 1968: 225-274.

[62] OTTOSEN N S. A failure criterion for concrete[J]. Journal of Engineering Mechanics Division, ASCE,1977, 103(EM4): 527-535.

[63] OTTOSEN N S. Constitutive model for short-time loading of concrete[J]. Journal of the Engineering Mechanics, ASCE, 1979, 105(EM1): 127-141.

[64] Popovics S. A review of stress-strain relationships for concrete[J]. Journal of the American Concrete Institute,1970, 67(14): 59-88.

[65] 陈惠发,萨里普 A F. 木工程材料的本构方程[M]. 武汉：华中科技大学大学出版社, 2001.

[66] REINHARDT H W, CORNELISSEN H A W. Post-peak circle behavior of concrete in uniaxial tensile and alternating tensile and compressive loading[J]. Cement and Concrete Research, 1984, 14(3): 263-270.

[67] HSUT,MO Y L . Unified theory of concrete structures[M]. New Jersey: Wiley, 2010.

[68] TASSIOS T P, YANNOPOULOS P J. Analytical studies on reinforced concrete members under cyclic loading based on bond stress-sliprelationship[J]. ACI J., 1981, 78(5): 206-216.

[69] 杨璐，沈新普，孙光. 混凝土弹塑性损伤本构理论的研究[J]. 沈阳工业大学学报, 2005, 027(003):321-324.

[70] VALLIAPPAN S, DOOLAN T F. Nonlinear analysis of reinforced concrete[J]. Journal of the Structural Division, ASCE, 1972, 98(ST4): 885-897.

[71] 杨璐,沈新普. 基于库仑准则的混凝土塑性损伤本构模型及其数值验证[J]. 岩土力学,2008,29(12):3318-3322.

[72] 过镇海，王传志. 混凝土的多轴压拉强度和破坏准则[C]// 混凝土结构基本理论及

应用第二届学术讨论会论文集(第一卷),1990.

[73] WU H C. Dual failure criterion for plain concrete[J]. Journal of the Engineering Mechanics Division, ASCE, 1974, 100(EM6): 1167-1181.

[74] WU Zhishen. Tension stiffness model for cracked reinforced concrete[J]. J. Struct. Engng., ASCE, 1991, 117(3): 715-732.

[75] 吴建营，李杰. 混凝土的连续损伤模型和弥散裂缝模型[J]. 同济大学学报(自然科学版), 2004, 32(011):1428-1432.

[76] 薛事成. RUHPC组合式预制剪力墙受力性能分析[D]. 哈尔滨：哈尔滨工业大学，2020.

[77] CREEN S J, SWANSON S R. Static constitutive relations for concrete[R]. Albuquerque: Air Force Weapons Laboratory, Technical Report No, AFWL-TR-72-2, Kirtland Air Force Base, 1973.

[78] JEEHO L, GREGORY L F. Plastic-damage model for cyclic loading of concrete structures[J]. Journal of Engineering Mechanics,1998,124(8): 892-900.

[79] LI Yeoufong, LIN Chihtsung, SUNG Yiying. A constitutive model for concrete confined with carbon fiber reinforced plastics[J]. Mechanics of Materials, 2003, 35(3-6): 603-619.

[80] PENG X, MEYER C. A continuum damage mechanics model for concrete reinforced with randomly distributed short fibers[J]. Computers and Structures, 2000,78(4): 505-515.

[81] LUBLINER J,OLIVER J,OLLER S, et al. A plastic-damage model for concrete [J]. International Journal of Solid & Structures,1989,25(3): 299-326.

[82] SHAH A, HAQ E, KHAN S. Analysis and design of disturbed regions in concrete structures[J]. Procedia Engineering,2011,14: 3317-3324.

[83] RAMESH K,SESHU D R, PRABHAKAR M. Constitutive behaviour of confined fibre reinforced concrete under axial compression[J]. Cement & Concrete Composites, 2003, 25(3):343-350.

[84] HU H T, LIN F M, LIU H T, et al. Constitutive modeling of reinforced concrete and prestressed concrete structures strengthened by fiber-reinforced plastics[J]. Composite Structures, 2010, 92(7):1640-1650.

[85] TASTANI S P, PANTAZOPOULOU S J. Direct tension pullout bond test: experimental results[J]. Journal of Structural Engineering, 2010,62(10): 731-743.

[86] TANG C Y, TAN K H. Discussion of "Interactibe Mechanical Model for Shear Strength of Deep Beams"[J]. Journal of Structural Engineering, 2006:826-829.

[87] 吴香国. RUHPC拉伸强化模型及其应用 [C]. 广州:第二届土木工程新材料及新型结构学术会议,2020.

[88] POULSEN P, DAMKILDE L. Limit state analysis of reinforced concrete plates subjected to in-plane forces[J]. International Journal of Solids and Structures,

2000，37(42)：6011-6029.
[89] FANTILLI A P，MIHASHI H，VALLINI P. Multiple cracking and strain hardening in fiber-reinforced concrete under uniaxial tension[J]. Cement and Concrete Research，2009，39(12)：1217-1229.
[90] CHEN W F. Plasticity in reinforced concrete[M]. New York：McGraw-Hill Book Company，1982.
[91] 陈惠发，萨里普 A F. 弹性与塑性力学[M]. 余天庆，王勋文，刘再华，编译. 北京：中国建筑工业出版社，2004.
[92] 陈力，方秦，还毅，等. 对 ABAQUS 中混凝土弥散开裂模型的静力特性分析[J]. 解放军理工大学学报(自然科学版)，2007，8(5)：478-485.
[93] 韩涛，安雪晖. 钢筋混凝土三维多向固定裂缝本构模型[J]. 清华大学学报(自然科学版)，2008，48(6)：947-950.
[94] 路德春，杜修力，龚秋明，等. 混凝土材料的广义非线性强度理论[J]. 水利学报，2009，40(5)：542-549.
[95] 杨璐，沈新普，孙光. 混凝土弹塑性损伤本构理论的研究[J]. 沈阳工业大学学报，2005，27(3)：321-324.
[96] 齐辉，梁立孚，周健生. 混凝土弹性—徐变本构方程[J]. 哈尔滨船舶工程学院学报，1993，14(2)：10-15.
[97] 姜庆远，谢鸣，赵绪刚. 混凝土三维正交异性次弹性本构模型[J]. 哈尔滨工业大学学报，2000，32(1)：123-126.
[98] 李杰. 混凝土随机损伤本构关系研究新进展[J]. 东南大学学报(自然科学版)，2002，32(5)：750-755.
[99] 关虓，冯仲奇. 基于 ABAQUS 的混凝土材料非线性本构模型的研究[J]. 安徽建筑，2010，17(1)：89-90.
[100] 杨璐，沈新普. 基于库仑准则的混凝土塑性损伤本构模型及其数值验证[J]. 岩土力学，2008，29(12)：3318-3322.
[101] 杨健辉，杨滢涛，李桂，等. 基于广义八面体理论的混凝土多轴破坏准则综述[J]. 河南理工大学学报(自然科学版)，2009，28(5)：642-649.
[102] 龙渝川，张楚汉，周元德. 基于弥散与分离裂缝模型的混凝土开裂比较研究[J]. 工程力学，2008，25(3)：80-84.
[103] 胡乐生. 基于细观模型的混凝土开裂过程数值研究[D]. 杭州：浙江大学，2011.
[104] 姜庆远，叶燕春，刘宗仁. 弥散裂缝模型的应用探讨[J]. 土木工程学报，2008，41(2)：81-85.
[105] HONG S G，MUELLER P. Truss models and failure mechanism for bar development in C—C—T nodes[J]. ACI Structural Journal，1996，93(5)：564-575.
[106] HONG S G. Truss model for tension bars in RC beams：tension-tension-compression region[J]. ACI Structural Journal，1996，93(6)：729-738.
[107] HONG N K，HONG S G. Entity-based models for computer-aided design sys-

tems[J]. ASCE, Journal of Computing in Civil Engineering, 1998,12(1):30-41.

[108] HONG S G. Strut-and-tie models and failure mechanism for bar development in tension-tension-compression nodal zone[J]. ACI Structural Journal, 2000,97(1): 111-121.

[109] HONG N K, HONG S G. Application of entity-based approach for unified representation of design alternatives for structural design[J]. Advances in Engineering Software, 2001(32):599-610.

[110] HONG S G, KIM D J, KIM S Y, et al. Shear strength of R/C beams with end anchorage failure[J]. ACI Structural Journal, 2002,99(1):12-22.

[111] HONG S G. Truss model and failure mechanism for bar development in C—C—T nodes;deep beam[C]. KSEA, Hoboken, NJ, 1994.

[112] KANG H, CHUNG I Y, HONG S G, et al. Performance of concrete filled RHS column-to-beam connections with exterior diaphragm[C]. Proceeding of 5th PSSC, Vol II, 1998,729-736.

[113] PARK H G, CHUNG I Y, HONG S G. Reinforced concrete wall subjected to biaxial bending moment and axial force[C]. Proceedings of the JCI-KCI Joint Seminar on the Recent Activities in the field of Concrete, Tokyo , Japan, July, 1998, 67-76.

[114] JEON S W, HONG S G. Hysteretic model for reinforced concrete flexural members[C]. 1st Japan-Korea joint Seminar on Earthquake Engieering for Building Structures, Seoul, Korea, 1999,171-184.

[115] HONG S G, KIM D J. A proposal for development of positive moment reinforcement[C]. SP193-50, ACI 2000, Seoul Korea,835-846.

[116] HAN S M, WU X G. Direct tensile performance of UHPCC element based on damage mechanics[J]. Journal of Key Engineering Materials & Proceedings of the International Conference on Fracture and Damage Mechanics VI, 2007, 348: 829-832.

[117] HAN S M, WU X G. An R-curve approach for fracture of ultra high performance cementitious composites[J]. Journal of Key Engineering Materials & Proceedings of the International Conference on Fracture and Damage Mechanics VI, 2007, 349: 825-828.

[118] WU X G, HAN S M. Direct tension and fracture resistance curve of ultra high performance marine composites material[J]. Journal of Marine Science and Application, 2008, 7(3): 218-225

[119] WU X G, YU S Y, XUE S C, et al. Punching shear strength of UHPFRC-RC composite at plates[J]. Engineering Structures, 2019(184): 278-286.

[120] 韩京城. RUHPC-RC 复合梁受弯塑性机理研究[D]. 哈尔滨:哈尔滨工业大学, 2019.

[121] SHAHID M R. UHPC-RC 复合梁抗剪性能塑性极限分析[D]. 哈尔滨:哈尔滨工业大学,2018.

名词索引

T

W

X

Y

Z